U0370291

纸壳毫秒延期电雷管(煤矿许用)

瞬发电雷管(药头式)

秒延期雷管(两节式)

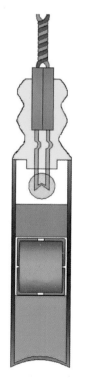

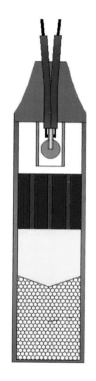

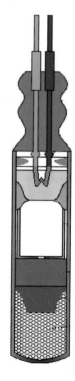

毫秒雷管结构图
(日本旭化成公司)

安全毫秒雷管结构图
(英国帝国化学工业公司)

秒延期雷管结构图
(美国杜邦公司)

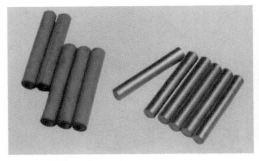

火雷管(纸壳、铜壳)

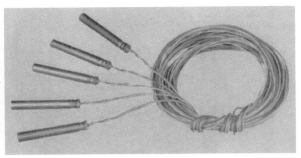

瞬发电雷管(铜壳)

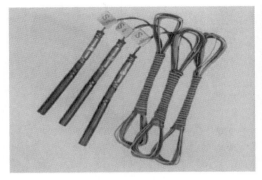

导火索式秒延期电雷管

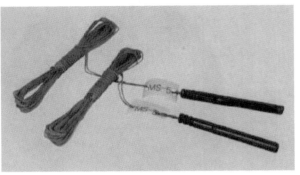

毫秒延期电雷管(铁壳)

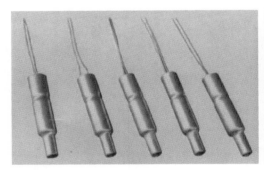

耐温安全电雷管

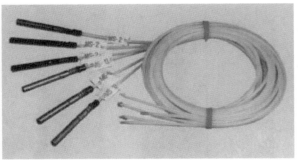

毫秒延期导爆管雷管

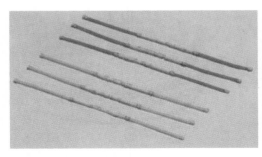

双向继爆管

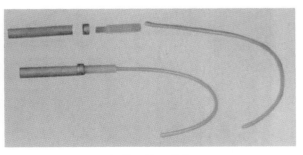

导爆管雷管组装关系

Initiating Devices

起爆器材

主　编　谢兴华
副主编　颜事龙　杨祖一

中国科学技术大学出版社

内 容 简 介

本书是为"弹药工程与爆炸技术"及"特种能源与烟火技术"专业本科生及"应用化学"和"工程力学"专业研究生编写的专业课教材。

本书汇集了起爆器材的基本点火起爆原理、点火起爆方式、主要生产工艺、安全特性和工程应用等知识,既有理论又有实践,对于未来从业人员是一本极好的专业入门教材;对于正在从业的人员则是提升理论水平,指导实践极为有用的参考书;还可作为公安管理、部队和单位干部以及企事业单位管理和工程技术人员继续教育的培训用书。

图书在版编目(CIP)数据

起爆器材/谢兴华主编. —合肥:中国科学技术大学出版社,2009.3(2023.8重印)

ISBN 978-7-312-02425-2

Ⅰ.起… Ⅱ.谢… Ⅲ.起爆器材—高等学校—教材 Ⅳ.TB41

中国版本图书馆 CIP 数据核字(2008)第 211250 号

出版	中国科学技术大学出版社
	合肥市金寨路 96 号,邮编:230026
	http://press.ustc.edu.cn
	https://zgkxjsdxcbs.tmall.com
印刷	江苏凤凰数码印务有限公司
发行	中国科学技术大学出版社
开本	787mm×1092mm 1/16
印张	23.5
插页	1
字数	602 千
版次	2009 年 3 月第 1 版
印次	2023 年 8 月第 3 次印刷
定价	50.00 元

序

随着我国国民经济的飞速增长和工程施工的蓬勃开展,大规模、多样化工程爆破作业需要大量的工业炸药和起爆器材。工业炸药是一种特种能源,它被起爆实现能量的充分释放离不开可靠的起爆器材。起爆器材是爆破器材中最重要的材料之一,我国是生产使用民用起爆器材种类较多、数量最大的国家。起爆器材是我国工农业生产和工程建设必不可少的特种生产资料,同时,在国防和航空航天领域也有广泛的应用。

起爆器材主要包括雷管、索类火工品。火雷管和导火索是古老而又常用的起爆器材,世界发达国家早在 20 世纪 80 年代就已经淘汰火雷管。随着我国科学技术的发展和对社会公共安全等综合因素的考虑,火雷管和普通工业导火索于 2008 年被禁止使用。取而代之的是性能优良的电雷管、塑料导爆管雷管、系列导爆索和继爆管等。

当今的起爆器材,已经是集化学、物理、电工学、新材料、信息处理技术于一体的高技术产品。特别是近几年来,性能优良、生产无污染的新型起爆药,无起爆药雷管,刚性电引火元件,人机分离的连续化、自动化雷管装填设备,已经在生产中成功推广应用;数码电子雷管已经进入工程应用阶段;雷管编码技术以及雷管编码信息计算机管理系统的应用,在世界范围内实现了对每发雷管由生产至爆炸消亡全过程的跟踪管理。我国起爆器材整体生产技术水平与世界发达国家的差距越来越小。

起爆器材相对炸药、火药而言,具有对热能、机械能、静电、射频、雷电等作用的敏感性,在国内外起爆器材生产、运输、储存、使用历史上,发生了无数次燃烧、爆炸伤亡事故。1998年以来,在我国的工业雷管生产过程中就发生了 50 多次燃烧爆炸事故,究其原因,一个普遍的问题就是人们对起爆器材的安全本质了解不够,违反安全规则操作。

《起爆器材》一书从基本原理出发,系统地汇编了各种起爆器材的性能特性,对于指导起爆器材的生产、运输、储存、使用和销毁全过程的安全管理具有重要意义。本书著述了新近国内外点火起爆理论与应用技术成果,兼顾产品设计原理与工程应用有机结合,反映了新产品、新技术、新工艺和新方法的前沿科技水平,注重安全与环保方面的进展介绍。

本书是国家特色专业弹药工程与爆炸技术的必修课、安徽省精品课程和安徽省高等学校"十一五"省级规划教材,是当前弹药工程与爆炸技术学科专业学生急需的教材,也是爆破工程、爆炸加工和公共安全管理与安全评价等领域工程技术人员掌握起爆器材系统专业知识的书籍。

　　本书由安徽理工大学谢兴华教授主编,我有幸参与其中,相信她的出版将会为培养爆炸物品专业技术人才以及指导爆炸物品科研、生产、使用、安全评价与管理做出贡献。

前　　言

　　起爆器材是以物理化学、化学反应动力学、力学、燃烧学、爆炸力学、安全工程、检验理论、电子学、化工机械、凝聚态物理和测量技术为基础的一门综合技术科学。其主要内容包括火工品与含能材料的燃烧和爆炸特性、各种点火起爆能量转换原理、点火起爆控制原理与应用技术,这些理论与技术在民用爆破器材、爆破工程、爆炸加工、烟花爆竹和武器弹药系统的性能设计和安全控制方面具有理论指导意义和重要的实用价值,贯穿了科学性、可行性和经济性相结合的原则。

　　本书是关于点火起爆理论与技术的专业教材,主要介绍炸药、火药、推进剂与烟火药的点火起爆理论与安全技术,包括各种不同刺激能量如机械能、电能、光能、冲击波能和热能等诱导的点火与起爆原理,以及起爆器材的组成、结构、设计、生产、贮存、运输、使用、销毁和相关安全技术。

　　本书参考和归纳了国内外有关专著及大量文献资料。内容兼顾理论和实践两个方面,并注意理论联系实际,融合了起爆理论基础和器材设计的内容。在理论研究方面着重介绍了基本概念、基本方法、主要结论及其应用范围。在器材设计与工程应用方面主要介绍了起爆器材结构与性能。对实验研究方法和测试技术给予了重视,介绍了一些新的研究途径和手段。特别是兼顾了安全技术的讲述。向被引用的专著、教材、论文、专利和科技文献的作者表示敬意和谢意。

　　本书可适用于弹药工程与爆炸技术、特种能源与烟火技术、含能材料、爆破工程、消防工程、影视烟火特效、防火防爆、化工安全、采矿工程、地质工程、热能工程、火工品、爆炸加工、安全工程、应用化学和工程力学等专业的本科生、硕士研究生、博士研究生的专业知识的学习,以及相关领域的科技工作者、工程师和技术骨干的专业学习与培训。

　　本书由谢兴华(安徽理工大学教授)任主编,全国优秀教师、安徽省爆破协会副理事长、安徽理工大学校长、博士生导师颜事龙教授和中国国防科工委民用爆破专家组秘书长杨祖一教授级高级工程师任副主编。颜事龙编写第 3、4、9、13 章,杨祖一编写第 1、7、10、18 章,周慧生编写第 2、5、6、8 章,其他章节由谢兴华编写。谢兴华负责统稿,颜事龙负责审稿并提供资助,杨祖一撰写序言。郭子如教授、徐颖教授、马志钢副教授、王惠娥讲师、王卫国讲师、吴红波博士、郭进讲师和刘伟讲师参加了本书的部分编排和初校工作。文稿计算机输入由研究生罗伟、张虎、郭宏元、章晋英、杨敏会和朱晶完成。同时,在编写过程中得到胡学先、沈兆武教授的指导。在此一并表示由衷的谢意。

本书得到安徽省精品课程"起爆器材"、国家特色专业"弹药工程与爆炸技术"建设经费、安徽省教学改革项目"武器类专业的工程整合"、安徽省科技攻关项目"工业炸药生产中意外爆炸的预防"(07010302189)、安徽省高校科研创新团队"新型爆破器材及现代控制爆破技术"(TD200705)、安徽理工大学首批优秀创新学术群体"岩石动力学及现代控制爆破技术"、淮南市自然科学基金和安徽理工大学博士基金等项目经费的资助,在此表示衷心的感谢。

限于编者水平和经验,书中缺点错误在所难免,敬请读者批评指正。

谢兴华

目　　录

第1章 绪 论

1.1 起爆器材的作用及发展简史

起爆器材是能够受外界很小能量激发,即能按设定要求发火或爆炸的元件、装置或制品。它的作用是产生热冲能或爆炸冲能,同时伴有高温高速气体、灼热颗粒、金属飞片等,并能够传给火药或炸药,将其点燃或引爆,特殊场合也可作为独立能源对外做功。起爆器材是属于火工品中的一部分。

起爆器材爆炸产生的能源一般不直接用于工程爆破,在工程方面主要用来起爆各种矿用炸药或其他工程爆破使用的炸药,再由炸药爆炸释放能量完成各种爆破工程。

起爆器材包括雷管、导火索、导爆索、导爆管等,其中雷管占有主要的地位。

在1867年以前,黑火药是唯一被应用的火药。那时候,它主要被用作爆破炸药,后又被用作点火药、传火药、延期药和发射药。黑火药用于爆破工程时,最初多用引火捻、引火绳等引爆。这种引火物可称为最早的起爆器材。至1831年,发明了将黑火药连续卷在麻绳或棉线中心的方法,制成了导火索,1840年出现了防水导火索。后来,导火索还用作延期元件,对它的燃烧速度可以控制,出现了各种燃速不同的导火索。由于黑火药制成的导火索延时准确性、点火可靠性均较差,发达国家在20世纪80年代就已基本淘汰了导火索;2008年上半年,随着火雷管被淘汰,导火索在我国工程爆破中也被彻底淘汰。

由于黑火药性质的局限性,不能满足爆破规模的日益发展。十七八世纪化学科学的蓬勃发展,为当时各种新炸药的合成提供了基础。早在1846年,已制成硝化甘油,但直到1867年,才作为炸药而获得应用;苦味酸早在1771年只作为染料被应用于纺织工业中,于1885年才用于装填炮弹。这些猛炸药在被合成之后,迟迟未能用于实际爆破,原因是找不到一种准确可靠和安全的起爆方法。

强有力的局部机械冲击可以造成猛炸药的爆炸。在堆量相当大时,用火焰点燃,可以由燃烧转变为爆轰;在密闭情况下点火,也有条件产生同样的结果。但是,这些方法都是无法控制的,因而不是可靠、安全和具有实用价值的方法。

1867年,诺贝尔发现了起爆和爆轰现象,开创了一个在军事和工程上广泛使用猛炸药的新纪元。他的基本方法是用一类猛炸药激发另一类猛炸药,前一类猛炸药就称为起爆药,它很容易被火焰点燃,并瞬间由燃烧转为爆轰,所产生的高温、高压、高速气流对后一类猛炸药实施强有力的局部冲击,实现炸药的爆轰。将起爆药装填在铜制管壳内,便构成了最早的"雷管"。而最初装入雷管中的起爆药,是早在17世纪中叶就制成的雷汞。

起爆药的发明和爆轰现象的发现,为雷管的产生提供了物质基础和理论基础;而雷管则是一把打开猛炸药能源的钥匙。

诺贝尔时期的雷管,因为是单一装药,所以称为单装雷管。当时,根据雷汞装药量的不同,把雷管分成 10 个号,以区别它的威力等级。在工程上多使用 6 号和 8 号雷管,这就是沿用至今的 6 号雷管和 8 号雷管的起源。经过 100 多年的发展,雷管的结构已大不相同,虽然号数一样,其装药量和威力与当初已多有差异,而且各国也有了各国的标准。

为了提高雷管的威力缩短雷管的长度,1920 年后出现了复装雷管。这种雷管上部装有起爆药,下部装有猛炸药,当时采用的猛炸药是梯恩梯或特屈儿,后来绝大部分改为太安或黑索今。当时的起爆药,除雷汞外,又出现雷汞和氯酸钾的混合物称为爆粉,以及氮化铅。由于猛炸药比起爆药的威力大,所以复装雷管比同样装药量的单装雷管的起爆能力高。为了进一步加强管内起爆药对猛炸药的起爆能力和防止漏药,1924 年开始在雷管起爆药柱上面扣上加强帽。这就是沿用至今的火雷管的基本结构。

1881 年出现了瞬发电雷管,即在火雷管的上部固定一个电引火元件。这种雷管应用场合较广,并为其他品种电雷管的诞生奠定了基础。

随着爆破工程的发展,在 1927 年出现了导火索秒延期电雷管。秒延期电雷管和瞬发电雷管不同之处是在通电之后隔一定时间才爆发,并且可以做成各种延期时间。当成组串联、一次通电后,就分段按顺序爆炸,因此这种雷管也叫段发雷管,当初各段时间间隔在一秒以上。在这个基础上,于 1930 年又制成了无气体型秒及半秒延期雷管。1945 年,无气体延期雷管的时间精度更进一步提高,出现了延期时间由十几毫秒至数百毫秒的品种,这就是毫秒雷管及短秒延期雷管,它可以配成多种系列,每个系列可配合十几乃至几十段,为实施毫秒微差爆破提供了可靠的手段。

为了适应特殊的爆破条件的需要和随着科学技术的发展,相继出现了刚性电引火药头电雷管、抗杂散电流电雷管、抗静电雷管、油井电雷管、薄膜电雷管、半导体桥雷管、少起爆药雷管、编号雷管、网络雷管、爆炸桥丝电雷管、磁电雷管、无起爆药雷管、非电起爆雷管和数码电子雷管等品种。至今,小小一枚雷管已经是集化学、物理、电工学、新材料、信息处理技术于一身的高技术产品,其生产工艺装备也已经逐渐实现了自动化、连续化操作。

导爆索是一种传递爆轰波的索状起爆材料,它和雷管一样可以起爆炸药。最早的导爆索是在一条小直径的软金属管里装满硝化棉或梯恩梯。1919 年由于大量生产了爆速高、威力大、感度好的太安、黑索今等猛炸药,以它们为药芯,将金属外壳改成棉麻纤维外壳,这样,导爆索才得以大量生产和使用。之后又研制了煤矿导爆索、油井导爆索等品种。

继爆管是同导爆索配套使用的一种延期起爆器材,将它串接在两根导爆索之间,就能使一根导爆索的爆轰传递给另一根,并起到毫秒延期作用,可用这种方法,实施导爆索地面网路毫秒控制爆破。

我国是最早发明火药的国家,勤劳的中国人民积累了丰富的火工技术方面的经验,但在世界近代史上已经落伍了。新中国成立前,我国仅有的几个由外国资本家控制的工厂,生产也已经奄奄一息;新中国成立后,随着国民经济建设的蓬勃展开,对起爆器材品种和产量的需求不断增长,至 2006 年全国生产工业雷管 32 亿发,索类产品 10 亿米。特别是近十年来,起爆器材科研活动异常活跃,新颖起爆药不断涌现,非起爆药雷管工业化生产技术居世界领先水平,性能优良的刚性电引火药头电雷管、等间隔毫秒雷管、磁电雷管等占有相当比重,人机分离的连续化、自动化雷管装填设备已经具备推广应用的条件,数码电子雷管已经进入工程应用阶段,通过雷管编码技术以及雷管编码信息计算机管理系统,在世界范围内首先实现了对每发雷管由生产至爆炸消亡全过程跟踪管理。我国起爆器材整体生产技术水平与世界发达国家的差距越来越小。

1.2　起爆器材的分类及设计要求

1.2.1　起爆器材的分类

1. 起爆器材按作用特性分类

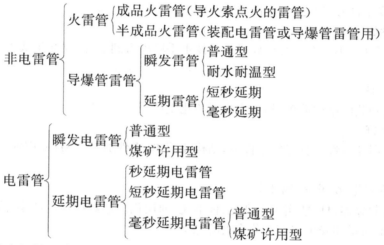

引爆器材 ┤ 雷管
导爆索
继爆管（它不直接用于引爆炸药）

引燃器材 ┤ 导火索
电引火药头或引火管
导爆管及其分路器

2. 雷管的分类

非电雷管 ┤ 火雷管 ┤ 成品火雷管（导火索点火的雷管）
半成品火雷管（装配电雷管或导爆管雷管用）

导爆管雷管 ┤ 瞬发雷管 ┤ 普通型
耐水耐温型

延期雷管 ┤ 短秒延期
毫秒延期

电雷管 ┤ 瞬发电雷管 ┤ 普通型
煤矿许用型

延期电雷管 ┤ 秒延期电雷管
短秒延期电雷管
毫秒延期电雷管 ┤ 普通型
煤矿许用型

3. 索管状产品的分类

索管状器材 ┤ 导火索 ┤ 工业导火索 ┤ 普通型
缓燃型
延期导火索（做雷管延期元件用）

导爆索 ┤ 普通型
油气井用
地震勘探型

导爆管 ┤ 普通型
高强度型

1.2.2　起爆器材的设计要求

1. 适当的感度

感度是指起爆器材作用时,需要激发能量的大小。感度高表示激发时输入的能量小;感度低则需要输入的能量就大。感度要适当,这样才能确保作用的准确、可靠以及生产、运输、贮存和使用的安全。

2. 适当的威力

威力是指起爆器材作用时输出能量的大小。威力的大小是要满足使用的要求,威力小不能起爆炸药或不能完成预定的任务;威力过大也无必要,除造成材料的浪费外,对一些特殊用途的产品,还可能不利于任务的完成。

3. 良好的安定性

安定性是指产品长期存放在一定条件下,不会发生自燃、自爆和变质或失效。安定性的好坏决定于起爆器材中所使用的药剂本身或相互之间,以及药剂与其盛装的金属壳、非金属零件之间,在一定的温度和湿度下贮存一定时间是否发生物理或化学变化。不发生变化或变化很小时,安定性好;反之,安定性差。

4. 环保性好

在生产过程中,不应有三废排放或通过技术手段可得到治理;爆炸生成物尽可能不会污染环境。

5. 实用性好

工艺路线和装配结构简单,易于实现工业化生产。

6. 经济性好

在保证起爆器材性能良好的条件下,结构要简单;零件加工容易;采用的原料来源丰富,价格低廉。

7. 实现系列化、标准化、通用化

一种好的起爆器材应能实现系列化、标准化、通用化。这对提高生产率、降低成本、扩大适用范围、保证质量和安全都有十分重大的意义。

1.3　起爆器材应用的药剂

1.3.1　起爆药

在起爆器材的装填中,一部分产品要装入起爆药,由于起爆药是首先爆炸的装药,所以常称为主药、第一装药、原发装药等。它的作用是起爆猛炸药,使其达到稳定的爆轰。

起爆药是炸药的一个类别,因此起爆药具备炸药的一切基本性质,但也具有区别于一般炸药的特征,其特征一般有以下几方面:

(1)起爆药的感度高,在较小的初始冲能如火焰或热能、冲击或摩擦作用下,即可被激发而发展为爆轰。

(2)起爆药的爆速增长快,起爆药爆炸变化一经开始,其速度就很快地加速进行,在较短的时间或长度内,能从发火点的初始燃烧扩展为稳定爆轰。

(3) 具有一定的起爆能力,即起爆药爆轰形成后,其爆轰波足以激发引爆多数单体炸药与混合炸药,使其很快达到稳定爆轰。起爆药的爆炸变化速度增长快及其爆轰速度也较高时,起爆能力较强。

起爆药的起爆能力,通常用极限药量来衡量,某种起爆药对某种猛炸药的极限药量,是指能引爆 0.5g 猛炸药装药达到稳定爆轰所需起爆药的最小装药量。极限药量越小,表明起爆能力越强。

(4) 生成热多为负值,因大多数起爆药是吸热化合物。炸药的爆热是爆炸产物生成热与炸药生成热之差。所以当起爆药本身生成热为负值时,爆热较大。

对起爆药的要求如下:

(1) 对于撞击、摩擦等机械作用的敏感度要小,以利安全。

(2) 化学安定性要高,在一般的贮存条件下长期贮存不会变质;在一定时期内,在热、光、水汽、二氧化碳的作用下并不改变其理化性质和爆炸性质;不与外壳起化学变化。

(3) 生产过程无三废排放或可治理并达到合格排放,爆炸产物无二次污染问题。

(4) 具有良好的流散性,以利于机械装填。

(5) 具有良好的耐压性能,起爆药装填受压后,对火焰的感度不应有明显下降;达到稳定爆轰的反应加速期增加较小,极限药量变化较小。

(6) 产品结晶中微粉较少,不易飞扬,以消除生产隐患和保证工人健康。

(7) 生产工艺简单,原料来源丰富、价格低廉。

到目前为止,我们还不能讲已经找到某一种完全满足了这些要求的起爆药,即便是最常用的几种,也还有某些方面的不足,不过经过长期的探索、实践、对比和改进,我们对起爆药的生产和使用,已日趋完善。近年来,起爆药新品种如叠氮肼镍等也有可喜进展。

起爆药分为化合起爆药及混合起爆药。化合起爆药分很多类别,常用的有雷酸盐类中的雷汞 $[Hg(ONC)_2]$;叠氮化物类中的叠氮化铅 $[Pb(N_3)_2]$;硝基酚重金属盐类中的三硝基间苯二酚铅 $[C_6H(NO_2)_3O_2Pb \cdot H_2O]$;及重氮化合物中的二硝基重氮酚 $[C_6H_2(NO_2)_2ON_2]$。

混合起爆药为两种或两种以上的起爆药相混合;或起爆药与氧化剂相混合组成的起爆药,这种起爆药的感度及起爆性能都较好。还有,起爆药与猛炸药混合的微起爆药发展势头良好。

雷汞是最早发现和使用时间最长的一种起爆药,早在 17 世纪中叶就已制成并研究了它的爆炸性质,到 1867 年开始用于雷管中。雷汞差不多满足了对起爆药的所有要求,但严重不足的是它以稀贵的金属水银和大量的酒精作为基本原料。此外,在制造雷汞的过程中产生大量的有害气体;它的耐压性较差,摩擦感度较高,对热的化学安定性较低。这些缺陷,迫使人们探求一种可以代替它的新起爆药。

叠氮化铅在 1890 年已被合成,叠氮化铅最突出的优点是爆轰成长期极短,所以起爆能力强,极限药量小;另外耐压性能、耐热性及热安定性好。其缺点为生产过程安全性较差;另外其火焰感度低。近几年来,我国引进国外先进技术,可将叠氮化铅制成球形,使其流散性、使用安全性能进一步提高,有望在生产上进一步扩大应用。

为了弥补雷汞和叠氮化铅的某些缺陷,导致了混合起爆药的产生。最早在 1910 年出现的"爆粉"就是其中之一,它是雷汞和氯酸钾的混合物。在欧美一些国家,多采用叠氮化铅与三硝基间苯二酚铅的混合物,这样就有助于改善叠氮化铅的火焰感度而又基本保留了氮化铅的起爆能力,三硝基间苯二酚铅是一种对火焰非常敏感的起爆药,于 1914 年制得,但它的起爆力较小,不宜单独用作起爆药。我国科技工作者研制的 D·S 共沉淀、K·D 复盐起爆药等,具有相容性好、火焰感度高、不吸潮、起爆性能优良、稳定;生产过程废水量少、成分简单、容易处理;原材料易得、成本低等优点。但由于其装填过程中极易爆炸,近年来逐渐被淘汰。

二硝基重氮酚早在 1858 年就已合成,当初作为染料,后来才确认它具有起爆药的基本性质。最早制得的二硝基重氮酚,呈松散的片状或针状粉末,无法装填。20 世纪 50 年代工作的重点是探索一套能制成有使用价值的二硝基重氮酚的生产工艺,并在国内得到大面积推广应用,但由于该起爆药耐压性能差、粉尘大,尤其是生产过程中产生大量污水而无有效治理办法,人们极力探讨完善和改进的措施,但至今仍无有效办法。

近些年,对含能配合物和络合物的研究,各国科技人员都表现出了极大的热情,我国科技人员在此方面取得了令人鼓舞的成果。其中 GTG 起爆药和 NHN 起爆药已经在生产上得到推广应用。

GTG 起爆药即"高氯酸三碳酰肼合镉(Ⅱ)",是由碳酰肼的水溶液与高氯酸镉的水溶液在一定温度和条件下反应制得的一种配合物。GTG 起爆药为白色多面体结晶,理论密度为 $2.076g/cm^3$,相对密度为 $2.07g/cm^3$,假密度为 $0.9\sim1.2g/cm^3$,具有良好的流散性。性质稳定、不吸潮、不分解、耐热性好,生产用原材料的毒性比叠氮化铅生产用原材料的毒性低。其摩擦感度、撞击感度和静电感度与猛炸药太安相当,在常规条件下难以被火焰点燃;生产过程中废水量较少等优点,已经被一些雷管生产企业采用;其缺点是湿态下与铁等金属不相容。

NHN 起爆药是硝酸三肼合镍(或者硝酸三肼镍)的简称。英文写法为:Nickel Hydrazine Nitrate,化学式 $[Ni(N_2H_4)_3](NO_3)_2$。二价镍离子是具有配位数为 6 的金属离子,唯一的空间构型是八面体。镍离子居于八面体中心,六个顶角分别为六个氮原子占据。由于其分子内同时含还原性、氧化性基团,故具有燃烧和爆炸特性。NHN 起爆药为玫瑰色聚晶,晶体不很规则,但密实均匀,粒度一般在 $60\mu m$ 以上;相对密度 $2.129g/cm^3$;实测假密度 $0.7\sim0.95g/cm^3$;几乎不溶于水、甲醇和乙醚,微溶于乙醇和丙酮;NHN 与浓硫酸作用会发生燃烧,但与浓硝酸或稀的酸碱溶液作用,只发生缓慢分解,不燃不爆;NHN 对棉织品和化纤制品等无着色能力,也不会沾染人体皮肤,因而其制备和使用都非常洁净,可大大改善起爆药生成环境;生产过程中的污水易处理。

另外,我国对非起爆药雷管研究始终未间断,而且取得了应用性成果。其中最典型的成功例子如下:KBG 起爆药,由高氯酸钾和苦味酸铅经机械混合而成,装填过程中通过强约束实现了起爆药的功能,该药剂具有低机械感度、火焰感度较好,而且工业污染废水少,已经在工业化生产中应用几十年。活塞式雷管,将单质炸药如太安超细粉碎后造粒,再通过装配强约束结构,将药剂点燃形成燃烧产生冲击破片引爆后续装药,该项技术中无任何原来意义上的起爆药成分,生产、使用全过程均安全,无任何废水产生,目前已经实现工业化应用。

1.3.2 猛炸药

各种起爆器材绝大多数也要装入猛炸药,猛炸药是由起爆药激发而爆炸,它的作用不仅是传递起爆药已形成的爆轰波,而且还能把它提高到更大的速度,从而形成稳态爆轰压力并持续一定时间。

猛炸药比起爆药钝感得多,所以一般是采用起爆药引爆。猛炸药爆速高、爆热大、威力大,因此被引爆后会释放出比起爆药更大的能量,所以一般在起爆器材中,要装入猛炸药,以保证其具有较大的起爆力。起爆器材中所应用的猛炸药,除了具备较大的威力外,还应具有易于被冲击波起爆的特点。

装有起爆药及猛炸药的起爆器材,猛炸药常称为副药、被发装药、第二装药及传爆药等。由于起爆器材的起爆力主要取决于猛炸药,因此有人称它为基本装药。

常见的猛炸药有梯恩梯 $[C_6H_2(NO_2)_3CH_3]$、特屈儿 $[C_6H_2(NO_2)_4NCH_3]$、黑索今 $[CH_2N-NO_2]_3$、奥克托金 $[CH_2N-NO_2]_4$、太安 $[C_5H_8(ONO_2)_4]$ 等。起爆器材中常用的猛炸药为黑索今、太安及奥克托金。猛炸药的性能及制造工艺,本教材中不进行讲解。可以参考《工业炸药》和《猛炸药化学与工艺学》等书籍。

1.3.3 烟火药剂

烟火药剂一般是由氧化剂、可燃剂、敏感剂、黏合剂等组成的机械混合物。它的用途很广,在起爆器材中,常起到延期、点火和传火等作用。因此分为延期药、点火药、传火药。延期药分为有气体延期药及无气体延期药两种,无气体延期药也称微烟药,本教材所讲述的延期药是指微烟药;有气体延期药一般是指黑火药一类的药剂。

复习思考题

1. 什么是起爆器材?
2. 按输入能量形式和输出方式分类,雷管分为哪几类?
3. 起爆器材的设计基本原则有哪些?
4. 起爆器材的设计具体要求有哪些?

第2章 热 起 爆

2.1 热爆炸方程

热起爆是炸药起爆的最基本形式,其他各种形式的起爆均以此为基础。如机械起爆、冲击波起爆、电起爆、光起爆都在一定程度上与热起爆相关。所以研究起爆机理首先要研究热起爆机理。近年来,多次发生的炸药在非激波作用下的爆炸事故使热起爆机理受到更广泛的关注。过渡金属离子等对炸药的自催化反应机理需进一步研究。

热起爆机理的显著特点是自热过程,这是炸药的放热反应所决定的。炸药系统在分解反应过程中会释放热量,同时还与周围环境发生热量传递。由于热产生速率与温度的关系是非线性的(通常符合 Arrhenius 关系式),而热损失速率与温度的关系则是近似线性或线性的(例如 Newton 冷却定律),两者随温度的变化关系不一致。一旦系统的热产生速率大于热损失速率,系统就会因热量积累而升高温度,其结果令反应加速,产生更多热量,系统温度因自热加速会不断升高,如此循环,最后达到爆炸。

热起爆机理的研究是解决炸药由于自热引起的点火或起爆的临界条件。根据临界条件,在炸药特性参数完备的情况下,可计算出爆炸临界判据,例如系统在临界点所能达到的最高平衡温度。热起爆微细观机理和诱导因素需深入研究。

炸药热起爆的临界条件分析不仅可回答可靠起爆的问题,也可为炸药的生产、运输、贮存和使用的安全性和安定性提供依据。因为如果贮存的环境条件不符合要求,炸药由于热分解所释放的热量不能及时扩散到周围环境,就可能因自热而导致爆炸。

热起爆理论是以炸药系统反应时放热速率和散热速率之间的平衡为基础的,若前者大于后者,则爆炸可以发生,否则不能发生;前者比后者大的越多,则爆炸发生的越快。所以热起爆理论要回答爆炸能否发生(临界条件)及什么时间发生(延滞期)的问题。要解决这两个问题,首先要建立热爆炸方程。

热爆炸方程本质上为能量守恒方程。对于均温系统,则是一个常微分方程。系统中的热量积累等于反应所产生的热量减去由于热传递所损失的热量,即单位体积炸药的热平衡方程为

$$\rho\, c\partial T/\partial t = \rho Q Z \mathrm{e}^{-E/RT} + \lambda \nabla^2 T \qquad (2.1)$$

$$（\mathrm{I}） \qquad （\mathrm{II}） \qquad （\mathrm{III}）$$

式中 ρ——炸药密度;

    c——炸药比热容;

    T——温度;

    Q——单位质量炸药反应热;

    Z——频率因子;

E——炸药活化能；

λ——炸药导热系数；

∇^2——拉普拉斯算子。

该式为炸药热爆炸的基本方程。此式中左边项（Ⅰ）为炸药微元升温所需的热量，右边第一项（Ⅱ）是炸药微元化学反应释放的热量，右边第二项（Ⅲ）是炸药微元向周围环境散失的热量。

爆炸的条件是

$$\rho c \partial T / \partial t \geqslant 0$$

第（Ⅱ）项化学反应放热量 q_1，是反应消耗的炸药量与单位质量炸药放热 Q 之积，即

$$q_1 = (1-\varepsilon)^n Z e^{-E/RT} \rho Q$$

式中 ε——反应分数；

n——反应级数。

一般假设炸药反应为零级反应，故 $n=0$，这表示反应过程中反应物浓度保持不变。尽管该假设有一定的局限性，但实践证明，在热爆炸以前，反应物的消耗很少，仅1%左右。加上热爆炸稳定性理论的数学处理比较简单，所以这一假设一直得到广泛的采纳和应用。则

$$q_1 = \rho Q Z e^{-E/RT} \tag{2.2}$$

第（Ⅲ）项是炸药微元向环境散失的热量，这里假设了散热主要是以热传导方式进行。根据热传导定律：热流量与温度梯度成正比，见图2.1，由热传导而散失的热量 q_2 为

$$q_2 = \lambda \left(\frac{\partial^2 T}{\partial x^2} + \frac{\partial^2 T}{\partial y^2} + \frac{\partial^2 T}{\partial z^2} \right)$$

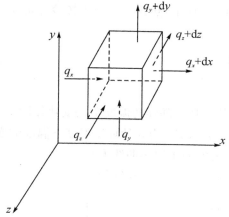

图 2.1 热传导单元图

不同几何形状炸药的一维通式为

$$q_2 = \lambda \left(\frac{\partial^2 T}{\partial r^2} + \frac{j}{r} \cdot \frac{\partial T}{\partial r} \right)$$

式中 j——炸药的几何形状因子。$j=0$，平板状；$j=1$，圆柱状；$j=2$，球状。

r——距离。球形与圆柱形代表半径；平板时则表示平板两侧间距之半。

这样，不同几何形状炸药的热爆炸方程可用通式表示为

$$\rho c \partial T / \partial t = \rho Q Z e^{-E/RT} + \lambda \left(\frac{\partial^2 T}{\partial r^2} + \frac{j}{r} \cdot \frac{\partial T}{\partial r} \right) \tag{2.3}$$

　　方程(2.3)表示炸药温度与反应时间之关系,解此方程可得爆炸发生时的温度(临界温度)和爆炸所需的时间(延滞期)。但此方程比较复杂,难于求解。研究热爆炸的重要目的之一在于根据实际条件,提出相应的近似假设,设计各种模型,运用各种数学方法,求得具体条件下的解,以适应各种用途和要求,并验证所取得的结果与实验结果的一致程度。

2.2　热爆炸方程的求解

　　热爆炸方程的求解是要解决爆炸临界判据的问题。热爆炸理论中,通过对基本方程求导并令 $\partial T/\partial x = 0$ 求临界条件。

2.2.1　Semenov(谢苗诺夫)理论模型假设及求解

2.2.1.1　模型假设

　　(1) 炸药是均温的,则 $\partial T/\partial x = 0$;
　　(2) 周围环境温度不随时间变化,$T_0 =$ 常数;
　　(3) 发生爆炸时炸药温度与环境温度 T_0 相近;
　　(4) 炸药反应按零级反应进行,即在延滞期内不考虑炸药反应物的消耗;
　　(5) 在炸药和环境接触的界面上,热传导遵守牛顿冷却定律,全部热阻力和温度降均集中于此界面上。

2.2.1.2　判据求解

1. 图解法

　　将炸药的得热项 q_1 和失热项 q_2 随炸药温度 T 的变化作图2.2(a),将炸药温度随时间的变化作图 2.2(b)。图中 T_{01},T_{02},T_{03} 为 3 种环境温度下温度的变化曲线。
　　炸药系统放出的热量,即图(a)中得热曲线方程为

$$q_1 = \rho Q Z e^{-E/RT}$$

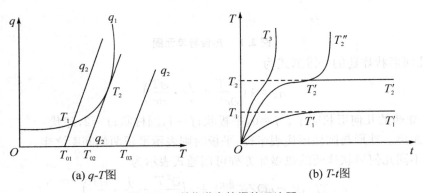

(a) q-T图　　　　　　　　　　(b) T-t图

图 2.2　谢苗诺夫热爆炸理论图

失热曲线方程因假设炸药是均温的,所以炸药中温度分布和其几何形状无关,即 $j=0$, q_2 简化为直线方程,即

$$q_2 = \chi(T - T_0) \tag{2.4}$$

其中 χ 为炸药表面换热系数。

从图 2.2(a) 看出 q_1 和 q_2 两线有相交、不相交和相切 3 种相关的情况:

(1) 环境温度 T_{01} 低,q_2 和 q_1 相交于 T_1 时,主要看炸药的初温。初温低,在 T_1 点左边开始反应,$q_1 > q_2$,炸药升温,升到 T_1 点止,此时 $q_1 = q_2$;初温高,在 T_1 点右边开始反应,$q_1 < q_2$,炸药降温,降到 T_1 点止。结果炸药不论在什么温度开始反应,最终维持在 T_1,反应稳定、缓慢地进行,直至所有炸药反应完毕,反应速度不会自动加快。称 T_1 点为稳定平衡点。

(2) 环境温度 T_{03} 高,q_1 线在 q_2 线上方,炸药反应的得热大于失热,则炸药温度不断升高,最终导致爆炸。

(3) 环境温度 T_{02},q_1 和 q_2 相切于 T_2 点时,T_2 点左右处炸药的得热均大于失热。在 T_2 点左边开始反应,因为 $q_1 > q_2$,炸药升温至 T_2 点。到 T_2 点后,炸药只要稍高于 T_{02} 的温度继续反应,就将剧烈加速而导致爆炸。称 T_2 点为不稳定平衡点,也是临界点。

图 2.2(b) 是炸药温度随时间的变化图。曲线 T_1 表示炸药在环境温度 T_{01} 时的升温状态,到 T_1 后温度不变直至反应完毕,相当于图 2.2(a) 中 q_1 线和从 T_{01} 出发的 q_2 线组成的状态。T_1 为两线之交点。T_2' 线表示在环境温度 T_{02} 时,图 2.2(a) 中 T_2 点前 q_1、q_2 线组成的温度状态,T_2'' 线表示到 T_2 点后继续反应时,q_1、q_2 线组成的温度状态,炸药急剧升温直至爆炸。T_3 线为环境温度 T_{03} 时,炸药发生反应后的温度变化状态,急剧升温至爆炸。图 2.2(b) 中曲线的斜率 dT/dt 是炸药温度升高的速率。

2. 解析法

(1) 因为 $\dfrac{\partial T}{\partial t} = 0$,所以 $q_1 = q_2$,则

$$\rho Q Z e^{-E/RT} = \chi(T - T_0) \tag{2.5}$$

$$\chi = \rho Q Z e^{-E/RT} / (T - T_0) \tag{2.6}$$

(2) 由图 2.2(a) 切点 $dq_1/dT = dq_2/dT$,得

$$\chi = \rho Q Z E e^{-E/RT} / RT^2 \tag{2.7}$$

由式 (2.6)、(2.7) 得

$$(T - T_0) = \frac{RT^2}{E} \approx \frac{RT_0^2}{E} \quad (根据 \; Semenov \; T \approx T_0 \; 假设)$$

即

$$(T - T_0)E/RT_0^2 \approx 1 \tag{2.8}$$

令无量纲温度 $\theta = (T - T_0)E/RT_0^2$,则爆炸临界条件是 $\theta_c = 1$。当 $\theta > 1$ 时,爆炸发生;$\theta < 1$ 时,爆炸不能发生。这样,从谢苗诺夫理论导出了爆炸临界判据 θ 值,它可用于计算爆炸时临界温升。这点后来被弗兰克卡门涅斯基所采纳。谢苗诺夫理论的主要缺点是在建立模型时假设了炸药中无温度分布,因此只适用于不断搅动的流体炸药。即使在这种不停流动的炸药中,也还会存在对流方式的热阻力,各点温度仍是难以均匀的。

1970 年格莱和波士顿又将谢苗诺夫理论进行了再加工,他们采用谢苗诺夫数来表示热爆炸的临界判据。

谢苗诺夫数是由一定体积 V 炸药的热平衡方程导出。先将 (2.5) 式改写成

$$V_\rho QZ e^{-E/RT} = \chi_s(T - T_0) \qquad (2.9)$$

令

$$\varepsilon = RT_0/E$$

变换

$$-E/RT = -E/RT_0 + \theta/(1 + \varepsilon\theta)$$

$$e^{-E/RT} = e^{-E/RT_0} e^{\theta/(1+\varepsilon\theta)}$$

代入(2.9)式并变换整理得

$$\theta e^{-\theta/(1+\varepsilon\theta)} = \rho VQEZ e^{-E/RT_0}/\chi_s RT_0^2 = \psi \qquad (2.10)$$

ψ 被定义为谢苗诺夫数。

因 $E \gg RT_0$，所以 $\varepsilon \to 0$，$\varepsilon\theta \to 0$，故

$$\psi = \theta e^{-\theta}$$

已知谢苗诺夫的爆炸判据为 $\theta = 1$，即

$$\psi_c = e^{-1} = 0.367\,88$$

这样，谢苗诺夫临界判据可以用 $\psi_c = 0.367\,88$ 来表示：ψ 大于此值，稳态破坏，爆炸要发生；ψ 小于此值，可以出现两个交点，上交点是不稳定的，不能存在，下交点是稳定的，它表示炸药在该点的温度下反应完毕而不爆炸。用谢苗诺夫数 ψ 表示爆炸临界判据的优点是可以和下面所述的其他理论的临界判据进行比较。

2.2.2 Frank-Kamenetskii(弗兰克-卡门涅斯基)理论模型假设及求解

1. 模型假设

该物理模型认为炸药是导热性不良的物质，对热传导有足够的阻力，因此炸药中的温度是空间分布的。弗兰克-卡门涅斯基认为热阻不在界面，而全分布在炸药中，所以假设：

(1) 炸药不是均温的，中心温度最高，对称加热。所以有

$$r = 0, \qquad \frac{dT}{dr} = 0$$

$$r = x, \qquad \frac{dT}{dr} \neq 0$$

(2) 反应物表面的温度等于环境温度，即

$$r = a, \qquad T = T_0$$

(3) $\dfrac{RT_0^2}{E} \ll 1$。

2. 判据求解

先引入无量纲参数 θ、τ、ξ。

无量纲温度：$\theta = \dfrac{E}{RT_0^2}(T - T_0)$；

无量纲时间：$\tau = \dfrac{RQZ}{cE}t$；

无量纲距离：$\xi = \dfrac{x}{a}$ 或 $\dfrac{r}{a}$。

再对 $e^{-E/RT}$ 进行变换。

由拉格朗日(Lagrange)公式, $\dfrac{1}{T}=\dfrac{1}{T_0}-\dfrac{1}{T_0^2}(T-T_0)$, 得

$$e^{-E/RT}=e^{-E/RT_0}e^{\theta}$$

将这些无量纲参数代入基本方程(2.3),并令

$$\delta=\frac{\rho QZEa^2}{\lambda RT_0^2}e^{-E/RT_0^2} \tag{2.11}$$

δ 为弗兰克-卡门涅斯基理论的爆炸临界判据。得

$$\frac{\rho ca^2}{\lambda}\cdot\frac{\partial\theta}{\partial\tau}=\frac{\partial^2\theta}{\partial\xi^2}+\frac{j}{\xi}\cdot\left(\frac{\partial\theta}{\partial\xi}\right)+\delta e^{\theta} \tag{2.12}$$

把稳定条件 $\partial\theta/\partial\tau=0$ 代入(2.12)式,得到

$$\frac{d^2\theta}{d\xi^2}+\frac{j}{\xi}\cdot\left(\frac{d\theta}{d\xi}\right)=-\delta e^{\theta} \tag{2.13}$$

边界条件:在中心位置 $\xi=0$, $d\theta/d\xi=0$, $\theta=\theta_m$;在边界上 $\xi=\pm1$, $\theta=0$。

下面按不同几何形状解(2.13)式:

(1) 平板状炸药: $j=0$,此时(2.13)式简化为

$$\frac{d^2\theta}{d\xi^2}+\delta e^{\theta}=0 \tag{2.14}$$

设 $\dfrac{d\theta}{d\xi}=u$,则

$$\frac{d^2\theta}{d\xi^2}=\frac{du}{d\theta}u$$

于是,(2.14)式变为

$$u\frac{du}{d\theta}+\delta e^{\theta}=0$$

积分,得

$$u^2=\left(\frac{d\theta}{d\xi}\right)^2=-2\delta e^{\theta}+C$$

代入边界条件,在中心 $\xi=0$, $\theta=\theta_m$, $d\theta/d\xi=0$,后得

$$C=2\delta e^{\theta_m}$$

所以

$$u^2=2(\delta e^{\theta_m}-e^{\theta}),\quad u=\frac{d\theta}{d\xi}=[2\delta(e^{\theta_m}-e^{\theta})]^{1/2}$$

再分离变量

$$\frac{d\theta}{\sqrt{e^{\theta_m}-e^{\theta}}}=\sqrt{2\delta}\,d\xi$$

积分得

$$\frac{1}{\sqrt{e^{\theta_m}}}\log\frac{\sqrt{e^{\theta_m}}-\sqrt{e^{\theta_m}-e^{\theta}}}{\sqrt{e^{\theta_m}}+\sqrt{e^{\theta_m}-e^{\theta}}}=\sqrt{2\delta}\,\xi+C'' \tag{2.15}$$

代入边界条件 $\xi=0$, $\theta=\theta_m$ 求得 $C''=0$。即炸药几何形状为平板 $j=0$ 时,判据是

$$\frac{1}{\sqrt{e^{\theta_m}}}\log\frac{\sqrt{e^{\theta_m}}-\sqrt{e^{\theta_m}-e^{\theta}}}{\sqrt{e^{\theta_m}}+\sqrt{e^{\theta_m}-e^{\theta}}}=\sqrt{2\delta}\,\xi \tag{2.16}$$

此方程表示平板状炸药在稳定状态下($\partial T/\partial t=0$ 或 $\partial\theta/\partial\tau=0$)炸药中的温度分布。显然炸药温度 θ 的取值范围应为 $0<\theta<\theta_m$,要维持此状态要求 ξ 为负值。

取边界条件 $\theta=0,\xi=-1$,则

$$\frac{1}{\sqrt{e^{\theta_m}}}\log\frac{\sqrt{e^{\theta_m}}-\sqrt{e^{\theta_m}-e^{\theta}}}{\sqrt{e^{\theta_m}}+\sqrt{e^{\theta_m}-e^{\theta}}}=-\sqrt{2\delta} \tag{2.17}$$

(2.17)式表示满足弗兰克-卡门涅斯基稳定条件下 θ_m 与 δ 的关系,按此式得到的 θ_m-δ 关系作图,如图 2.3。当 $\delta>0.88$,方程无解,即 $\delta>0.88$ 时稳定条件被破坏,炸药发生爆炸,因此 δ 的临界值为 0.88。

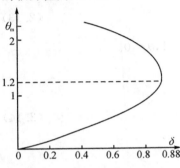

图 2.3　炸药温度 θ_m 与 δ 的关系图

在图 2.3 中通过曲线的转折点作横轴的平行线与纵轴相交,可得 $\delta=0.88$ 时的 θ 值,此值为 θ 之最大值,$\theta_m=1.22$。(炸药的温度 θ 的取值范围应为 $0<\theta<\theta_m$)故 $j=0$ 时的临界条件为

$$\theta_m=1.22,\quad \delta=0.88$$

由此值并根据无量纲温度和距离的定义,可求临界温度 T_c 和临界尺寸 x(或 r)。

(2)圆柱形炸药:$j=1$,则(2.13)式为

$$\frac{d^2\theta}{d\xi^2}+\frac{1}{\xi}\cdot\frac{d\theta}{d\xi}=-\delta e^{\theta} \tag{2.18}$$

作变量替换,令 $y=\ln\xi$。代入(2.18)式得

$$\frac{d^2\theta}{dy^2}=-\delta e^{\theta+2y}$$

令

$$\varphi=\theta+2y$$

则

$$\frac{d^2\varphi}{dy^2}=-\delta e^{\varphi} \tag{2.19}$$

(2.19)式和 $j=0$ 时的(2.14)式相同,可用同样的解法求得爆炸临界条件

$$\delta_c=2.00,\quad \theta_m=\ln4=1.39$$

(3)球形装药:$j=2$,则(2.13)式成为

$$\frac{d^2\theta}{d\xi^2}+\frac{2}{\xi}\cdot\frac{d\theta}{d\xi}=-\delta e^{\theta} \tag{2.20}$$

令

$$\gamma=\theta_m-\theta,\quad \eta=\xi\sqrt{\delta e^{\theta_m}}$$

代入得

$$\frac{d^2\gamma}{d\eta^2}+\frac{2}{\eta}\cdot\frac{d\gamma}{d\eta}=e^{-\gamma} \tag{2.21}$$

由边界条件 $\xi=1,\eta=\sqrt{\delta e^{\theta_m}}$,并代入 $\theta=0,\gamma=\theta_m$。得

$$\delta=\eta^2 e^{-\gamma} \tag{2.22}$$

微分

$$\frac{\mathrm{d}\delta}{\mathrm{d}\eta} = 2\eta\mathrm{e}^{-\gamma} - \eta^2\mathrm{e}^{-\gamma}\frac{\mathrm{d}\gamma}{\mathrm{d}\eta}$$

以 $\dfrac{\mathrm{d}\gamma}{\mathrm{d}\eta} = 0$ 求临界条件,得

$$\eta\frac{\mathrm{d}\gamma}{\mathrm{d}\eta} = 2 \tag{2.23}$$

由表列函数可查到符合上式的 η 和 γ 值为

$$\eta = 4.07, \quad \gamma = 1.61$$

代入(2.22)式得 $\delta_c = 3.32$,由 $\gamma = \theta_m - \theta$,$\theta = 0$ 得 $\theta_m = 1.61$。

从以上推导结果得出了炸药在不同几何形状时的热起爆临界判据,列于表2.1。若已知各参数,还可通过 θ 和 δ 的表达式求得临界温度 T_c 和临界尺寸 a。

表 2.1　弗兰克-卡门涅斯基系统取不同几何形状时的临界值

形　状	δ_c	θ_m
无限大平板($j=0$)	0.88	1.22
无限长圆柱($j=1$)	2.00	1.39
球($j=2$)	3.32	1.61

炸药中心 $\xi = 0$ 处温度最高,边界上 $\xi = 1$ 处温度最低,温度分布如图2.4所示。图中虚线是按谢苗诺夫理论所作的温度分布情况,炸药温度各点相同,$\theta_m = $ 常数。在 $\xi = 1$ 处,温度突然下降到 $\theta = 0$,即所有的热阻力均集中在表面层上。图2.4中的其他曲线是按弗兰克-卡门涅斯基理论所作的温度分布曲线,在 $\xi = 0$ 处,$\theta = \theta_m$;在 $\xi = 1$ 处,$\theta = 0$;在 $\xi = 1$ 和 $\xi = 0$ 之间,θ 之值逐步下降,热阻力全分布在炸药中。

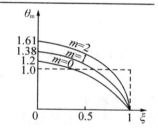

图 2.4　平板、圆柱和球形炸药的温度分布图

2.2.3　Thomas(汤姆斯)理论模型假设及求解

1. 模型假设

谢苗诺夫理论假设反应系统的温度变化集中在系统界面上,弗兰克-卡门涅斯基理论假设温度变化全集中在系统内部。对于真实系统,上述情况均仅是特例,一般是热流的阻力不仅存在于反应物的内部,而且还存在于反应物边界,这就必须考虑新的边界条件。Thomas理论从更接近实际的情况出发,设温度降同时分布于炸药中和界面上,既考虑了炸药中的热阻又考虑了界面上的热阻。

假设 χ 为炸药界面的传热系数;λ 为炸药的导热系数;r 为炸药特性尺寸;B_i 为两种传热系数之比,即

$$B_i = \chi / \frac{\lambda}{r} = \frac{\chi r}{\lambda} \tag{2.24}$$

这样谢苗诺夫理论相当于 $\lambda = \infty$,故 $B_i = 0$;弗兰克-卡门涅斯基理论相当于 $\chi = \infty$,故

$B_i = \infty$;汤姆斯理论则相当于两传热系数比值为 $0 < B_i < \infty$。

　　现用 $j = 0$ 的条件,绘得温度分布曲线如图 2.5 所示。从温度降 $\Delta T = T - T_0$ 来看,图 2.5(a)中 ΔT 集中在界面上;图 2.5(b)中 ΔT 分布在炸药中,从炸药中心到表面连续变化。汤姆斯认为这是两种极端的情况,不论在炸药中还是在界面上都有热阻力存在,不应忽略任何一种,ΔT 同时存在于炸药中及界面上时,如图 2.5(c)。汤姆斯的边界条件为

$$r = a, \quad \lambda \frac{\mathrm{d}T}{\mathrm{d}r} + \chi(T - T_0) = 0 \tag{2.25}$$

其物理意义是:在边界处,热量从炸药表面传给环境的速率等于热量从炸药内部传至边界的速率。

　　用无量纲量来表达,式(2.25)可写为

$$\xi = 1, \quad \frac{\mathrm{d}\theta}{\mathrm{d}\xi} + B_i\theta = 0 \tag{2.26}$$

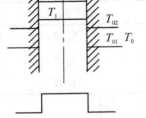 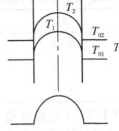 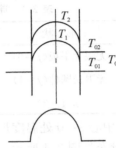

(a) 按谢苗诺夫理论　　　(b) 按弗兰克-卡门涅斯基理论　　　(c) 按汤姆斯理论

图 2.5　$j = 0$ 时炸药温度在 x 坐标中的分布图

2. 判据求解

(1) 无限大平板状装药:$j = 0$,临界条件时的热爆炸方程为

$$\frac{\mathrm{d}^2\theta}{\mathrm{d}\xi^2} = -\delta \mathrm{e}^\theta$$

其通解

$$\theta = \ln A - 2\ln \cosh[\xi\sqrt{\delta A/2} + C] \tag{2.27}$$

其中 A, C 为积分常数。

在边界条件为 $\frac{\mathrm{d}\theta}{\mathrm{d}\xi} = 0, \xi = 0$ 时,$C = 0$,则

$$\theta = \ln A - 2\ln \cosh[\xi\sqrt{\delta A/2}] \tag{2.28}$$

令

$$D = \sqrt{\delta A/2}$$

以及

$$A = \mathrm{e}^{\theta_0} = 2D^2/\delta$$

这样

$$D = \sqrt{\delta \mathrm{e}^{\theta_0}/2}$$

现将式(2.28)改写为

$$\theta = \ln(2D^2/\delta) - 2\ln \cosh(\xi D) \tag{2.29}$$

求导得

$$\mathrm{d}\theta/\mathrm{d}\xi = -2D\tanh(\xi D)$$

由式(2.26)及式(2.29)可得 $\xi = 1$ 处

$$2D\tanh D = B_i\theta$$

或

$$\theta = (2D\tanh D)/B_i \tag{2.30}$$

由式(2.29)及式(2.30)给出 $\xi = 1$ 处

$$\ln\delta = \ln(2D^2) - 2\ln\cosh D - 2D\tanh D/B_i \tag{2.31}$$

式(2.31)就是满足边界条件式(2.26)的解。由(2.31)式,可得

$$\frac{\mathrm{d}\ln\delta}{\mathrm{d}D} = \frac{2}{D} - 2\frac{\sinh D}{\cosh D} - \frac{2}{B_i}(\tanh D + D\,\mathrm{sech}^2 D)$$

令 $\mathrm{d}\ln\delta/\mathrm{d}D$ 为零,得到 δ 取极大值时 B_i 与 D_c 的关系:

$$B_i = \frac{D_c\sinh D_c\cosh D_c + D_c^2}{(1 - D_c\tanh D_c)\cosh^2 D_c} \tag{2.32}$$

确定一个 D_c 的值,式(2.32)可用来计算 B_i;式(2.31)可用来计算 δ_c;式(2.27)可用来计算 $\theta_c(\xi)$。由边界条件可得边界上温度梯度,当 $B_i \to \infty$,有 $1 = D_c\tanh D_c$。解得 $D_c = 1.199\,679$;而当 $B_i \to 0$,可得 $D_c = 0$。这就是 D_c 的可取值范围,即 $0 \leqslant D_c \leqslant 1.199\,679$。

(2) 无限长圆柱装药:$j = 1$,临界条件时的热爆炸方程为

$$\frac{\mathrm{d}^2\theta}{\mathrm{d}\xi^2} + \frac{1}{\xi}\cdot\frac{\mathrm{d}\theta}{\mathrm{d}\xi} = -\delta\mathrm{e}^\theta$$

该方程通解为

$$\theta = A - 2\ln(B\xi^2 + 1) \tag{2.33}$$

式中 A,B 为积分常数。

为求得 A,B 可将式(2.33)微分后代入原方程,得

$$\theta = \ln\frac{8B}{\delta(B\xi^2 + 1)} \tag{2.34}$$

代入式(2.33)得

$$A = \ln\frac{8B}{\delta}$$

边界条件 $\xi = 1$,有

$$\frac{\mathrm{d}\theta}{\mathrm{d}\xi} = -B_i\theta$$

代入式(2.33),并求 δ 最大,得 $B = 1$,求出 $\delta_m = 2$。代入式(2.34)求得

$$\theta_m = \ln\frac{8}{2(\xi^2 + 1)^2}$$

边界条件 $\xi = 0,\theta = \theta_m$。所以 $\theta_m = \ln 4 = 1.39$。

(3) 球状装药:$j = 2$,引入变量

$$y = \theta_0 - \theta, \quad x = \xi\sqrt{\delta\mathrm{e}^{\theta_0}}$$

临界条件时的热平衡方程变为

$$\frac{1}{x^2}\frac{\mathrm{d}}{\mathrm{d}x}\left(x^2\frac{\mathrm{d}y}{\mathrm{d}x}\right) = \mathrm{e}^{-y} \tag{2.35}$$

边界条件式(2.36)变为

$$B_i(\theta_0 - y_1) = \left(\frac{\mathrm{d}y}{\mathrm{d}x}\right)_{\xi=1} \cdot x_1 \tag{2.36}$$

其中

$$x_1 = \sqrt{\delta e^{\theta_0}} \tag{2.37}$$

下标 1 表示 $\xi = 1$。

$\xi = 0$ 时的边界条件变为

$$y = 0, \qquad \frac{\mathrm{d}y}{\mathrm{d}x} = 0$$

式(2.36)和(2.37)合并整理得

$$\ln\delta = -y_1 + 2\ln x_1 - \frac{x_1}{B_i}\left(\frac{\mathrm{d}y}{\mathrm{d}x}\right)_{\xi=1} \tag{2.38}$$

式(2.38)和式(2.35)结合,可得

$$B_i = \frac{x_1^2 \exp(-y_1) - x_1 (\mathrm{d}y/\mathrm{d}x)_{\xi=1}}{2 - x_1 (\mathrm{d}y/\mathrm{d}x)_{\xi=1}} \tag{2.39}$$

上述结果见图 2.6。

如果已知 δ_c,则临界温度 T_c 可按 δ_c 的定义求得

$$T_c = \frac{E/R}{\ln\left(\dfrac{QEa^2\rho\,Z}{\lambda R T_c^2 \delta_c}\right)} \tag{2.40}$$

此式只能用尝试法进行计算。

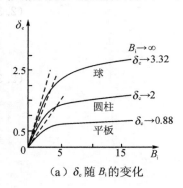

（a）δ_c 随 B_i 的变化

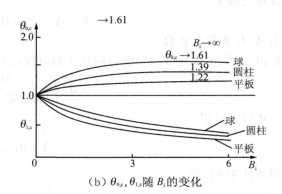

（b）$\theta_{0,c}$，$\theta_{1,c}$ 随 B_i 的变化

图 2.6

临界尺寸 a_c 也可通过 δ_c 的定义求得

$$a_c = \left(\frac{\lambda R \delta_c}{QE\rho\,Z}\right)^{1/2} T_0 \exp(E/2RT_0) \tag{2.41}$$

以上讨论了热爆炸理论中 3 个最基本的理论。它们的区别在于所考虑的热阻力位置的不同。相同的条件有环境温度不变,对称加热,3 种标准的几何形状,不考虑爆炸前的炸药消耗,各种物理参数均不随温度变化等。

近 20 年来在热爆炸理论上有不少的进展,例如爆炸前有炸药消耗,不同的几何形状,不对称的加热,有外界热源的多相系统、开放流动系统,具有自催化等条件下的热爆炸等,都已有了各种近似的处理方法可供参考。

2.3　爆炸延滞期的求解

热爆炸理论要回答的第二个问题是爆炸什么时候发生，即求出爆炸延滞期。爆炸延滞期是指炸药开始受热到爆炸所需的时间。

计算爆炸延滞期有两种模型，即绝热和不绝热条件下的计算方法。本书只讨论绝热条件下的求解。

2.3.1　理论计算

本模型假设：炸药系统和环境之间不发生热交换，反应放出的热量全用于使炸药升温；在延滞期内炸药的消耗忽略不计；化学反应开始加速时，炸药温度 T 稍大于 T_0。

按照绝热条件计算延滞期，略去热平衡基本方程中的热损失项，则热爆炸方程简化为

$$c\,\rho\,\frac{\mathrm{d}T}{\mathrm{d}t} = \rho QZ\mathrm{e}^{-E/RT} \tag{2.42}$$

无量纲化后，(2.42)式成为

$$\frac{\mathrm{d}\theta}{\mathrm{d}t} = \frac{QZE}{cRT_0^2}\exp(-E/RT_0)\exp(\theta)$$

积分得

$$t_\mathrm{e} = \frac{cRT_0^2}{QZE}\exp(E/RT_0)\exp(-\theta)\Big|_{\theta_\mathrm{e}}^{\theta_0} \tag{2.43}$$

式中　t_e——爆炸延滞期；

θ_m——爆炸开始温度。

按假设，T_e 和 T_0 相差不大，则 θ_m 和 θ 之差近似为 0，即 $(\theta_\mathrm{e}-\theta_0)\rightarrow 0$。代入(2.43)式得延滞期

$$t_\mathrm{e} = \frac{cRT_0^2}{QZE}\exp(E/RT_0) \tag{2.44}$$

取对数

$$\ln t_\mathrm{e} = \frac{E}{RT_0} + A \tag{2.45}$$

式中

$$A = \ln\frac{cRT_0^2}{QZE}$$

2.3.2　实验求解

按《起爆药实验》书中爆发点的测定方法，测出炸药受热并达到爆炸所需要的时间 t_e 与加热介质温度 T 的对应关系。大量实验结果证明，由于炸药的反应速度变化遵循阿伦纽斯定律，炸药爆发点与延滞期呈指数关系，即

$$t_e = A\exp(E/RT) \tag{2.46}$$

式中 A 为与炸药性质有关的常数。

将式(2.46)两边取对数,得延滞期与加热介质温度的关系式

$$\ln t_e = \ln A + \frac{E}{RT}$$

实验求解延滞期时,一般是测定炸药在不同加热介质温度下的延滞期,作出 T 与 t_e 的关系图后,根据图中曲线来确定爆发点与延滞期的对应关系。例如测得 $Pb(N_3)_2$ 的爆发点和延滞期的关系,见表 2.2,可以得出 $Pb(N_3)_2$ 延滞期 5s 时的爆发点为 340℃。

表 2.2　$Pb(N_3)_2$ 爆发点与延滞期关系

$T(℃)$	396	356	340	335	335	335
$t(s)$	0.1	1	5	10	15	25

2.4　热起爆的影响因素

按照热爆炸基本方程,热起爆是炸药得热、失热和升温综合作用的结果。最简便的方法是从热起爆方程得出热起爆的主要影响因素,包括不同形状炸药、导热系数、环境温度、反应物消耗及炸药系统特性的影响等。本节着重以实验数据为依据说明炸药尺寸、环境温度、环境压力和杂质对热起爆的影响。

(1) 炸药尺寸。由 δ_c 的定义式可知临界判据与被起爆炸药的临界尺寸有关。实验证明,不同条件下有不同的临界尺寸。例如 Bowden 等人曾把 $Cd(N_3)_2$, α-$Pb(N_3)_2$, AgN_3 等炸药放在同一加热板上加热,结果都是大结晶先爆炸,结晶不够大的晶体只能发生分解。还证明临界尺寸随加热介质温度而变,如表 2.3 所示。

表 2.3　$Cd(N_3)_2$ 的临界尺寸和温度之关系

温度(℃)	320	325	330
临界尺寸(μm)	24	20	17

Chaudhri 和 Field 研究了 $Pb(N_3)_2$ 单晶体在空气中加热爆炸时粒度对爆发点的影响,如图 2.7 所示。当 $Pb(N_3)_2$ 颗粒小于 $3\mu m$ 时,只发生分解而不爆炸。该曲线还表明在颗粒尺寸加大时,临界温度的变化将逐渐平行于 x 轴,趋于一定值。AgN_3, $Pb(N_3)_2$ 爆发点随药层厚度变化如图 2.8。

临界尺寸的影响主要表现在散热条件:药粒或装药尺寸小,从炸药内部到边界的距离短,散热快,达到爆炸要求的加热温度高;相反爆发点低。

(2) 环境温度。环境温度对炸药起爆有两类不同的影响。一是散热作用,在各种环境压力下延滞期均随环境温度降低而增长;二是加热作用,这时将影响爆炸发生的位置和时间。在环境温度比炸药温度略高时,炸药加热比较缓慢,在炸药中形成温度分布,最初表面温度高,以后最高温度点向内移,随着反应的进行,中心温度达到最高点,经一定时间后,爆炸在中心开始。若炸药和高温介质接触时,热量还来不及传入炸药内部,爆炸就瞬间在炸药

表面的薄层中发生,相当于在薄层炸药中的爆轰传递。

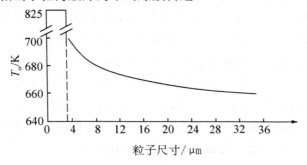

图 2.7 α-Pb(N$_3$)$_2$ 结晶尺寸和爆发点的关系图

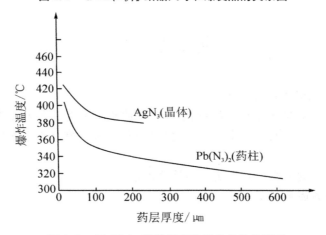

图 2.8 Pb(N$_3$)$_2$ 装药厚度和爆发点的关系图

(3)环境压力。压力对炸药热分解和热爆炸有正反两方面的作用,一是高压阻碍反应气体的扩散,减少热量损失,有利于爆发点降低;一是高压有利于反应气体产物浓度增加,阻碍反应进行,使爆发点升高,延滞期增加。对于不同的炸药,正反两方中占优势的方面不同,所以它们的爆发点和延滞期受压力影响的结果也不一致。

Tarve 等人曾置炸药于密封器内进行热爆炸实验,其结果证明,当容器中有自由空间存在时,对 HMX 来说,延滞期比无自由空间的要长些,临界发火点 T_c 亦有所增加。对 TATB 则无影响。这说明周围压力对两种炸药的影响不同。

图 2.9 是三硝基叠氮苯在氢气中的实验结果,表明其爆发点随压力增加而下降。

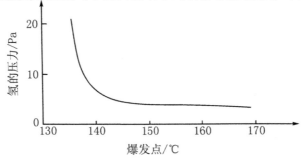

图 2.9 低压下三硝基叠氮苯的爆发点图

（4）杂质。杂质对炸药爆炸的影响很复杂,不同杂质对不同炸药影响程度及产生的作用相差很大,如 $Pb(N_3)_2$ 一类离子晶体(或者是部分离子型)在引进另外一些杂质离子时,延滞期有所变化。例如 Gray 在 $Tl(N_3)_2$ 晶体中引入 TlS 后,爆发点从 763K 降到 693K。引入百分之几的小碳粒子(小于 $1\mu m$),爆发点也有所下降。

Habemian 研究了在 $Pb(N_3)_2$ 表面吸附着的物质对热爆炸的影响。如 $Pb(N_3)_2$ 放在氩介质中延滞期增加,放在醋酸或甲酸的介质中,爆发点有所下降,其变化值可高达 25%。这归因于 $Pb(N_3)_2$ 晶体表面吸附的物质是酸性还是碱性,酸性钝化,碱性敏化。

初步认为酸性钝感的原因是表面上生成了 $Pb(RCOO)_2$ 盐的钝化作用,而在氨气中的敏化是由于还原作用生成金属铅核的表面催化作用。

复习思考题

1. 研究热爆炸机理的目的是什么?

2. 如何建立热爆炸基本方程?（公式中各符号的物理意义请表述清楚）

3. 比较热起爆基本方程的 3 个假设,近似解法和结果各有什么差别? 在实际应用中有哪些相近的例子?

4. 如何从热爆炸的判据分析影响热起爆的因素?

5. 影响热起爆的因素有哪些?

第 3 章　机械能起爆

机械起爆是研究火工药剂和火工品在各种机械作用下的引爆机理。机械能的形式很多,诸如制造过程中的碰撞、跌落、摩擦,运输过程中的振动、磕碰,使用过程中的撞击、针刺,发射,高速碰撞时产品内部的气泡压缩,等等。本章主要讨论摩擦、针刺、撞击和气泡绝热压缩的起爆方式。

机械起爆的第一步是把机械能转变为热能,然后按热作用起爆。从起爆的观点来说,炸药受热到经过一定的延滞期爆炸,和前章讨论的热起爆没有本质的差异。只是热起爆研究的是整体炸药的加热,而机械起爆研究的则是从局部加热(热点)开始,扩展到整体炸药的起爆。可认为机械起爆是热起爆的一种特殊形式。实验证明,使炸药起爆的机械能很小,远不能把整个试样加热到爆炸。如有人对雷汞的撞击起爆进行了计算,发现即使将加入的撞击能全部转化为热能被试样吸收,试样也只能升温 20℃,不可能被引爆。

长期以来,人们对炸药的机械起爆机理做了大量的实验和理论研究。最早提出的是贝尔特罗假设:机械能转变为热能,使整个实验炸药的温度升高到爆发点,从而使炸药发生爆炸。以后又出现过摩擦化学假说:炸药受到冲击时,炸药的个别质点(晶粒)一方面与其他质点相互接近,即增大其紧密性,另一方面彼此相对移动,亦在相邻表面上互相滑动,此时表面上产生两个力(法向力和切向力),法向力可能使一个质点分子上的原子落到第二个质点分子引力作用范围内。而切向力的作用则可引起表面破坏和原子间键的破裂。但是,这个假说没有实验依据。国内外学者公认的还是热点学说:由机械能转变的热能集中在炸药的一些"小点"上,使这些小点周围的炸药加热至爆炸,然后扩展到整体炸药。对这些热点起爆来说仍然是热平衡问题,只是被处理的系统几何尺寸小,边界条件和热起爆不同。

研究机械起爆的目的,一方面是为了实现火工药剂在一定机械能作用下可靠发火的需要;另一方面是为了安全的需要,因为火工药剂在生产、使用、勤务处理中均可能受到意外的机械作用,包括能否承受发射及弹丸碰击目标时的剧烈压缩,等等。研究机械起爆机理对于研制机械作用敏感的起爆药,及包含此类起爆药的火工药剂尤其重要。

3.1　热点学说

热点学说是 1958 年英国学者 Bowden F. D. 在研究摩擦学的基础上提出来的。他认为在机械能作用下产生的热来不及均匀地分布到炸药的全部试样上,而是集中在试样中一些尺寸只有 $10^{-5} \sim 10^{-3}$ cm 的局部小点上。例如集中在个别结晶的棱角或小气泡处。热分解在某小点开始,并且由于分解的放热性质,分解速度迅速增加,使小点的温度高于爆发点。爆炸就在这些小点发生、成长并扩展到整个炸药。称这些小点为热点或反应中心。这就是热点学说。

通常认为,热点可以由下述 3 种主要方式形成:

(1) 在机械能传入炸药时,惰性硬杂质之间的摩擦、炸药颗粒晶体间的摩擦或炸药与容器壁表面的摩擦。

(2) 当炸药从两冲击面间挤出时,由于炸药迅速流动所形成的塑性加热,这种形式的热点只有在流动速度很快、剪切很激烈时才有效。

(3) 反应物中散布的小气泡的部分绝热压缩。

炸药密度均匀性的不连续是形成热点的有利条件,凡是炸药的结构缺陷、内含气泡、硬杂质都有利于形成热点。

3.1.1　热点爆炸的临界条件

1962 年 Zinn 以热点为球形进行了处理,并假设:

(1) 热点温度均匀分布,作用时机械能瞬间变为热能;

(2) 延滞期内不考虑反应物的消耗,按惰性介质处理,$q_1=0$;

(3) 热点周围温度为 T_0,热点温度为 T_1,$T_1 > T_0$。如果 a 为热点半径,边界条件为

$$t=0, \qquad x \leqslant a, \qquad T=T_1,$$
$$x > a, \qquad T=T_0,$$
$$t=\infty, \qquad x=0, \qquad T=T_0,$$

按假设写出热点能量平衡方程:

$$\rho c \frac{\partial T}{\partial t} = \lambda \left(\frac{\partial^2 T}{\partial x^2} + \frac{2}{x} \cdot \frac{\partial T}{\partial x} \right) \tag{3.1}$$

由于 $T_1 > T_0$,热由热点向外扩散,热点温度随时间增加而下降。热点内热量向外流动,可以看成冷却波由外向热点中心侵入。热点爆炸的临界条件为:爆炸发生在冷却波到达波中心之前。如果冷却波侵入中心,爆炸还未发生,热点将熄灭。可见,只有当形成的热点满足一定的条件,即具有足够大的尺寸、足够高的温度和放出足够的热量时,才能逐渐发展而使整个炸药爆炸。

3.1.2　热点温度及尺寸计算

Zinn 根据假设,并引入无量纲时间 $\tau = \alpha t / a^2$。

取热扩散系数

$$\alpha = \frac{\lambda}{\rho c}$$

代入式(3.1)可得

$$\frac{\partial T}{\partial \tau} = a^2 \left(\frac{\partial^2 T}{\partial x^2} + \frac{2}{x} \cdot \frac{\partial T}{\partial x} \right) \tag{3.2}$$

热点中心初始条件

$$x=0, \qquad \tau=a, \qquad T=T_1$$
$$\tau=\infty, \qquad T=T_0$$

　　牛津大学学者 Carslow 和 Jaegen 在研究固体热传导中得出了热点温度随时间的变化关系,见图 3.1。

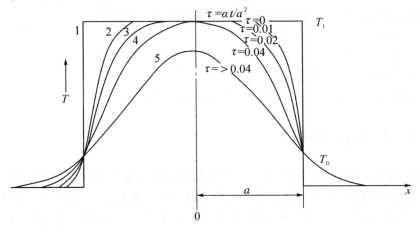

图 3.1　热点温度随时间的变化图

　　由此可见,当 $t=0$,即 $\tau=0$ 时,热点温度为图中 1 线,由中心到边界一致,$T=T_1$。随着 τ 的增加,热点温度由于热损失而逐渐下降,当 $\tau=0.04$ 时,冷却波恰好到达热点中心,此值为热爆炸的临界时间。即

　　$0<\tau<0.04$ 时热点中心温度不变;

　　$\tau>0.04$ 时热点中心温度下降,热点熄灭;

　　$\tau=0.04$ 时为爆炸临界时间。

或

$$t_e = 0.04 a^2/\alpha$$

从上一章知

$$t_e = \frac{cRT_0^2}{QZE} e^{E/RT_0}$$

则得式

$$\frac{cRT_0^2}{QZE} e^{E/RT_0} = 0.04 a^2/\alpha \tag{3.3}$$

　　由式(3.3),且 T_0 用 T_1 代替,可求得热点各参数之间的关系。如以 RDX 为例,计算结果列于表 3.1。RDX 各参数 $\rho=1.8\text{g/cm}^3$,$c=2.1\text{J/g}\cdot\text{K}$,$\lambda=293\text{kJ/K}\cdot\text{cm}\cdot\text{s}$,$Q=2.1\text{ kJ/g}$,$Z=10^{18.5}\text{s}^{-1}$,$E=199\text{kJ/mol}$。

表 3.1　RDX 热点参数

热点温度(K)	热点半径(μm)	爆炸时间(μs)	利用总能量(J·cm⁻²)
450	710	260 000	88
500	56	1 600	7.1
550	6.9	25	0.80
600	1.3	0.83	0.17
700	0.08	0.003 26	0.008 4
800	0.01	0.000 066	0.001 3

由表 3.1 可见,单位面积上的能量随热点尺寸而变化,因热点必须有足够的能量加热其

周围的介质(冷炸药)才能发生爆炸。从 Bowden 的数据可知,如 RDX 中含有空气泡,起爆时气泡经绝热压缩 $3\mu s$,单位面积的最小能量为 $1.25\text{J}/\text{cm}^2$,与此表值大致相符。

众多研究证明,一般炸药热点具备以下条件才能成长为爆炸。

(1) 热点温度 $T=570\sim870\text{K}$;

(2) 热点半径 $a=10^{-5}\sim10^{-3}\text{cm}$;

(3) 热点作用时间 $t\geqslant10^{-7}\text{s}$;

(4) 热点具有的热量 $q=4.18\times10^{-10}\sim4.18\times10^{-8}\text{J}$。

3.1.3　热点成长过程

尽管国内外众多学者发表的文章均公认炸药机械作用下的起爆是由于局部形成热点的结果,但对热点形成的历程及扩散导致爆炸的阶段有不同的看法。Bowden 将此过程分为起爆、爆轰成长及爆轰 3 个阶段。实验用 Imacon790 高速摄影仪,以 10^5 幅/s 的速度、延时 $50\mu s$ 拍摄发火过程如图 3.2,可以清楚地看到热点的形成、成长和熄灭的全过程。

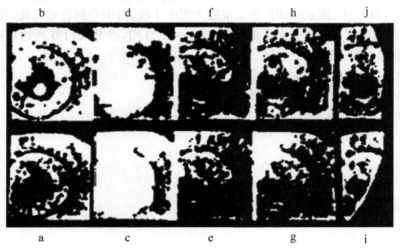

图 3.2　太安(中间掺少量氮化铅)发火过程图

Wenogard 通过图 3.3 所示的装置进行摄影,炸药在冲头和透明的有机玻璃击砧之间受

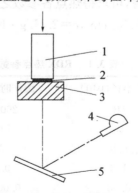

图 3.3　热点成长过程摄影装置图

1—冲头;2—炸药;3—有机玻璃击砧;4—高速摄影仪;5—反射镜

摩擦而产生热点,当炸药爆炸发光时,通过反射镜反射,用高速摄影仪记录下来。由高速摄影分幅照相底片看出,热点成长过程分为以下几个阶段:

1. 热点成长阶段

底片上只有个别亮点。

2. 由热点向周围点火燃烧阶段

这是一种快速燃烧的过程,在分幅照片底片上所见到的图形如图 3.4 所示。亮点是逐渐发展的,只要用面积仪求出每一幅亮点面积,换算成平均半径为 r 的圆,就可以计算出平均燃速。在这一阶段中所测得的速度是亚音速的,例如,PETN、RDX 和 PETN-TNT 混合物的初始阶段燃速分别为:

PETN	460m/s
RDX	300m/s
PETN 加 10%~20%TNT	220m/s

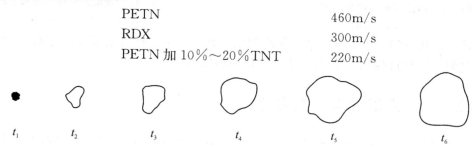

图 3.4　根据高速摄影处理的热点成长过程的图像

3. 由快速燃烧转变为低速爆轰

当燃速达到某一极限时(主要是由于燃烧产物压力的增加),快速燃烧可以转变为低速爆轰。对一般炸药来说,这一阶段的特征爆速为 1 000~2 000m/s。这个速度是超音速的。太安低速爆轰时的特征爆速约为 1 300m/s。

4. 由低速爆轰转变为高速爆轰

在药量足够大时,有可能转变为 5 000m/s 或更高的稳态爆轰。

必须指出,热点成长不一定所有炸药都经历以上 4 个阶段。例如,叠氮化铅由于爆轰成长时间短,就测不出燃烧阶段。

3.2　摩　擦　起　爆

当两物体接触时,接触面微观状态是凸凹不平的,如图 3.5 真正接触的只是一些点,在摩擦学上称为微凸体。在物体上加压力将增加这些微凸体的接触面积。由于这种分子距离内的接触,使它们间产生吸附作用,以静电力和范德华力吸附,如图 3.6(Å 为 10^{-10} m)。有时上下两物体表面的微凸还会发生嵌入而产生咬合力,在摩擦时咬合将使微凸体产生破碎。

摩擦力是对抗两个接触物体间发生相对运动的阻力,即克服两物体间微凸体的吸附力和咬合力,故摩擦力与两接触物体表面情况和压力有关。要克服这种阻力需消耗能量,此能量一部分转化为物体的动能外,其余全转化为热能,分布于微凸体上形成热点。摩擦生成热点,硬度起重要作用,因为对硬而尖锐的颗粒来说,应力容易集中到个别点上,只需要很小的能量就能使局部温度升到必要的数值。软的颗粒摩擦时发生塑性变形,能量不容易集中到个别点上。熔点低的、可塑性大的杂质能降低炸药的感度,如石蜡、糊精、塑料、石墨等。降低炸药感度实质上就是阻止产生热点。

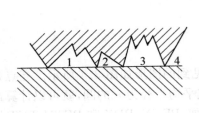

图 3.5　微凸体的接触状态图
1,2,3,4—接触点

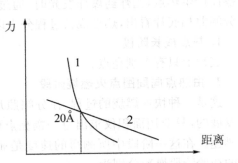

图 3.6　两种吸附力和距离的关系图
1—静电力;2—范德华力

摩擦生成热点的另一个可能是炸药的塑性流动。由于塑性流动过程中炸药之间、炸药与杂质之间、炸药与容器壁之间发生激烈摩擦而形成热点。

3.2.1　热点温升与炸药起爆

当用金属棒以一定的力 F 和转动玻璃盘上的炸药摩擦时,摩擦盘上炸药的起爆与摩擦力、金属杆的导热性、转速有关,见图 3.7。金属杆的导热性能愈好,愈不容易产生热点,炸药愈不容易起爆。例如,导热性好的金属钨杆在滑动速度为 110cm/s 时,需要 40N 的摩擦力才能使硝化甘油起爆,而导热性差的镍铜合金杆在相同速度时,只需要 8N 左右的摩擦力就可以使硝化甘油起爆。

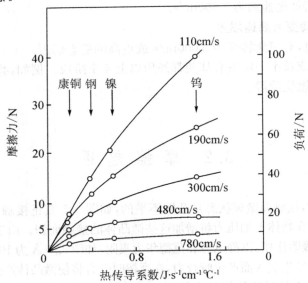

图 3.7　金属滑块的导热系数、负荷和滑动速度
对硝化甘油摩擦起爆的影响图

炸药的摩擦起爆将有两种情况:一种是炸药分解温度高于熔点的,首先要使炸药熔化;一种是分解温度低于熔点的,如绝大多数起爆药,反应前没有熔化。后一种情况和两个固体摩擦情况相同,其热点温度随着摩擦运动的影响因素而变化。当温度高于被摩擦炸药的爆

发点时,爆炸反应开始。

熔点低于爆发点的炸药,如 TNT,热点温度只要升高到 80℃时即发生熔化,熔化限制了热点温度进一步地提高。这时起爆较困难,但仍是有可能的,原因是:

(1) 由于热点上有压力存在,压力可使其熔点提高。

(2) 熔化后的炸药在压力下发生塑性流动,流动速度在垂直于速度的方向上有梯度。按黏性流动规律,黏度为 μ 的流体,薄层厚度 h、面积为 A 的平面,以 v 的速度运动时,所消耗的能量 E 为

$$E = \mu A v^2 / h \tag{3.4}$$

因此即使在熔化的炸药层中,如果 v 很大,E 值也很大。E 转变为热能,炸药流动速度最大处的温度也可能达到爆发点。这时炸药的温度可以这样求得,即当流动炸药的质量为 m,比热容为 c 时,该流动炸药得到的能量

$$E = \Delta T \cdot mc$$

代入(3.4)式得

$$\Delta T = \mu A v^2 / hmc \tag{3.5}$$

3.2.2　摩擦仪和影响摩擦起爆的因素

1. 摩擦仪

摩擦仪有很多种,在原理上都是用来测定产生爆炸时炸药与物体(如击柱)间的相对运动速度 v 和炸药所受的载荷 W。一般固定其一个改变另一个,用改变量的大小表示摩擦感度。如图 3.8 为两种摩擦仪原理,图(a)中,1 为弹簧;2 为滑板;3 为击锤;4 为炸药。图(b)中,1 为电动机;2 为滑柱;3 为炸药;4 为杠杆;5 为重荷;6 为底座。

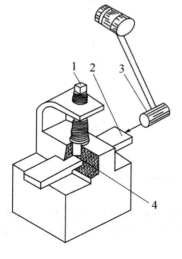
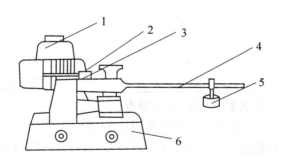

(a) 固定载荷摩擦仪　　　　　　　　(b) BAM摩擦仪

图 3.8　摩擦仪示意图

图 3.8(a)是固定载荷而改变滑动速度的摩擦仪,图中炸药上所受的力由弹簧固定(苏式摩擦仪是固定炸药底座下油缸中的油压)。炸药放在金属柱之间(击砧),击锤打在板上,使板得到一定的加速度。锤高可以调节,以便取得不同的速度 v。图 3.8(b)是 BAM 摩擦仪,

炸药一般取 0.1g,放在标准瓷柱与瓷板之间,瓷柱由电动机带动作往返运动,固定其运动速度,炸药所受的载荷由杠杆一端所挂的重荷决定。载荷可以更换(从 0.01kg~36kg)。感度的大小以爆炸时载荷的大小来表示。此仪器测试范围比较大,可以测定起爆药、猛炸药和烟火剂的摩擦感度。

Bowden 用固定载荷摩擦仪测得的几种炸药摩擦感度值见表 3.2。Harris 利用 BAM 摩擦仪测得几种起爆药的摩擦感度值见表 3.3。

表 3.2 Bowden 用图 3.8(a)摩擦仪测得的炸药摩擦感度数据

炸 药	熔点(℃)	荷重(g)	落高(cm)	爆炸率×100
PETN	141	1 600	70	0
RDX	200	1 600	70	0
Pb(N₃)₂	>335	1 600	70	100
		64	70	10
		64	60	0
LTNR	>250	64	60	80
		64	45	60
		64	40	0
Hg(ONC)₂	>145	64	5	10
			2.5	0

表 3.3 起爆药的摩擦感度

炸 药	50%发火载荷(g)	10%发火载荷(g)
胶体 Pb(N₃)₂	16±7	—
PVA Pb(N₃)₂	50±22	<10
RD 1333	80±29	20
糊精 Pb(N₃)₂	167±90	44
碱性 LTNR	250±100	40
正 LTNR	280±200	40
四氮烯 1	850±350	300
四氮烯 2	900±180	700
NOL 130	1 350±100	800
PA 100	325±100	200

2. 影响摩擦感度的因素

(1) 炸药本身的性质:Harris 的实验结果认为,炸药的密度增加时,摩擦感度也增加,在半对数纸上二者的关系几乎呈直线分布。炸药的化学性质(如活化能、发火点等)是影响热点扩大的因素,故也影响摩擦感度。

(2) 杂质的影响:杂质的熔点、硬度、导热系数等是影响摩擦感度的主要因素。Bowden 对杂质的熔点进行了比较详尽的研究,证明了只有熔点在 500℃以上的杂质才能增加摩擦感度,实验结果见表 3.4。硬度高、颗粒度大和导热系数小的杂质对提高炸药感度有利。硬度小的蜡、油、脂等对炸药有钝化作用,所以是常用的钝化剂。

表 3.4　含有掺和物的 $Pb(N_3)_2$ 和 LTNR 的摩擦起爆(荷重 64kg)

掺和物	莫氏硬度	熔点(℃)	爆炸率×100	
			$Pb(N_3)_2$ (落高 60cm)	LTNR (落高 40cm)
无	—	—	0	0
$Pb(NO_3)_2$	2~3	212	0	0
AgBr	2~3	434	0	3
AgCl	2~3	501	30	21
AgI	2~3	550	100	83
硼砂	3~4	560	100	72
辉铜矿	3~3.5	1 100	100	100
方解石	3	1 339	100	93

(3) 摩擦剧烈程度和摩擦表面性质:摩擦速度快、压力大、摩擦系数大都使感度增加。关于摩擦系数的影响,Anthony 曾做过实验,他测定了各种猛炸药在不同材料表面的静摩擦系数,证明猛炸药在铝、玻璃和钢光洁表面的静摩擦系数随实验条件变化而有很大变化,从 $0.16 \sim 3.64 g/cm \cdot s$。钢比铝和玻璃小,而铝和玻璃相差不多。

3.3　撞　击　起　爆

3.3.1　撞击起爆机理

撞击起爆也属于热点起爆,这种热点可能在炸药晶体或在被压碎的晶体中产生,也可在炸药晶体之间或炸药与容器壁间的摩擦产生,还可由其中所包含的气泡绝热压缩产生。因此撞击起爆的机理比较复杂,由于具体条件不同,热点产生的部位,影响因素都不相同。但大部分实验结果和摩擦感度一致,例如杂质熔点对 PETN 起爆百分数的影响,见表 3.5。

表 3.5　掺和物对 PETN 爆炸百分数的影响

掺和物	莫氏硬度	熔点(℃)	爆炸率×100	
			摩擦起爆	撞击起爆
PETN(无掺和物)	1.8	141	0	2
NH_4NO_3	2~3	169	0	3
$AgNO_3$	2~3	212	0	2
$Na_2Cr_2O_7$	2~3	320	0	0
KNO_3	2~3	334	0	0
$K_2Cr_2O_7$	2~3	398	0	0
AgBr	2~3	434	50	6
$PbCl_2$	2~3	501	60	27
AgI	2~3	550	100	—
硼砂	3~4	560	100	30
玻璃	7	800	100	100
岩盐	2~2.5	804	50	6
辉铜矿	3~3.5	1 100	100	50
方解石	3	1 339	100	43

3.3.2　撞击感度的表示方法及影响因素

1. 撞击感度的表示方法

（1）爆炸百分数法：这是目前国内广泛应用的表示法。它是在一定锤重和一定落高下撞击炸药，以发生爆炸的百分数表示。

（2）上下限法：上限是指 100％爆炸时的最小落高，下限是指 100％不爆炸时的最大落高。测定上下限时，采用固定的锤重，改变落高。

（3）50％落高法：也称临界落高或特性落高。它是在固定锤重下用感度曲线法或升降法测得。

（4）最小落高法：固定锤重和药量，取 10 次实验中一次爆炸的最小高度。

（5）撞击能法：以 50％爆炸的落高与锤重的乘积表示。由于落锤撞击到击柱等装置时，有一部分能量损耗于落锤系统材料弹性引起的落锤反跳，不可能全部能量都传给炸药，故落锤落下时传给炸药的撞击能量为

$$E = mg(H_{50} - H_0) \qquad\qquad (3.6)$$

式中 m 为锤质量；H_{50} 为 50％爆炸落高；H_0 为落锤反跳高度，g 为重力加速度。

2. 撞击感度影响因素

（1）撞击装置：卡斯特落锤仪的撞击装置复杂，我国早期采用图 3.9（a）一号撞击装置，其特点是击柱形式简单，加工容易。对撞击装置的材料、硬度、加工精度和光洁度、击柱和导向套之间的间隙尺寸都有明确的规定。后来发现有些炸药在使用过程中很敏感，而在一号撞击装置中试验，爆炸百分数却很小，因此又设计了图 3.9（b）二号撞击装置，它与一号撞击装置的区别是在导向套内做了一个环形沟槽，从而使实验时炸药在两种不同装置中运动形式不同。在一号装置中，炸药由击柱端面间被挤向柱形间隙，而在二号装置中，炸药由端面间高速流入沟槽中。两种撞击装置中所试验的各种炸药的爆炸百分数如表 3.6 所示。后因在导向套中加工环形沟槽难度大，又改成在击柱两端加工倒角的三号撞击装置，如图3.9（c）。该装置导向套无沟槽，增大击柱与导向套之间的柱形间隙为 0.03mm，击柱两端倒角半径为 0.5mm，撞击时炸药运动形式如二号装置。

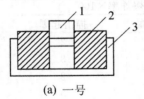　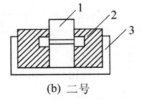　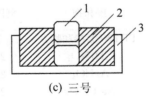

　　　　（a）一号　　　　　　　　　　（b）二号　　　　　　　　　　（c）三号

图 3.9　撞击装置图

表 3.6　不同撞击装置的实验结果

炸　药	落高（cm）	爆炸率×100	
		一号撞击装置	二号撞击装置
TNT	80	20	0
Tetryl	80	100	0
有烟药	80	35	70
RDX	50	80	90
NC	50	30	100
LTNR	40	0	100

注：锤质量 5kg，炸药量 0.05g，平行试验 20 次

（2）试样量和结晶尺寸：图 3.10 是用 Pb(N$_3$)$_2$ 在落锤仪上测定的结果。由图可见单晶体的冲击感度随结晶尺寸增加而增加。当晶体大到一定程度，撞击时大晶体易压碎成一堆小细粒，此时感度和散装药情况接近。这是因为在结晶粒较小时，晶体中缺陷比大晶体少，所以需要起爆能量大些。

观察经过试验而未起爆的晶体，可见到炸药已被压碎而且产生塑性流动，故大晶体是先压碎后再起爆的。

前苏联学者认为在落锤上实验时，药厚 h 和平均起爆压力 P 之间的关系为

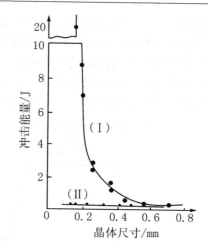

图 3.10　结晶尺寸对撞击起爆能量的影响图
Ⅰ—单晶体；Ⅱ—散装药

$$P = C\left(1 + \frac{D}{3\sqrt{h}}\right) \qquad (3.7)$$

式中　D——药柱直径(cm)；

　　　h——药厚(mm)；

　　　C——炸药特性值，相当于破坏强度，对于 Pb(N$_3$)$_2$ 晶体 $C = 0.155$GPa，此值适用于压药压力 0.5GPa～1GPa，密度接近 90%TMD；

　　　P——平均压力(GPa)。

（3）掺杂物：同摩擦起爆。

因为撞击起爆含有热起爆的性质，故环境温度对感度的影响也和热起爆类似，即感度随温度升高而增加。

3.4　针　刺　起　爆

针刺起爆是机械引信传爆序列中第一个火工品的起爆方式，在手榴弹、地雷中也广泛应用。它是一种比较可靠的起爆方式，能量的使用主要集中在击针的针尖上，故所需的能量比较小。

3.4.1　针刺起爆机理

针刺起爆是由针尖端刺入压紧的药柱中引起的。在针插入药柱时，一方面药剂为腾出击针刺入的空间而受挤压，使药粒之间发生摩擦；另一方面击针和药剂的接触面上也有摩擦。如击针尖端部有个平面，则此平面对药剂有撞击作用。经典针刺起爆模型包括摩擦和撞击两种作用方式，而后来的研究愈来愈倾向于摩擦式模型。

1976 年 Chaudhri 提出了针刺起爆的摩擦式模型，解释了击针与药剂有关的各种因素在起爆过程中的作用方式。

Chaudhri 摩擦模型是建立于用一个尖端有小平面的 30°圆锥形击针刺入压实的单一结

晶炸药的情况。在静力压抗实验中可观察到这种形状的击针插入压实炸药中时,来自表面的炸药晶体颗粒附在击针尖端,被带着和下层的炸药整体发生摩擦。针刺感度实验表明,当针尖无此平面时炸药的响应显著降低。这种摩擦过程示于图 3.11。该模型可用于计算刺入过程中击针尖端产生的最大温升,这一温升是由于靠近击针尖端的炸药晶体与炸药整体摩擦产生的。计算结果表明,当刺入深度达到 0.4mm 左右时,即达到稳态温升。

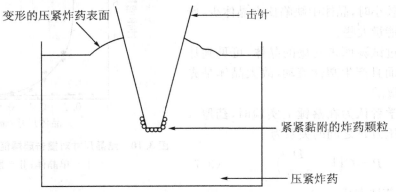

图 3.11 刺入过程中炸药颗粒在击针尖上的黏附图

图 3.12 显示一组针刺起爆碱性叠氮四唑铅高速摄影序列照片,从照片上可见碱性叠氮四唑铅的发火是发生在针尖下面的单独一点。值得注意的是点火首先发生在击针尖刺入药柱 0.3mm 左右的地方,和 Chaudhri 计算结果相符。

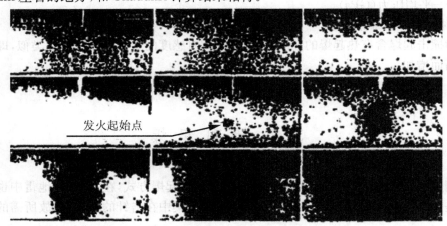

图 3.12 针刺起爆起始点的高速摄影图

1982 年 Robert,Spear 和 Elischer 通过对 17 种含能材料针刺起爆的综合研究,证明了摩擦模型学说。认为针刺起爆是按照由摩擦使机械能转变成热能的原理产生的。热集中在一些热点上,反应从这些热点开始。

3.4.2 影响针刺感度的因素

从摩擦角度考虑,可从图 3.13 分析其作用。由图可见,当击针刺入药剂时,击针给药剂的力 F 可分解为垂直于接触面的分力 N 和平行接触面的分力 T。N 力使药粒间产生摩擦,T 力使接触面和药剂摩擦,和摩擦起爆所讨论的一样,主要作用因素是载荷和速度。除此还有下列影响因素：

（1）炸药装药密度。针刺感度开始随装药密度增加而增大，在一定密度后基本不变。这是因为密度小，当炸药粒受刺时，会产生运动而消耗部分能量。也有些炸药在密度过高时感度反而下降，这是由于炸药密实对扩爆不利。

（2）针尖角度。随着针尖角度减小，针刺感度增加，如图 3.14 所示。因为小角度的针在同样的锤重和落高下有更大的速度。

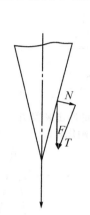

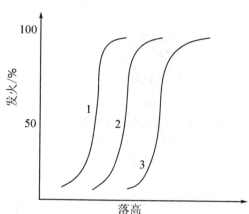

图 3.13　针刺时药剂受力情况图　　　图 3.14　击针角度对感度的影响图(角度:1<2<3)

（3）击针材料的硬度、导热系数。随着击针材料硬度增加，药剂针刺感度增加。在 $Pb(N_3)_2$ 的针刺感度实验中，曾在某种条件下用铝、黄铜和软钢的击针都不能起爆，只有用硬钢时才能起爆。击针材料导热系数增加则针刺感度降低，因为有利于热量散失。

（4）杂质。药剂中杂质的影响如摩擦起爆的情况一样。这也说明了 3 种起爆方式起爆机理的一致性。

3.5　气泡绝热压缩起爆

3.5.1　气泡绝热压缩起爆实验举例

（1）将同样药量的 α-HMX 以不同方式均匀地撒布在击柱面上，见图 3.15(a)、(b)，用同样的冲击功(2.8J)撞击起爆的结果，(a)的爆炸百分数为 5%～47%，而(b)为 100%。这是由于炸药环状分布时引入了气泡，在撞击作用下气泡绝热压缩增感的结果。

（2）用如图 3.16 带小孔穴的冲击装置撞击硝化甘油液滴时，起爆所需冲击功为 0.002J，而用无孔穴冲击装置时，则需 10～100J。

（3）Bowden 在《固体快速反应》一书中，曾经提供了气泡压缩起爆过程的照片。他把一颗针状的 AgN_3 晶体放入水中，在晶体表面引入一个空气泡，用雷管在水中一定距离外爆炸产生冲击波，冲击波经水的衰减后达到 AgN_3 晶体。从照片中可看到气泡先受到压缩变小，然后在达到某阶段时炸药发生爆炸。如果 AgN_3 上不引入气泡，则不发生爆炸。此实验说明了气泡压缩起爆和气泡增感作用，见图 3.17。随着气泡的压缩，其温度上升，当温度达到爆发点时，气泡周围的炸药受热而爆炸，爆炸发生在炸药和气泡接触的界面上。

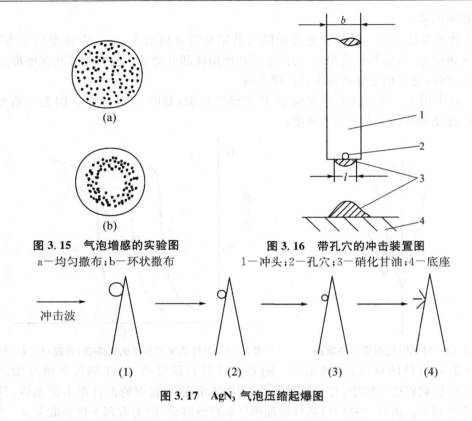

图 3.15　气泡增感的实验图
a—均匀撒布；b—环状撒布

图 3.16　带孔穴的冲击装置图
1—冲头；2—孔穴；3—硝化甘油；4—底座

图 3.17　AgN_3 气泡压缩起爆图

3.5.2　气泡绝热压缩起爆机理

炸药中存在气泡或气体，受到快速压缩时会绝热升温。当压缩比足够大，温度达到炸药爆发点时，将引爆炸药。这种高温气体局部加热而导致爆炸类似于热点起爆机理。设气泡压缩为理想气体的绝热可逆过程，则根据热力学定理

$$T_2 = T_1\left(\frac{V_1}{V_2}\right)^{\gamma-1} \tag{3.8}$$

或

$$T_2 = T_1\left(\frac{p_2}{p_1}\right)^{(\gamma-1)/\gamma} \tag{3.9}$$

式中 T_1、V_1、p_1——初态的温度、比容、压力；

T_2、V_2、p_2——终态的温度、比容、压力；

γ——等熵压缩指数。

如果利用空气压缩起爆硝化甘油，已知硝化甘油爆发点为 450℃，空气为室温 20℃，γ 值为 1.4，代入(3.8)式得

$$\frac{V_1}{V_2} = \left(\frac{T_1}{T_2}\right)^{1/(\gamma-1)} = 9.59$$

则只有当空气压缩比大于 9.59，并经过一定延滞期后，硝化甘油才能起爆。

为更进一步研究单个空气泡压缩起爆炸药的过程，Randolph 设计了一个压缩过程的模

型,见图 3.18。

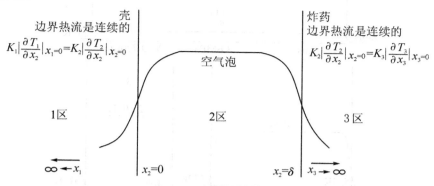

图 3.18 气泡的传热图

图中设空气泡处于壳与炸药之间(也可以假设在炸药与炸药之间),并把一维空间分成 3 个区域,在 3 个区域中各有它们的热传导方程。假设空气泡等温压缩而升温,则当空气泡的温度高于壳和炸药的温度时,热从空气泡向两边传递。空气泡中的距离以 x_2 表示,壳和炸药中的距离各以 x_1 和 x_3 表示。随着冲击的持续,气泡继续升高温度,直至炸药的塑性流动极限。炸药一旦发生流动,气泡膨胀,气体压力与温度不再上升,但此时热流动依然存在,并继续向两边传热,直到炸药升温至爆发点而爆炸。其传热方程为:

1 区传热方程:$\dfrac{\partial T_1}{\partial t} = \alpha_1 \dfrac{\partial^2 T_1}{\partial x_1^2}$;

2 区传热方程:$\dfrac{\partial T_2}{\partial t} = \alpha_2 \dfrac{\partial^2 T_2}{\partial x_2^2} + \dfrac{1}{(\rho c)_2} \dfrac{\partial p}{\partial t}$;

3 区传热方程:$\dfrac{\partial T_3}{\partial^2 t} = \alpha_3 \dfrac{\partial^2 T_3}{\partial x_3^2} + \dfrac{\Delta H_3}{(\rho c)_3} R_3$,$\left[R_3 = A \exp\left(\dfrac{-E}{RT_3} \right) \right]$。

设壳的材料为钢,炸药为 HMX,中间是空气泡,它们的热性能见表 3.7 与表 3.8。根据 3 个区的传热方程,按室温下进行压缩,计算得气泡温度随时间的变化曲线见图 3.19。由图可知,t 从 0~3.12ms 时间内,随着撞击的延续,气泡被压缩,直径减小,气泡压力和温度不断上升。从 3.12~3.86ms,气泡直径不变,压力、温度也基本不变,$p = 50.6$MPa,$T = 3\ 000$ K,此时 HMX 的温度为 660~696K,达到塑性流动极限,以后气泡膨胀,炸药温度继续升高至爆炸。管壳一边从 1.9~3.86ms,温度从 530~540K,升温不大。

表 3.7 各种材料的热学性质

材 料	密度 (g·cm^{-3})	热容 (J·g^{-1}℃$^{-1}$)	导热系数 (J·s^{-1}cm^{-1}℃$^{-1}$)	热扩散系数 (J·s^{-2}s^{-1})
HMX	1.91	1.23	3.84	32
空气			0.259	880
钢	8.02	0.50	163	169

表 3.8 RDX 的热力学性质

反应热(J·mol^{-1})	频率因子(s^{-1})	活化能(J·mol^{-1})
28×10^5	20.9×10^{19}	46×10^3

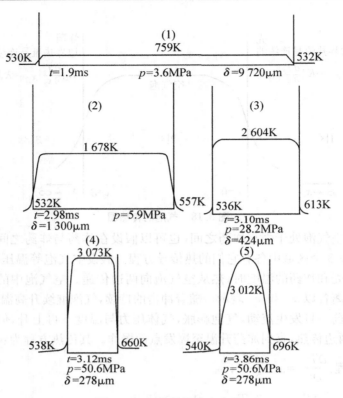

图 3.19　气泡的温度变化图

　　如气泡的体积过分小,则由于比表面积大,传热量大,绝热条件难以维持,或者说趋向于等温压缩,起爆不能发生,因此存在气泡临界尺寸。Randolph 计算结果为 $t=0.5$ms 时,存在于 HMX 中的气泡临界尺寸为 3.73μm,RDX 中的气泡临界尺寸为 2.26μm。

3.5.3　气泡绝热压缩起爆影响因素

1. 压缩速度和气泡临界直径

　　压缩速度=气泡临界直径/t_C,如果达不到此速度,起爆不能发生;相反,如果压缩速度大,气泡临界直径将减小。

2. 气泡初始压力、温度及气体 γ 值

　　从气体绝热压缩理论看,气泡的初温高,感度高;反之则低。气泡中气体不同 γ 值、初始压力与炸药爆炸百分数的关系如图 3.20 所示。

3. 导热系数

　　导热系数关系到气泡的升温与失热,气泡中气体的导热系数愈大愈易起爆,与气泡接触界面材料及炸药的导热系数愈大愈不易起爆。

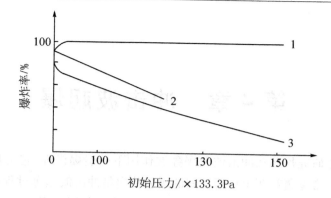

图 3.20　不同气体气泡压缩起爆时的爆炸百分数
1—空气($\gamma=1.4$);2—正 C_5H_{12}($\gamma=1.08$);3—C_2H_4($\gamma=1.26$)

复习思考题

1. 简述空气气泡的压缩起爆过程。
2. 何为热点学说？形成热点的方式有哪些？
3. 热点成长和熄灭的条件和热起爆的关系是什么？
4. 影响机械起爆的因素有哪些？并说明各因素之间的制约关系。

第4章 冲击波起爆

冲击波起爆是研究炸药在冲击波及爆轰波作用下的引爆机理,它是炸药起爆的主要方式之一。炸药的正常爆轰和两个炸药柱间的爆轰传递是冲击波起爆过程;飞片撞击,两个药柱间有惰性介质(金属板、空气隙等)时的起爆也是冲击波起爆过程。

冲击波是一种脉冲式的压缩波,其主要参数是压力 P 和持续时间 τ。它作用于物体时首先是压缩作用。物体受压都要产生热,所以冲击波起爆基本上也是热起爆。但是均相物质和非均相物质,在起爆时有较大的差异。均相炸药受冲击波作用时,其冲击波面上一薄层炸药均匀地受热升温,此温度如达到爆发点,则经一定延滞期后发生爆炸。非均相炸药受热升温发生在局部的热点上,爆炸由热点开始和扩大,然后引起整个装药的爆炸。虽然有这种差异,但均属于热爆炸范畴。

起爆器材结构中的起爆药引爆猛炸药,以及传爆序列的各火工品之间的传爆均是冲击波起爆。因此冲击波起爆的可靠性是起爆器材设计的内容之一。

4.1 均相炸药冲击波起爆

均相炸药是指气体、液体或单晶炸药。其中对气体炸药的研究最早,并且也是现在了解得最清楚的。在液体炸药中又以硝基甲烷(NM)研究得最多,例如 Campbell 等人曾做过比较系统的实验,用高速摄影法、探针法以及压力传感器法等测定了 NM 受冲击后爆轰发生的过程和爆速。下面以实验为基础说明均相炸药冲击波起爆过程。

4.1.1 均相炸药的起爆特性

1. 爆轰轨迹测定

实验装置如图 4.1。实验时雷管引爆炸药平面波发生器,通过传爆药使炸药柱达到稳定爆轰,再通过衰减片衰减到一定强度后引爆 NM。NM 装在玻璃管内,并在管内沿轴线等距离装 4 对探针。NM 爆炸后的产物电离接通探针,记录下各对探针的接通时间,用于计算 NM 的爆速。同时用高速扫描照相记录爆轰轨迹。

图 4.2 是高速摄影记录,由图可见在 21mm 处,冲击波速度出现突变。在突变点出现大于正常爆速的过激爆速,很快衰减到正常爆速。表 4.1 是 4 对探针测得的初始冲击波速度、过激爆速和 NM 稳定爆速的记录。

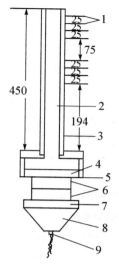

图 4.1 起爆特性测定装置图

1—探针;2—NM;3—玻璃管(内径 50mm,
壁厚 6.5mm);4—硬铝;5—钢片(2mm);6—TNT;
7—B 炸药;8—平面波发生器(直径 200mm);9—雷管

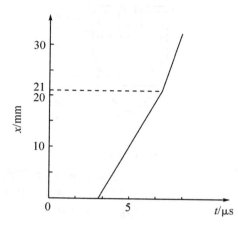

图 4.2 NM 爆轰轨迹图

表 4.1 实验测得的爆速

实验号	初始冲击波速度(m·s⁻¹)	过激爆速(m·s⁻¹)	玻璃管中 NM 爆速	
			探针号	(m·s⁻¹)
D—5772	4 330	6 570	1~5	6 240
			2~6	6 360
			3~7	6 240
			4~8	6 220
D—5773	4 240	6 850	1~5	6 240
			2~6	6 250
			3~7	6 260
			4~8	—
	4 500	6 900	平均①	6 260

①注:多次实验的平均值

2. 界面质点速度 u_p 及超爆轰速度 D^* 的测定

实验装置如图 4.3(a),衰减器面上有一层可导电的铝箔。第一组 16 根探针在 25mm
直径圆中排列,离铝箔的距离为 0.25mm 和 44mm 交替上下安放,用来测定界面质点速度
u_p,探针序号为 1~16。第二组 16 根探针,在直径为 16mm 的圆周上排列,它们离 NM 和铝
箔界面的距离分别为 80mm 及 19 mm,用来测定超爆轰速度 D^*,探针序号为 17~32。测
定的结果见表 4.2,质点速度 u_p=1 307 m/s,超爆轰速度 D^*=11 027 m/s。

图 4.3(b)是高速摄影波形扫描轨迹,图中未能测出界面(质点)的运动速度和转折点后
过激爆轰的轨迹线。但可见到转折点是入射冲击波和超速爆轰波的重叠点。

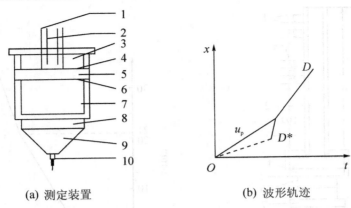

(a) 测定装置　　　　　　　　(b) 波形轨迹

图 4.3　u_p 和 D^* 测定装置和 3 个波的轨迹图

1,2—探针;3—NM;4—铝箔(厚 0.01mm);5—塑料衰减片;
6—钢板;7—传爆药;8—B炸药;9—平面波发生器;10—雷管

3. 爆轰成长过程测定

表 4.2　探针测得的 u_p 及 D^*

探针序号	u_p(m·s^{-1})	探针序号	D^*(m·s^{-1})
1~2	1 356	17~18	12 644
3~4	1 438	19~20	12 835
5~6	1 256	21~22	10 894
7~8	1 177	23~24	10 257
9~10	1 268	25~26	10 455
11~12	1 268	27~28	10 330
13~14	—	29~30	
15~16	1 351	31~32	9 779
平均	1 307	平均	11 027

实验装置如图 4.4,在 NM 中竖一根有刻度 0、a、b、c、d、e 的标尺,用闪光照相拍摄各刻度的爆轰成长过程,所得结果如图 4.5。图中,A 线为初始冲击波在 NM 中的运动轨迹;B 线为界面运动轨迹;C 线为超速爆轰轨迹;D 线为 NM 正常爆轰轨迹;E 线为爆炸气体扩散轨迹;F 线为反向爆轰轨迹。

从图 4.5 可见,t_4-t_2 为爆轰成长阶段,t_4 以后爆轰稳定。从此图和对应的探针测得的速度可以得出均相炸药中爆轰成长的物理模型。初始冲击波进入炸药,先以常速(或稍有衰减)前进,同时界面以质点的速度(低于冲击波速)前进,在界面上的炸药经过一定的延滞期 t_3-t_2 之后,开始爆炸反应,并在 NM 中产生爆轰波。由于此爆轰波既是在已经受到初始冲击波压缩的 NM(密度增大)中行进的,其爆速比原密度炸药的稳定爆速要大;又是在运动着的界面上行进的,所以是超速爆轰。该爆轰波经过一段时间 t_4-t_2 后,追上初始冲击波。两波重叠并出现过激爆速(比稳定爆速高 10% 左右),然后很快地降到 NM 的稳定爆速。按此模型可得均相炸药起爆特性图,如图 4.6。由图可知,从冲击波到爆轰波是突然发生的,两波轨迹呈折线。其起爆过程经历了一个延滞期 t_e,经过一段起爆深度 d,并存在超爆轰速度 D^*。因此,研究均相炸药的冲击波起爆需要解决超爆轰速度 D^*、延滞期 t_e 和起爆深度 d 三个问题。

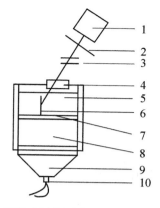

图 4.4　爆轰成长的测试装置示意图

1—闪光灯；2—透镜；3—照相机；4—玻璃窗；
5—NM；6—刻度尺；7—衰减片；8—传爆药；
9—平面波发生器；10—雷管

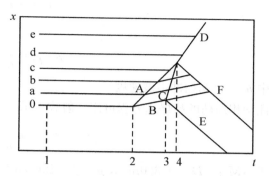

图 4.5　爆轰成长的轨迹图

1—扫描开始；2—初始冲击波进入炸药；
3—超速爆轰开始；4—稳定爆轰出现

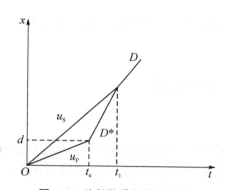

图 4.6　均相炸药起爆特性图

u_s—初始冲击波在 NM 中的速度；u_p—质点速度；

D^*—超爆轰速度；t_e—延滞期；t_1—达到正常爆轰时间；d—起爆深度

4.1.2　超爆轰速度 D^*

由于超速爆轰是在经压缩过的炸药中行进的，而且处在界面运动的情况下，故 D^* 计算式为

$$D^* = D_0 + u_p + \Delta D \tag{4.1}$$

式中 D^*——超爆轰速度(m/s)；

$\quad\ D_0$——正常爆轰速度(m/s)；

$\quad\ u_p$——界面运动速度(质点速度)(m/s)；

$\quad\ \Delta D$——由于密度增加而增加的爆速(m/s)。

其中

$$\Delta D = k(\rho - \rho_0)$$

式中 k——速度密度系数；

$\quad\ \rho$——冲击压缩后炸药密度；

$\quad\ \rho_0$——初始密度。

根据质量守恒定律

$$u_s\rho_0 = (u_s - u_p)\rho$$

故

$$\rho - \rho_0 = \frac{u_p}{u_s - u_p}\rho_0$$

式中 u_s——初始冲击波速度。

因此均相炸药的超爆速方程可用一般式表示为

$$D^* = D_0 + k\frac{u_p}{u_s - u_p}\rho_0 + u_p \tag{4.2}$$

对于 NM： $D_0 = 6\ 300\text{m/s}$, $\rho_0 = 1.125\text{g/cm}^3$;

$k = 3\ 200\text{ms}^{-1}/\text{g}\cdot\text{cm}^{-3}$;

$u_s = 4\ 500\text{m/s}$;

$u_p = 1\ 620\text{m/s}$。

代入(4.2)式可得 NM 的超爆速 $D^* = 9\ 945\text{m/s}$,和表 4.2 相比可见,超爆轰速度比实测值稍低。

4.1.3　延滞期和起爆深度

1. 延滞期

均相炸药起爆延滞期为初始冲击波进入炸药到爆炸发生的时间。冲击波起爆主要是压缩作用。Hubard 提出延滞期 τ 和冲击压缩的关系采用的方程式为

$$\frac{\text{d}\tau}{\tau} = \left(2 - \frac{T_A}{T_0}\right)\frac{\text{d}T_0}{T_0} \tag{4.3}$$

式中 T_A 为活化温度, $T_A = E_A/R$, E_A 为炸药的活化能;

T_0 为初始冲击波压缩后的药温, $T_0 = U/C$, U 为比内能, C 为比热容。

2. 延滞期影响因素

(1)初温:从(4.3)式表明延滞期随炸药初温增加而下降。表4.3 是 Campbell 从实验得到的炸药初温和延滞期的关系。

表 4.3　初温对延滞期的影响

初温(℃)	1.7	6.3	26.8	36.7	45.5
延滞期(μs)	5.0	1.5	1.8	0.57	0.45

(2)初始压力:表 4.4 是 Campbell 的实验结果,随压力增大,延滞期缩短。

表 4.4　初始压力对延滞期的影响

衰减片厚度(mm)	p(GPa)	t(μs)
30.5	8.6	2.26
24.1	8.9	1.74

(3)气泡:实验证明,较大的气泡,凡直径在 0.7mm 以上能形成热点,爆轰从气泡开始再扩展;较小的气泡,如在 0.4mm 左右,则引起局部化学反应,造成冲击波的相互作用,更小

的气泡影响不大。气泡的种类也有影响,如引入氩气泡和丁烷气泡结果不同,一般 γ 值大延滞期下降。这和气体绝热压缩起爆类似。

3. 起爆深度

均相炸药的起爆深度为从初始冲击波进入炸药到爆炸发生在炸药柱中经过的距离。起爆深度的影响因素和延滞期相同。以 RDX/TNT = 60/40 主发药经有机玻璃隔板衰减后起爆 NM 为例,其起爆深度与隔板厚度的关系见表 4.5。

表 4.5　起爆深度与隔板厚度的关系

有机玻璃隔板(mm)	冲击波速度(m·s⁻¹)	估算的初始压力(GPa)		起爆深度(mm)	爆速(m·s⁻¹)
		有机玻璃表面	硝基甲烷		
5	6 000	15.6	14.0	0	
12	5 750	13.8	12.3	0	6 340
17	5 550	12.4	11.0	0	6 380
25	5 280	10.7	9.5	7	
29	5 130	9.8	8.6	10	
30	5 100	9.6	8.4	19	6 390
35	4 900	8.4	7.4	未爆	

注:主发装药:60RDX/40TNT,直径 Ø75,长 140mm

被发装药:硝基甲烷装在内径 Ø53mm 的有机玻璃管中

4.2　非均相炸药冲击波起爆

非均相炸药包括质和相的不同。它在受到冲击波的作用后,各物质及相的反应也不同。特别是由于有界面存在,冲击波在界面上折射、反射等作用产生了干扰,使起爆机理变化。由于非均相炸药爆轰的波阵面由一些局部热点爆轰会聚而成,所以从高速显微照相看到,该波阵面是不光滑的。非均质炸药密度不连续面上冲击波的交会是产生热点的原因。本节涉及的是固体炸药,即由很多颗粒组成的炸药柱的冲击波起爆。

4.2.1　非均相炸药的起爆特性

1. 非均相炸药爆轰轨迹的测定

测试非均相炸药冲击波起爆特性采用楔形药柱实验,装置见图 4.7(a)。炸药用平面波发生器起爆,炸药柱为楔形,在其斜面上覆盖 6μm 厚的镀铝聚醋树脂薄膜。氩光灯照于此斜面时,光由此斜面反射到高速照相机底片上,爆轰在楔形炸药柱中进行。当爆轰波到达斜面时,铝片表面鼓起,反射光不能再反射到扫描照相机底片上而出现暗线,即爆轰波通过的轨迹,见图 4.7(b)。由图可以看出,爆轰过程曲线分两个阶段。第一阶段基本上是初始冲击波轨迹,第二阶段是稳定爆轰波轨迹,两个阶段间有一平滑过渡区。

如果在图 4.7(b)的曲线上作两切线,并使其相交也可以得类似于图 4.6 的情况。起爆深度 d 和起爆时间 t_e 可由图中找到。实验证明 d 和 t_e 均随冲击波增强而减小。

非均相炸药中爆轰过渡不如均相炸药那样突然的原因有不同的解释。Campbell 认为在整个过渡区阶段,化学反应的量是逐渐增加的,最初加速得慢,到一定程度后才快速增加,最后达到爆轰。对于非均相炸药,当较弱的冲击波进入时,大部分炸药不发生反应,只有少量热点在炸药中产生,这些热点如果温度足够高,可在经过各自所需的延滞期后发生局部的爆炸反应。那些温度很高延滞期极短的热点,反应放出热量快,能跟上初始冲击波,并加强初始冲击波;那些延滞期较长的热点经过一段时间后,其反应放出的热量也能有助于加强初始冲击波。这样就等于有许多不同温度与不同延滞期的局部点的爆炸,在不同的时间加强初始冲击波,从而使形成的热点越来越多,最后达到全部爆轰。

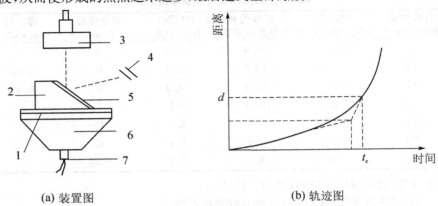

(a) 装置图　　　　　　　　　　　　(b) 轨迹图

图 4.7　楔形药柱实验图

1—衰减片;2—炸药柱;3—氩光源;4—照相机;5—铝箔片;6—平面波发生器;7—雷管

由上述结果得出非均相炸药冲击波起爆的物理模型为:初始冲击波进入炸药后,由于炸药密度的不连续性,造成冲击波交会,在炸药中激起局部热点的化学反应。这些反应加强了初始冲击波,然后以大于初始冲击波的速度在炸药中行进,同时激起更多的炸药反应,再加强冲击波。反复作用的结果,使在炸药中行进的冲击波不断加速,最后达到高速爆轰。

按此模型可得非均相炸药的冲击波起爆特性如图 4.8。由图可见整个过程爆速没有明显突跃,而是逐渐变化的平滑过渡。和均相炸药起爆类似,存在延滞期和起爆深度问题。

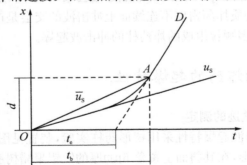

图 4.8　非均相炸药起爆特性图

t_b—起爆时间;u_s—初始冲击波速度;d—起爆深度;A—正常爆轰开始点;
t_e—起爆延滞期;$\overline{u}_s$—爆前冲击波平均速度;D—正常爆轰速度

2. 楔形炸药爆轰反应程度的测定

假设炸药中化学反应和其电阻率变化成比例。在药柱中安装一些探针,探针间的电阻率随炸药爆轰反应程度而变化。在炸药没有反应或反应很弱时,探针不能接通。炸药发生化学反应后,由于反应产物的电离作用,使探针接通,其电阻率随反应程度而变化,测得的电阻率变化曲线和扫描照相结果相符。

以楔形底角为 $36°25'$,密度 $\rho_0 = 1.71\text{g/cm}^3$ 的 RDX/TNT=65/35 混合炸药楔扫描照相记录,得出试验点的曲线如图 4.7(b),其拟合方程为:

初始冲击波段　　　　$x = 0.1198 + 3.5334t + 0.2452t^2$

高速爆轰段　　　　　$x = -9.152 + 7.52t + 0.0457t^2$

方程的一次项是初速,二次项是加速度。高速爆轰大约从 $2.8\mu s$ 开始,从方程计算,转变点的爆速是 7 780 m/s,此炸药的稳定爆速为 8 000 m/s。

4.2.2　延滞期和起爆深度

1. 延滞期和起爆深度定义

延滞期是指能量输入炸药至起爆所经历的时间。对非均相炸药冲击波起爆来说,初始冲击波进入,炸药中就有局部的化学反应,经过不断加强后才达到稳定爆轰。从起爆特性图 4.8 看,初始冲击波从 O 点进入炸药,在 A 点达到稳定爆轰。在冲击波传播轨迹两端各作切线,分别表示初始冲击速度 u_s 和炸药稳定爆速 D。曲线 OA 间斜率的变化表示了稳定爆轰前冲击波速度增长情况,直线 OA 是稳定爆轰前这段时间内冲击波的平均速度 $\overline{u}_s$。其延滞期 t_e 为达到稳定爆轰前由于非正常爆轰而延长了的时间,即

$$t_e = t_b - \frac{d}{D} \tag{4.4}$$

式中 t_b 为起爆时间,从初始冲击波进入到稳定爆轰的时间;d 为起爆深度,从初始冲击波进入炸药到稳定爆轰在炸药柱中经过的距离。

2. 延滞期和起爆深度的影响因素

(1) 初始冲击波速度

在起爆特性图上,如 u_s 沿曲线 OA 增加时,坐标原点向右上方移动,结果 t_e 减小,d 也减小,直到 $u_s = D$ 时,$t_e \to 0$,$d \to 0$;相反,如果 u_s 沿曲线 OA 减小时,坐标原点向左下方移动,结果 t_e 增加,d 也增加。

当 $u_s = D$ 时,相当于爆轰波在炸药中层层传递;$u_s > D$ 时,即为大于炸药正常爆速的冲击波在药柱中传播,并迅速降为 D;$u_s < D$ 时,爆轰逐渐成长,随着 u_s 的减小,t_e、d 都增大,如果起爆一定长度 L 的药柱,在 $d > L$ 时,药柱不能达到稳定爆轰。当 u_s 小到一定程度时,爆轰成长不起来,结果爆轰熄灭,可见,对每种炸药 u_s 都有一临界值。

(2) 初始冲击波压力

Wacherle 曾研究了高密度 PETN($\rho = (1.75 \pm 0.1)$ g/cm³,为 TMD 的 99.95%)的冲击波起爆。他发现冲击波压力接近 0.25GPa 时,炸药中行进的是弹性波超前,炸药不发生爆炸。当 $p > 1\text{GPa}$ 时,炸药可以起爆,起爆深度随压力增加而下降,如图 4.9 所示。

有人提出起爆深度和起爆压力的关系可写成

$$\ln d = k_1 + k_2 \ln p \tag{4.5}$$

式中 d——起爆深度;

　　p——起爆压力;

　　k_1, k_2——和炸药性质及实验条件有关的系数。

由于非均相炸药反应是从局部"热点"处扩展开的,不像均相炸药反应需要能量均匀地分配给整个起爆面上,因此同样起爆深度所需的起爆压力,非均相炸药比均相炸药要小,如图4.10。

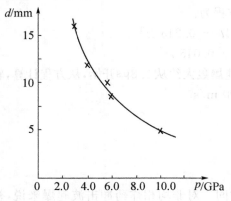

图 4.9　PETN 起爆深度和起爆压力的关系图

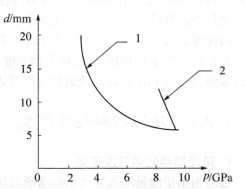

图 4.10　非均相炸药和均相炸药(硝基甲烷)起爆深度随初始冲击波压力 p 的变化图
1—RDX/TNT=65/35;2—硝基甲烷

（3）装药密度和炸药粒度

装药密度的影响可由图4.11中看出,即随密度增加起爆深度增加。密度和粒度对延滞期的影响见图4.12。延滞期随密度增大而增长。粒度的影响在低密度时明显,随粒度增大,延滞期增长;密度增大后,粒度对延滞期的影响会减小。

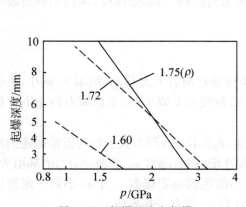

图 4.11　起爆深度和起爆压力、密度的关系图

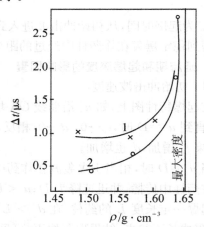

图 4.12　密度对冲击波起爆感度的影响图
1—粗粒;2—细粒

Gittings 对 PBX9404-3 炸药用铝飞片起爆时所得结果,说明 t_e 与飞片速度 v、厚度 δ、炸药密度 ρ 及 τ/t_b 的关系,见图4.13。其中(d)图说明飞片作用时间 τ（即飞片厚度）的范围。t_b 为起爆时间,当 $\tau/t_b \leqslant 0.2$ 时,$t_e \to \infty$,炸药不能起爆,$\tau/t_b \geqslant 0.5$ 时,延滞期不再下降,即 $\tau > 0.5t_b$ 时继续增加 τ 对起爆已无作用。这一结果说明铝飞片作为起爆冲击波输入源时,飞片厚度有一最佳范围,即 $0.2t_b < \tau \leqslant 0.5t_b$。也可以说冲击波起爆时,起爆冲击波的脉冲宽度有一范围,不能是 $<0.2t_b$ 的极短脉冲,也不需要 $>0.5t_b$ 的长脉冲。

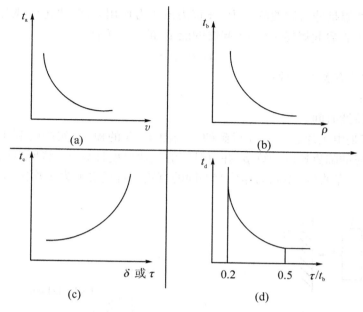

图 4.13 t_e 和其他参数的关系图

3. 延滞期和起爆深度的关系

从起爆特性图看出延滞期和起爆深度有对应关系,凡延滞期长的起爆深度大。Saltanoff 用不同冲击波压力的起爆结果见图 4.14。

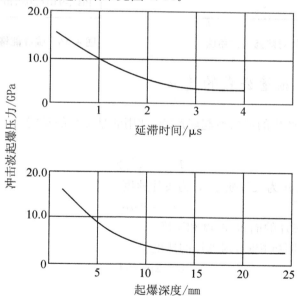

图 4.14 冲击波压力和起爆深度及起爆延滞期图

4.3 冲击波起爆临界能量

为使冲击波的参数便于定量,通常用高速飞片的碰撞来产生冲击波。这种冲击波是一个方形波,它的波幅是冲击波波峰压力,波宽为该压力作用时间,决定于飞片的厚度。1969年 Walker 提出了临界起爆能量(50%起爆的能量)的表示方法

$$E = \mu p^2 \tau$$

式中 μ——和炸药有关的常数;

　　　p——波压;

　　　τ——波的持续时间。

　　最初此方程是由飞片起爆实验得到的。按图 4.15 的模型,实验时利用不同厚度的飞片,测定其起爆时的临界速度计算 p,并由对应的飞片厚度计算 τ。将所对应的 p 与 τ 在对数纸上作图可得一条直线,不同的炸药有不同的直线。直线之上为爆炸区,直线之下为不爆炸区,见图 4.16。

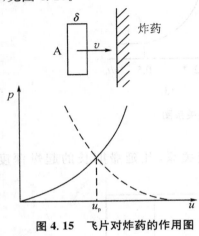

图 4.15　飞片对炸药的作用图

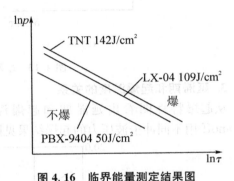

图 4.16　临界能量测定结果图

4.3.1　临界能量公式的建立

　　用高速飞片碰撞产生的冲击波起爆炸药,利用的是飞片的动能。
即

$$E_k = mv^2/2 \tag{4.6}$$

式中 E_k 为飞片动能;m 为飞片质量;v 为飞片速度。

$$m = A\delta\rho$$

式中 A、δ、ρ 分别为飞片的面积、厚度和密度。

令飞片与炸药的冲击阻抗相同,则飞片的速度

$$v = 2u_p = D$$

代入式(4.6)得

$$E_k = \frac{1}{2}A\delta\rho(2u_p)^2 \tag{4.7}$$

飞片撞击在炸药面上时,其雨贡纽压力

$$p = \rho D u_p$$

冲击波作用时间

$$\tau = \frac{2\delta}{v} = \frac{2\delta}{D}$$

代入式(4.7)得

$$E_k = \frac{A}{\rho D} p^2 \tau$$

则单位面积上的临界起爆能量

$$E_c = \frac{E_k}{A} = \frac{1}{\rho D} p^2 \tau$$

令 $\mu = \frac{1}{\rho D}$ 即得冲击波起爆临界能量

$$E_c = \mu p^2 \tau \tag{4.8}$$

此方程后来经过许多实验验证,认为是一个比较粗糙的结论。有些炸药并不完全符合此式,例如 Schwary 的实验证明,对于 TATB 炸药,当 $\rho = 1.50 \sim 1.70 \text{g/cm}^3$ 时测出的关系为

$$p^{2.56} \tau = 常数$$

所以他提出的方程是

$$p^n \tau = 常数$$

式中 n 是一个常数,决定于炸药的性质和实验条件。此外还有人得出的结论是:E_c 和飞片速度 v 只在一定速度范围内呈直线关系。

从很多实验结果来看,在飞片速度大于或小于一定值时,常出现偏差,见图 4.17。当炸药的种类和物理性能变化时,不仅 μ 变化,n 也会发生变化,这和炸药接受冲击波能量生成热点时,能量是否充分利用有关。

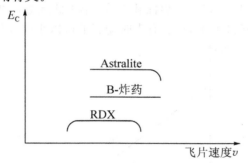

图 4.17 E_c 和飞片速度 v 的关系图

4.3.2 临界能量公式的讨论

(1) 该公式是在平面一维的条件下,以冲击阻抗和炸药相近的材料制成一定厚度的飞片撞击炸药后,引起"爆轰"与否为判据得出的。可见得出该公式的压力为近似矩形的短脉冲,判断效应为"爆"与"不爆"。进一步的研究表明:长脉冲(即持续脉冲)、极短脉冲、用截面很小的飞弹撞击、较薄的炸药或用"点火"与否作为判断效应时该公式都不适用。

(2) $E_c = \mu p^2 \tau$:只反映了飞片撞击炸药的能量,没有考虑压力脉冲的其他形式,更没有考虑炸药除 ρD 以外的其他特性,如果考虑到炸药中黏合剂和其他一些惰性添加剂的影响,以及炸药的物理化学性质,炸药的分解反应率和几何尺寸的影响,临界能量公式应采用一般判别式 $p^n \tau$。

(3) $p^n \tau$ 对爆轰的激起不是绝对的。因为固体炸药的冲击波引爆是初始冲击波作用后,

在炸药中形成局部高温生成热点,所以如果冲击压力小于能生成热点的临界压力,或者持续时间达不到热点爆炸的临界条件,即使冲击能量大于 $p^n\tau$,也不可能引爆炸药。

总之,临界判据 $p^n\tau$ 是多种炸药在各种不同条件下的实验结果,确实是工程应用中的简明工具,但一定要注意应用范围和制约条件。

4.3.3　临界能量的影响因素

1. 脉冲形式

$p^n\tau$:仅适用于近似矩形的短脉冲。对 p 很大的极短脉冲,因脉冲时间达不到炸药起爆延滞期,不能引爆;而长脉冲则决定于 pc,若达不到炸药热点生成的临界压力,即使 $E_C \geqslant p^n\tau$,同样不能引爆。这正符合图 4.13(d) 的实验结果。

2. 冲击波压力

因 E_C 为一确定值,故对某一炸药只在某一段压力范围内适用。压力过大过小都不适用,过大相当于极短脉冲,不能引爆;压力过小,则 τ 太大,能量损失大,也不能起爆。

3. 起爆面积

Mouland 曾发现利用飞片或柱形弹丸起爆炸药装药时,临界起爆压力 p 和起爆面积 a 有关,见图 4.18。图中曲线上方是能起爆区域,下方是不爆区域。他认为在一定压力下,要有一定的起爆面积方能保证足够的热点,使爆轰得到成长。如果提高冲击波强度,则起爆面积可以减小。故对应某一压力有一临界面积存在,小于此起爆面积炸药也不能起爆。起爆面积的大小,还受到侧向稀疏波的影响,有壳时受影响可以小些,但规律不变。

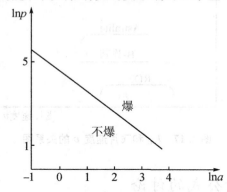

图 4.18　临界起爆面积与起爆压力的对数关系图

4.4　炸药冲击波感度的测定

炸药冲击波感度表示被试炸药在一定冲击波能量作用下被起爆的程度。按起爆临界能量判别式,常采用测定炸药被起爆时输入冲击波能量 $p^2\tau$ 的方法。关于输入冲击波源,有用炸药爆炸或高速飞片。

在使用炸药爆炸源时,使用隔板厚度调节冲击波强度,称为隔板法。

　　根据采用药量的大小,隔板法通常分为大隔板法(Large Scale Gap Test 简称 LSGT)和小隔板法(Small Scale Gap Test 简称 SSGT),大隔板法测试的药量大,一般用于测定弹药主装药的感度,测定火工药剂、传爆药的感度用小隔板法。

　　高速飞片作为冲击波源是由 Schwary 在 1975 年提出的。

　　实验时,由导线将大电流通到爆炸箔上,使箔气化而爆炸,爆炸气体把飞片推过空腔并加速,高速飞片撞击在被发炸药上,以冲击波引爆炸药。飞片速度决定于通入的电能量,冲击波的持续时间和飞片厚度,可按需要选择。

　　Schwary 用此法对 PETN 取得的实验结果作出了 p-τ 关系曲线如图 4.19。在已知其他材料飞片和 PETN 的雨贡纽线时,可利用图解法求不同飞片速度下起爆的飞片冲击压力和持续时间,也可反过来求给定起爆时间下的飞片速度。如欲求 0.041μs 起爆 $\rho=1.60$g/cm^3 PETN 的卡普隆飞片的速度,则可通过 PETN 和卡普隆的雨贡纽线(图 4.20)和图 4.19 求解。图解法为先将图 4.20(b)卡普隆雨贡纽线延至图 4.20(a),然后由图 4.19 求得在 0.041μs 时,$\rho=1.60$g/cm^{3}PETN 的起爆压力 $p=4.6$GPa,再在图 4.20(a)中 $p=4.6$GPa 和 $\rho=1.60$g/cm^3 雨贡纽线的交点作卡普隆雨贡纽线的镜像线和横轴相交,即得飞片速度 $v=1.9$mm/μs。

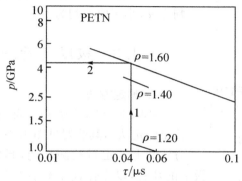

图 4.19　不同密度 PETN 的起爆压力与时间的关系图

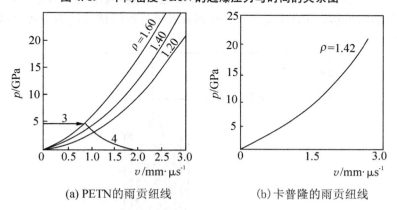

(a) PETN的雨贡纽线　　　　　　(b)卡普隆的雨贡纽线

图 4.20　PETN 和卡普隆的雨贡纽线图

　　对于火工品中所装猛炸药的冲击波感度还采用极限药量法,以起爆火工品中一定量猛炸药的起爆药量来表示。这种方法和火工品装药设计密切相关。

　　本书主要介绍小隔板法和极限药量法。

4.4.1　小隔板法

20世纪60年代美国海军军械实验室设计了一种小隔板法,其装置见图4.21。该装置把主发药与被发药各装在黄铜套中,直径为5.1mm,用有机玻璃作隔板。主发药一般用165mgRDX压成25.4mm高药柱,用雷管引发。试验测出被发药爆炸时的隔板厚度,再计算冲击波压力。这种实验在美国已形成标准,积累的数据编制成SSGT数据册,供使用查阅。

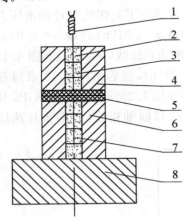

图4.21　小隔板法试验装置图
1—引火头;2—雷管;3—施主药柱;
4—上套筒;5—隔板;6—下套筒;
7—试样;8—鉴定钢块

我国也于1994年在GJB2178的《传爆药安全性试验方法》中颁布了"传爆药冲击波感度小隔板试验法"。试验装置类似图4.21,规定了受主爆与不爆的判定可分为两种情况。或根据预先作出的隔板厚度-钢凹值关系曲线,取50%爆炸时的隔板厚度对应的钢凹深度值作为判据;或取主发药和被发药间无隔板时测得钢凹深度值的1/2作为判据。凡受主起爆后测得的钢凹深大于取值判为爆,小于取值判为不爆。

4.4.2　极限药量法

1. 测定方法

我国于1989年颁布了部标准WJ1877《起爆药极限药量测定法》,其装置见图4.22。在雷管中按规定的装药方法装上一定量被测炸药,起爆药和引燃药为LTNR。用点火头引爆后,测量雷管在铅板上的炸孔,以炸孔直径不小于雷管外径判为全爆,否则判为半爆或不爆。若连续试验若干发均全爆,则需要适当减少起爆药的药量再进行试验;若出现半爆则应适当增加起爆药的药量。在寻找到数发试样连续试验均为全爆时的最小起爆药量为极限药量。

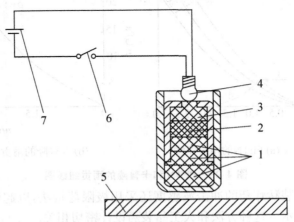

图4.22　极限药量试验装置示意图
1—被测药;2—起爆药;3—引燃药;4—引火头;5—鉴定铅板;6—开关;7—电源

2. 影响因素

极限药量除和测定方法有关外,首先受被测药量影响,如表 4.6 为测定 1g 炸药的极限药量。表 4.7 为测定 0.07g 炸药的极限药量。

其次,极限药量还受雷管壳和帽的材料、大小和形状、起爆药和被测药的压药方式、压药密度、雷管装药的原材料化学纯度及制成药后的结晶大小等影响。

表 4.6　起爆 1g 炸药的极限药量　　　　　　　　　　　　　　单位:g

起爆药	RDX	PETN	Tetryl	TNT	苦味酸
糊精 $Pb(N_3)_2$	0.05	0.02	0.1	0.25	—
$Hg(ONC)_2$	0.19	0.17	0.2	0.25	0.2

表 4.7　起爆 0.07g 炸药的极限药量　　　　　　　　　　　单位:g

起爆药	RDX	Tetryl	TNT	苦味酸	NH_4NO_3
AgN_3	—	0.02		0.035	
$Pb(N_3)_2$	0.013	0.025	0.07	0.025	0.05
$Hg(ONC)_2$		0.165	0.09	0.225	0.175
DDNP	0.1	0.075	—	0.115	0.083

4.5　亚微米炸药的冲击波起爆研究

4.5.1　样品制备与粒度表征

用水筛法获得 $10\sim30\mu m$ 的 HMX 普通粉体炸药,HNS 选用粒度为 $8\sim10\mu m$ 的 II 型普通粉体。

以水为分散介质,用 90P $1\mu s$ BROOKHAVEN 激光粒度分析仪对喷射细化重结晶法得到的 HMX 和 HNS 炸药进行粒度分析。结果表明,其粒度分布均在 $0.5\sim1\mu m$ 之间,属于亚微米级粉体炸药(图 4.23)。

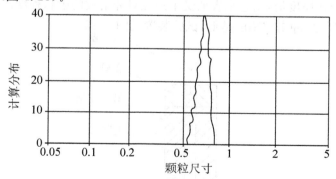

图 4.23　亚微米 HMX 和 HNS 炸药的粒度分布图

4.5.2　感度试验

1. 冲击片感度试验装置和原理

主要由电爆炸导体、冲击片、加速膛、药柱和反射片组成(图 4.24)。起爆时,高压脉冲电源经带状传输线给电爆炸导体供电,电爆炸导体在颈缩段发生爆炸,产生的等离子体迅速膨胀,其极高的压力在反射片材料的限制下,从加速器中心孔中切割下飞片,飞片经过加速膛加速后高速撞击炸药柱,用最小起爆电压来表征其冲击片感度大小,最小起爆电压越小,则冲击波感度越高。冲击片起爆试验结果见表 4.8。

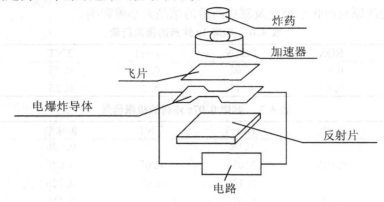

图 4.24　冲击片起爆试验原理示意图

表 4.8　HMX 和 HNS 冲击片起爆试验结果

试　样	90%TMD(g·cm^{-3})	粒径大小(μm)	最小起爆电压(V)	最小起爆能(J)
HMX	1.71	10~30	3 000	0.27
	1.71	<1	2 100	0.18
HNS	1.57	8~10	3 800	1.10
	1.57	<1	3 400	0.30

　　冲击片感度试验结果表明,对于同一种炸药,亚微米炸药所需的最小起爆电压和最小起爆能量相对较低,即亚微米炸药的冲击片起爆感度高于普通粉体炸药。

2. 小隔板试验装置和原理

　　由标准施主药柱爆炸产生的冲击波,经有机玻璃隔板衰减后,作用于被测试样,测定试样 50%爆炸时的隔板厚度值,用它来表征受主药柱对冲击波的敏感程度。隔板厚度值越高,冲击波感度越高;反之,冲击波感度越低,试验装置见图 4.25。

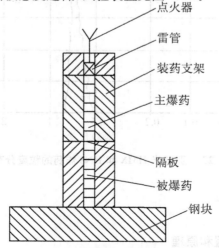

图 4.25　小隔板试验装置示意图

试验条件:施主药柱为丙酮精制黑索今($\rho=1.604\mathrm{g\cdot cm^{-3}}$),隔板材料为 PMMA。

试验结果:用普通粉体炸药和亚微米炸药做小隔板对比试验,试验结果见表 4.9。小隔板试验结果表明,对于同一种炸药,亚微米炸药的 50% 隔板值较低,临界起爆爆压相对较高,即在该试验条件下普通粉体炸药的冲击波感度高于亚微米炸药。

表 4.9　HMX 和 HNS 小隔板试验结果

试　样	90%TMD($\mathrm{g\cdot cm^{-3}}$)	粒径大小(μm)	50%爆轰时落高(mm)	临界起爆压(GPa)
HMX	1.71	10~30	9.40	5.74
	1.71	<1	7.04	7.59
HNS	1.57	8~10	7.59	7.64
	1.57	<1	4.74	13.24

在 90% 理论密度试验条件下,可得出以下结论:

(1) 在冲击片起爆试验中,炸药的起爆感度由爆轰成长过程控制,冲击波感度随粒度的减小而提高,亚微米炸药冲击波感度比普通粉体炸药高。

(2) 在小隔板试验中,冲击波感度由热点点火过程控制,冲击波感度随粒度的增大而提高,亚微米炸药冲击波感度比普通粉体炸药小。

复习思考题

1. 试比较均相与非均相炸药起爆机理的异同。
2. 影响炸药冲击波起爆的因素有哪些? 这些因素各在起爆过程中如何起作用?
3. 炸药冲击波起爆时起爆深度的物理意义是什么?
4. 均相与非均相炸药冲击波起爆延滞期有什么不同? 说明它们的影响因素。
5. 冲击波起爆中起爆深度和起爆延滞期有什么关系?

第5章 电 起 爆

　　电起爆是研究起爆器材在电能的作用下激起爆炸的机理。20世纪50年代时,我国用于发火序列的最初起爆器材几乎全是采用机械能或火焰能起爆的,如击针刺入发火的火帽及针刺雷管,用延期药或火帽发出火焰点燃的火焰雷管,等等。但发展到70年代,随着压电引信、无线电引信的研制使用,用电能作为起爆器材的初始激发能已越来越广泛。电发火头、电点火器、电雷管的种类陆续多起来了。其原因是由于用电能激发的起爆器材具有以下的优点:

　　(1) 作用迅速、准确,可以做到在几微秒内起爆;

　　(2) 同时性好,并可大量使用。如有的导弹用电雷管为十几发、甚至几十发同时起爆,时间偏差不到 $1\mu s$;

　　(3) 所需起爆冲能小,针刺雷管发火需要的针刺能为 $400\sim1\,200\mathrm{g}\cdot\mathrm{cm}$,接近 $4\times10^2\sim12\times10^2$ J,而电雷管起爆所需能量约为 $10^{-5}\sim10^{-3}$ J;

　　(4) 可以利用多种电能源激发,如电池、RC 放电、压电晶体等,也可以利用光电、声电等转换机构。

　　现在的电起爆器材已不仅用于压电引信、无线电引信及导弹引信等,还广泛用作航天飞行器解脱金属件的动力源,如爆炸螺栓、切割索、火箭级间分离器等。这样在正常电能作用下能否可靠起爆,而在意外电能,如静电、杂散电流等的作用下能否安全也成了研究电起爆的目的。

5.1　电起爆的类型

5.1.1　电能转换起爆形式

1. 电能转变为热能

桥丝式起爆器材靠电流通过有一定电阻的微细金属桥丝,电能按焦耳-楞次定律 $Q=0.24I^2Rt$ 产生热量,使桥丝升温达到灼热状态,加热桥丝周围的炸药并引爆,属热起爆机理。

2. 电能转变为冲击波能

利用高压强电流使金属迅速受热而气化,产生高温高压等离子体,并迅速膨胀形成冲击波,以冲击波形式引爆炸药;或用金属气化后的高压气体(或等离子体)推动薄片,使其高速飞出冲击炸药,即飞片起爆。两者均属于冲击波起爆机理。

5.1.2　电击穿起爆形式

炸药晶体或混有少量空气的炸药装药,电阻率在 $10^{12} \sim 10^{14}\,\Omega \cdot cm/m^2$ 之间,基本是绝缘物质,因此炸药的击穿属电介质的击穿。

电介质的击穿是由于电场把能量传给了电介质,使其内部发生变化,从而失去了介电性。对单一电介质,如果用等效电路来表示,如图 5.1,犹如在两极间接了一个电阻和电容,当在两极间加电压时,击穿有 3 种形式:热击穿,化学击穿,电击穿。

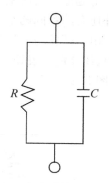

图 5.1　电介质等效电路图

1. 热击穿

在电介质两端接上电压后,尽管电阻很大,但仍有少量电流通过,称为漏导电流。有电流就会产生热效应,使电介质发热。因为电介质具有负的温度系数,$dR/dT < 0$,发热后 $T\uparrow$,$R\downarrow$,$I\uparrow$,发热量增大,进一步导致 $R\downarrow$,$I\uparrow$,达到一定温度后,介质烧毁,失去介电性,称为热击穿。热击穿的特点和时间关系很大,开始时电流很小,随时间增长积累热量而升温。热击穿的时间可长达几分钟。

2. 化学击穿

在电场作用下,介质吸收电场能量后发生化学变化,如电解成另一种物质而具有导电性,称为化学击穿。化学击穿也和温度及时间有关,电场作用时间越长,温度越高,化学反应越激烈。

3. 电击穿

在强电场作用下,由于介质中自由电子的高速碰撞游离,造成电子数剧增,而使介质失去介电性的现象称为电击穿。

电击穿是瞬时过程,时间在 $0.01 \sim 0.1\,\mu s$ 之间。它和温度的关系不大。电击穿的条件是电场强度达到击穿场强

$$E_C = \frac{q}{\varepsilon\delta^2} = \frac{U}{\varepsilon\delta} \tag{5.1}$$

式中 E_C 为击穿场强;q 为电量;ε 为介电常数;U 为电压;δ 为电极间距离。

在电击穿起爆过程中测定通过两极间的电流和电阻的变化时,曾发现高电压加到两极后,在几十纳秒的时间内,电阻和电流的变化都很激烈。电阻可从 $10^{10}\,\Omega$ 以上突降到几个欧姆,电流可突升到几十甚至几百安培。如果这能量足够,可以引爆炸药,这种电击穿引爆方式和前几章所讨论的完全不同,是本章的内容。

一种介质的电击穿很可能同时存在几种击穿形式,研究时要分析哪一种起主导作用。一般起爆时间在几微秒的电起爆器材主要为电能直接击穿起爆。

电击穿分为炸药和空气混合物的击穿及炸药的直接击穿两类。

5.2　炸药和空气混合物的击穿

电起爆器材的基本结构是两极间装有一定密度的炸药(一般都压成药柱),药柱中除药粒外还有药粒间的空气,空隙度随密度而不同。

由于药粒与空气这两种电介质的电性能有差别,所以应研究其混合后的电学性能。现设 A、B 分别代表处于极间的两种电介质,把它们的等效电路分成并联和串联两种情况来分析(图 5.2)。

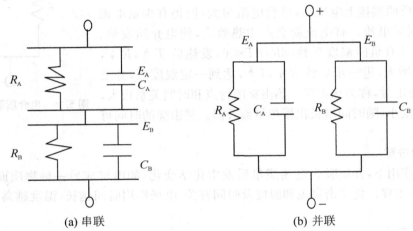

(a) 串联　　　　　　　　　　　(b) 并联

图 5.2　串并联等效电路图

A,B—介质;R_A,R_B—介质 A、B 的电阻;

C_A,C_B—介质 A、B 的电容

设所加的电场强度为 E_0,两极间距离为 δ,两介质的介电常数为 ε_A、ε_B,两种物质为空气 A 和炸药 B。

对并联电路来说:

$$E_A = \frac{E_0}{\varepsilon_A}, \quad E_B = \frac{E_0}{\varepsilon_B} \tag{5.2}$$

式中 E_A 与 E_B 为 A、B 两种物质中分配的场强,且相等。如果两种物质击穿场强不同,则其中击穿场强低的物质首先击穿。大电流在击穿的物质中通过,能量聚集在击穿通道中,形成了电火花。电火花中有高温高压气体和带电粒子(包括电子和离子)。由于高温气体的膨胀而产生机械冲击,在火花隙中转变为光、声、冲击波等能量。如两种物质为空气 A 和炸药 B,已知空气介电常数:炸药介电常数＝1∶5,故 $E_A = 5E_B$。而空气的击穿场强又比炸药低得多,所以这样的混合物总是空气先击穿,击穿后的电火花引爆炸药。如果电火花的能量不足以引爆炸药,可能只把炸药吹散;若把炸药限制起来,防止飞散,也可以增加起爆的概率。

对串联电路来说:在两端加场强 E_0,因为 $E_A = 5E_B$,而 $E_0 = E_A + E_B$。

空气承受的场强

$$E_A = \frac{5}{6} E_0$$

炸药承受的场强

$$E_B = \frac{1}{6} E_0 \tag{5.3}$$

空气承受的场强为总场强的 5/6,而空气的击穿场强又低于药剂,故空气先击穿。这时如果炸药未击穿,就有火花掠过其表面,称为表面击穿放电,有时炸药就靠这种表面击穿放电引爆。这是一种典型的空气击穿起爆,它只在药粒间的空气泡中发生。

另一种情况是空气击穿后成为导体,全部场强加到炸药上。如果这一场强大于炸药的击穿场强,炸药粒子将被击穿并引爆。

总之,无论炸药粒子和空气隙的关系是并联还是串联,在加上外电压后都是空气先击穿,击穿后形成电火花。只要此电火花能量足够,就能引爆炸药,所以称为火花起爆。对炸药来说可能击穿也可能不击穿。在假设串联模型时,击穿可能性大,因为空气击穿后,全部电场作用于炸药,使炸药承受的场强增高。

5.3 炸药内空气击穿起爆

关于气体击穿的原理由于电力高压工程的需要已有很多研究,对于小距离和低气压的情况常采用汤姆逊的撞击游离理论;在大距离和高电压的情况下,则多采用流注击穿理论(可用来解释天空中的雷击现象)。在起爆器材的条件下,则采用汤姆逊撞击游离理论,主要是游离发生后达到自持放电时的巴申定律。

5.3.1 汤姆逊撞击游离理论

当在两极施加电压后,两极间空气存在的少量游离因子会在电场作用下各自按照一定的方向运动,电子移向正极,正离子移向负极,其运动速度随电场强度增加而增加。尤其是电子,因质量小,运动速度很大。这些粒子在运动中不仅会相互碰撞,还会和中性分子碰撞,结果将出现下列情况:

(1) 运动粒子的动能大于气体中性分子的游离能 W_u,即 $\frac{1}{2}mv^2 > W_u$ 时,中性分子会产生游离。新游离出的电子也会从电场中获得能量而加速运动和撞击,再次产生电子。这种作用在碰撞游离中占主导地位,反复循环的结果会造成电子数迅速增加。

(2) 能量小于游离能 W_u 的电子碰撞时,前一个电子使中性原子变成激发态,后一个电子碰撞时再游离,称分级游离。也存在电子和激发原子相碰时,激发原子回到正常态,能量交给电子,加大电子能量而达到游离能 W_u 的情况。

(3) 足够能量的正离子撞击金属表面,把能量传给金属晶格中的电子,使电子从金属中游离出来,称为表面游离。

在外电场足够强的情况下,3 种游离的结果会造成电子的"雪崩",介电性破坏,介质击穿而通过电流。可见,击穿过程可以看成电流或电阻的变化过程。实验测定了均匀电场电流随电压的变化关系如图 5.3。这条曲线可分成 3 段来分析:

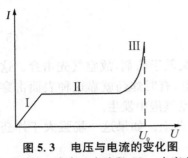

图 5.3　电压与电流的变化图
Ⅰ，Ⅱ，Ⅲ—击穿 3 个阶段；U_0—击穿电压

第一段电压以一定的斜率增加。这一段相当于电阻的作用，因为假设电阻不变，则电流遵守欧姆定律，随电压增加而增加。

第二段电压增加，电流不变，这一段相当于电容的作用，电流通不过，但能量在积累，随着电压增高，电子和离子运动速度增加。

第三段游离发生，电流随电压增加。电压达到 U_0 时击穿发生。击穿后电压保持不变，但电流继续上升，称为自持放电。U_0 为击穿电压。

5.3.2　自持放电的条件

令 α 为电子在电场中运动 1cm 距离时的碰撞游离数。并假设：

（1）电子动能小于气体游离能不产生游离；

（2）电子使中性分子游离后全部能量交给中性分子，再重新从电场中获得能量而加速；

（3）电子只沿电场方向运动。

根据汤姆逊理论和这些简化假设可推导出如下的关系式：

$$\alpha = Ap e^{-Bp/E} \tag{5.4}$$

式中 A，B——常数；

　　　p——空气的压力；

　　　E——电场强度。

此关系式与实验结果一致，只是 A、B 必须采用实验确定的值。对于空气，当 E/p 取值为 $1.125\sim4.5\text{V}/(\text{cm}\cdot\text{Pa})$ 时，$A=0.109\,5\text{V}/(\text{cm}\cdot\text{Pa})$，$B=2.737\,5\text{V}/(\text{cm}\cdot\text{Pa})$。

若设单位面积 1cm^2，单位距离 1cm 电解质中存在 n_0 个电子，在电场作用下经过 δ 距离后产生 n 个电子，则经过 $\mathrm{d}x$ 距离后，因撞击游离增加的电子数为

$$\mathrm{d}n = n\alpha \mathrm{d}x$$

走完极间距离 δ 后达到的电子数为

$$\int_0^n \frac{\mathrm{d}n}{n} = \int_0^\delta \alpha \mathrm{d}x$$

$$\ln n = \alpha\delta + \ln A$$

$\ln A$ 为积分常数，变换可得

$$n = A e^{\alpha\delta}$$

代入初始条件 $\delta=0$，$n=n_0$，得

$$A = n_0$$

代入上式得

$$n = n_0 e^{\alpha\delta} \tag{5.5}$$

击穿必须在 n_0 存在的条件下，电压增高及 n 剧增时才能出现，而击穿后的自持放电则不需增加电压，也不需外界供给电子，只靠正离子不停地从阴极撞出电子仍可维持放电。

正离子数等于电子碰撞游离增加的新电子数 n_1，即

$$n_1 = n_0 e^{\alpha\delta} - n_0 = n_0(e^{\alpha\delta} - 1)$$

如用 γ 表示每个正离子在阴极上撞击的电子数,则自持放电条件为

$$\gamma n_0 (e^{\alpha\delta} - 1) \geqslant n_0$$

即

$$\gamma(e^{\alpha\delta} - 1) \geqslant 1 \tag{5.6}$$

(5.6)式表示一个电子从负极到正极,撞击游离和表面游离产生电子的总和多于一个新电子。这样,在外界游离因子消失以后,放电仍能维持,所以叫自持放电。

这里要注意的是在求得自持放电条件时作了简化,仅考虑电子一次撞击游离和正离子的表面游离。实际上还有许多别的过程,如在放电本身的放射作用下阴极上产生的表面游离,电子碰撞的分级游离,等等。所有这些统称为 γ 过程,都包括在实验测定的系数 γ 中。γ 值随电极材料及气体种类而变化,称为逸出功,逸出功小的材料 γ 值越大。

5.3.3 巴申曲线方程

5.3.3.1 击穿电压

将自持放电条件式(5.6)改写为

$$\alpha \delta = \ln\left(\frac{1}{\gamma} + 1\right) \tag{5.7}$$

击穿时空气场强为

$$E = \frac{U_0}{\delta} \tag{5.8}$$

将式(5.8)代入式(5.4)得

$$\alpha = Ap e^{-Bp\delta/U_0} \tag{5.9}$$

代入式(5.7)得

$$Ap\delta e^{-Bp\delta/U_0} = \ln\left(\frac{1}{\gamma} + 1\right)$$

则击穿电压为

$$U_0 = \frac{Bp\delta}{\ln\dfrac{Ap\delta}{\ln(\frac{1}{\gamma}+1)}} \tag{5.10}$$

式(5.10)通常称为巴申曲线方程。

5.3.3.2 巴申定律

1. 巴申曲线

从击穿电压的公式看到,气体压力和电极距离以乘积的形式出现。这说明在均匀电场的温度不变时,击穿电压与 $p\delta$ 这一乘积有关。即如果电极距离增加 n 倍,同时气体压力减少 n 倍,则击穿电压不变。这个规律在碰撞游离学说建立前就用实验证明了,称为巴申曲线。由击穿电压 U_0 和 $p\delta$ 的关系画成的曲线称为巴申曲线。

实验测得的巴申曲线如图 5.4。曲线以最低点为界分为左右两支,左支击穿电压随 $p\delta$ 增加而减小,右支随 $p\delta$ 增加而增加。这说明 p 和 δ 两因素在不同阶段作用不同。

为了比较,将式(5.10)采用 $A=0.1095$ V/(Pa·cm),$B=2.7375$ V/(Pa·cm),$\gamma=$

0.025 计算得出的数值绘在巴申曲线图 5.4 上,结果除在 $p\delta$ 非常小的范围外,均和实验曲线相符。将式(5.10)对 $p\delta$ 求极值,得 $(p\delta)_{\min} = 92\text{Pa} \cdot \text{cm}$。计算结果证明了击穿电压方程就是巴申曲线的表达式。

2. 关于 $p\delta$ 在巴申曲线中的作用的讨论

将式(5.7)、(5.9)结合改写成

$$\ln(1 + \frac{1}{\gamma}) = \alpha\delta = Ap\delta \mathrm{e}^{-Bp\delta/U_0} \tag{5.11}$$

式中 $\alpha\delta$——电子运动 δ 距离的游离数;

$Ap\delta$——电子在 δ 距离上遭受的碰撞数;

$\mathrm{e}^{-Bp\delta/U_0}$——碰撞达到游离的概率。

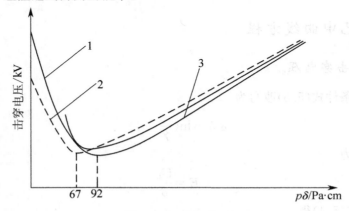

图 5.4　巴申曲线图

1—22℃;2—50℃;3—理论值

现通过式(5.11)讨论 p、δ 两因素在巴申曲线中不同阶段的作用。

曲线右支:

(1) 随着 $p\delta$ 的增加,游离概率的减小比碰撞数的增加快得多,结果 $\alpha\delta$ 减小。为保持击穿条件,必须增加 U_0。

(2) δ 不变,p 增加,气体浓度增大,电子平均自由程减小,电子碰撞游离系数 α 下降,故要求增加 U_0 使电子运动速度增加以克服 α 的下降。

(3) p 不变,δ 增加,E 下降,电子运动速度下降,故要求增加 U_0 保持电子运动速度不变。

曲线左支:

(1) 随着 $p\delta$ 的减小,碰撞数目减小,而碰撞概率增加。但在此范围内 $\mathrm{e}^{-Bp\delta/U_0}$ 增加对 $\alpha\delta$ 的增加比对 $Ap\delta$ 的减小慢得多。原因是尽管极端情况下碰撞概率可以上升到 1,但随着 $p\delta$ 的减小,碰撞总数大大减小,所以虽然每次碰撞都能达到游离,但游离总数还是降低了。为保持击穿条件,必须提高 U_0。

(2) δ 不变,p 降低,气体浓度减小,单位体积的自由电子数相应减少,故要求提高 U_0,增加碰撞数来维持击穿条件。

(3) p 不变,δ 减小,总体积减小,自由电子数减少,要求提高 U_0 来增加电子速度,以提高碰撞数。

理论上,在 $Ap\delta$ 很小的情况下,即使 $\mathrm{e}^{-Bp\delta/U_0} = 1$,还是不能达到必需的游离数,即 U_0 增

到很大时击穿仍不可能,实验值未测到此点。

　　总结上述情况可以看出 p,δ 对撞击游离数有正负两方面的作用:

　　$p\uparrow$ 时,$\rho\uparrow$,$n_0\uparrow$,其结果一方面 $n\uparrow$,另一方面平均自由程减小,$\alpha\downarrow$,$n\downarrow$。

　　$\delta\uparrow$ 时,$E=U_0/\delta$,$E\downarrow$,电子速度 $v\downarrow$,$n\downarrow$,但另一方面 $n_0\uparrow$,$n\uparrow$。

　　在曲线的左右支就看不同作用的两方哪方起主导作用。最低点恰好是两方面的作用相平衡。在空气的情况下,最低点的 $p\delta$ 实验值在 133~66.66Pa·cm 范围。

　　巴申曲线在起爆器材的应用范围,一般为 $\delta=0.1$cm,$p=0.1$MPa,故 $p\delta=104$Pa·cm,属于右支。如火花式电雷管在平原地区生产,到高原地区使用时感度升高,就属于 p 下降可降低 U_0 的右支情况。但实际上因为起爆器材极间并不都是空气,而是药粒和空气泡呈混合状态。这样在药粒较细,药柱密度较大时,也可能跨越两支或属于左支。

　　总结上述看出:混有空气泡或空气间隙炸药的起爆过程,都是按空气击穿理论处理,但对不同装药(击穿难易程度)及不同密度(空气隙多少、大小不同)时有两种情况。

　　(1) 沿炸药表面的空气击穿后形成电火花,只要火花能量足够就能使炸药表面击穿或直接引爆炸药。

　　(2) 空气首先击穿后炸药击穿,形成高能量火花通道引爆炸药。

　　总之,混有空气的炸药起爆都是空气首先击穿,按空气击穿理论处理,而炸药引爆又均属火花引爆机理。

5.4　电能作用下起爆器材的安全

5.4.1　静电的危害与安全措施

1. 静电的危害

　　电击穿起爆的特点是要求两极间有高电压。因为只有在高电压击穿造成通路后,电能才能在两极间积累,但这并不表明要求能量大。从能量角度看,那些低电压靠电流作用于桥丝,以热效应引爆的产品,其能量常常大于靠电击穿引爆的产品。由于人身静电和绝缘体摩擦产生的静电其电压常能达到 $10^3\sim10^4$ V,因此静电安全成了起爆器材的突出问题。

　　静电的产生可以是感应起电,也可以是摩擦起电,在此处只考虑摩擦起电。

　　根据电子学说,当原子中的电子受外力作用时,一些原子核对外层电子引力较小的物质,电子可能脱离轨道,而被那些原子核对外层电子引力大的物质吸走。一般认为两个物体接触,当两接触面的距离达到 25×10^{-8} cm 或更小时,接触更有利于物体间电子转移。这样失去电子的物体带正电,得到电子的物体则带负电。人们还根据电子得失难易列出了摩擦序表,其中与起爆器材作业关系较大的物质序为:(A)畜类毛皮,(B)绒布,(C)干漆棒,(D)玻璃,(E)纸,(F)丝绸,(G)人手,(H)橡胶,(I)硫黄。凡摩擦序表前面的物体和后面的任何物体相摩擦时,都是前面的带正电,后面的带负电。且相差愈远,摩擦生电现象愈明显,即摩擦后产生的电量愈多。由于相互摩擦的是绝缘物质,移动的电量开始是停留在物体上,故称"静电效应"。

　　起爆器材作业中摩擦现象是很多的,所以静电起电的来源也很广,突出的有:

（1）人身静电。由于人走动，衣服之间的摩擦等产生，以丝绸、皮毛、尼龙及其他合成纤维衣服之间的摩擦达到的电压最高。一般人身静电电压可达 18 000～25 000V，人身电容为 300～500pF，人身电阻为 3 000～5 000Ω。

（2）机械运动产生的静电。如胶皮轮小车的走动，皮带的转动，流体的流动，包括倒药、压药、筛药等。实验测得，干燥的起爆药从导药槽上滑下时静电可达几百到上千伏，有的猛炸药过筛时静电可达上万伏。

2. 消除静电危害的措施

（1）泄露法。这一方法的特点是让静电荷比较容易从带电体上泄露消失，避免静电的积累，消除静电的危害，例如接地、增湿、加入抗静电剂、铺设导电橡胶或喷涂导电涂料等措施都属于这一类。

（2）中和法。该方法的原理是对带电体外加一定量的反电荷，使其与带电体上的电荷中和，从而避免静电的积累，消除静电的危害，例如正负相消法、电离空气法以及外加直流电场法等都属于这一类。

（3）从理论上设想一种根本不让静电产生的方法。即设法使两种不同物质的逸出功大体相等，从而使接触电势差趋近于零，这样可以从根本上防止静电的产生。具体技术措施还有待今后研究讨论。

5.4.2　杂散电流的危害和安全措施

1. 杂散电流的危害

在煤矿开采中，常因杂散电流引起电雷管误爆而造成爆炸事故。这些爆炸事故，同矿井具体条件有关。在井下采矿时，常见的设备为铁轨、风管等。在任何两种物体之间常存在杂散电流，因为电雷管两根脚线分别接触不同物体，会有电流流入雷管，从而使电雷管敏化而引爆，造成一定的伤亡事故。对于金属矿与非金属矿来讲，金属矿杂散电流更为严重，为了根除这个隐患，在金属矿山上已大量推广了非电导爆系统。对于非金属矿，尤其常有瓦斯的矿不能用非电导爆系统，杂散电流的危害就更突出。

2. 杂散电流对工业电雷管危害的解决途径

消除杂散电流对电雷管危害应从两个方面加以解决，即 ① 消除或降低杂散电流产生的根源；② 提高电雷管的发火电流及用非电导爆系统完成起爆任务。

3. 消除杂散电流措施

（1）动力线同大地绝缘。

（2）风管、水管、铁轨及其他导体应接地良好。

（3）定时检修动力线的绝缘子或绝缘层。

（4）装药爆破期间动力线与照明线必须远离作业面。

（5）电点火线路同大地绝缘。

5.4.3　射频电磁场对起爆器材的危害

1. 射频电磁场的危害

从人类生活的周围空间到远离地球的太空，都充满着各种形式的、人为的或宇宙的电磁波。随着科学技术和军事技术的发展,无线电电子设备数量急剧增加,发射功率越来越大,向周围空间辐射的电磁能量也越来越大。而起爆器材的引线及连接电路,在一定条件下都可以起到接收空间电磁能量的接收天线作用。通常情况下,起爆器材附近空间射频能量均很微弱,不会对起爆器材产生危害。但在适当的条件下如雷达场、电视台、电台、火花放电附近空间,有相当强的电磁辐射能量,起爆器材的点火回路或引线暴露在此种高场强地区,其发火能量又较低时,就很可能使起爆器材发生意外爆炸。另一方面,起爆器材也可能受到低于发火能量的射频电流长期作用而失效。因此,在电磁场环境下生产、储存、运输和使用起爆器材时,必须采取防射频措施,确保产品质量和生产安全。

常见危害有以下 3 种:

(1)无线电发射的危害主要存在于发射天线及发射机的周围。

(2)微波通信与雷达辐射的危害主要在天线附近。

(3)微波加热源,它已广泛用于杀菌等,它的辐射源来自磁控管,速调管,天线微波设备漏槽、开缝、出料口以及法兰连接处的泄露等,它们都可以产生微波电磁波辐射。

2. 防射频的措施

(1)电磁屏蔽。

(2)研制抗射频的新型电起爆器材。

在起爆器材的生产和运输过程中应注意以下问题:① 防止厂外闪电及临近电台或雷达场的电磁辐射作用;② 防止厂内主要配电室大功率用电车间及用电设备发生火花而产生的电磁辐射;③ 防止运输中的电磁辐射作用。

3. 研制抗射频的新型电起爆器材的主要途径

(1)把电起爆器材的长脚线改为长度相等的插销,以使收到的电势差趋近于零,减少射频电磁场的危害。

(2)通过用不锈钢的材料制作的外壳替代铜铝外壳,以提高电起爆器材屏蔽电磁波的能力。

(3)在电起爆器材输入端,跨越电容,装设晶体管开关电路,接选频滤波器等,衰减传入的射频电磁波。

(4)设计、制作钝感电起爆器材或半导体起爆器材,提高起爆器材的抗射频性能。

5.5 炸药静电火花感度

由于静电积累经常导致事故发生,考虑到安全问题,我们有必要对电火花起爆机理作进一步研究。

5.5.1 炸药电火花感度的测定

炸药的静电火花感度使用静电火花感度仪测定,其原理如图 5.5 所示,主要包括高压电源(可变电压和电容)和发火箱两大部分。发火箱中有一对电极,较普遍使用的电极是上电极为针状(可用唱针代替),下电极为平板状(有时放一击柱),上、下两极间距离可以调节。

实验时,一种方法是把炸药放在平板极上的小塑料套内,把上电极下移到固定距离,例如0.5mm,调节好所需的电容,增加电压到所需值,给电容器充电后放电,使炸药发火。如果没有发火,则重新装药,升高电压再进行实验。可以按此用升降法测出50%发火电压。这种方法称为固定电极法。

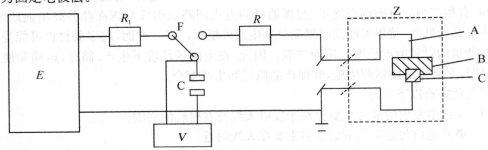

图 5.5　静电火花感度仪原理图

A—针状电极;B—击柱;C—储能电容;E—直流高压电源;

F—高压真空开关;R_1—充电电阻;R—串联电阻;

V—静电伏特计;Z—发火箱

美国测定静电感度仪器采用移动电极。该装置上下电极间距离可以预先设置,预置后上电极回升到一定高度。实验时,调整电压后,在放电开关接通同时,上电极以一定的速度下移到预置间距,然后迅速回到原来高度。以发火与否调整电压值,用升降法测出50%发火能量。此法称为移动电极法。由于实验装置不同,实验结果也不同,见表5.1。

表 5.1　50%电火花发火能量

炸　药	固定电极(mJ)	移动电极(mJ)
碱性 LTNR	0.26	0.67
RD1333	0.55	2.7
四氮烯	7.96	6.2

固定电极法测定结果国外研究机构提供的有表5.2和表5.3,我国测定的有表5.4。

表 5.2　炸药电火花感度

药剂名	10 次中有一次发火的能量(mJ)	有少量发火时的能量(mJ)
$Pb(N_3)_2$(糊精)	6.2	7.5
$Pb(N_3)_2$(PVA)	6.2	7.5
四氮烯	37.0	50.0
NOL 130	6.2	7.5
LTNR(碱性)	0.4	0.8
LTNR(正)	—	0.4
一硝基间苯二酚铅	12.0	25.0

注:实验条件:电极距离 0.25mm,电压为 5kV

表 5.3 炸药电火花感度

(用 100V 电容放电,电容可变,炸药有壳)

药剂	发火能量(mJ)	
	平均	最低
Pb(N₃)₂(糊精)	0.012	0.01
Pb(N₃)₂(PVA)	0.000 65~0.002 7	0.000 2
NOL 130	0.004 5	0.004
LTNR(正)	0.004 0	0.002
LTNR(正,经研细)	0.007 5	0.007
Pb(N₃)₂(RD1333)	0.001 0	0.000 2
PETN(研细)		50.00
RDX(超细)		2.25
Pb(N₃)₂(胶体)	0.001 3	0.001 0
LTNR(碱性)	0.004	0.002 7
苦味酸钡	0.730	0.250 0

表 5.4 我国测得的炸药电火花感度值

炸药	TNT	RDX	特屈儿	A-IX-1
50%发火能量(J)	0.050	0.228	0.071	0.165
起爆药	Pb(N₃)₂	LTNR	雷汞	四氮烯
50%发火能量(mJ)	0.225	0.002	0.31	0.080

5.5.2 炸药电火花感度的影响因素

1. 电极的影响

(1)电极的形状。从放电角度来看,尖电极所需的放电电压最低,但对于起爆炸药来说,单产生火花是不够的,还要有足够的能量,所以和放电面积及对炸药飞散的限制作用有关。Pollock 做过实验,钝圆锥形的感度较大,因为它对炸药的飞散有更好的限制作用。Kirshenbaum 用两平行的小钢柱做电极,发现这种电极有较好的精度,较高的感度。因为这种电极有比针电极更大的放电面积,可以清除电晕一类的能量损失。

(2)电极材料。理论上电极材料应该有影响,因为不同材料有不同的逸出功,但试验结果表明由于尖端掩盖了材料的影响。只在板极为导电橡胶时,由于导走能量而造成感度降低;在电极上有氧化膜时因改善电子发射而使感度增高。

(3)极性。电极的正负变换,对于对称的电极没有影响,而对非对称的电极有影响。例如针与板电极或针与环电极,当针为负极时,发火的能量较低。在分幅高速摄影照片中曾看到过,当采用一对针极引爆炸药晶体时,爆炸反应是由阴极开始的。因为尖的阴极电场强度大,有更大的能量密度,放出电子容易,所以感度高。如曾经测定过某电雷管的发火电压,原设计芯极为负极,

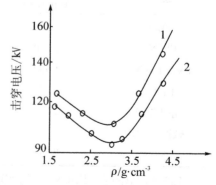

图 5.6 Pb(N₃)₂ 密度、针极电性对击穿电压的影响图

1—针极为正;2—针极为负

反接后发火电压提高了 1 000V。Sukhushin 曾改换针极极性研究了击穿电压和 $Pb(N_3)_2$ 密度的关系,结果见图 5.6(第 69 页),针电极为负时,击穿电压可明显下降,在 $Pb(N_3)_2$ 不同密度,其击穿电压均比针极为正时降低 5kV。

2. 炸药的影响

除炸药的种类不同,静电感度不同外,还与炸药的物理状态有关。

(1)炸药厚度。如图 5.7 和表 5.5 所示,随着药剂厚度的增加,虽然击穿电压增加,但击穿场强下降。从图中还可看出,纯空气的击穿场强比药剂内含有空气时高,这说明当存在空气和炸药时击穿容易。

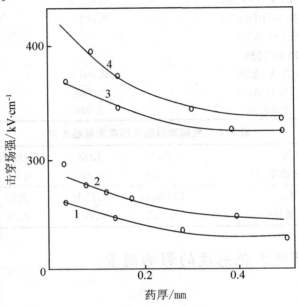

图 5.7　药剂厚度对击穿场强的影响图($\rho = 2.49g/cm^3$)

1—$Pb(N_3)_2$(直流电源);2—空气(直流电源);

3—$Pb(N_3)_2$(200ns 脉冲电源);4—空气(200ns 脉冲电源)

表 5.5　起爆药的击穿场强

起爆药	药层厚 0.5mm		药层厚 1.00mm	
	击穿电压(V)	击穿场强(kV·cm^{-1})	击穿电压(V)	击穿场强(kV·cm^{-1})
AgN_3	570	11.4	990	9.9
$Pb(N_3)_2$	1 300	26.0	2 460	24.6
PVA $Pb(N_3)_2$	1 580	31.6	2 560	25.6
RD1333	1 580	31.6	2 690	26.9
正 LTNR	2 200	44.0	3 490	34.9
碱性 LTNR	2 540	50.8	4 808	48.8
空气	2 645	52.9	3 830	38.3

(2)药剂密度。$Pb(N_3)_2$ 的实验结果如图 5.8,在 $\rho = 3.0g/cm^3$ 附近有最低点,如果从巴申曲线考虑,即 ρ 一定时 δ 有一击穿电压最低值,其大小随 δ 变化相反;而 δ 是随密度和粒度变化的,在粒度一定时,密度减小 δ 增大,密度增大则 δ 减小。

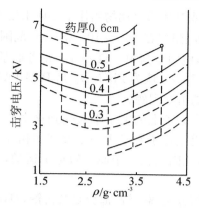

图 5.8 Pb(N₃)₂ 密度对击穿场强的影响图

（3）药剂粒度。从炸药击穿来看，随着粒度减小，比表面积增加，击穿所需电压增加。Tucker 对 PETN 炸药的实验结果为：

$$U_0 = 0.182S^{1/3} \tag{5.12}$$

式中 U_0 为击穿电压（V）；S 为比表面积（cm²/g）。

在同样密度下，结晶大小意味着气泡大小。当结晶粒度小、气泡尺寸小时，从气体击穿来看，感度又增高。Stengen 的实验结果如表 5.6。药剂中的空气隙大小、分布和药剂粒度及密度相关，所以研究其影响时也应将粒度和密度结合起来考虑。

表 5.6 Pb(N₃)₂ 粒度和起爆概率

结晶粒度（μm）	起爆概率×100
0.3～1	88
1～3	73
3～7	67

总之，炸药电火花感度影响因素很多，除上述以外，周围环境、试验数量、试样密封情况、样品面积、电极及试验空间清洁程度等都有影响，所以各实验室都规定了仪器和电参数值。例如美国桑地亚实验室的静电感度仪采用的参数是针电极，固定间隙，电容 600pF，电压 20kV，电阻 500Ω，极距 0.2mm，药量 0.2g 及记录 10 发中有 1 发起爆的电压值作为电火花感度值。

5.6 炸药晶体击穿起爆

炸药晶体击穿起爆，是指无空气存在时炸药晶体直接在电场作用下的击穿起爆，也包括真空下炸药及单晶体炸药的击穿起爆，还包括将炸药放在难以击穿的介质中的起爆。如炸药放在油中随高压电击穿起爆，因为油很难击穿，也属于炸药的直接击穿起爆。

关于这方面的研究至今还不完善，其研究仅限于起爆药中的叠氮化物系统，较多的是 Pb(N₃)₂。将 Pb(N₃)₂ 在 NH₄Ac 溶液中缓慢结晶得到近 1cm 大小的单晶体。用浸过 NH₄Ac 溶液的线锯开，然后将表面抛光，并用在真空中蒸发的方法将金属沉淀上去作为电极（面积 0.04cm²），晶片厚度 0.019～0.076cm，在真空（<10⁻⁷ Pa 以下）或在油中进行击穿

试验。其机理是把 $Pb(N_3)_2$ 或其他叠氮化物当作半导体来处理。金属叠氮化物是金属离子和 N_3^- 离子间的结合,它们的电阻率在 $10^{12} \sim 10^{14}$ $\Omega \cdot cm$ 范围,相对介电常数约为 5。波登指出 AgN_3 属于 N 型半导体,电阻率为 10^{12} $\Omega \cdot cm$。前苏联学者认为 $Cu(N_3)_2$ 是 P 型半导体,$Tl(N_3)_2$ 是 N 型半导体。Down 认为 $Pb(N_3)_2$ 是 P 型半导体等。因此研究者均采用半导体的能带理论来处理炸药的击穿问题。

共价键晶体的特点是一个原子上的电子不仅受到这个原子的作用,还受到相邻原子的作用。相邻原子上的电子轨道或量子态发生一定程度的相互交叠。通过轨道的杂化,电子的量子态发生了变化,它不再是固定在一个原子轨道上运动,而是穿行整个晶体运动,称为电子量子态的"共有化"。

金属叠氮化物的结合键部分是离子键,部分是共价键,且随着各种金属叠氮化物电离电位的下降,逐渐由离子键过渡到共价键。如 NaN_3 的结合是 80% 的离子型键,20% 的共价型键;而 $Pb(N_3)_2$ 的结合就是 20% 的离子键,80% 的共价键。离子键是电子围绕一个原子或原子团运动,彼此间的结合靠正负离子间的引力。共价键的电子可以从一个原子或原子团穿行到另一个原子或原子团,彼此间的结合靠电子量子态的共有化。

晶体中量子态能级分成了由低到高的许多组,分别和原子能级相对应,每组中都有一系列能量很接近的能级组成能带。能带之间宽度叫禁带,禁带表示从一能带到另一能带的能量差。通常半导体的禁带宽度均小于 4eV,如 Ge、Si 在 1eV 左右,GaP、CdS 为 $2 \sim 2.5eV$。导体没有禁带,电子可以自由运动。绝缘体禁带均大于 4eV,只有加高电压击穿,电子才能自由运动。

一般原子中内层的能级被电子填满,组成晶体后与这些内层能级相对应的能级也被填满。在共价键结合的硅、锗、金刚石等晶体中,其内层的电子到最外层的价电子都正好填满相应的能带。凡能量高的价电子填充的能带称为价带,价带以上的能带是空的,最低的空能带为导带。

$Pb(N_3)_2$ 的结合是 Pb 丢掉两个电子,原子团 N_3 取得电子,结果使 $Pb(N_3)_2$ 中的 Pb 原子的导带降低,N_3 原子团的价带升高。可以粗略地认为像 $Pb(N_3)_2$ 这样的晶体,导带由 Pb^{2+} 决定,价带决定于 N_3^-。实验测定 $Pb(N_3)_2$ 的禁带宽度在 3.5eV 左右。

$Pb(N_3)_2$ 晶体击穿起爆时,首先要 $Pb(N_3)_2$ 和电极直接接触。这种接触必须是紧密的,一般都是在炸药晶体上沉积一层金属形成。这时界面处由于电子能级高低不同,彼此不能平衡而造成电子转移,构成空间电荷区,出现接触电位能差 V_S,这个电位能差叫势垒。

金属和半导体接触后由于空间电荷区自建电场的影响,界面处能带发生弯曲。N 型和 P 型半导体弯曲方向相反。对于 N 型半导体向上弯,$-qV_S > 0$,构成对电子的势垒;对于 P 型半导体,$-qV_S < 0$,能带向下弯,构成对空穴的势垒,如图 5.9。半导体要击穿,必须增加电压,克服这个势垒。外加电压后,空间电荷区电场加强。在强电场作用下,半导体可能产生两类击穿。一类是空间电荷区电子获得很高的速度,而和晶格中的原子碰撞电离。只要外加电压足够高,碰撞电离数增多,周而复始就会达到雪崩击穿。另一类是空间电荷区能带剧烈地变斜,缩短了两带距离,使价带电子有可能穿过禁带到导带,电流迅速上升而击穿,称为隧道击穿。

美国学者 D. S. Downs 在处理 Au 和 $Pb(N_3)_2$ 的接触电极时,把 $Pb(N_3)_2$ 作 P 型半导体处理,测得 $Pb(N_3)_2$ 禁带宽度为 3.5eV,50% 起爆电场强度为 3.5×10^4 V/cm。RD1333 用银作电极时,击穿场强为 6.5×10^4 V/cm。

　　在炸药晶体直接和金属接触引起的击穿起爆中,金属的能级很重要。电极金属的逸出功直接影响击穿场强,对相同的炸药,当阴极金属逸出功小时容易击穿,阳极金属逸出功大时容易击穿。这种影响比空气击穿时明显。随着电极材料的不同,击穿场强可以在 $10\%\sim80\%$ 范围内变化。

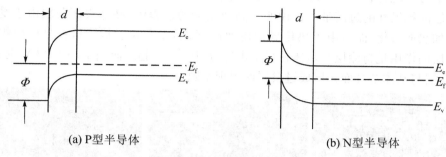

(a) P 型半导体　　　　　　　　　　　　　　　(b) N 型半导体

图 5.9　界面能级变化图

E_e—导带;E_v—价带;Φ—势垒高度;d—势垒宽度;E_f—费米能级

　　总之,炸药晶体与电极的直接接触起爆属微观起爆机理。它涉及到电极和被起爆炸药之间能级的变化,深入了物质的内部。除电极材料的影响明显外,被起爆炸药的结构因素,如晶格缺陷、位错、层错、间隙原子等能引起炸药能级变化的因素都会影响击穿场强。

　　炸药晶体击穿起爆是电子运动过程,属于非热性质,环境温度无影响,但能改变电子能量的外界因素,如光照等,会使起爆电压改变。

5.7　电爆炸喷涂

　　随着社会的发展,科技不断进步,人们对电起爆的研究更加深入。电起爆机理的应用也更加广泛。该机理在喷涂方面也得到了应用。

　　传统的喷涂技术为火焰喷涂或电弧喷涂,即将熔化的金属粒子高速喷向基体表面,在被喷射的表面上,粒子被碰撞、快速冷却并与基体材料表面紧密结合。涂层的强度及涂层与基体的结合强度随粒子的喷射速度提高而显著提高。目前国外超音速喷涂的极限速度约为 1500m/s,在此喷涂速度下,涂层与基体的结合强度仍大大低于基体材料的强度。

　　在电爆炸技术的应用领域,虽然早在几十年前就有人研究了电爆炸金属丝的行为,但对电爆炸的机制至今还未完全认识清楚。当今,国内外主要研究利用电爆炸法制备超细微粉的新技术。即在一定的气体介质下通过对金属导体瞬间施加直流高压,在原料丝内部形成 $10^6\sim10^7\,\mathrm{A/cm^2}$ 的电流密度,使爆炸获得直径为几十至几百纳米的粒子。

　　有关专家利用电爆炸法制成电爆炸高速喷涂金属涂层装置。利用该技术,可使高温金属粒子或蒸气以极高的速度直接喷涂到基体材料表面,金属粒子或蒸气在基体表面上急剧冷却而形成具有优良力学性能的涂层。

　　涂层与基体的结合大致有机械结合、物理结合和化学键结合等 3 种方式,其结合过程十分复杂,大致可分为 3 个阶段:① 喷涂熔滴或蒸气与基体的结合阶段(物理接触);② 粒子与基体活化面相互作用阶段;③ 涂层与基体表面之间界面上相互作用的体积扩展阶段。

　　涂层与基体的结合强度主要取决于喷射粒子或蒸气的速度,速度越快越好,而电爆炸刚好可以提供所需的高速度。

　　图 5.10 分别为 $V_0 = 4.2$、3.5、2.8kV 时所得涂层与基体结合面交界区域的扫描电镜照片。从图中可发现,当 $V_0 = 4.2$、3.5kV 时,在涂层与基体结合面处有一厚度较均匀、晶粒尺寸小于涂层晶粒尺寸的过渡带。这说明在高速喷涂的过程中,基体表面薄层由于受喷涂气体的快速加热而熔化,而后由于热传导而迅速冷却,形成不同于基体材料显微组织的快冷层。过渡层的作用是将涂层与基体材料牢牢地"焊接"在一起。而当 $V_0 = 2.8kV$ 时,由于能量不够,涂层与基体结合面未形成过渡层而出现空隙。

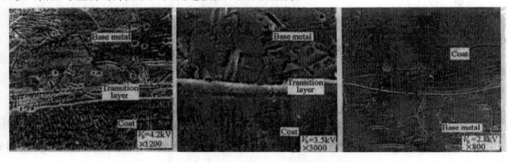

图 5.10　涂层与基体结合面处的显微组织图

　　通过分析,可以知道电爆炸高速喷涂技术具有喷涂速度高(远高于常规的超音速喷涂技术所达到的速度)、涂层凝固速率高、成本低廉及喷涂质量稳定等优点,值得进一步研究。

复习思考题

1. 为什么说固体炸药的电击穿起爆首先发生空气击穿?
2. 炸药电火花感度和热感度有什么关系?
3. 什么是巴申曲线?它在起爆器材设计中有什么作用?
4. 炸药击穿起爆的影响因素是什么?
5. 为何火花式雷管在高海拔处使用时感度会提高?

第6章　光起爆与激光起爆

炸药或火工药剂在光作用下的化学反应分为两种类型:一种是在弱光作用下发生分解变质,甚至失去爆炸性能;另一种是在强光作用下引起爆炸。本章主要讲后一种,即炸药或火工药剂在强烈的闪光和激光作用下的起爆问题。关于光起爆机理,到目前为止得到公认的仍然是光能转变为热能而起作用的热机理。光照射到炸药表面上后,除去反射和穿透的部分光外其余光能被炸药吸收,转变为热能使炸药升温达到爆发点而爆炸。

6.1　可见光起爆

6.1.1　光起爆基本方程

根据热起爆的一维基本方程加上吸收的光能得出

$$\rho c \frac{\partial T}{\partial t} = \lambda \frac{\partial^2 T}{\partial x^2} + \rho Q Z e^{-E/RT} + \alpha I_0 e^{-\alpha x} \qquad (6.1)$$

式中 x——照射面下炸药层厚度;

$\quad A$——吸收系数;

$\quad I_0$——照度,单位时间照射到单位面积炸药上的能量。

取边界条件 $x=0$,则 $\alpha I_0 e^{-\alpha x} = \alpha I_0$,这样方程(6.1)中最后一项为常数项。为简化方程,把它归入热损失项处理。简化后的光起爆基本方程和热起爆基本方程形式相同,即

$$\rho c \frac{\partial T}{\partial t} = \lambda \nabla^2 T + \rho Q Z e^{-E/RT} \qquad (6.2)$$

6.1.2　光起爆临界条件

处理(6.2)式和热起爆类似,只是边界条件不同。按一维处理,并引入无量纲参数

$$\theta = \frac{E}{R T_0^2}(T - T_0)$$

$$z = \frac{x}{r}$$

其中 r——炸药尺寸。

代入方程(6.2),并取临界条件 $\partial\theta/\partial t=0$,化简得

$$\frac{d^2 \theta}{d z^2} = -\delta e^{\theta} \qquad (6.3)$$

式中

$$\delta=\frac{EQr^2\rho Z}{\lambda RT_0^2}\mathrm{e}^{-E/RT_0}$$

令

$$\eta=\mathrm{e}^\theta,\omega=\frac{\mathrm{d}\theta}{\mathrm{d}z}$$

代入方程(6.3)，并化简得

$$\omega\frac{\mathrm{d}\omega}{\mathrm{d}\eta}=-\delta \tag{6.4}$$

积分(6.4)式得

$$\frac{1}{2}\omega^2=-\delta\eta+D \tag{6.5}$$

式中 D 为积分常数，代入 $\eta=\mathrm{e}^\theta,\omega=\dfrac{\mathrm{d}\theta}{\mathrm{d}z}$，还原(6.5)式得

$$\left(\frac{\mathrm{d}\theta}{\mathrm{d}z}\right)^2=-2\delta\,\mathrm{e}^\theta+D \tag{6.6}$$

变换(6.6)式得

$$\frac{\mathrm{d}\theta}{\sqrt{D-2\delta\mathrm{e}^\theta}}=-\mathrm{d}z \tag{6.7}$$

积分(6.7)式，积分常数 B，并令常数 C，使 $\mathrm{e}^C=\dfrac{1}{\sqrt{D}}\mathrm{e}^{B\sqrt{D}/2}$，得

$$\mathrm{e}^{-\theta/2}+\left(\mathrm{e}^{-\theta}-\frac{2\delta}{D}\right)^{1/2}=\mathrm{e}^{(C+Z\sqrt{D}/2)} \tag{6.8}$$

改变(6.8)式为

$$2\mathrm{e}^{-\theta/2}=\frac{2\delta}{D}\mathrm{e}^{-(C+Z\sqrt{D}/2)}+\mathrm{e}^{(C+Z\sqrt{D}/2)} \tag{6.9}$$

取光起爆边界条件

$$z=1,\quad \theta=0 \tag{6.10}$$
$$x=0,\quad -\lambda\frac{\partial T}{\partial x}=\alpha I_0 \tag{6.11}$$

根据 θ,z 定义和(6.11)式可导得 $z=0$，

$$\frac{\mathrm{d}\theta}{\mathrm{d}z}=-\omega_0 \tag{6.12}$$

式中

$$\omega_0=\frac{\alpha I_0 rE}{\lambda RT_0^2}$$

将(6.10)式代入(6.9)式并令 $u=\sqrt{D}$ 得

$$2=\frac{2\delta}{u^2}\mathrm{e}^{(-C-U/2)}+\mathrm{e}^{(C+U/2)} \tag{6.13}$$

将(6.12)式代入(6.9)式得

$$\mathrm{e}^{2C}\left(1-\frac{\omega_0}{u}\right)=\frac{2\delta}{u^2}\left(1+\frac{\omega_0}{u}\right) \tag{6.14}$$

由(6.13)式与(6.14)式消去 C 可得

$$u\sqrt{\frac{2}{\delta}} = \mathrm{e}^{u/2}\sqrt{\frac{u+\omega_0}{u-\omega_0}} + \mathrm{e}^{-u/2}\sqrt{\frac{u-\omega_0}{u+\omega_0}} \tag{6.15}$$

或

$$\mathrm{e}^{u/2}\sqrt{\frac{u+\omega_0}{u-\omega_0}} = \frac{u}{\sqrt{2\delta}} + \sqrt{\frac{u^2}{2\delta}-1} \tag{6.16}$$

(6.15)式与(6.16)式为 ω_0 和 δ 的关系式,和热起爆方程求解类似。(6.14)式有解时, $\delta = \delta_\mathrm{c}$ 和 $\omega_0 = \omega_{0\mathrm{c}}$ 为光起爆的临界判别条件,即当 $\delta > \delta_\mathrm{c}$, $\omega_0 > \omega_{0\mathrm{c}}$ 时,反应成长为爆炸。在整个推导中,延滞期内化学反应放热未予考虑。

将(6.16)式对 u 微分,并令 $\mathrm{d}\omega_0/\mathrm{d}u_0 = 0$ 可得

$$\frac{1}{2} - \frac{\omega_{0\mathrm{c}}}{u^2-\omega_{0\mathrm{c}}} = \frac{1}{\sqrt{u^2-2\delta}} \tag{6.17}$$

又从(6.16)式得

$$\frac{\omega_{0\mathrm{c}}}{u} = \frac{\mathrm{e}^{-u}\left(\dfrac{u}{\sqrt{2\delta}}+\sqrt{\dfrac{u^2}{2\delta}-1}\right)^2 - 1}{\mathrm{e}^{-u}\left(\dfrac{u}{\sqrt{2\delta}}+\sqrt{\dfrac{u^2}{2\delta}-1}\right)^2 + 1} \tag{6.18}$$

由(6.17)式与(6.18)式消去 ω_0 得 δ 与 u 的关系:

$$\frac{1}{2} - \frac{B^4-1}{4uB} = \frac{1}{\sqrt{u^2-2\delta}} \tag{6.19}$$

式中

$$B^2 = \mathrm{e}^{-u}\left(\frac{u}{\sqrt{2\delta}}+\sqrt{\frac{u^2}{2\delta}-1}\right)^2 \tag{6.20}$$

(6.19)式为 δ 和 u 的关系式。要求 $\omega_{0\mathrm{c}}$,必须首先计算一定 δ 值时的 u,然后将求得的 u 和 δ 一起代入(6.17)式求出一定 δ 值对应的 $\omega_{0\mathrm{c}}$。

同样,为求一定 $\omega_{0\mathrm{c}}$ 值时的 δ_c 值,也可先将(6.16)式对 u 微分,并令 $\mathrm{d}\delta/\mathrm{d}u = 0$ 得

$$\frac{1}{2} - \frac{\omega_0}{u^2-\omega_0^2} = \frac{1}{\sqrt{u^2-2\delta_\mathrm{c}}} \tag{6.21}$$

又由(6.16)式得

$$\frac{u}{\sqrt{2\delta_\mathrm{c}}} = \frac{1}{2}\left(\mathrm{e}^{u/2}\sqrt{\frac{u+\omega_0}{u-\omega_0}} + \mathrm{e}^{-u/2}\sqrt{\frac{u-\omega_0}{u+\omega_0}}\right) \tag{6.22}$$

由(6.21)式与(6.22)式消去 δ_c,得 ω_0 与 u 的关系式:

$$\frac{1}{2} - \frac{\omega_0}{u^2-\omega_0^2} = \frac{1}{u\sqrt{1-F^2}} \tag{6.23}$$

其中

$$\frac{1}{F} = \frac{u}{\sqrt{2\delta_\mathrm{c}}} = \frac{1}{2}\left(\mathrm{e}^{u/2}\sqrt{\frac{u+\omega_0}{u-\omega_0}} + \mathrm{e}^{-u/2}\sqrt{\frac{u-\omega_0}{u+\omega_0}}\right) \tag{6.24}$$

由(6.23)式,可从一定的 ω_0 求 u,然后将 u 及 ω_0 代入(6.21)式求出一定 ω_0 对应的 δ_c。如果炸药的特性参数 $\rho, Q, Z, E, \lambda, \alpha$ 等值已知,还可进一步求出 θ_c 和 T_c。

6.1.3　光起爆的影响因素

从实验和基本方程可以看出,影响光起爆感度和延滞期的因素包括下列诸方面。

1. 炸药种类

主要影响是炸药对光的吸收与反射。实验测定 Ag_2C_2,AgN_3,$Pb(N_3)_2$ 都有一定程度的光反射,而 CuC_2 呈棕色,反射量少于 6%。不同炸药对光的吸收系数 α 不同。对同一种炸药来说,不同波长的光吸收系数 α 也不一样。如用 $2\,000$Å(10^{-10} m)到 $9\,000$Å 之间的波长,室温下对 $Pb(N_3)_2$ 的测定结果为:$3\,850$Å 是个吸收限。$3\,850$Å 开始吸收,波长减少到 $3\,500$Å 变成完全吸收,如图 6.1。AgN_3 的吸收系数 α 在波长 $3\,000$Å 时约为 $10^{-3}\,cm^{-1}$,以后随波长减短而迅速上升。用全部波长小于 $3\,500$Å 的光照射 $10^{-2}\sim10^{-3}$ cm 厚的 AgN_3 结晶时,透过率仅 0.5%,但波长超 $3\,850$Å,直到接近红外部分,吸收极少。不同物质吸收限不同,如 KN_3 为 $2\,550$Å,AgN_3 为 $3\,600$Å,$Cu(N_3)_2$ 为 $4\,200$Å。吸收系数大,反射、透过率小有利于起爆。表 6.1 为起爆药的 50% 闪光引爆所需最小能量。

表 6.1　起爆药 50% 闪光引爆所需最小能量

起爆药	(5s)爆发点	50% 引爆距离(mm)	50% 引爆能量(J·cm^{-2})
AgN_3	127	>500	<0.1
CuN_2	217	387.86	0.222
$Cu(N_3)_2$	249	322	0.284
$Ag_2C_2 \cdot AgNO_3$	225	287.5	0.325
DDNP	173	180	0.54
LTNR	275	147.5	0.62
$Pb(N_3)_2$/LTNR65/35	310	95	1.064
$Ni(NH_2-NH_2)(NO_3)_2$	273	91.6	1.12
$Hg(ONC)_2$	180	78.3	1.284
$Pb(N_3)_2$	355	73.5	1.335
$C_2H_3N_{10}$	154	55	1.475

2. 化学动力学因素

关于 E,Z 和 t_e 的关系见图 6.2。

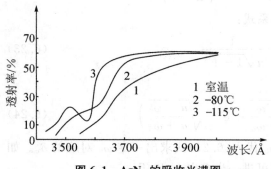

图 6.1　AgN_3 的吸收光谱图

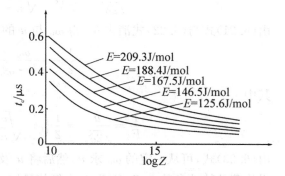

图 6.2　化学动力学参数和延滞期的关系图

由图中可以看到,E 从 125.6J/mol 增加到 209J/mol 时,延滞期大约增加一倍。Z 从 10^{10} 增加到 10^{20},延滞期大约减小到原来的 1/7。

3. 反应热

实验证明,反应热对延滞期影响很小,这证明延滞期内不考虑化学反应是可行的。

4. 初温

初温的影响很显著。初温增加,延滞期缩短,发火所需能量下降,感度增加。这说明用热起爆机理处理光起爆是可行的。图 6.3 是 $Pb(N_3)_2$ 光起爆能量和初温关系的实验曲线。Berchtold 从实验结果外推出光能为 0 时的起爆温度,$Pb(N_3)_2$ 是 400℃,$Ag_2C_2 \cdot AgNO_3$ 是 225℃,NI 是 80℃,这些均和 30 秒延滞期的爆发点相近。

5. 炸药层厚度

炸药层厚度对延滞期影响很小。因为一般光辐射加热层都限于炸药表面极薄的一层。实验测定 AgN_3 加热层厚度为 $0.4 \sim 40\mu m$,$Pb(N_3)_2$ 为 $5\mu m$。

6. 杂质

主要是改变炸药的吸收系数。

(1) 金粉的敏化作用:将 AgN_3 结晶和金粉的混合物压成药饼。在闪光器和药饼之间放上石英板,以消除冲击波作用和热效应。闪光引爆结果表明爆炸所需的临界能量因金粉含量增加而减少,能量最低处含金粉重 28%,如图 6.4。加入银粉及用 $Pb(N_3)_2$ 做试验,也有类似现象。

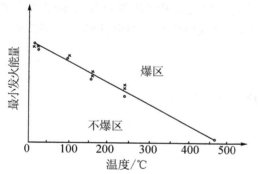

图 6.3　$Pb(N_3)_2$ 光起爆能量和初温的关系图　　　图 6.4　起爆能量与金粉关系图

(2) 染料的敏化作用:洛格斯用红色四碘荧光素的钠盐使 AgN_3 着色,发现着色的 AgN_3 比不着色的约敏感 2.5 倍。这主要是改变了吸收波长的范围,红色的 AgN_3 能吸收波长大于 3 850Å 的光能。

(3) 杂质深入炸药结构时的作用:如在 $Pb(N_3)_2$ 反应罐内加入细石墨粉使炸药在其上沉淀,这时石墨粉均匀地混在炸药上,随着石墨含量的变化,光起爆能量发生变化,表 6.2 是含有四氮烯的 $Pb(N_3)_2$ 中加入石墨粉时光起爆所需的最小发火能量。

在有半导体性质的 $Pb(N_3)_2$ 和 AgN_3 中引入一些杂质离子,会改变它们的能带性质。如引入阳离子,一般可以提高感度。

杂质对光起爆的影响还是比较大的,除改变了能量的吸收外,还对炸药晶体的能带产生影响。和热起爆时在 $Pb(N_3)_2$ 晶体中引入杂质改变其爆发点相类似,两种起爆的微观机理都有电子改变过程。

表 6.2　　石墨粉对光起爆能量的影响

四氮烯含量×100	石墨含量×100	最小发火能量(mJ)
5	0	70
5	3	38
4	0	86
4	3	35

6.2　激 光 起 爆

激光是 20 世纪 60 年代初发展起来的新技术。由于激光集中性好,强度高,在空气中不衰减等性质,克服了闪光光束分散,光强度随距离增加而迅速衰减的缺点,在各技术领域包括军事方面得到了应用。70 年代以来,又开展了激光技术作为一个新的能源逐步应用于炸药起爆的研究。

6.2.1　激光起爆机理

激光的强度大,能量集中,功率高,而且是单色光。激光照射到药剂表面上,除去部分被反射外,其余部分被药剂吸收,转变为热能,产生热击穿或形成热点引爆炸药。大多数研究者倾向于热起爆机理。

提出的热平衡方程同闪光起爆:

$$\rho c \frac{\partial T}{\partial t} = \lambda \frac{\partial^2 T}{\partial x^2} + \rho Q Z e^{-E/RT} + \alpha I e^{-\alpha x}$$

式中 I 为炸药表面处激光束能量密度;

α 为炸药对激光的吸收系数。

6.2.2　激光点火

激光点火是指用激光的能量引燃或引爆炸药等含能材料。与传统的点火方式电桥丝点火相比,激光点火的显著优点是抗电磁干扰能力强,从而大大提高了系统的安全性。激光点火技术的研究始于 20 世纪 60 年代中期。早期的激光点火使用的激光器主要是气体激光器(如 CO_2 激光器)和固体激光器(如 Nd:YAG 激光器)。

我国在研究大功率激光器与含能材料相互作用方面做了一定的研究工作,基本上得到了与国外类似的结论。孙承纬通过实验得出几种炸药和起爆药的激光临界点火能量密度和延迟时间,研究的药剂有:叠氮化铅、导电药、D·S 共晶药、THPC、DDNP、SASN、RDX、二号炸药、七号炸药、十号炸药、海莱特、PETN,能量密度范围为 0.03～35J/cm^2,时间范围为 0.39～40μs,实验使用的均为百兆瓦级的 Q 开关激光器。王作妮采取选择合适的掺杂、降低装药密度、合理选择炸药的颗粒度及改变炸药反射率等措施降低引爆猛炸药的临界起爆能量,所用的是调 Q 激光器。实验中发现,对于纯太安,当装填压力在 4 915MPa 时,颗粒大小对起爆能量和感应期看不出有什么影响。对掺杂锆粉的太安,在装填压力为 68MPa 时,颗粒大,起爆能量高,感应期长。但在压力为 1 018MPa 时,较细的太安颗粒反而比较粗的起爆能量要高。孙同举通过实验研究了激光入射能量、光束直径、药剂配比、粒度和装药压力对 B/KNO₃ 激光点火临界能量密度和点火时间的影响。实验发现,点火延迟时间随光束直径的增加先减小后延长,随入射能量的增加而减小;随粒度的减小而减小;对应于相同的入射能量水平,随 B 含量的增加而延长(B 含量 30%～50%),其中 B 含量为 30% 和 40% 的延迟时间比较接近,增加到 50% 后延迟时间明显变长。另外,建立了数学模型,并对改变激光与药剂的主要特性参数时点火过程中药剂温度的成长历程进行计算分析,计算结果与其实验结果基本吻合,但对点火延滞期的计算结果尚无法得到实验的支持。

6.2.3　激光二极管点火

由于早期激光器虽然有较大的功率输出,但装置一般比较庞大和笨重,随着半导体激光器(激光二极管)的问世和光纤耦合技术的发展,由于激光二极管具有体积小、重量轻、响应快、效率高的独特优势,人们把目光投向了激光二极管点火。

国外从 20 世纪 80 年代开始研究激光二极管点火技术,即使用半导体激光器作能源,通过耦合光纤将激光传输到炸药,实现点火。激光二极管点火首先对激光二极管的功率、波长及性能提出了要求。美国 Bickford 航天公司曾为航天飞机设计的激光二极管发火单元的指标要求是:用 200μm 光纤输出为 215W、波长为 850nm、电压为 28V 的直流电源,重量为 115 磅,体积为 40 立方英寸。Spect 公司首先制造了 AlGaAs 激光二极管,通过 100μm 光纤输出波长为 820nm、功率为 1W 的激光,并被用于起爆 HMX。

如今,采用多异质结、量子阱及二极管列阵等技术工艺,新一代激光二极管不仅具有良好的工作特性,而且连续或准连续输出功率可达到 100 W 以上。对激光波长的要求是基于对材料点火机理的考虑。点火过程包括热效应、电磁效应、光化学反应等复杂的作用过程,不同的烟火药或猛炸药等含能材料对不同波长的激光表现出不同的吸收效果或称不同的激光感度。一般材料对红外光有较好的吸收,而导致材料分子一次性光解的激光波长一般在紫外波段。因此,高功率、高效率、最佳波长、连续输出或合适的脉宽、好的温度特性及较强的环境适应能力等,始终是激光二极管技术所追求的目标。

光纤作为传输激光的载体在激光二极管点火中具有举足轻重的作用。光纤材料应具有良好的光学特性、机械性能与温度特性。目前使用较多的是石英玻璃材料光纤,并有阶跃折射率分布光纤和渐变折射率分布光纤两种。在阶跃折射率分布光纤中,纤芯的折射率是常数,而在渐变折射率分布光纤中,纤芯折射率从纤轴沿半径向外逐渐减少。由于具有自聚焦特性,渐变折射率分布光纤输出的光束,在光轴附近有更高的能量密度。因此,使用渐变折射率分布光纤可以提高激光功率密度。理论与实践表明,提高激光功率密度对激光二极管点火具有十分有利的重要作用。使用小直径、低衰减、小数值孔径、渐变折射率分布光纤更有利于激光二极管点火。

目前激光二极管点火所使用的光纤指标一般是:芯径 $d = 100 \sim 400$ μm,数值孔径 $NA < 0.13$,每千米衰减<5dB,光纤输出功率>1W。光纤端面质量包括光纤端面是否与轴线垂直,光纤端面的平整度和清洁度等,它们对激光传输的影响很大。表面缺陷和污染不仅会降低传输效率,而且在较高功率密度的情况下会导致局部强电场的高热应力,造成光纤的损伤。因此对光纤端面的清洁和抛光也是一项重要的工艺技术。光纤除了传输能量外，还具有耦合及分束的作用。首先是光纤同激光二极管之间的耦合。激光二极管发出的是椭圆形的发散光，需要置入合适的会聚透镜以有效地将激光耦合进输出光纤中。由于激光二极管点火的光纤芯径较小，使得耦合的难度大大增加，此处的耦合损失甚至高达 5dB 以上。显然，提高这里的耦合效率是一项重要技术。光纤耦合技术的第二项内容是光纤与光纤之间的耦合，它包括单光纤与单光纤(单进单出)、单光纤与多光纤(单进多出)耦合两种情况，后者在激光二极管多点点火中是必不可少的。光纤间的耦合通过连结器及转接器实现。为减少耦合损失，必须提高准直、紧配合及固定密封技术。

瑞典国防研究局在激光二极管点火实验中采用的 STC 连接器，将芯径 $100\mu m$、外径 $140\mu m$ 的光进光纤和光出光纤相连，其衰减为 0.156dB，插孔直径为 $144\mu m$，工作温度为 $-40℃\sim+80℃$，属于低衰减、易操作的连接器。光纤同点火药之间的耦合同样是一项重要技术。美国 Mound 应用技术研究所研制了两种元件，即光纤脚元件和光学窗口元件，以解决点火光纤与点火药之间的耦合。光纤脚元件或光学窗口元件既要满足一定的机械强度要求，又要尽可能减少由此带来的能量损失。高强度光纤脚元件是将一段短光纤在高温下封接在金属壳内的玻璃预型件中，然后将两端抛光，其优点是光纤截面小，因而耐受强度大，同时光纤本身具有波导作用，传输质量高，缺点是由于表面反射或不准直而带来能量衰减。光学窗口元件则是在点火光纤与点火药之间用玻璃等材料制成的透明固体，其优点是受不准直的影响很小，但窗口材料会吸收光并使光束发散，造成激光功率密度减小。选择合适的材料和窗口厚度及通过会聚等方法，可以减少上述损失。Mound 研究所比较了蓝宝石玻璃和 P 玻璃两种材料的窗口，当厚度均为 0.14mm 时，使用蓝宝石玻璃窗口得到掺杂炭黑的 CP 药点火能量为 314mJ，使用 P 玻璃窗口为 213mJ，而无窗口直接点火为 116mJ。与蓝宝石玻璃窗口相比，P 玻璃窗口因具有较小的热导率和较小的折射率而效果更好。

总之，激光二极管点火作为激光应用的一项新技术已经显示了它的生命力。激光二极管点火技术的研究和应用将对整个光学技术和光学理论的发展起到牵引和推动作用。

6.2.4 激光点火系统

由于激光器的小型化及低耗光纤的出现，才使激光点火技术走出实验室，形成可供导弹和航天器使用的技术。激光点火系统与常规的点火系统相比，其结构简单，省去了传统的热桥类装置所用的金属引线、桥丝、放电器、陶瓷头等。光纤是点火器与外部的唯一联系，所以传统点火系统中的感应电磁干扰信号已不存在。激光技术的应用，可以使导弹或其他航天器在严酷的电磁干扰环境中使用，使系统的安全性达到一个新的水平。对于现代战争中的强电子干扰，如最近战争中使用的强电磁脉冲弹(或称微波弹)，激光点火系统已显示出其优势。

激光点火系统主要由激光器、激光输出耦合光缆、光纤接头、带输入光纤的点火装置组成。由于实用的激光器多用低压电源启动，所以本身存在固有的安全问题；为防止激光器的意外启动，需要系统中设计一个电子控制与安全系统。它可以完成多点控制和顺序选择，保险和解除保险系统需要状态转换和状态锁位两个独立的安全性参数进行有效控制。耦合光缆和光纤及接头要求具有低损耗和对系统环境的适应能力，点火装置的装药必须是钝感的烟火剂或炸药。在使用全电子保险与解除保险控制电路的激光点火系统，构成点火序列或起爆序列时,可不使用机械隔离件而采用直列式结构。该控制电路包括预解除保险回路、连续性检测回路和发火回路。

　　激光点火系统是固体火箭发动机多样性发展的一项十分有用的技术,这种技术如果被导弹或航天器系统统一采用,通过多点控制和顺序选择完成发动机点火、推力终止、级间分离、开闭活门、自毁装置引爆和消散系统启动等多项工作,其通用性、安全可靠性是显而易见的。对于新发展的固体火箭推进的多次启动及系统姿态控制的全固体化,更是具有无可比拟的优越性。

复习思考题

　　1. 光起爆和热起爆的基本方程有什么不同?

　　2. 讨论下列因素如何影响光起爆? 活化能 E,指前因子 Z,反应热 Q,初温 T_0,加热层厚度 x。

第7章 灼热桥丝式电雷管

工业火雷管不适于大面积爆破、远距离、控制起爆,因而发明了工业电雷管。工业电雷管是在火雷管的起爆端加入一电引火元件而构成的。电引火元件将输入的电能转为热能,通常为灼热桥丝式,利用桥丝上电流的热效应点燃引火药,进而引爆雷管。常用的桥丝为高电阻的镍铬、铂铱和康铜细合金丝。引火药为氧化剂与可燃物的混合物或某些单质弱起爆药。由于实际爆破的需要,工业电雷管又可分为瞬发和延期两种,延期雷管又可分为秒、短秒和毫秒延期电雷管。

灼热桥丝式电雷管引火元件部分的结构见图7.1、图7.2,它的基本结构是:由密封塞子将两根导线保持分离状态,点火端的脚线两叉头间焊接上一定长度的电阻丝(简称桥丝),桥丝被埋入药剂中,药剂可以是粉状或凝固状的。当脚线通入电流,使桥丝升温。引爆桥丝周围的引火药剂。根据要求不同,电源可以是恒定电压的直流电源或贮能电容器。在工业爆破上也使用交流电源。

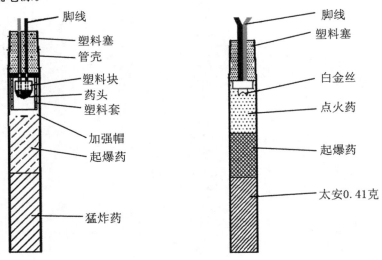

图7.1 灼热桥丝式电雷管引火元件结构图

桥丝式电雷管是应用最早、最广泛的电雷管,这可归因于其性能比较稳定,易于控制,并可在使用前作一系列质量检查。其引燃感度可以通过桥丝电阻和药剂的性质来调整;点火能量可通过引火药剂来控制;点引火参数的均匀性可通过控制桥丝电阻和引火药剂的均匀性来实现。由于近年来发展了无损检验,对其质量可以更进一步控制,使它的应用更加可靠,如美国阿波罗登月艇上的一百多个电雷管都是采用桥丝式电引火。

图7.1左图为引火药剂是凝固态的电引火头,右图为引火药剂是粉状的电引火头。

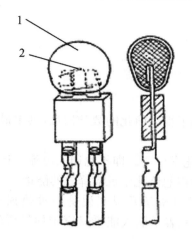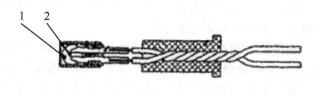

图 7.2　电点火头放大图

1—点火药；　2—桥丝

7.1　桥丝式电雷管的发火过程

电流通入桥丝式电雷管后,在桥丝上按焦耳-楞次定律产生热能(I^2RT),桥丝升温,热量传给药剂使其发生化学反应。引火药化学反应释放的能量使药剂继续升温,加速反应直至自动发火。在这样的发火过程中,涉及 3 个方面的理论:电能转化为热能、热传导和炸药的热爆炸。桥丝式电引火元件的发火是一个复杂的不稳定过程,它受到很多因素的影响。对这样过程的定量计算也比较困难,近二三十年来有不小的进展,许多学者提出了各种数学模型和假设,每种模型和假设都各自着重解决某些方面的问题,因此各自适合于在某些特定具体条件下的应用。

将这个过程写成一个完整的能量平衡方程应包括 4 项内容:桥丝加热所需要的能量;桥丝向外散失的能量;通入的电能和化学反应释放的能量,如下式:

$$\rho c \frac{\partial T}{\partial t} = -\lambda \nabla^2 T + P(t) + \rho q Z \mathrm{e}^{-E/RT} \omega \tag{7.1}$$

式中 c——桥丝材料的热容(J/(g · ℃));

ρ——桥丝的材料密度(g/cm³);

T——桥丝温度(℃);

λ——桥丝材料导热系数(J/(℃ · cm²));

$P(t)$——输入电功率(J/s),$P(t) = 0.24 I^2 R_0 (1 + \alpha T) t$;

I——通入电流(A);

R_0——环境温度下桥丝电阻(Ω);

α——桥丝温度系数(1/℃);

t——时间(s);

q——单位质量药剂的反应热(J/g);

Z——频率因子；

E——活化能(J/mol)；

ω——药剂反应分数；

R——气体常数(J/mol)；

∇^2——拉普拉斯算子。

这样一个复杂的方程是难以求解的,故不少学者提出了很多简化的数学模型,其中最著名的就是 Rosenthol 能量方程。

该简化方程首先根据实验结果忽略了药剂发火前的化学反应。即不论通入电流大还是小,在药剂燃烧爆炸前,桥丝温度主要由输入电流决定,可以忽略化学反应释放的能量。

桥丝升温后加热周围的药剂,药剂升温吸收的热量对桥丝升温来说是一种热损失,Rosenthol 方程的一种简化形式是忽略热损失项,即 $\gamma=0$,表示输入能量只用于加热桥丝,得出计算桥丝温度的公式为

$$T=\frac{I^2R}{c_p}t \tag{7.2}$$

这种情况和快速通电(大功率输入)条件相近。如采用电容器作电源,放电的时间比冷却的时间($t=c_p/\gamma$)短得多,可看作绝热条件(γ)可以忽略不计。

另一种情况,如输入功率很低,输入的能量仅足以抵消散失于周围的能量,构成稳态条件 $\partial T/\partial t=0$。这时,桥丝的温度不变,得出 Rosenthol 方程的另一种形式为

$$I=\sqrt{\frac{T\gamma}{R_0(1+\alpha T)}} \tag{7.3}$$

在此式中,如令 T 为药剂的发火点,则式中的 I 相当于最大安全电流。上式成为计算安全电流方程。即通入桥丝的电流小于或等于此值时,药剂升温不能达到发火点。

7.2　桥丝式电雷管感度和发火时间

7.2.1　感度和发火时间

桥丝式电雷管的感度以最小发火电流表示。通过电雷管的电能 E_1 为

$$E_1=\int_0^{t_f}I^2R\mathrm{d}t=\int_0^{t_f}I^2R_0(1+\alpha\Delta t)\mathrm{d}t \tag{7.4}$$

式中 ΔT——桥丝温升；

t_f—发火时间。

此时散热矢量

$$E_2=\int_0^{t_f}\gamma\Delta T\mathrm{d}t \tag{7.5}$$

由实验测得不同电流下的发火时间 t_f,将计算的发火能量 E_1 和 t_f 作图,可得图 7.3。

由图 7.3 可知 E_1 和 t_f 呈线性关系,将直线延长和纵轴相交得截距 E_0,E_0 为发火所需的最小能量,即没有热损失的能量。

工程雷管中要求控制通电时间,如要给出 200、100 和 50ms 的发火电流,一般由事先作出的 E_1 和 t_f 图中查出。

由此曲线可见,发火能量随发火时间变化,即发火时间增加,热损失增加,发火所需总能量也增加。在上图中任意 t_f 处作垂线可得 $E_1 + E_0$,其中 E_1 为热量损失。如果选定 $t_f = 5\text{min}$,相当于长时间通电的情况,这时 $E_1 \gg E_0$,于是 E_0 可忽略,输入的热量全消耗于热损失,相当于做安全电流检验时的情况。安全电流也有指 5min 不发火的电流。

在快速起爆的电雷管中,发火能量与发火时间关系如图 7.4。该图是装 $Pb(N_3)_2$ 电雷管的实验曲线,除了和图 7.3 对应的右支外,还有在时间较短时出现的左支和最低点。这是因为当 t 很小时,在能量传导方程中 $q = \chi \Delta T \cdot t$,要保证足够的发火能量 q,ΔT 必然要增加。即要求在极短时间发火,桥丝温度必须提高。

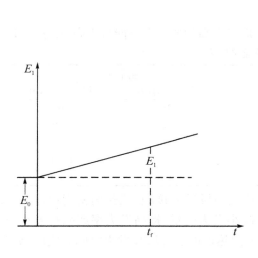

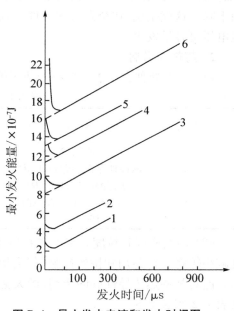

图 7.3　发火能量和发火时间的关系图　　　　图 7.4　最小发火电流和发火时间图

如不给定发火时间,发火能量的数值显然是不能准确决定的。为此提出功率的概念。确定了功率,或测出该功率下的发火时间,才可用功率表示电雷管的感度。可见,电雷管的发火能量与发火时间是互相关联的两个参数。但要注意的是发火时间包括药剂感度和爆轰成长期两方面的问题,而且主要因素是爆轰成长期的长短,无论药型、粒度、压力等影响均有此两方面,凡爆轰成长期短的发火时间均短。

7.2.2　感度和发火时间的影响因素

1. 桥丝的影响

(1) 桥丝尺寸:桥丝直径和长度除直接影响桥丝电阻 R_0 外,还将影响散热系数 γ,从而影响电引火元件的发火能量与时间。

桥丝对发火能量影响的实验表明,桥丝直径越大所需的发火电压越高。为了制造感度高、作用时间短的雷管,需选用直径细的桥丝;钝感型电引火元件则首先应考虑采用较粗的桥丝。为了耐震动和工艺制造方便,对于镍铬成分的桥丝,一般采用 $\varnothing 0.03 \sim 0.05\text{mm}$。

桥丝长度超过一定值后,桥中心部分的温度几乎不受桥两端轴向热散失的影响,因而发火电流趋向于恒定值。但桥丝长时还有另一个作用,与药剂的接触面增大,被加热的药量增加,发火可靠性好,故在一定范围内桥丝长发火电流减小。在用电容点火时,桥丝长度增加消耗的电能增加,所以有时要求提高电容能量。桥丝尺寸对发火时间的影响和其对感度的影响一致,但是增加感度就会使发火时间缩短。

(2) 桥丝材料:材料性质影响桥丝的电阻和热容,一般选 $c\rho/\rho'$ 值最小的材料作桥丝,因为它对提高电源利用率及桥丝升温有好处。

桥丝材料电阻温度系数的影响表现为在恒定电流时,因 $R=(1+\alpha\Delta T)R_0$,故输入功率 $I^2R_0(1+\alpha\Delta T)$ 之值由于 α 值大而明显地加大。通电时间越长,桥温升高越多,则消耗功率也越大。反之,在恒压电源时,因输入功率为 $P=E_0^2/R(1+\alpha\Delta T)$,故输入功率随桥温增加而下降。这就是说,在全发火的条件下,假如开始输入功率相同,电雷管在恒定电流下比恒定电压更容易发火。

2. 药剂的影响

(1) 药剂的种类。主要取决于药剂的热感度,爆发点高的要求发火能量也高,见表 7.1。

表 7.1　炸药的桥丝热感度

序号	炸药	爆发点	发火能量 1×10^{-7} J	
			桥径 2.5μm	桥径 7.5μm
1	四氮烯	135～140	115	460
2	碱性斯蒂酚酸铅(LTNR)		125	700
3	斯蒂酚酸铅(LTNR)		138	930
4	DDNP/KClO₃(75/25)	270～280	260	1 050
5	Pb(N₃)₂	315～330	340	1 340

(2) 药剂密度和粒度。密度和粒度主要影响药剂和桥丝的接触,凡药剂密度增加或粒度减小等将改善药剂和桥丝接触,都会增加感度,减小发火能量,提高发火率或缩短发火时间。但对某些热传导性好的药剂,增大密度后,增加散热也可能会增长发火时间。实验结果见表 7.2 和表 7.3。

表 7.2　压药压力对作用时间的影响

药剂	压药压力(MPa)	电阻	平均作用时间	实验发数	实验条件
Pb(N₃)₂	10	8.6～9.7	6.64	21	桥径 0.012 mm
Pb(N₃)₂	20	8.2～9.0	7.26	21	桥长 0.7～0.9mm
Pb(N₃)₂	30	8.0～8.8	7.42	21	发火电流
Pb(N₃)₂	40	6.9～8.8	8.46	21	200mA

表 7.3　部分氮化铅的桥丝感度的比较

氮化铅种类	实验发数	发火率×100	桥丝规格	注
粗晶	92	41	H×80/20	高温化合
细晶	100	50	H×80/20	高温化合

(3) 混合药剂的均匀性。均匀性好的药剂,氧化剂和还原剂混合均匀,稍有热能激发就发生热分解反应,需要的激发能就小,且达到药剂的爆轰成长期将缩短。

(4) 其他因素。药剂中混入杂质或药剂受潮等因素都将影响激发能,也将影响发火时间。

3. 电源的影响

电源对发火感度和发火时间的影响主要在于它的功率。输出功率大时,桥丝很快从电源获取能量,只经过很小量的热损失就能传到炸药。所以电能输入桥丝越快,能量利用率越高,感度越大,发火时间越短。利用电容起爆时,能量以脉冲形式输入桥丝,其功率远大于直流电源,故电容器作起爆电源时,发火能量和发火时间都远小于直流电源。

同理,用电容起爆,在同样能量条件下,电压高、电容小,比电容大、电压低的更为有效。但如电容过小,放电时间极短,药剂未达到爆发点时放电已结束,这时桥丝开始冷却,结果还是热损失加大,发火能量和发火时间反而增大,因此存在一个最佳的放电时间。在线路电阻决定后,电容和电压间有一个最佳匹配关系。

4. 环境的影响

(1) 气压:对于反应时生成气体向外扩散而损失能量的药剂,随气压降低,药剂间气体运动速度大,损失能量增多,感度降低,发火能量增大。这时如装药密度增大,造成气体扩散困难,真空和常压的起爆能量趋近。

(2) 温度:外界温度对感度和发火时间的影响符合化学动力学规律,即随温度升高反应速度加快。对 DDNP+KClO_3 混合药制成的引火头,曾做过温度对发火能量和发火时间影响的测定,结果见表 7.4。

表 7.4　温度和最小发火电流、安全电流关系

温度(℃)	20	150	200
安全电流(A)	0.25	0.2	0.15
最小发火电流(A)	0.4	0.3	0.25

7.3　桥丝式电引火元件的无损检验

桥丝式电引火元件性能检验中的感度、发火时间和威力测定都是破坏性的,只有测桥丝电阻不破坏产品,但电阻又常常不能准确说明产品性能。因为电阻 $R = \rho' L/A$,即使在材料电阻率 ρ' 相同的情况下,也与桥长 L 及桥截面积 A 有关。一个桥丝较长、直径较粗的产品,其电阻完全可能等于桥丝短、直径细的产品,但桥丝直径细的产品感度高多了。因此桥丝电阻只有在桥长或桥径有一项相同的情况下才能对比桥丝材料性质对火工品性质的影响。对桥丝式产品来说即使如此,也还不能说明焊桥及桥丝和药剂的接触情况。

无损检验用于检查桥丝式电引火元件桥丝、焊桥及桥药接触情况。

7.3.1　参数测定

根据桥丝发火的能量方程为

$$c_p \frac{\mathrm{d}\theta}{\mathrm{d}t} + \gamma\theta = P(t) \qquad (7.6)$$

式中 c_p——桥丝系统的热容(其中包括了和桥丝接触的一薄层药剂);

　　　θ——桥温 T_H 和环境温度 T_0 之差;

$P(t)$——通入桥丝的电功率；

γ——散热系数。

桥丝温度能否到达药剂所需的发火温度是产品能否发火的条件。分析(7.6)式可知,热容 c_p、散热系数 γ 是很重要的因素。c_p 包括两部分,其中桥丝的热容是已知的,因此 c_p 之大小就说明被加热的药层的热容量,它和药剂的性质及药剂与桥接触紧密程度有关。

1. 测 c_p

设法在桥丝中通入一脉冲电流,控制时间在微秒级以内,则由于能量输入速度大,热损失可以忽略,这时可将此过程看成绝热($\gamma=0$)状态,于是(7.6)式成为

$$c_p \frac{\mathrm{d}\theta}{\mathrm{d}t} = P(t)$$

故

$$c_p = \frac{\int_0^t P(t)}{\theta} = \frac{E}{\theta} \tag{7.7}$$

由(7.7)式,如控制输入电功率和时间,测得 θ,就可求 c_p 值。

2. 测 θ

根据桥丝电阻 R_H 随温度的变化,可得(7.8)式:

$$R_H = R_0(1+\alpha\theta) = R_0[1+\alpha(T_H-T_0)] \tag{7.8}$$

如测得 R_H、R_0,查取桥丝温度系数 α,即可求得 θ。

3. 测 γ

在桥丝火工品中通入微量电流(远小于安全电流),维持桥温不变,以保证产品不发火,则式(7.6)中

$$\frac{\mathrm{d}\theta}{\mathrm{d}t} = 0$$

式(7.6)变为

$$\gamma\theta = P(t)$$

则

$$\gamma = P(t)/\theta \tag{7.9}$$

4. 计算 τ

τ 为桥丝冷却时间,它和桥药间的接触状态有关。设给电引火元件通电后迅速切断电流,桥即降温,其冷却方程为

$$c_p \frac{\mathrm{d}\theta}{\mathrm{d}t} + \gamma\theta = 0$$

解方程得

$$\theta = \theta_0 \exp\left[-t/\left(\frac{c_p}{\gamma}\right)\right] = \theta_0 \exp\left(\frac{-t}{\tau}\right) \tag{7.10}$$

式中 τ——冷却时间,$\tau = c_p/\gamma$。

在测得产品上述参数前,若能测出标准产品的 c_p 与 γ 值作为对比,就可得出被测产品质量状况。

测试时通入电流大小应保持药温或桥温不得超过某一限度,否则可能引起少量反应。根据实验经验,以桥温不超过 75℃ 为限。

上述方法理论上的推导是合理的,但在实际上许多材料的电阻温度系数很小,没有足够精确的测量仪器,很难得到理想的数据。图 7.5 列出了 α 的求法,由式(7.8)得

$$\frac{\Delta R}{R_0} = \alpha \Delta T$$

以 $\Delta R/R_0$ 和 ΔT 为坐标作图,其斜率即为 α。图中标出了无损检测温度限。

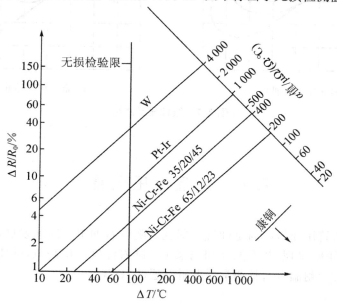

图 7.5　无损检测的温度限

7.3.2　波形测定

上述参数虽在一定程度上可以检验产品质量,但如果桥丝上有局部疵病,药剂质量不佳或桥药接触不良等还是难以检查出来的,而这些都常常反映在输出的特性加热曲线中,如对比其和正常加热曲线的偏离情况可以发现一些局部疵病。

目前已有两种测定桥药电热反应的方法。

1. 瞬时脉冲试验

产品接在惠斯顿电桥一臂上,输入一短脉冲电流,通电时间大约为 50ms,同时测桥丝两端电压变化。由于通电加热,惠斯顿电桥失去平衡,桥两端出现电位差,用示波仪测定此电位差曲线,即为产品加热曲线。将此曲线和正常产品曲线比较可分析产品的疵病。图 7.6 为被测产品加热曲线,其中(a)为正常产品加热曲线。

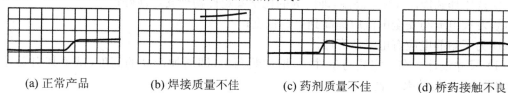

(a) 正常产品　　　(b) 焊接质量不佳　　　(c) 药剂质量不佳　　　(d) 桥药接触不良

图 7.6　被测产品的加热曲线

2. 跟踪显示试验

产品接在惠斯顿电桥上,输入稳定的正弦波电流,在示波仪上绘出一个环形的波形,见

图 7.7。

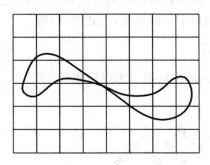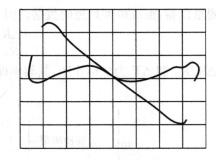

(a)正常产品曲线　　　　　　　　(b)非正常产品曲线

图 7.7　跟踪显示曲线

7.4　耐温耐压电雷管

耐温耐压电雷管用途最广的是油气井射孔。随着石油工业高速发展,石油钻井正向深地层迈进,超深井不断出现,井下温度和泥浆压力随着深度而增高,这就要求雷管具有耐高温和耐高压之特性。耐温电雷管通常要求耐温超过 180℃。

7.4.1　技术指标与产品结构

1. 技术指标

为了保证在高温条件下的可靠性和安全性,耐温 180℃电雷管应满足以下技术指标:

① 产品加温至 180℃时,恒温 2 小时不发生自爆;

② 产品经高温考验后,通电 500mA 应 100% 可靠发火,用旁接法应可靠引爆导爆索;

③ 产品在常温下通电 100mA,应 100% 不发火;

④ 产品爆炸威力,应能炸穿厚 4mm、直径为 40mm 的铅板,其孔径不小于产品外径;

⑤ 产品在枪身中经高温、高压泥浆冲击时,不应自爆。

2. 产品结构设计

根据技术要求,设计的雷管应具有:

① 足够的威力或者一定的药量,即对应于一定的尺寸;

② 选用炸药能耐 180℃高温,即药剂的化学安定性物理安定性好;

③ 发火电流与安全电流应提高到一定强度;

④ 为了耐静电应有电泄放旁路。

(1) 尺寸设计。在一定装药条件下,增加装药量,即增加产品的高度,试验其引爆导爆索的可靠性,所得结果见表 7.5。

由表 7.5 可知,当产品高度增加(即药量增加)时,引爆旁接导爆索的百分比增加。在 18mm,已百分之百引爆,故在 23.3mm 时,引爆将完全可靠。

表 7.5　产品不同高度对引爆导爆索可靠性对比试验

高度(mm)	直径(mm)	数量(发)	导爆索长度(m)	连接	引爆结果	
					引爆发数	未引爆发数
12	7.1	46	0.5	旁接	25	21
14	7.1	90	0.5	旁接	81	9
18	7.1	32	0.5	旁接	32	
23.3	7.1	91	0.5	旁接	91	

（2）药剂选择和耐高温性能。在起爆药方面,因为叠氮化铅($Pb(N_3)_2$)的 5 秒钟爆发点是 360℃,故常以结晶叠氮化铅为起爆药。因此,选用了细结晶氮化铅,并且事先要经过差热分析,以保证其热安定性。猛炸药方面,选用石墨造粒黑索今,可达到安定性要求。

（3）为提高安全电流,以防止由于杂散电流、静电等感应而造成意外失火,因此常选用 0.03mm 直径的镍铬丝。

（4）为耐静电而设计了两个泄放电点,即脚线两边突出。

设计的产品见图 7.8。

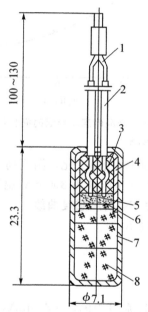

图 7.8　耐温 180℃ 电雷管结构图

1—脚线;2—塑料套管;3—电极塞;4—加强帽;5—桥丝;6—起爆药;7—管壳;8—炸药

7.4.2　电雷管性能试验

1. 电雷管耐温性能试验

这项试验的目的是为了确定产品在不同温度与自爆时间的特性曲线。从试验结果（表 7.6、图 7.9)可以看出,随着温度的提高,反应速度加快,发生自爆的恒温时间短。

表 7.6　产品自爆时间与温度的关系

试验温度(℃)	升温时间(h)	自爆时间(h)	试验发数
208	0.6	1.4	5
204	0.53	2.2	5
198	0.63	2.51	5
194	0.63	2.7	5
190	0.4	4	5
185	—	6.3(未爆)	5
180	1.5	10.6	5

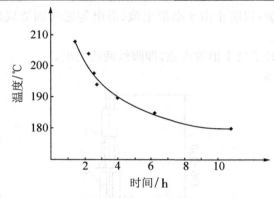

图 7.9　产品耐温与自爆时间特性曲线图

2. 温度对产品安全电流的影响

该产品的安全电流是随温度的改变而变化。温度高,安全电流小;温度低,安全电流大。试验结果(见表 7.7)表明,常温下安全电流为 300mA,温度升高,安全电流略有下降。

3. 用勃罗西登法(CBRUSETON)所测感度曲线

每点间隔为 20mA,试验数量 40 发。

数据处理计算结果:

50%发火电流＝340mA

标准偏差＝14.5mA

不同发火率时估算发火电流:$I99.9\% = 380mA$,$I95\% = 359mA$,$I75\% = 345mA$,$I50\% = 336mA$,$I25\% = 326mA$,$I5\% = 312mA$,$I0.1\% = 292mA$。

4. 产品引爆导爆索可靠性试验

产品在常温或高温 180℃恒温 1～4 小时,用旁接法完全可靠引爆导爆索(表 7.8)。

5. 实际使用和现场性能试验

(1) 高温传爆试验

产品在高温 180℃恒温两小时后,5 发产品打铅板(通用铅板),结果入口孔径为 16mm,出口最小为 13.4mm。另一组产品恒温一小时后,旁接导爆索,通电后全部正常引爆。

将产品旁接导爆索装入 103mm 射孔枪,下至第一口深井 5 020m 处(温度为 160℃),停放 5 分钟,发火正常,引爆可靠。

表 7.7 温度对安全电流的影响

试验条件	安全电流 (mA)	通电时间 (分钟)	试验数量（发）	结果 爆	结果 不爆
常温	300	2	28		28
170℃恒温 40 分钟	200	2	5		5
	250	2	5		5
	300	2	30		30
	320	2	5	1	4
180℃恒温 60 分钟	200	2	30		30
	250	2	25	1	24
	300	2	5	1	4
180℃恒温 90 分钟	200	2	28		28
180℃恒温 240 分钟	200	2	63	1	62
180℃恒温 120 分钟	200	2	20		20
运输震动后放在 180℃恒温 60 分钟	100	2	39		39
受潮 1 440 分钟	250	2	5		5

表 7.8 产品引爆导爆索的可靠性

试验条件	连接方式	数量（发）	导爆索长度（m）	结果
常温	旁接①	53	0.5	正常引爆
180℃恒温 1～1.5 小时	旁接	10	0.5	正常引爆
180℃恒温 2 小时	旁接	30	0.5	正常引爆
180℃恒温 4 小时	旁接	43	0.5	正常引爆
180℃恒温 8 小时	旁接	10	0.5	正常引爆
运输震动、高低温受潮	旁接	30	0.5	正常引爆

① 旁接法如图 7.10 所示。

导爆索　　　　　　　　　　　电雷管

图 7.10 电雷管旁接法连接导爆索

（2）冲击试验

产品装入高温、高压试验装置内，温度加至 95℃～100℃，压力为 580～630kg/cm²，在此条件下的液体冲入射孔枪内，电雷管未自爆，取出后发火正常。

（3）使用性能

把产品装入射孔枪内，两只枪串联，用一发电雷管为雷管，下至我国第一口深井 4 987～5 020m 处，共射了 15 双枪（共用 15 发雷管），全部作用可靠，射孔成功。

6. 抗静电性能试验

由于耐温 180℃电雷管采用的桥丝直径比一般电雷管粗，而且脚线两边突出，使之与管壳距离减小，在静电压高时易泄放，所以该电雷管具有耐较大杂散电流和较高静电压的能力。试验结果如表 7.9 所示。

表 7.9　产品抗静电性能

线路串电阻 (kΩ)	电容 (pF)	静电压 (kV)	结果	线路串电阻 (kΩ)	电容 (pF)	静电压 (kV)	结果
5.0	500	25.0	未爆	5.0	500	25.0	未爆
5.0	500	25.0	未爆	5.0	500	25.0	未爆
5.0	500	25.0	未爆	5.0	500	25.0	未爆
5.0	500	25.0	未爆	5.0	500	25.0	未爆
5.0	500	25.0	未爆	5.0	500	25.0	未爆
5.0	500	25.0	未爆	5.0	500	25.0	未爆
5.0	500	25.0	未爆	5.0	500	25.0	未爆
5.0	500	25.0	未爆	5.0	500	25.0	未爆
5.0	500	25.0	未爆	5.0	500	25.0	未爆
5.0	500	25.0	未爆	5.0	500	25.0	未爆

复习思考题

1. 如何用 Rosenthol 能量方程计算桥丝式电起爆器材的安全电流及最小发火能量？（提示：已知 C_p、γ、R、T、α）

2. 在使用恒定电流及电容器电源时各因素的影响有什么不同？

3. 爆炸桥丝电起爆器材的通电过程和灼热桥丝电起爆器材有什么区别？

4. 某引火头的桥丝电阻为 1.75Ω，电阻温度系数为 $1.35\times10^{-4}℃^{-1}$，散热系数为 $4.25\times10^{-2}J/(s\cdot℃)$，定压热容为 $320\times10^{-6}J/℃$，使用药剂的爆发点与延滞期的关系为 $\ln\tau=-6.2+3280/T$。其中 T 为爆发点，单位为 $℃$；τ 为延滞期，单位为 ms。试计算在 25℃ 环境温度下，通以 5A 的恒定电流 10ms，该引火头能否可靠爆炸？

第8章　可靠性与检验方法

8.1　起爆器材可靠性设计

根据 GJB450 规定,起爆器材可靠性设计主要从 4 个方面工作。

8.1.1　建立可靠性模型

建立以功能为基础的可靠性框图及数学模型,用于定量分配、估算和评价产品的可靠性。起爆器材可靠性设计应与其性能设计相结合,在认真研究与分析技术指标的基础上,找出影响产品质量与可靠性的因素,提出可靠性模型。

现以雷管为例,当输入能量大于雷管的临界起爆能量时雷管发火,经过一定时间后输出一个爆炸能量,用于起爆下一级起爆器材;同时,雷管在整个生产、运输和使用过程中还必须保证安全;在长储过程和经长储后雷管应作用和安全可靠。可见,影响雷管性能可靠性子项有发火、作用时间、威力、安全和长储 5 个。任何一个因素的可靠性不高,都将影响雷管的可靠性。但在实际评估中,产品的长储可靠性一般通过试验和计算产品寿命来研究,而且从理论上讲,设计优良的产品在使用寿命期内,其长储可靠性应为 100%;也鉴于研制阶段,长储对可靠性定量指标的影响缺乏试验数据,因此,雷管可靠性子项定为除长储外的 4 项,其可靠性框图表示如图 8.1。

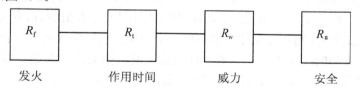

图 8.1　雷管可靠性框图

其数学模型属串联可靠性模型,为

$$R = R_f \cdot R_t \cdot R_w \cdot R_a \tag{8.1}$$

可靠性数学模型应随着试验信息、产品结构、性能、任务要求和使用条件等方面的更改而修改。

8.1.2　可靠性分配

可靠性分配是将产品可靠性的定量要求分配到产品各可靠性子项,分别规定其可靠性定量要求。一般军用雷管的设计可靠性,在置信度 $c=0.95$ 时,其可靠度 $R=0.99$。这时可靠性模型为

$$R = \prod_{i=1}^{4} R_i = 0.99$$

采用等值分配法,设每个子项要求的可靠度为 R',则

$$R' = \sqrt[4]{0.99} = 0.9975$$

此时,雷管发火、作用时间、威力和安全各个子项在置信水平 $c=0.95$ 时,要求的可靠度应为 $R'=0.9975$。其安全可靠性子项验收时,判据为设计的产品感度下限。

8.1.3　可靠性预估

根据同类产品的生产历史及设计产品所用原材料和半成品的可靠性,预计所提出的设计是否能达到可靠性要求。同时确定可靠性的关键件、重要件及确定可靠性工作的重点分配量。例如,延期雷管经常把延期时间作为可靠性重点分配量;针刺雷管则常把针刺端盖片及针刺药作为关键件。

8.1.4　可靠性增长试验

可靠性增长试验的目的是通过对试验结果的分析,采用有效的纠正措施,及早解决大多数可靠性问题,达到产品性能和结构的优化,提高产品的可靠性。如某针刺雷管,通过试验结果分析调整了针刺药配比、针刺端铝盖片厚度、针刺药装药量后,提高了产品的可靠度。

8.2　感度实验的统计方法

用于评估起爆器材作用可靠性和安全可靠性的重要性能参数之一为感度。感度可以用临界起爆能量 X_c 来表示。"临界"的意义为,当输入能量高于此值时,被发元件一定爆炸;当输入的能量低于此值时,则被发元件一定不爆。由于这类随机应变量不能直接测量,因此对它的研究形成了专门的统计方法——敏感性试验及其数据处理。在起爆器材感度试验中,我国使用的 GJB/Z-377A 规定的方法,分为甲、乙两类。甲类问题是假设感度分布为某类模型,由试验结果对总体参数、特定响应点或特定点处的响应概率做出推断。乙类问题是通过试验结果检验感度分布模型假设,并推断总体参数、特定响应点或特定点的响应概率。甲类包括兰利法、OSTR 法和升降法,乙类包括概率单位法和完全步进法。

对于新研制的起爆器材,在完全不知道哪类分布模型可以较好地表示产品的感度分布时,适宜用乙类,特别是完全步进法。它可以通过试验得到感度分布曲线数据,并在多批产品试验后,积累对该产品感度分布规律的认识。对于已知感度分布的产品,定期使用恰当剪裁的完全步进法,可对产品的感度实施监控。

对于甲类具体方法的选择,当试验目的仅是估计 50% 相应点时,兰利法是估值精度最好的方法,其次是升降法;当试验目的是估计高、低概率响应点,并且允许较大试验量时,OSTR 法估值精度较兰利法和升降法更好些。具体选定时,除依据试验目的外,还应结合对试验结果的精度要求,以及可使用的样品量、操作的难易程度、费用等综合平衡。

步进法和升降法是起爆器材领域用得最多的两种方法,有许多应用的例子。概率单位法应用不多,下面仅对兰利法和 OSTR 法举例说明。

8.2.1　试验方法

【例 1】　用兰利法求双 35 雷管在落球质量固定,试验刺激量以落高厘米为单位时的感度参数。

预估全不响应刺激量下限 $X_L=1$,全响应刺激量上限 $X_U=15$。进行兰利法试验程序如下:第一次试验刺激量 $X_1=(X_U+X_L)/2=8$,试验结果为发火,记为"1"。第 2 次刺激量 $X_2=(X_1+X_L)/2=4.5$,试验结果仍发火,同样记为"1";若不发火记为"0"。第 $k(k\geqslant3)$ 次刺激量的确定方法:从第 $k-1$ 次试验结果按试验次序往前数,将 0 的个数和 1 的个数第一次出现相等时的那次试验的刺激量作为 X_r,则第 k 次试验的刺激量 $X_k=(X_{k-1}+X_r)/2$;若不存在这样的 X_r,则当第 $k-1$ 次试验为发火时,有下式 $X_k=(X_{k-1}+X_r)/2$;当第 $k-1$ 次试验为不发火时,$X_k=(X_{k-1}+X_U)/2$;用上述规则,有 $X_3=(X_2+X_L)/2=2.75$;$X_4=(X_3+X_2)/2=3.625$;依次进行。试验的终止规则则按 GJB/Z-377A 规定的准则,试验结果中出现响应与不响应应转换 10 次,共进行了 18 次试验,且试验结果满足 $X_{0U}>X_{1L}$,即存在混合结果区。试验结果列于表 8.1。

表 8.1　兰利法试验结果记录

序　号	落高 X_i(cm)	响应数 V_i	结果转换次数
1	8	1	
2	4.5	1	
3	2.75	0	1
4	3.63	1	2
5	3.20	0	3
6	3.41	1	4
7	3.30	0	5
8	3.35	0	
9	5.68	1	6
10	4.51	0	7
11	5.10	0	
12	10.05	1	8
13	7.55	1	
14	6.03	1	
15	4.67	1	
16	2.83	0	9
17	3.75	0	
18	4.89	1	10

【例 2】　用 OSTR 法求双 35 雷管的作用可靠限。

OSTR 法是变换响应的兰利法。设变换响应的新分布 为 $F(x)=F_1(x)^m$,$F_1(x)$ 为原感度分布。m 一般取 2,3,4。当 $F(x_0)=0.5$ 时,$F_1(x_0)=\sqrt[m]{0.5}$,称为变换中位值,记为 p_0。本试验取 $m=3$,则 $p_0=0.7937$。每组试验最多做 3 次试探,当试验结果为"111"时,记为:"D";当一组试验结果中出现一次"0"时,就停止该组试验,记为"U",即试验结果为 0,

10,100 之一时均记为"U"。第一组试验的刺激量可取 $X_1 = X_L + p_0(X_U - X_L)$，其余各组的刺激量的确定和兰利法相同。

试验的终止按 GJB/Z-377A 规定的准则，试验结果中出现"D"类型结果和"U"类型响应结果转换 5 次，共进行了 11 组试验，且试验结果满足 $X_{0U} > X_{1L}$，即存在混合结果区。试验结果列于表 8.2。

表 8.2　OSTR 法作用可靠限试验结果记录

序 号	X_i (cm)	u_i	V_i	试验结果	D 或 U	转换次数
1	9.69	3	1	111	D	
2	5.35	3	1	111	D	
3	3.18	2	0	10	U	1
4	4.27	1	0	0	U	
5	6.98	2	0	10	U	
6	9.49	3	1	111	D	2
7	8.24	3	1	111	D	
8	6.26	3	1	111	D	
9	4.72	2	0	10	U	3
10	5.49	3	1	111	D	4
11	5.11	2	0	10	U	5

【例 3】　用 OSTR 法求双 35 雷管的安全可靠限。

安全可靠限变换中位置 $q_0 = 1 - F_1(x_0)$，当 $m = 3$ 时，$q_0 = 0.2063$。第一组试验的刺激量可取 $X_1 = X_L + q_0(X_U - X_L)$，当 3 次试探结果为"0 0 0"时，记为"U"；当 3 次试探结果中出现一次"1"，即试探结果为 1,01,001 之一时，均停止该组试探，记结果为"D"。其余和作用可靠限 OSTR 法同。试验结果列于表 8.3。

表 8.3　OSTR 法安全可靠限试验结果记录

序号	X_i (cm)	u_i	V_i	试验结果	D 或 U	转换次数
1	3.89	3	0	000	U	
2	9.45	1	1	1	D	1
3	6.67	3	1	001	D	
4	3.84	3	0	000	U	2
5	5.26	3	1	001	D	3
6	4.55	3	1	001	D	
7	2.78	3	0	000	U	4
8	3.67	2	1	01	D	5

8.2.2　数据统计分析

1. 结果计算

按 GJB/Z-377A 将例 1,2,3 的试验数据统计入表 8.4。

用兰利法程序按对数正态分布计算得：

例 1：均值 $\hat{\mu} = 4.2574$，50% 分位点估计值 $\hat{x}_{0.5} = 4.1059$，标准差 $\hat{\sigma} = 1.671$。

例 2：在置信水平 γ 下，全发火落高置信上限为

$$I_{AF\gamma} = \hat{x}_{p1} + u_\gamma \sigma_{\hat{x}p2} \tag{8.2}$$

例 3：在置信水平下，不发火落高置信下限为

$$I_{AF\gamma} = \hat{x}_{p1} - u_\gamma \sigma_{\hat{x}p2} \tag{8.3}$$

表 8.4　例 1,2,3 试验数据统计表

例 1		例 2		例 3	
X_i	V_i	X_i	V_i	X_i	V_i
2.75	0	3.18	0	2.78	0
2.83	0	4.27	0	3.67	0
3.2	0	4.72	0	3.84	1
3.3	0	5.11	0	3.89	0
3.35	0	5.35	1	4.55	1
3.41	1	5.49	1	5.26	1
3.625	1	6.26	1	6.67	1
3.75	0	6.98	0	9.45	1
4.5	1	8.24	1		
4.51	0	9.49	1		
4.665	1	9.69	1		
4.89	1				
5.1	0				
5.675	1				
6.03	1				
7.55	1				
8	1				
10	1				

2. 结果处理

（1）升降法用于评估起爆器材的感度试验是行之有效的。为了对比，曾按 GJB377-87 要求分别对 3 批双 35 雷管各做了 3 组升降法感度数据。经分析，其综合估值和兰利法 3 组结果综合估值对比示于表 8.5。

表 8.5　兰利法和升降法感度数据对比

试验方法	均值	方差	均值标准误差(cm)	方差标准误差(cm)	置信上限(cm)	置信下限(cm)	变异系数	试验发数
兰利	4.718	1.009	0.05	0.071	12.489 2	1.320 5	0.249 8	56
升降一组	3.552	1.272	0.019 5	0.032 6	15.733	0.711	0.216	115
升降二组	5.127	2.317	0.023	0.043 7	28.437	0.654	0.234	118
升降三组	3.834	1.278	0.018 2	0.026 3	14.581	0.907	0.186	118

（2）用兰利法做感度试验一般分为 3 组，每组或预定试验量不少于 20，或要求试探结果至少转换 5 次，最后做综合估值。计算表明，这样可以使变异系数控制在 0.25 左右。与升降法相比，在相同精度下，样本量可减少 1/3 到 1/2。

8.3　传爆可靠性的实验方法

实用中估计传爆序列爆轰传递的可靠性或安全性，经常是实验方法和统计方法相结合。实验方法多为恶化法（Penalty Test），即采取使用条件更恶劣的条件进行实验取得结果，然后进行计算。

恶化实验有两种，一种是将被发炸药钝感化，称为变组分法，如图 8.2，适用于恶化被发药的实验。一种是将主发药弱化，称为变激励法，如图 8.3，适用于恶化主发药的实验。

由图 8.2、8.3 可见,施主不变,受主感度变弱,或受主不变,施主强度变弱,受主被起爆的可靠度减少,直至不能起爆。在恶化实验中,常常以弱化试样的实验结果,利用数理统计方法中分布函数的特征值均值和方差来估算实际装置的可靠性。

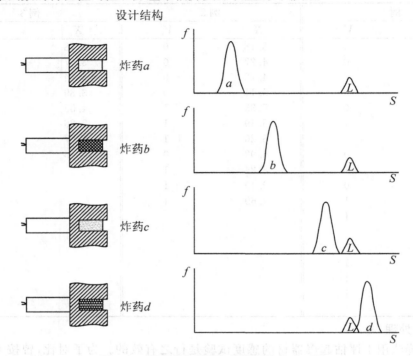

图 8.2　受主感度变弱和施主强度的关系图
f—相关的频率;S—相关的冲击波强度;
L—雷管通过隔板输出冲击波强度,隔板厚 0.38mm;a,b,c,d—引爆对应被发药所需的冲击波强度

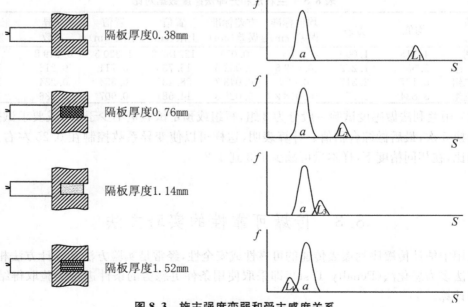

图 8.3　施主强度变弱和受主感度关系
f—相关的频率;S—相关的冲击波强度;a—引爆 A 炸药所需的冲击波强度;
L_1,L_2,L_3,L_4—经不同厚度隔板衰减后输出的冲击波强度

8.3.1　变组分(Varicomp)法

1. 传统的变组分法

实验时保持主发装药为正常使用的情况,而采用的被发药则比使用的更钝感。如果知道主发装药输出能量和两种被发药的感度,则由实验结果可求该主发药对所使用被发药间爆轰传递的可靠性。现举例说明。

【例 4】　求在标准雷管输入情况下,用 HNS-1 作传爆药时的可靠性。

表 8.6 列举了几种常用炸药的冲击波感度,从表中查得 HNS-1 的 $x_{50} = \mu = 5.322\text{dB}$, $\sigma = 0.098\,2\text{dB}$。

表 8.6　几种常用炸药的冲击波感度(SSGT)

炸　药	装药压力(GPa)	均值 x_{50}(dB)	偏差 σ(dB)
CH-6	7×10^{-2}	4.260	0.076 2
特屈儿	7×10^{-2}	4.30	0.050
A-5	7×10^{-2}	4.143	0.017 3
PETN	10×10^{-2}	2.468	0.045 9
TATB	10×10^{-2}	7.374	0.012 2
PBXN-4	10×10^{-2}	7.982	0.035 7
RDX/硬脂酸钙:			
96.7/3.3	20×10^{-2}	5.965	0.050
83.4/16.6	10×10^{-2}	6.959	0.008 8
HNS-1	10×10^{-2}	5.332	0.098 2

解:(1) 设以 TATB 代替 HNS-1 做恶化实验,TATB 的感度比 HNS-1 要小,故为恶化条件。TATB 的感度为: $x_{50} = \mu = 7.374\text{dB}$, $\sigma = 0.012\,2\text{dB}$。

(2) 确定置信度。一般对引信起爆器材的可靠性评估时置信度取 95%,要求低时可降到 90%。

(3) 发火概率 p 和瞎火概率 q 的关系为

$$p + q = 1 \tag{8.4}$$

因为采用增长型分布

$$q = 1 - p = \frac{1}{1 + e^{up}} \tag{8.5}$$

则分位数 u_p 为

$$u_p = \ln \frac{p}{q} = \ln \frac{p}{1-p} \tag{8.6}$$

欲求发火概率 p,应设法找出分位数 u_p 值。如果已有某种炸药的冲击波感度分布曲线,即已知其均值 x_{50} 和偏差 σ,则在给定冲击波输入值为 x 时的分位数为

$$u_p = \frac{x - x_{50}}{\sigma} \tag{8.7}$$

(4) 假设试验 8 发 TATB 药柱,其中有 7 发发火,1 发瞎火,查 95% 置信度可靠度下限单侧估计表 8.7,得发火概率 p 为 52.95%。则 TATB 药柱的增长型分布分位数为

$$u_p = \ln \frac{p}{1 - p} = \frac{0.529\,5}{1 - 0.529\,5} = 0.118$$

此时输入 TATB 药柱冲击波压力值为

$$x = x_{50} + \sigma u_p = 7.374 + 0.012\,2 \times 0.188 = 7.375 \text{ dB}$$

(5) 计算 HNS-1 药柱被传爆的可靠性。在 HNS-1 药柱的感度分布曲线中 $x_{50} = 5.322$ dB 相对应的分位数为

$$u_p = \frac{x - x_{50}}{\sigma} = \frac{7.374 - 5.322}{0.098\,2} = 20.91$$

此分位数相当于概率或可靠度为

$$p = \frac{e^{20.91}}{1 + e^{20.91}} = 99.999\,999\%$$

u_p 和 p 也可以从增长型概率表中查得。

由上述实验结果和计算可见,应用恶化实验方法结合增长型概率表的应用,只试验 8 发就得出了可靠性结果,大大缩短了实验周期和产品量。如用经典计数法,从表 8.7 中可以看到,在 95% 置信度下欲取得 99.5% 的可靠性,在只允许 1 发产品失效时,要求试验 10 000 发产品。这样恶化法的优点就显而易见了。

2. 改进的变组分法

虽然变组分法是估计各种炸药界面爆轰传递概率的一种很有效的方法,而且其样本含量小,但它存在着下列缺点:

(1) 它是假设传爆序列的爆轰中断都发生在界面上,而不发生在爆轰元件内部,且假设爆轰传递只是冲击波起爆,因而以单变量(dB)表示可靠性影响因素。这两个假设决定了它的局限性。

(2) 计算采用的基础数据 SSGT 感度值,是用 5.08mm 直径的药柱测得的。小于 2mm 直径的药柱被冲击波起爆时,其感度会受药柱几何尺寸的影响。这在原变组分法中没有考虑。

(3) 为尽可能使系统中的冲击阻抗和特性不变,模拟实验装置要与实际状态一致或接近。在 SSGT 感度试验中衰减片是用有机玻璃,其冲击阻抗与炸药相近,因而可不考虑其对冲击波传递的界面效应。但在实际的引信传爆序列中多是用金属材质隔板,此时冲击波传播界面效应不可忽略。

为此,美国海军武器中心 Meaus 在 1974~1975 年测得大量数据,并发表了两篇详细的文章,提出一种适用范围更广的改进的变组分法。

表 8.7　95%置信度可靠度下限单侧估计表
（对于试验数 N 中有 0,1 或 2 失败的）

试验数 N	失效数	估计的可靠度下限		
		0	1	2
5		54.94	34.25	18.94
6		60.67	41.81	27.14
7		65.18	47.92	34.11
8		68.79	52.95	40.00
9		71.71	57.06	45.02
10		74.13	60.56	49.32
12		77.92	66.11	56.18
14		80.74	70.35	61.44
16		82.94	73.60	65.57
18		84.67	76.23	68.97
20		86.10	78.38	71.77
50		94.18	90.88	87.96
100		97.05	95.34	93.85
200		98.51	97.65	96.88
500		99.40	99.06	98.74
1 000		99.70	99.53	99.37
2 000		99.85	99.76	99.69
5 000		99.94	99.91	99.87
10 000		99.97	99.95	99.94
>10 000		N/(N+3)	(N−1)/(N+3.75)	(N−2)/(N+4.30)

改进的主要点是：

（1）试验水平 x 的单位采用比例间隙分贝（dB）表示,定义为

$$x = 10 + 10\log(d/h) \tag{8.8}$$

式中 d——施主直径；

h——衰减片厚度。

（2）衰减片材质为铝或钢,厚度为对数等分间隔 0.025log 单位。

（3）施主分为 3 种直径,分别为 1.27、2.54、5.08mm。药剂为 PBXN-5,预制成密度为 1.7g/cm³ 的成型药柱。

（4）受主直径为施主的两倍,即为 2.54、5.08、10.16mm 三种。

8.3.2　变激励法

变激励法（Varidrive）是保持被发药不变而改变主发药的输出来进行恶化实验的。例如传爆药柱不变,采用与变组分法类似的步骤,用改变雷管底数的隔板厚度来改变被发药输入冲击波强度求传爆可靠性。这时要先测出不同输入冲击波强度的均值和偏差。如果是采用改变导爆药种类恶化,则要能查到不同导爆药冲击波感度值。

可见,不论是变组分法还是变激励法都要求事先测得炸药的感度值,不同炸药感度值的测定是费时费力的工作,应给予足够的重视。美国 SSGT 数据册列出了美国使用的各种炸

药装填压力-密度和感度 dB 的关系表及图,凡是知道某炸药的密度就可从对应的装药压力查得感度值。

8.3.3 炸药激励传递定量测定法(简称 QUEST 法)

QUEST(Quantitative Understanding of Explosive Stimulus Transfer)法是专门研究空间技术传爆序列的爆轰传递可靠性的方法,其主要思想是施主提供的能量与受主起爆所需能量之比,决定了爆轰是否能传下去。其传爆概率如图 8.4。

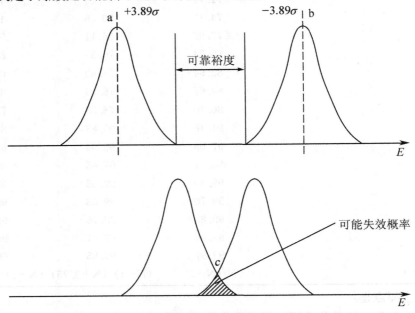

图 8.4 爆轰激励传递概率分布图

a—受主起爆所需能量分布;b—施主输出能量分布

由图可见,施主输出能量分布曲线与受主起爆所需能量分布曲线,若能在±3.89σ 以外离开一段距离,则存在传爆可靠裕度;相反,若两能量分布曲线交于 c 点,则 c 点右方,由于 $X_受 > c$,受主药柱不能起爆;c 点左方,由于 $X_施 < c$,施主不能起爆受主,故其失效概率为曲线的阴影部分,即

$$失效概率 = P[(X_受 > c) \bigcup (X_施 < c)]$$

激励传递界面上施主提供给受主的能量,应在施主与受主的各种耦合条件下考虑爆炸气体或破片的综合起爆作用。施主提供受主的能量随空气间隙、受主的输入端盖片厚度或密度的增加而减少,而这些参数对爆轰气体产物能量的衰减比对破片能量的衰减作用更严重。

起爆受主炸药所需的能量用小间隙实验数据来表示。

该方法通过改变主参数的变量,如药柱直径、药量、装药压力及外壳底片和外壳材料、厚度等控制其输出,以调整施主和受主间的空气间隙距离,选用不同的受主参量(炸药感度、盖片材料、厚度等)进行大量实验后,得出结论:

(1) 气体产物在 7.0mm 处迅速衰减,再不能起爆受主炸药,而破片在 76mm 处还可以起爆受主药,破片与气体能量分布示意于图 8.5。空间技术用产品的典型间隙距离为 3.8mm,此处是破片与气体产物的联合作用,而其中气体产物的贡献仅占 30%。在间隙为 12.7mm 时,只考虑破片的作用。

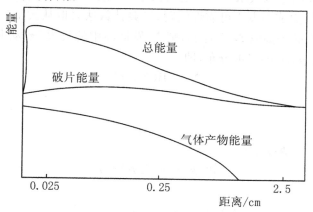

图 8.5　破片和气体能量分布示意图

(2) 从施主的破片能量试验测得,当破片速度为 2.76mm/s、能量为 300J/cm² 时,不能起爆有 0.1mm 厚的盖片、101.3MPa 压力压药的 TATB 受主炸药。这时如按雨贡纽法计算施主药作用于受主药的压力约为 200MPa,而 TATB 的 SSGT 的临界起爆感度仅 740MPa,即应该是可以起爆的。这说明起爆临界能量不能完全以压力概念来解释。

(3) 从施主的气体能量试验表明,受主 50% 起爆的间隔距离随受主的 SSGT 感度的钝感而缩短。

(4) 雷管底片为 0.10mm 的钢片时,其起爆距离是没有底片时的 4 倍;从材料看,雷管底片为钢片时起爆效果比铝片好。

在这些基础上,QUEST 研究提出了一种新的传爆序列可靠性的试验方法,其步骤是:

(1) 做一组有底片的雷管(施主)的起爆试验,测定雷管破片速度,计算破片能量和标准偏差。

(2) 做另一组去掉壳的雷管的发火试验,以代表气体的单独作用,用已知临界起爆能量的不同感度的炸药受主药进行试验,找出气体作用相当的能量。

(3) 把雷管破片动能和气体产物能量相加求出总能量。

(4) 查出受主炸药在给定装药压力下的 SSGT 感度数据,计算受主装药起爆所需的能量及标准偏差。受主盖片衰减作用需要增加的能量用 QUEST 试验测定。

(5) 进行统计、比较、分析传爆的可靠性。

8.4　起爆器材可靠性的计算方法

8.4.1　计件数据法

计件数据法是在规定的条件下,试验一组随机抽取的子样,根据试验得到的发火数,对总体的作用可靠性进行推断。根据评估时利用先验分布与否,又分为经典计数法与贝叶斯计数法。

1. 经典计数法

对批量很大而在给定刺激水平 x 处的发火率(p)或不发火率(q)未知的起爆器材,欲评估刺激水平 x 处的发火或不发火可靠性问题,经典计数法采取从大批量产品中独立抽样的方法。假设从批量产品中抽取 N 发样品,则 N 发样品中的发火(不发火)数 n 是一随机变量,且 n 服从参数为 p,N 的二项分布,即

$$N \sim B(N, p)$$

参数 p 的点估计为

$$\hat{p} = \frac{n}{N} \tag{8.9}$$

而参数 p 的区间估计 $[\underline{p}, \overline{p}]$ 为

$$P(\underline{p} \leqslant p \leqslant \overline{p}) = \gamma \tag{8.10}$$

其中 $\underline{p}, \overline{p}$ 满足:

$$\sum_{k=n}^{N} C_N^k \underline{p}^k (1-\underline{p})^{N-k} = \frac{1-\gamma}{2} \tag{8.11}$$

$$\sum_{k=0}^{n} C_N^k \overline{p}^k (1-\overline{p})^{N-k} = \frac{1-\gamma}{2} \tag{8.12}$$

在可靠性统计中,记 $R_{L\gamma} = \underline{p}$,$R_{U\gamma} = \overline{p}$,称为刺激水平 x 处的发火可靠性下限 $R_{L\gamma}$ 与上限 $R_{U\gamma}$,可通过查表计算 $R_{L\gamma}, R_{U\gamma}$。有时,实际不要求响应率 P 的区间估计,而只需求其可靠度下限 $R_{L\gamma}$ 或上限 $R_{U\gamma}$。对于这类情形,类似地有

$$\sum_{k=0}^{N} C_N^k R_{U\gamma}^k (1-R_{U\gamma}^{N-k}) = 1-\gamma \tag{8.13}$$

$$\sum_{k=0}^{n} C_N^k R_{L\gamma}^k (1-R_{L\gamma}^{N-k}) = 1-\gamma \tag{8.14}$$

特别地,当 $n=N$,即试验产品全发火时,有

$$R_{L\gamma} = (1-\gamma)^{1/N} \tag{8.15}$$

当 $n=0$,即试验产品全不发火时,有

$$R_{U\gamma} = 1-(1-\gamma)^{1/N} \tag{8.16}$$

由公式(8.15)、(8.16),可直接计算所需可靠度上限或下限与试验发数之间的关系。

例如,在置信水平 $\gamma = 0.95$,可靠度下 $R_{L\gamma} = 0.99$ 的要求下,需试验 298 件样品,且全部发火。在置信水平 $\gamma = 0.95$,可靠度下限 $R_{L\gamma} = 0.999$ 要求下,需试验 2 996 件样品,且全部发火。

用计数法评定敏感性产品的可靠性,计算比较简单,计算程序也比较完善,且在 GJB376《起爆器材可靠性评估方法》标准中已提供一系列表格,可直接查到试验数量与可靠度的对应关系。但是,由于计数法所需试验样本太大,在高可靠性要求下,许多产品的可靠性评定用计数法是无法实现的。因此,工程上迫切需求关于敏感性产品的小样本、高可靠度要求下的可靠性评估方法。

2. 贝叶斯计数法

随着敏感性产品生产和设计经验的丰富,如何利用产品以往的历史数据已成为这类产品可靠性评定的发展方向。贝叶斯方法便于利用先验信息,再在新试验数据基础上,评定产品的可靠性。这样,贝叶斯方法较之经典方法所需的样本量会减少,所得可靠度也会较之经

典方法更接近真值。因为该方法不涉及感度分布的假设,所以称其为贝叶斯计数法。

(1) 贝塔先验分布下的贝叶斯计数法

含二参数 s、f 的贝塔分布密度为

$$\beta(x\mid s,f)=\begin{cases}\dfrac{1}{B(s\mid f)}x^{s-1}(1-x)^{f-1}, & 0\leqslant x\leqslant 1\\[2mm]0, & \text{其他}\end{cases} \tag{8.17}$$

这里

$$B(s,f)=\int_0^1 x^{s-1}(1-x)^{f-1}\mathrm{d}x \tag{8.18}$$

一般地,假设刺激水平 χ 处可靠度 R 的无信息先验分布为贝塔分布

$$f(R)=\begin{cases}\dfrac{1}{B(0,0)}R^{-1}(1-R)^{-1}, & 0\leqslant R\leqslant 1\\[2mm]0, & \text{其他}\end{cases} \tag{8.19}$$

此时,若已有试验数据 $E_1(N_1,K_1)$,N_1 是样本量,K_1 是失效数,则由贝叶斯定理,可靠度 R 的后验分布为

$$f^{\cdot}(R)=f(R\mid E_1)=\frac{P(E_1\mid R)f(R)}{P(E_1)} \tag{8.20}$$

而

$$\begin{aligned}P(E_1)&=\int_0^1 P(E_1\mid R)f(R)\mathrm{d}R\\&=\frac{1}{B(0,0)}\int_0^1\frac{N_1!}{K_1!\ (N_1-K_1)!}R^{N_1-K_1-1}(1-R)^{K_1-1}\mathrm{d}R\\&=\frac{N_1!}{K_1!\ (N_1-K_1)!}B(N_1-K_1,K_1)\end{aligned} \tag{8.21}$$

所以有

$$\begin{aligned}f^{\cdot}(R)&=\frac{\dfrac{N_1!}{K_1!\ (N_1-K_1)!}R^{N_1-K_1}(1-R)^{K_1}f(R)}{P(E_1)}\\&=\frac{1}{B(N_1-K_1,K_1)}R^{N_1-K_1-1}(1-R)^{K_1-1}\\&=\beta(R\mid N_1-K_1,K_1)\end{aligned} \tag{8.22}$$

(8.22)式为试验 $E_1(N_1,K_1)$ 下可靠度 R 的后验分布密度,但在设计新试验 E_2 时,可视其为新试验 E_2 的先验分布。若取得新试验数据 $E_2(N_2,K_2)$,N_2,K_2 是新试验的样本量和失效数,则可靠度 R 的后验密度为

$$\begin{aligned}f(R\mid E_2)&=\frac{P(E_2\mid R)\beta(R\mid N_1-K_1,K_1)}{P(E_2)}\\&=\frac{\dfrac{N_2!}{K_2!\ (N_2-K_2)!}R^{N_2-K_2}(1-R)^{K_2}\beta(R\mid N_2-K_2,K_2)}{\displaystyle\int_0^1 P(E_2)f^{\cdot}(R)\mathrm{d}R}\\&=\beta(R\mid N_1+N_2-K_1-K_2,K_1+K_2)\end{aligned} \tag{8.23}$$

由(8.23)式,响应率 R 的置信水平为 $1-\gamma$ 的贝叶斯可靠度下限 R_{LB} 为

$$\int_0^1 f(R \mid E_2)\mathrm{d}R = 1 - \gamma \tag{8.24}$$

上式等价为

$$IR_{\mathrm{LB}}(R \mid N_1 + N_2 - K_1 - K_2, K_1 + K_2)$$

$$= \sum_{x=0}^{k_1+k_2-1} C_{N_1+N_2-1}^x R_{\mathrm{LB}}^{N_1+N_2-1-x}(1-R_{\mathrm{LB}})^x = 1 - \gamma \tag{8.25}$$

这里

$$IR_{\mathrm{LB}}(R \mid s, f) = \frac{1}{B(s \mid f)}\int_0^{R_{\mathrm{LB}}} R^{s-1}(1-R)^{f-1}\mathrm{d}R$$

由(8.25)式,可查二项分布表得R_{LB}。

(2) 贝叶斯假设下的贝叶斯计数法

在贝叶斯计数法中,也经常根据贝叶斯假设采取以下均匀分布为无信息先验分布

$$f(R) = \begin{cases} 1, & 0 \leqslant R \leqslant 1 \\ 0, & \text{其他} \end{cases} \tag{8.26}$$

同以上方法可得响应率R的置信水平为$1 - \gamma$的贝叶斯可靠度下限R_{LB}为

$$IR_{\mathrm{LB}}(R \mid N_1 + N_2 - K_1 - K_2, K_1 + K_2 + 4)$$

$$= \sum_{x=0}^{k_1+k_2} C_{N_1+N_2+1-x}^x R_{\mathrm{LB}}^{N_1+N_2-1-x}(1-R_{\mathrm{LB}})^x = 1 - \gamma \tag{8.27}$$

同样可查二项分布表得R_{LB}。

(3) 经典可靠度下限R_{LC}与贝叶斯可靠度下限R_{LB}的比较

从型号产品实验和蒙特卡罗模拟实验可知,经典可靠性下限R_{LC}比贝叶斯可靠度下限R_{LB}保守,所需样本量也较大。

曾对某枪弹底火做感度试验,由大样本量试验知其在7cm落高下的发火可靠度真值大于0.990 75,以贝塔分布为先验密度,算得结果见表8.8和表8.9。

表 8.8　经典可靠度下限 R_{LC} 与贝叶斯可靠度下限 R_{LB} 的比较

X	E_1	E_2	γ	估 计	
				R_{LC}	R_{LB}
7cm	$N=500$	$N=50$	0.9		
	$K=3$	$K=1$		0.987 7	0.987 9

表 8.9　经典样本量 N_{LC} 与贝叶斯样本量 N_{LB} 的比较

可靠度	失效数	置信水平	样本量	
R	K	γ	N_{LC}	N_{LB}
0.991 4	1	0.90	450	280
0.991 4	2	0.90	600	450

如果假设该枪弹底火的感度分布为$N(5, 12)$,以贝塔分布为先验密度,对其做蒙特卡罗模拟实验,得结果见表8.10。

表 8.10　R_{LC} 与 R_{LB} 的模拟比较

可靠度真值	刺激水平	样本量	失效数	置信水平	经典估计	贝叶斯估计
R	X(cm)	N	K	γ	R_{LC}	R_{LB}
0.990 1	7.33	1 000	2	0.90	0.987 0	0.995 8
0.995 1	7.58	1 000	5	0.90	0.990 7	0.992 0
0.998 0	7.88	2 000	3	0.90	0.996 7	0.997 3
0.999 0	8.10	3 000	2	0.90	0.998 3	0.998 8

由以上结果可知,经典估计和贝叶斯估计都较保守。当所估可靠度较高时,二者都太保守,比较而言,贝叶斯估计较接近于真值。对于相同的精度,贝叶斯估计所需样本量较经典估计所需样本量小。

贝叶斯计数法在高可靠度要求时所需的样本量仍较大,随着对产品感度经验的丰富,专业技术人员对产品的感度分布形式也有所了解。在感度分布形式假设下,产品可靠性评定的计量法得到了发展。

8.4.2　计量数据统计方法

计量数据统计法是围绕试验方法设计及其数据处理发展的。目前,在起爆器材感度试验中较为成熟的有升降法、兰利法和 OSTR 法。无论是怎样的试验设计,任取 N 子样,其数据形式一般为

$$\begin{pmatrix} X_1 & \cdots & X_k \\ n_1 & \cdots & n_k \\ N_1 & \cdots & N_k \end{pmatrix} \tag{8.28}$$

这里,X_i 为各刺激水平,n_i 为 X_i 处的响应个数,m_i 为 X_i 处的不响应个数,N_i 为 X_i 处的试验总数,即 $N_i = n_i + m_i$。

1. 确定判据变量的分布函数

设 p_i 为对应于 X_i 的发火率,则

$$\hat{p}_i = \frac{n_i}{N_i} \tag{8.29}$$

根据感度的定义,发火率的 $\hat{p}_i$ 估计就是 n_i 个试样中感度变量 $X_{ci} < X_i$ 的概率。如果假设刺激量越高,试样越容易发火,则 N_i 充分大时,根据大数定理就有

$$p_1 = P(X_{ci} < X_i) = F(X_i) \tag{8.30}$$

这里 $F(X_i)$ 为感度分布。这样由试验提供的感度数据(8.28)就提供了感度曲线上的一组点。根据这些点,可以描绘近似的感度分布曲线。

这一近似所要求的样本量 N_i,决定于各个 n_i 的大小。为了保证各个 $\hat{p}_i$ 对 $F(X_i)$ 有较好的近似,在目前的一些试验规程中要求 $N_i \geqslant 50$,有的要求 $N_i \geqslant 25$。这时

$$N = \sum_{i=1}^{k} N_i \geqslant 50k \quad (\text{或 } 25k)$$

可见,为了得到感度曲线,试验耗用的样本量是相当大的。在得出经验感度曲线之后,就可以进一步检验该随机变量的分布模型。在感度试验中,一般假设其分布为:正态分布和 Logistic 分布。当假设的分布模型经检验不属正态分布类和 Logistic 分布类时,可考虑用变量 p_i 的对数或幂函数 $Y = T(p_i)$ 进行变换,得到变换的正态分布函数和变换的 Logistic 分布。

对于一些具体产品的感度,如果分布类型是已知的,为了得到它的分布,只需估计出几个参数就够了;或者有时根本没有必要知道它的分布类型,而只需估计出它的几个参数或某些特殊的发火点。在问题的性质上,这些都属于参数估计的问题。参数估计包括点估计和区间估计。起爆器材感度的点估计主要是感度上限和下限,当然也包括一些特殊点,如 50%发火点、一般的 p 分位点等,其中 50%发火点在升降法中已有叙述,这里介绍 p 分位点的估

计法。

2. 正态分位数法

当随机变量 X 服从正态分布 $N(\mu,\sigma^2)$ 时,正态 p 分位数可按下式计算:

$$x_p = \sigma u_p + \mu \tag{8.31}$$

由这个关系式可以看出,$u_p \sim x_p$ 是线性关系。这样,感度数据(8.28)式中,对于每个 p_i 有

$$F(X_i) = p_i$$

且由正态分位数表可以查出相应的 u_{pi}:

$$\Phi(u_{pi}) = p_i \tag{8.32}$$

数据组 (X_i, u_{pi}) 给出了 $x_p - u_p$ 坐标图上的一组点,这些点大体是散布在一直线附近。由正态分布表可知,u_p 的取值范围通常在 ± 5 之间。为了避免使用负数,再作变换:

$$y_p = u_p + 5 \tag{8.33}$$

对于每一个 X_i,通过公式 $\Phi(u_{pi}) = p_i$ 以及式(8.33)可以得到相应 Y_i,称为经验分位数。在 $x_p - y_p$ 坐标图,数据组 (X_i, Y_i),由 $i = 1, 2, \cdots, k$ 给出一组点,而且这组点大体上沿直线散布。如果找到一个直线方程

$$y_p = a + b x_p \tag{8.34}$$

拟合这些点,那么

$$y_p = u_p + 5 = (x_p - \mu)/\sigma + 5$$

因此有

$$\hat{\mu} = 1/b \tag{8.35}$$

$$\hat{\sigma} = 5 - a/b \tag{8.36}$$

而对应于发火率 p 的发火点估计为

$$\hat{x}_p = (\hat{y}_p - a)/b \tag{8.37}$$

3. 增长曲线分位数法

$$F(x) = \frac{1}{1 + e^{-x}} = \frac{e^x}{1 + e^x}$$

所谓增长曲线分位法,就是用称为增长函数的曲线作为感度曲线,去拟合所得的经验感度曲线。对应于给定的概率 p,满足 $F(x_p) = P$ 的 x_p 值称为该分布的 p 分位数,因为这一函数称为 Logistic 函数,分位数也就称为 Logit,因此叫 Logit 方法。

根据起爆器材已有的大量感度数据分析,在使用增长型分布时,拟采用下列函数形式定义增长曲线分位数

$$y_p = x_p + 5$$

其中 x_p 按如下的分布函数式决定:

$$x_p = \frac{e^{2x_p}}{1 + e^{2x_p}} \tag{8.38}$$

亦即

$$x_p = \frac{1}{2} \ln \frac{p}{q}$$

采用和正态分布相同的方法,对于感度数据,由 p_i 求出经验分位数 y_{pi} 和 x_{pi} 相对应,即得到 $x_p - y_p$ 坐标图上的 k 个点,此方法的主要部分仍在于寻求 $x_p - y_p$ 的直线方程。最后通过跟正态分位数法相同方式求出加权回归方程:

$$y_p = a + bx_p$$

这时,对于任意规定的发火率 p,可通过增长曲线的分位数表查出相应的 y_p 后,解出发火点的 x_p 估计值:

$$x_p = \frac{y_p - a}{b}$$

以上介绍了正态分布数和增长曲线分位数法。这两个方法的精度比较好,所得结果也比较一致,在感度研究中最常用。这两个方法所使用的感度分布标准曲线也基本相似,只有当 p 的值接近于 0 或接近于 1 的时候,同一 p 值所对应的 x_p 才表现出有较大差别,见图 8.6。

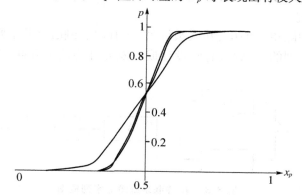

图 8.6　正态分布曲线与增长型分布曲线图

4. 爆炸序列可靠性评估

爆炸序列作用可靠性的计算方法,是以组成序列的各个火工元件的作用可靠性数据为基础的。对于各个起爆器材元件可靠性取值是互相对立的系统在取得其可靠性 R_i 值之后,可按各个起爆器材在爆炸序列中组成的串、并联关系进行计算。

（1）串联系统

只有当所有 n 个起爆器材都正常工作时,爆炸序列才能正常工作的系统,如图 8.7(a)。这是弹药爆炸序列中最常用的系统。其作用可靠性 R 等于组成序列的各个起爆器材作用可靠性 R_i 之积,即

$$R_{串} = \prod_{i=1}^{n} R_i \tag{8.39}$$

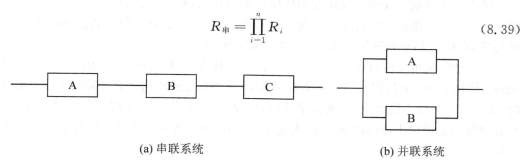

(a) 串联系统　　　　　　　　　　　　　　　　(b) 并联系统

图 8.7　爆炸序列框图

可见,对于串联系统来说,组成序列的起爆器材的数量多,各个起爆器材的可靠性 R_i 值低,都会降低爆炸序列的可靠性。这就是爆炸序列设计时要求序列结构简单,组成的起爆器材数量少,单个起爆器材可靠性高的原因。

(2) 并联系统

组成爆炸序列的元件只要有一个正常就能正常工作的系统,如图8.7(b)。如起爆器材中的双桥设计,爆炸序列中的双点火器等,工程上称为冗余系统。并联系统序列的可靠性同其元件可靠性之间的关系为

$$R = 1 - \prod_{i=1}^{n}(1 - R_i) \tag{8.40}$$

由公式(8.40)看出,并联系统的可靠性大于每个元件的可靠性而且并联系统的元件个数越多,序列的可靠性越高。

(3) 串-并联系统

发火序列设计中除单一的串、并联系统外,还有串、并联同时出现而组成的串-并联系统。如为提高爆炸序列的可靠性,有时设计成首发元件为两个并联,然后和以后的元件串联,见图8.8。

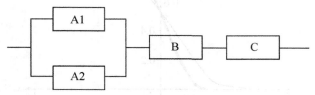

图 8.8　串-并联系统爆炸序列框图

计算该类序列的可靠度时,首先将并联元件计算出一个等效元件的可靠度,然后按单个元件和其他元件组成一个串联系统进行计算。

其他的串-并联或并-串联爆炸序列,都可以将子系统化成等效的分系统后,最后按简单的串、并联系统计算可靠性。

8.5　矿用雷管发火可靠度

随着矿山爆破工程的发展和人类环保意识的提高,对矿用雷管提出了更高的要求。覆铜钢壳取代纸壳做矿用雷管壳是起爆器材行业发展的一大趋势,但金属壳的静电问题和起爆药(DDNP)的污水处理等问题还没有得到很好解决。

雷管的发火可靠度直接与雷管中炸药由燃烧转爆轰(Deflagration to Detonation Transition,简称DDT)的过程有关。在实验探索中,主要对几种矿用雷管可靠度进行了实验。同时,也引入了智能系统理论,对测试系统进行了综合指标优化。在雷管发火可靠度分析中,与有起爆药雷管对比,对研究阶段的无起爆药雷管,运用智能系统理论进行了综合指标智能评价。

8.5.1　雷管破片速度管状测试

雷管爆炸时,破片的速度决定于雷管装药的爆速。雷管侧向各段飞片速度受能量分布不同而变化,而底部飞片受轴向能量综合作用以整体方式轴向运动,并且因轴向流场的方向

性使底片速度增大一倍。因此,测定雷管底部破片(简称底片)的速度,对分析雷管发火可靠度有一定的意义。我们用一维物理模型(图 8.9)来推导雷管底片速度公式。

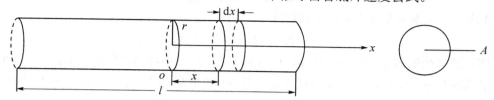

$$\text{图 8.9\quad 一维物理模型图}$$

取 x 处微元体 $\mathrm{d}x$ 研究,由能量守恒定律:雷管作用能 $\mathrm{d}E$ 等于装药爆炸能 $\mathrm{d}Q$,而

$$\mathrm{d}Q = A\rho Q_{\mathrm{v}}\mathrm{d}x \tag{8.41}$$

$$Q_{\mathrm{v}} = \frac{D^2}{2(\gamma^2 - 1)} \tag{8.42}$$

$$\mathrm{d}E = \frac{A\rho D^2 \mathrm{d}x}{2(\gamma^2 - 1)} \tag{8.43}$$

积分得

$$E = \int_0^l \frac{A\rho D^2}{2(\gamma^2 - 1)} \mathrm{d}x \tag{8.44}$$

其中 l 为装药长度,D 为装药爆速;ρ 为装药密度;γ 为多方指数;Q_{v} 为炸药单位质量定容爆热;A 为雷管底面积。

矿用雷管为多次装压药,即分层装药,(8.44)式中 ρ、D、γ 均随 x 不同而变化,为简化起见,有如下形式

$$E = \frac{1}{2} A \sum_{i=1}^{n} \rho_i D_i^2 l_i / (\gamma^2 - 1) \tag{8.45}$$

这里,n 为装药总层数,ρ_i、D_i、l_i 和 γ_i 分别为第 i 层装药的密度、爆速、长度和爆轰多方指数。定义 a 为作用系数,按作用面积确定,则

$$a = A / (A' + 2A) \tag{8.46}$$

又

$$A = \pi(\varnothing/2)^2 \tag{8.47}$$

$$A' = 2\pi(\varnothing + \Delta) l_1 / 2 = \pi(\varnothing + \Delta) l_1 \tag{8.48}$$

其中 A' 为雷管侧面积,$\varnothing$ 为雷管内径(mm);Δ 为管壳壁厚(mm);l_1 为雷管封闭腔长度(mm)。

对矿用雷管,以 6 号覆铜壳瞬发电雷管为例,$\varnothing = 6.2\mathrm{mm}$,$l_1 = 30\mathrm{mm}$,$\Delta = 0.3\mathrm{mm}$,则

$$a = \frac{\varnothing^2}{4(\varnothing + \Delta) l_1 + 2\varnothing^2} = 0.045$$

雷管底部飞片动能为

$$\frac{1}{2} m_{\mathrm{f}} \left(\frac{u_{\mathrm{f}}}{2} \right)^2 = aE \tag{8.49}$$

又 $m_{\mathrm{f}} = A l_{\mathrm{f}} \rho_{\mathrm{f}}$ 为雷管底部飞片质量;U_{f} 为雷管底部飞片速度平均值,下标 f 指雷管底部飞片;l_{f} 为底部飞片长度;ρ_{f} 为底部飞片密度,代入(8.45)式,则

$$u_{\mathrm{f}} = 2\sqrt{\frac{a \sum_{i=1}^{n} \dfrac{\rho_i l_i D_i^2}{(\gamma^2 - 1)}}{\rho_{\mathrm{f}} l_{\mathrm{f}}}} \tag{8.50}$$

查得覆铜钢有关资料，算得覆铜钢壳密度 $\rho_t = 7.89 \times 10^3 \text{kg/m}^3$，测得底部飞片厚 $l_f = 1.0 \times 10^{-3}\text{m}$。

炸药爆轰气体多方指数 γ 按下式计算：

$$\gamma = K + (1 - e^{-0.545\,9\rho_0}) \tag{8.51}$$

算得 DDNP 装药密度 $\rho = 9.0 \times 10^2 \text{kg/m}^3$ 时，$\gamma_{\text{DDNP}} = 2.48$，此时爆速 $D_{\text{DDNP}} = 5\,700\text{m/s}$，RDX 装药密度 $\rho = 1.4 \times 10^3 \text{kg/m}^3$ 时，$\gamma_{\text{RDX}} = 2.63$，此时爆速 $D_{\text{RDX}} = 7\,516\text{m/s}$，代入(8.50) 式得

$$u_f = 2\,175.3\text{m/s}$$

6 号覆铜钢壳瞬发电雷管底部飞片速度平均值为 $U_f = 2\,047.6\text{m/s}$，理论值与实测值相对误差为 5.9%，计算精度有了一定提高，该实验也为雷管发火可靠度研究提供了量化数据。

8.5.2 外阻丝法连续测速实验

由外阻丝传感器、瞬态波形存储器和微机构成雷管爆炸动态测试系统。测试装置与传感器安装如图 8.10。

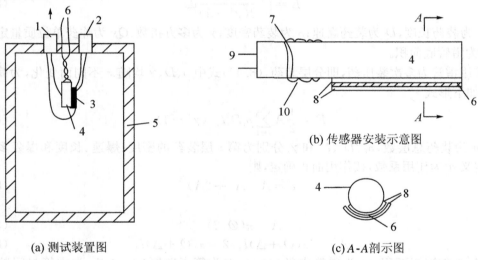

(a) 测试装置图   (b) 传感器安装示意图   (c) A-A 剖示图

图 8.10 测试装置与传感器安装示意图

1—电缆线，接波形存储器；2—电缆线，接测量电路；3—传感器；4—雷管；
5—消音器；6—外电阻丝；7—电极线；8—绝缘层；9—点火线；10—卡口卡印

测试时，外阻丝传感器通以恒定直流电，波形存储器处于等待状态，有触发信号时，信号电压超过电平值，波形存储器进入写操作，采样完成后，微机发出读命令从波形存储器中取数。连续爆速按下式计算：

$$D(t) = -\mathrm{d}V(t)/IR_L\mathrm{d}t \tag{8.52}$$

其中 $D(t)$ 为 t 时刻瞬时爆速；I 为恒定直流电流；R_L 为电阻丝单位长度电阻；$\mathrm{d}V(t)$ 为 $\mathrm{d}t$ 时间电压变化。

本实验选用 BC-Ⅵ 型波形存储器，最小采样周期 $T_{\min} = 0.1\mu\text{s}/$字，每通道最高采样速率为

$$f_{\max} = 1/T_{\min} = 10\text{MHz} \tag{8.53}$$

由奈奎斯特采样定理,对有限带宽信号,设其最高信号频率为 f_m,则理论上能无失真地恢复原信号的采样速率 f_0 必须大于等于奈奎斯特频率的两倍,即

$$f_0 \geqslant 2f_m \tag{8.54}$$

取 $f_0 = f_{max} = 10\text{MHz}$,则

$$f_m \leqslant f_{max/2} = 5\text{MHz} \tag{8.55}$$

在实际应用中,采样速率一般比采样定理规定的条件高,一般取 $f_0 \geqslant (5 \sim 10)f_m$,此时能够满足实验误差要求。

对于外阻丝连续测速系统,因被测雷管装药作用时间为微秒级(几个～十几个微秒),由此可知信号的上限频率仅为几百千赫。可以说采样数据不会有较大的系统误差。

典型的测试结果如图 8.11、图 8.12。由爆速曲线定义爆轰段时间为:爆速从零至最后一个可靠爆速峰值的时间间隔。6 号有起爆药雷管爆轰段时间为 $7.6\mu s$;8 号无起爆药雷管爆轰段时间为 $9.8\mu s$。由两实验曲线爆速最大值来看,未达到或接近炸药的理论爆速。这是因为外阻丝传感器安装在雷管外壁,雷管内部爆轰流场因边界效应和管壳的阻隔致使所测爆速值偏低。

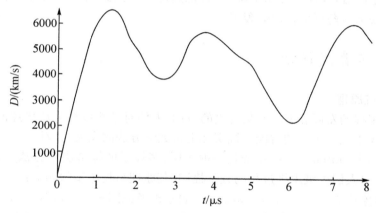

图 8.11　6 号瞬发电雷管爆速变化曲线图

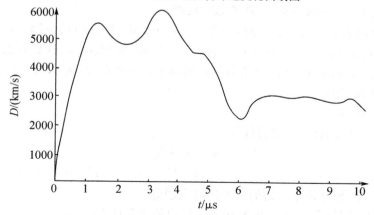

图 8.12　8 号无起爆药瞬发电雷管爆速变化曲线图

由图 8.11 可见,6 号雷管有 3 个明显的爆速峰值,第一峰值最高,为起爆药作用所致,第二峰值为猛炸药的爆轰成长,第三峰值为达到底部装药稳定爆速而使雷管可靠爆轰。相比之下,图 8.12 中 8 号无起爆药雷管 3 个峰值不很明显。首先为较高速爆轰,并很快第二峰

达最大值,到第三峰时爆速下降幅度较大,持续一段时间爆速不再增加。产生这一现象分析如下:药头点火使 RDX 发生层状和对流燃烧,阻隔片受高压作用形成活塞;接着是较长一段的低密度 RDX 装药,该部分装药靠近活塞部分,受活塞的推动压缩密度增加,燃烧波阵面的压力高于药床的屈服强度,将使药床产生塑性变形,药床压实使一些导气孔封闭,造成热气传递受阻,使燃烧段对流传热地位下降;气体受阻同时使燃烧波阵面处压力增高,于是反应加速,燃烧波阵面温度更高,此高温使热量传给相邻药剂使之点火并燃烧,结合活塞加速推动及湍流作用,燃烧波阵面处药剂燃烧不断给压缩波提供能量,使压缩波强度不断增加,最终导致爆轰波形成。爆轰波形成于燃烧波阵面前不远处。强度较弱的爆轰波主要以塑性波形式存在,其传播速度和燃烧波阵面推进速度基本相同,此时,导气孔完全封闭,塑性波将气体压垮并使之产生塑性流动,随着爆轰波强度的增加,可使个别热点处发生化学反应。过程进入介于快速燃烧与低速爆轰之间的过渡区,属燃烧波点火和冲击波诱发化学反应作用阶段,表现为压力增加,可使更多的热点处发生化学反应。低速爆轰进一步加强,发展为较高速爆轰,但由于低密度 RDX 装药段较长,远离活塞部分的低密度 RDX 被压实,使高速爆轰来不及形成稳定爆轰,爆速却开始下降,当较低速爆轰传播到较高密度部分装药时,已不能使较高密度的底部装药形成稳定爆轰了。

8.5.3　可靠度评估

1. 智能系统原理

随着系统工程的发展和 Fuzzy 集合论的应用,人们对某些以往无法描述的模糊现象,逐步有了定量描述手段。采用的智能系统实际上是数学方法的发展与应用。

智能(Artificial intelligence)系统是一种多层、多算子的综合决策方法。它能用于多因素的评估中,是对人们决策思维过程的数学描述,其原理与具体步骤如下:

设:评判对象集 $X=\{x_1,x_2,\cdots,x_n\}$,x_i 表示被考虑因素,$i=1,2,\cdots,n$;评判因素集 $U=\{u_1,u_2,\cdots,u_m\}$,u_j 表示判断的指标,$j=1,2,\cdots,m$。U 上的 Fuzzy 集 $\underset{\sim}{M}=(a_1,a_2,\cdots,a_m)$ 为权数分配集,a_j 叫做因素 u_j 被考虑的权数。

(1) 单因素决策。定义:从 X 到 U 的一个 Fuzzy 映射 $\underset{\sim}{R}$,叫做单因素决策,任给 $x_i\in X$,有 $\underset{\sim}{R}(x_i)=(\gamma_{i1},\gamma_{i2},\cdots,\gamma_{im})\in F(U)$,$\underset{\sim}{R}(x_i)$ 由经验、推理、统计、计算等确定。

(2) 将上述 Fuzzy 映射 $\underset{\sim}{R}$ 的全体向量并列起来得一矩阵 $\underset{\sim}{R}(\gamma_{ij})$,$(i=1,2,\cdots,n;j=1,2,\cdots,m)$ 叫做变换矩阵。

(3) 给定权数 $\underset{\sim}{M}$。

(4) 对最初一层综合决策进行计算

$$\underset{\sim}{N}=\underset{\sim}{M}\cdot\underset{\sim}{R}$$
$$a_{\underset{\sim}{M}\cdot\underset{\sim}{R}}=V^*[a_{\underset{\sim}{M}}(x_i)\Lambda^* a_{\underset{\sim}{R}}(x_i,u_j)]$$

算子 V^* 和 Λ^* 根据描述问题的要求选择或创造。

(5) 将最初一层综合决策结果 $\underset{\sim}{N}$ 做下一层决策中相应 $\underset{\sim}{R}(x_i)$。

(6) 重复(1)~(5)步,直至实现最终智能决策。

(7) 计算综合决策值,$W=\underset{\sim}{N}_{终}C^T$。$C$ 为等级矩阵,C^T 为 C 的转置矩阵。

(8) 重复(1)~(7)步计算出各对比项的评价值。

(9) 选出最佳值。

相同算子计算出的 W 值进行比较,最大值即为最佳者。

如果要做既全面又兼顾重点的比较,可将不同算子所计算的 W 加权后平均,再进行比较,选出最优者。

如果 x_i 是被考虑的雷管,u_j 是雷管检测的数据,则计算得出的 W 值就是发火可靠度的相对值。

2. 发火可靠度

雷管发火可靠度问题,生产中还只停留在通过数量验证的定性阶段,没有完整的定量综合指标。我们运用 Fuzzy 集理论,建立智能系统原理,以期完善雷管发火可靠度评估工作。该方法实际是 Fuzzy 数学对人脑评价事物的思维模拟。

设评判对象集 $X = \{x_i\}$(对本例,$i = 1, 2$);设评判因素集 $U = \{u_j\}$(对本例,$j = 1, 2, 3, 4, 5$);x_1 为有起爆药雷管;x_2 为无起爆药雷管;u_1 为爆速第一峰值 D_1;u_2 为爆速第二峰值 D_2;u_3 为爆速第三峰值 D_3;u_4 为爆轰段时间 t;u_5 为底片速度 u_f。$u_1 \sim u_4$ 评判因素指标,可由连续爆速实验获得,这些特征量重复性较好。u_5 评判因素指标可由底片速度实验获得。$u_1 \sim u_5$ 评判因素集在对一批雷管发火可靠度进行评价时,它们的值均应是该批雷管经统计检验的抽样批的平均值。以下为发火可靠度评估过程。

首先,求某具体对象 x_i 对各因素 u_j 的单因素评判,按归一化原则得出各单因素评判的隶属函数关系

$$u_1 = \begin{cases} D_1/7\,000, & D_1 < 7\,000\text{m/s} \\ 1, & D_1 \geqslant 7\,000\text{m/s} \end{cases} \tag{8.56}$$

$$u_2 = \begin{cases} D_2/6\,500, & D_2 < 6\,500\text{m/s} \\ 1, & D_2 \leqslant 6\,500\text{m/s} \end{cases} \tag{8.57}$$

$$u_3 = \begin{cases} D_3/6\,500, & D_3 < 6\,500\text{m/s} \\ 1, & D_3 \geqslant 6\,500\text{m/s} \end{cases} \tag{8.58}$$

$$u_4 = \begin{cases} t/15, & t < 15\mu\text{s} \\ 1, & t \geqslant 15\mu\text{s} \end{cases} \tag{8.59}$$

$$u_5 = \begin{cases} u_f/2\,500, & u_f < 2\,500\text{m/s} \\ 1, & u_f \geqslant 2\,500\text{m/s} \end{cases} \tag{8.60}$$

由前述实验结果可列出可靠度实验结果表 8.11,代入隶属函数表达式可得可靠度模糊集,见表 8.12。

表 8.11　可靠度实验结果

对　象	D_1(m/s)	D_2(m/s)	D_3(m/s)	t(μs)	U_f(m/s)
X_1	6 654.3	5 782.1	6 124.5	7.54	2 047.6
X_2	5 541.6	6 018.3	2 914.4	9.79	2 165.9

表 8.12　模糊集

R	U_1	U_2	U_3	U_4	U_5
X_1	0.95	0.89	0.94	0.50	0.82
X_2	0.79	0.93	0.45	0.65	0.87

于是得到评判空间 $S = (X, U, R)$,在评判空间 S 中,计算评判指数,取权重 $a_1 = 0.15$,$a_2 = 0.15$,$a_3 = 0.25$,$a_4 = 0.1$,$a_5 = 0.35$,并且各评判对象取极大和极小,则

$$M_e = R \cdot a = \begin{bmatrix} 0.848 \\ 0.740 \end{bmatrix}, \quad M_{max} = \begin{bmatrix} 0.95 \\ 0.93 \end{bmatrix}, \quad M_{min} = \begin{bmatrix} 0.50 \\ 0.45 \end{bmatrix}$$

令 $U_1 = (M_e, M_{max}, M_{min})$，则得新的评判空间 $S_1 = (X_1, U_1, \underset{\sim}{R_1})$。进行二次综合评判，令 $a_1' = a_2' = a_3' = 1/3$，即 M_e, M_{max}, M_{min} 地位无显著差异，则

$$M = \left\langle \underset{\sim}{R}(ij) \right\rangle \begin{bmatrix} a_1' \\ a_2' \\ a_3' \end{bmatrix} = \begin{bmatrix} 0.766 \\ 0.707 \end{bmatrix}$$

即 $x_1 > x_2$，该结果表明无起爆药雷管的发火可靠度不及有起爆药雷管高。为提高发火可靠度，无起爆药雷管还要进一步在所选指标的提高上采取措施。在提高发火可靠度的同时，对产品还可加入经济指针、安全指针和现场产品应用效果反馈等。结合计算机使用，对大批量、多因素、多指标的无起爆药产品进行准确、迅速的综合优化，使其更快地得到推广应用。

复习思考题

1. 简述可靠性原理。
2. 描述计数标准型一次抽样。

第9章 起爆药制造与性能

9.1 二硝基重氮酚的结构

二硝基重氮酚是苯酚的硝基衍生物。习惯名称为二硝基重氮酚,代号 DDNP。分子式 $C_6H_2(NO_2)_2N_2O$;分子量 210。

对于二硝基重氮酚的结构有两种看法,即氧化苯式结构及醌式结构。

氧化苯式结构式为

此结构式的真名应称为 1-氧化 2-重氮 4,6-硝基苯或二硝基氧化重氮苯,习惯上多用此结构式。

有人提出二硝基重氮酚应为醌式结构,结构式为

此结构式称为 2-重氮-4,6-二硝基醌。

9.2 二硝基重氮酚的性质

9.2.1 物理性质

1. 外观

二硝基重氮酚纯品为亮黄色针状或片状结晶。由于制法及工艺条件不同,颜色及结晶形状也不相同,颜色有亮黄、土黄、黄绿、棕黄、棕红、鲜紫、棕紫、黑紫等。

结晶形状有针状及片状、短柱状、花瓣状、球状聚合体等。工业品要求为球状;颜色为棕红、棕紫或黑紫。各种结晶的形状如图 9.1。

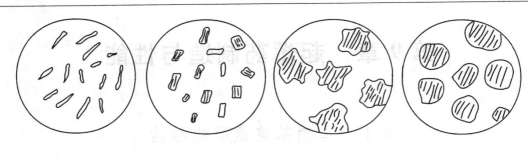

(1) 针状结晶　　　(2) 片状及柱状结晶　　　(3) 瓣状聚晶　　　(4) 球状聚晶

图 9.1　二硝基重氮酚不同的结晶形状图

2. 假密度

二硝基重氮酚由于结晶形状不同,假密度可在 $0.17\sim0.95\text{g/cm}^3$ 之间,在工厂中应用一般在 $0.50\sim0.70\text{g/cm}^3$ 之间较好。

假密度的大小对流散性、起爆力、耐压性都有一定的影响,一般假密度增大,流散性较好,起爆力减弱,耐压性较差;假密度减小,流散性较差,起爆力增强,耐压性较好。各厂习惯称为假比重,其数值与假密度是相同的。

3. 吸湿性

二硝基重氮酚吸湿性较小,相对比较,纯品的吸湿性大于目前使用的球状聚晶的工业品,关于球状聚晶吸湿性小的原因,一般认为是球形聚晶表面存在吸湿性小的有机物膜。经热水煮洗过的产品,其表面薄膜破坏,吸湿性会增大。

根据测定干燥的产品在常温下不同相对湿度,其吸湿性情况如表 9.1。二硝基重氮酚吸湿后对起爆力没有明显的影响。

表 9.1　不同相对湿度二硝基重氮酚的吸湿性

序　号	吸湿时间 (h)	相对湿度 75％吸湿(％)	相对湿度 95％吸湿(％)	相对湿度 100％吸湿(％)
1	12	0.14	0.22	—
2	41	0.19	0.28	—
3	227	0.21	0.28	—
4	88	—	—	0.32

4. 溶解度

二硝基重氮酚微溶于水,如将其放入水中,水的颜色会变成棕红色。

二硝基重氮酚可以不同程度地溶于有机溶剂中,在某些溶剂中的溶解度如表 9.2。

表 9.2　二硝基重氮酚在某些溶剂中的溶解度

溶　剂	在 30℃溶于 100g 溶剂的量	溶　剂	在 30℃溶于 100g 溶剂的量
水	0.093	丙酮	5.34
甲醇	0.892	乙醚	0.08
乙醇	0.138	二氧化碳	微量
甲酸	0.33	吡啶	分解

9.2.2　化学性质

1. 与金属作用

二硝基重氮酚在干燥时与铜、铁、铝、镁、锌、铅等金属均无作用。据介绍在潮湿的情况下与铜产生棕红色;与铁产生褐色;与铝稍有棕色;与镁产生绿色;与锌产生褐色;与铅产生褐色。所以,在潮湿情况下二硝基重氮酚对以上各金属均有一定的腐蚀作用。二硝基重氮酚对镍铬合金作用较小。

2. 热安定性

二硝基重氮酚热安定性较好,在 $60℃$ 长时间加热无分解现象;但在较高的温度下,则可观察到分解现象。表 9.3 说明随加热温度及加热时间的增加,二硝基重氮酚的减量也随之增大。

表 9.3　二硝基重氮酚受热后的减量情况

加热时间(h)	75℃下的减量(%)	100℃下的减量(%)
4	0.040	0.10
8	0.042	0.17
16	0.049	0.23
32	0.061	1.00
48	0.075	1.57

据实验观察:二硝基重氮酚假密度及纯度不同,耐热实验减量也不相同,一般纯度高及假密度较小时,热安定性好。

3. 受日光照射变化

日光可使二硝基重氮酚发生光解反应,使其颜色、纯度及起爆能力发生变化,特别是在日光直射下,颜色显著变黑,纯度下降很快,如果产品被直射日光照射 10 分钟,纯度可由 100% 下降到 67.3%,由于纯度的下降,产品的起爆力也显著下降。因此,在生产过程中,要防止阳光直射。

4. 在酸碱溶液中的安定性

二硝基重氮酚是在酸性介质中制得的,其本身呈弱酸性。因此二硝基重氮酚在冷的酸性介质中是安定的。但是热的浓硫酸可使之分解。

二硝基重氮酚在碱性介质中不稳定,碱可使二硝基重氮酚发生分解、偶联、聚合等一系列反应,放热,重氮基破坏,放出氮气,颜色变为深红色,从而失去爆炸性能。据测定,其最后生成物主要为二硝基酚类物质。

在生产中常用碱对含有二硝基重氮酚的废水及废产品进行处理。

5. 其他有关化学性质

二硝基重氮酚在较强的还原剂如氯化亚铜或三氯化钛的盐酸溶液作用下,可使重氮基破坏,生成氯化二硝基酚,并放出氮气,可利用此现象,根据产生的氮气体积计算氮量,分析二硝基重氮酚的纯度。

二硝基重氮酚与酒精可发生反应,生成二硝基酚、乙醛及氮气;放出热量,严重时可导致爆炸。

因此在二硝基重氮酚干燥时,不应采用酒精脱水方法。含有二硝基重氮酚成分的药剂,也不应加入含有酒精的黏合剂。二硝基重氮酚具有染色性,在潮湿的情况下可将某些有机物或皮肤染成棕色。

9.2.3 爆炸性质

1. 爆炸分解反应及爆炸物理参数

二硝基重氮酚在爆炸时,按以下方程式分解:

$$C_6H_2(NO_2)_2N_2O \longrightarrow 4CO+2C+H_2O+2N_2+Q$$
$$C_6H_2(NO_2)_2N_2O \longrightarrow 2CO_2+4C+H_2O+2N_2+Q$$
$$C_6H_2(NO_2)_2N_2O \longrightarrow 2CO_2+CO+3C+H_2+2N_2+Q$$

以上反应式,说明二硝基重氮酚严重缺氧,其氧平衡等于-58%。因此,在二硝基重氮酚中混入富氧化合物,可使其中的游离碳燃烧,比纯品具有更大的爆炸力。

二硝基重氮酚的某些爆炸物理参数如下:

爆温	4 950℃
比容	600~700L/kg
爆速	($\rho=0.9$)5 700m/s
爆发点	(5s 延滞期)170~173℃
	(1 min 延滞期)155℃

2. 二硝基重氮酚的敏感度

二硝基重氮酚的冲击感度及摩擦感度低于雷汞、氮化铅、三硝基间苯二酚铅。二硝基重氮酚的不同结晶形状及不同的含水量,对冲击及摩擦感度均有很大影响。针状结晶较粒状结晶敏感。水含量增加,冲击及摩擦感度下降。

二硝基重氮酚的火焰感度较敏感,与雷汞接近。

二硝基重氮酚因摩擦而产生静电的能力,以及对静电火花感度与其他常见起爆药比较都较小,所以二硝基重氮酚对静电较其他起爆药安全。

3. 二硝基重氮酚的起爆力

二硝基重氮酚的起爆力较强,仅稍小于氮化铅而较雷汞约高一倍。如几种起爆药的起爆力比较如表9.4。

表9.4 几种起爆药的极限药量比较

起爆药名称	极限药量(g)		
	对梯恩梯	对特屈儿	对黑索今
二硝基重氮酚	0.163	0.075	0.080
雷汞	0.240	0.165	0.200
氮化铅	0.160	0.030	0.050

二硝基重氮酚的起爆力之所以比雷汞高,是因为其密度较小,装药后药高较高,有利于爆速的增长,另外,它的爆速也较高,所以极限药量较雷汞低。

由于二硝基重氮酚的制造方法及工艺条件不同,所得产品假密度的差异,其极限药量也不相同。一般情况时,假密度增大,起爆力减弱;假密度减小,起爆力增强。假密度对极限药量产生影响的主要原因,可认为是在相同的药量时,体积不同,装药药高不同而造成的;另外,当假密度大时,其纯度较低,即所含非爆炸性杂质较多,这也是起爆力降低的一个原因。

如采用纸壳铁加强帽,以不同假密度的二硝基重氮酚装填 8 号火雷管,其极限药量情况如表 9.5。

表 9.5　不同假密度的二硝基重氮酚极限药量试验情况

序号	二硝基重氮酚装药条件			试验情况		
	假密度(g/cm³)	药量(g)	压药压力(MPa)	数量	结果	爆炸率(%)
1	0.51	0.07	37.24	100 发	半爆 4 发	96
2	0.51	0.10	37.24	200 发	全爆	100
3	0.51	0.10	37.24	300 发	全爆	100
4	0.54	0.09	37.24	100 发	半爆 1 发	99
5	0.54	0.11	37.24	200 发	全爆	100
6	0.54	0.11	37.24	300 发	全爆	100
7	0.59	0.09	37.24	200 发	半爆 1 发	98.5
8	0.59	0.10	37.24	200 发	半爆 2 发	90
9	0.59	0.12	37.24	200 发	全爆	100
10	0.59	0.12	37.24	300 发	全爆	100

注:表中 37.24 MPa 为 380 kgf/cm² 换算而得。

二硝基重氮酚的压药压力增大时,其极限药量有增加的趋势。甚至当压力过大时会产生拒爆现象。如引爆黑索今极限药量与压药压力的关系如表 9.6,可供参考。

表 9.6　压药压力与极限药量的关系

压药压力(MPa)	极限药量(g)	试验条件
29.40	0.24	猛炸药柱为黑索今,压药压
24.50	0.19	力 24.5MPa,二硝基重氮酚
22.05	0.10	假密度为 0.67g/cm³

注:表中 MPa 数据按 1 kgf/cm²=0.098MPa 换算而得。

二硝基重氮酚的假密度不同,其耐压性也有差别,假密度大的产品耐压性相应降低,表 9.7 可说明假密度与耐压性的关系。

表 9.7　二硝基重氮酚耐压性与假密度对应的爆炸百分数

假密度(g/cm³)	压药压力(MPa)				
	19.6	24.5	29.4	34.3	39.2
0.55	100	100	100	100	78
0.63	100	100	100	86	17
0.69	100	100	100	—	—
0.73	100	100	96	76	12

注:表中 MPa 数据按 1 kgf/cm²=0.098 MPa 换算而得。

产生以上现象的原因,也可认为与其体积大小及其纯度高低有关。所以,制造假密度偏小,流散性较好,纯度较高的产品,对保证起爆器材的质量有利。

9.3　二硝基重氮酚的制造方法及化学反应

9.3.1　二硝基重氮酚的制造方法及原料性质

9.3.1.1　二硝基重氮酚的制法发展简述

二硝基重氮酚的制造方法,前人曾作过多种尝试,如直接法、克拉克法、戴维斯法等,其目的是为了制得结晶规则、颗料均匀;产品的纯度及假密度适当;流散性能良好且具有较高的起爆力的产品。现将曾经使用过的方法简介如下:

1. 直接法

利用固体氨基苦味酸悬浮液,加入 5.5％的盐酸搅拌成糊状,加入亚硝酸钠进行重氮化,反应在 20℃下进行,保温 15℃约一小时,所得产品为棕黄色细小结晶,爆炸性能不够好,假密度小,只有 0.23~0.30g/cm³,流散性差。

2. 克拉克法

先将氨基苦味酸变成氨基苦味酸钠,增加氨基苦味酸的溶解度,然后将此钠盐溶液加入浓度为 5.5％的盐酸溶液中,在搅拌条件下,加入 25％~27％浓度的亚硝酸钠,进行重氮化反应,反应温度 18℃~20℃,即得到二硝基重氮酚。这种方法的好处是钠盐的溶解度加大,在进行重氮化反应时,改善了反应情况,所得产品为针状及片状细结晶。流散性差,假密度为 0.27 g/cm³ 左右。经研究结晶颗粒小的原因,可能是反应速度过快,晶体来不及更好地成长所致,因此在上述基础上又提出了下一方法。

3. 倒重氮化法

先将 5.5％的盐酸加入反应器中,然后同时加入固体的氨基苦味酸钠及亚硝酸钠溶液进行重氮化。这种加料方法称为倒重氮化反应,所得产品结晶变大,假密度在 0.5 g/cm³ 左右,流散性也稍好,但此法固体加料不易控制。因此该法受到了一定限制。

4. 戴维斯法

将氨基苦味酸悬浮在盐酸溶液中,用冰水冷却,迅速搅拌,一次加入亚硝酸钠溶液,继续搅拌 20 分钟,其产品为小颗粒状或小柱状结晶,流散性稍好。

5. 铵盐法

此法是先将氨基苦味酸配成 3％~3.5％的悬浮水溶液,加热、搅拌、保持溶液温度在30℃~40℃,然后加入计算量的氢氧化铵,使氨基苦味酸转变成氨基苦味酸铵,溶于水中,其颜色呈红褐色。在搅拌的条件下,均匀地分别同时加入盐酸、亚硝酸钠溶液,进行重氮化反应,温度控制在 28℃~30℃。用此方法,可得到圆形花瓣状或粒状结晶,假密度在 0.4~0.8 g/cm³ 之间,流散性较好,结晶为棕黄色或紫红色。

本法为液体加料,加料易于掌握,产品质量也较易控制,但生产中增加了制造氨基苦味酸铵过程,工艺较复杂,劳动条件较差,因此未能长期采用。

6. 钠盐法

此法是目前国内各厂普遍采用的方法,所用的主要原料有苦味酸、碳酸钠、硫化钠、亚硝酸钠及盐酸。首先将苦味酸在水中用碳酸钠中和,用硫化钠还原制得氨基苦味酸钠,简称钠盐,所以称为钠盐法。

将钠盐与水配成一定浓度的钠盐悬浮液,于30℃左右,在搅拌的条件下,按一定速度加入一定浓度的亚硝酸钠及盐酸进行重氮化得到二硝基重氮酚,其晶形多为球状聚合体;有良好的流散性及起爆力;得率较高,工艺较简单。本章将着重讲述这一方法的生产工艺。

另外,为了提高二硝基重氮酚的质量,制得具有更好流散性及起爆力的产品,以及提高其得率,在重氮化反应的同时,尚可采用加入少量的附加物控制晶形,使生成的二硝基重氮酚的聚晶球状化。诸如加入碳酸氢铵作为反应溶液的缓冲物,控制pH值的变化有利于生成球状聚晶;加入适量的多元酚如连苯三酚等,作为表面活性物质,也有利于生成球状聚晶,以上方法有的工厂已经应用,取得了较好的效果。

9.3.1.2　制造二硝基重氮酚的主要原料

1. 苦味酸

苦味酸学名 2,4,6-三硝基苯酚,分子式为 $C_6H_2(NO_2)_3OH$,分子量229。是淡黄色晶体或粉末。因味苦并具酸性而得名。比重1:0.813,纯品熔点122℃。不易吸湿,在水中的溶解度较小(表9.8)。结构式为

表9.8　苦味酸在水中的溶解度

温度(℃)	溶解度(g)	温度(℃)	溶解度(g)
0	1.05	60	3.17
10	1.10	70	3.89
20	1.22	80	4.66
30	1.55	90	5.49
40	1.98	100	6.33
50	2.53	—	—

苦味酸有强烈的爆炸性,是最早使用的猛炸药,冲击感度高于梯恩梯,低于黑索今。它本身又是一种酸性染料。易与多种金属生成感度比一般起爆药还要高的苦味酸盐,尤其是苦味酸铅;其次是铁、铜、银等,与铝作用较慢,与锡无作用。工房水泥地面的碱土金属如钙、镁等,也可能与苦味酸生成苦味酸盐,因此最好用沥青地面;有关工具、设备应采用塑料、搪瓷或不锈钢制作。

苦味酸是由苯酚经磺酸化后,再用浓硝酸硝化制得。

苦味酸有毒。吸入苦味酸会使呼吸系统溃蚀,长期接触会伤害肺和肾脏,并可引起皮肤病。侵入人体后,会使白眼球变黄,并可将皮肤染为黄色,因此在操作时应予注意。

生产二硝基重氮酚用的苦味酸,应符合下列要求,如表9.9所示。

表 9.9　苦味酸标准

外　观	亮黄色结晶粉末
凝固点(℃)不低于	118
酸含量(%)不大于	2.0
水分含量(%)	10～14

2. 碳酸钠

碳酸钠又名纯碱,分子式 Na_2CO_3,分子量 106。无水碳酸钠为白色粉末。比重 2.532。熔点 851 ℃。吸湿性较强,并能在潮湿空气中吸收 CO_2 变成碳酸氢钠。

碳酸钠易溶于水,在水中部分水解,生成氢氧化钠和碳酸氢钠,致使溶液呈强碱性:

$$Na_2CO_3 + H_2O \longrightarrow NaOH + NaHCO_3$$

碳酸钠还以含结晶水的形态存在,如 $Na_2CO_3 \cdot H_2O$,$Na_2CO_3 \cdot 7H_2O$,$Na_2CO_3 \cdot 10H_2O$ 等,呈块状结晶,有些内陆湖出产的天然碱即属此类。工业品采用石灰石、焦炭及食盐为原料制成。

用于生产二硝基重氮酚的碳酸钠应符合以下要求,如表 9.10 所示。

表 9.10　碳酸钠标准

外　观	白色结晶粉末
总碱度(以 Na_2CO_3 计)%不小于	98
水不溶物%不大于	1.5

3. 硫化钠

硫化钠又名硫化碱或臭碱,分子式 Na_2S,分子量 78.05。具有强烈的腐蚀性。硫化钠易溶于水,每 100 g 溶液所含 Na_2S 克数,10℃时为 13.4 g、18 ℃为 15.3g、45℃为 24.2g、90℃为 36.4g。

硫化钠水溶液中产生水解反应生成氢氧化钠及硫氢化钠,硫氢化钠再水解产生硫化氢,硫化氢再离解出氢离子,因此硫化钠水溶液呈强碱性,并有还原作用,水解反应如下:

$$Na_2S + H_2O \Longleftrightarrow NaOH + NaHS$$
$$NaHS + H_2O \Longleftrightarrow H_2S + NaOH$$
$$H_2S \Longleftrightarrow 2H^+ + S^{2-}$$

硫化钠吸湿性强,在空气中易潮解。长期暴露在空气中,可被氧化成硫代硫酸钠。

工业无水硫化钠呈暗红色熔块。含有结晶水的硫化钠 $Na_2S \cdot 9H_2O$ 则是透明的菱状结晶,在过饱和的硫化钠水溶液中,就以这种形态重结晶析出。

硫化钠由硫酸与煤粉在反射炉中加热而制得。

生产二硝基重氮酚用的硫化钠应符合下列要求,如表 9.11 所示。

表 9.11　硫化钠标准

外　观	暗红色或黄褐色熔块
硫化钠含量(%)不少于	62.5
水不溶物(%)不大于	2.0
铁含量(%)不大于	0.25

4. 盐酸

盐酸又名氢氯酸,是氯化氢的水溶液,分子式 HCl,分子量 36.46。纯品无色,工业品因含杂质呈浅黄色,浓度一般是 37%～38%,比重 1.19。盐酸是强酸,有强烈腐蚀性,能与多种金属及不锈钢起作用,故容器及管路一般都用陶瓷、聚氯乙烯、玻璃等材料。15％以下的盐酸可用木制容器存放。盐酸会烧伤皮肤,盐酸烟对呼吸系统有强烈的刺激和侵蚀作用。盐酸用途广泛,是最基本的工业原料之一。

生产二硝基重氮酚的盐酸应符合下列要求,如表 9.12 所示。

表 9.12　盐酸标准

外　观	无色或淡黄色透明液体
HCl 含量(％)不小于	30
铁含量(％)不大于	0.03

5. 亚硝酸钠

亚硝酸钠的分子式 $NaNO_2$,分子量 69.01。白色或淡黄色结晶。在空气中会慢慢被氧化为硝酸钠。易溶于水,其水溶液呈弱碱性。具有氧化性,与有机物混合受热后会燃烧或爆炸。

亚硝酸钠与稀酸作用可产生不稳定的亚硝酸。亚硝酸在水中只能以稀溶液存在。稀亚硝酸放置期间,或浓度较大时,即逐渐分解:

$$2HNO_2 \longrightarrow NO_2 + H_2O + NO$$

亚硝酸钠由纯碱吸收硝酸尾气中的氧化氮气体而制得。作重氮化反应用的亚硝酸钠应符合下列要求,如表 9.13 所示。

表 9.13　亚硝酸钠标准

外　观	白色或淡黄色结晶,无肉眼可见杂质
亚硝酸钠含量(％)不小于	9.9
硝酸钠含量(％)不大于	0.9
水不溶物(％)不大于	0.05

9.3.2　制造二硝基重氮酚的化学反应过程

9.3.2.1　中和反应

苦味酸和碳酸钠在 80℃以上的热水中很容易发生以下反应:

本工序的目的是把苦味酸变为在水中有较大溶解度的钠盐,有利于下步还原反应的进行。

根据苦味酸溶解度可知,一次要还原 25kg 苦味酸,在 50℃下就需要 1 000kg 水,很明显,这需要很大的容器。针对这一缺点,用碳酸钠或者氢氧化钠使苦味酸变成苦味酸钠以后,情况就不同了。例如:苦味酸钠在水中的溶解度 50℃时是 11.1g,是同温度下苦味酸溶解度的 4.4 倍,这样反应器的容积就可相应地缩减为 1/4 倍。

9.3.2.2　还原反应

本操作的目的是用硫化钠在碱性介质中把苦味酸钠还原为氨基苦味酸钠。溶液的碱性是靠中和反应加入的过量碱和反应中不断加入硫化钠溶液所造成的。

硫化钠在碱性介质中对苦味酸钠的部分还原过程可用下面的反应式表示：

$$4O_2N-\underset{NO_2}{\overset{ONa}{\underset{|}{\bigcirc}}}-NO_2 +6Na_2S+7H_2O \longrightarrow 4O_2N-\underset{NO_2}{\overset{ONa}{\underset{|}{\bigcirc}}}-NH_2 +3Na_2S_2O_3+6NaOH$$

硫化钠为缓和的还原剂,只还原其中的一个硝基,因此称为多硝基的部分还原。

实际上还原反应过程非常复杂,据资料介绍,在还原过程产生很多中间产物及各种偶氮化合物,这些物质能够单独存在,称为杂质,当反应液中的碱含量越高,这些杂质存在越多。有机杂质的存在影响氨基苦味酸钠的质量及得率,因此要求还原反应液中含碱量不要过多,由于碱主要由硫化钠带来,所以硫化钠的加入量不应过多。

在还原过程中为了减少反应液中的含碱量,可用盐酸中和部分还原过程中产生的氢氧化钠,这样可使氨基苦味酸钠的纯度及得率提高,但要增加盐酸的消耗量,目前少数厂采用这种方法。

9.3.2.3　重氮化反应

本操作的目的是将氨基苦味酸钠制成二硝基重氮酚,反应在水中进行,是以 NaNO$_2$、HCl 和氨基苦味酸钠进行重氮化反应而制得的,反应是在酸性条件下进行的,反应式如下：

$$O_2N-\underset{NO_2}{\overset{ONa}{\underset{|}{\bigcirc}}}-NH_2 +NaNO_2+2HCl \longrightarrow O_2N-\underset{NO_2}{\overset{O}{\underset{|}{\bigcirc}}}{\overset{N}{\underset{N}{\parallel}}} +2NaCl+2H_2O$$

此式也代表总的反应式,实际反应过程是分步进行的,首先盐酸与氨基苦味酸钠反应生成氨基苦味酸,然后再与盐酸及亚硝酸钠生成的亚硝酸进行重氮化反应生成二硝基重氮酚。

资料介绍,重氮化反应中如果出现碱性时,可生成重氮氨基化合物,生成的二硝基重氮酚还会分解生成硝基酚类物质,另外在氨基苦味酸钠的结晶中,还会存在少量的各种偶氮化合物。

以上各种有机杂质都具有控制晶形的作用,使二硝基重氮酚有利于生成球状结晶,但也应注意这些副产物不具有起爆药的性质,可使产品的纯度下降,影响二硝基重氮酚的起爆性能。因此必须注意反应液的 pH 值,通过调整加以控制。

9.4　二硝基重氮酚的制造工艺

9.4.1　制造二硝基重氮酚的工艺流程

二硝基重氮酚制造工艺,在还原反应时分为加盐酸法及不加盐酸法两种。在重氮化反应时分为双料加入法及单一加料法两种,双料加入法是在重氮化反应时将盐酸及亚硝酸钠同时接近于等速加入;单一加料法是在重氮化反应时加入少量连苯三酚的氢氧化钠溶液作为晶形控制剂,然后将亚硝酸钠一次全部加入,最后将盐酸慢速单独加入。双料加入法还有采用加入碳酸氢铵作为添加剂,以提高结晶质量的方法。其他工序则无区别。双料法制造二硝基重氮酚工艺流程简图如图 9.2。

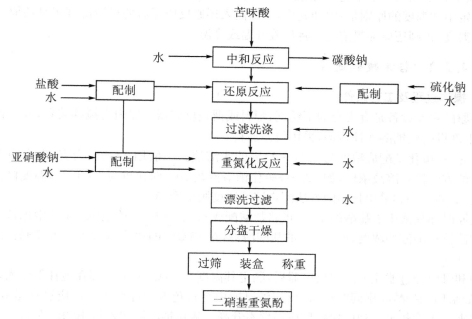

图 9.2　双料法制造二硝基重氮酚工艺流程图

9.4.2　二硝基重氮酚的制造工艺说明及讨论

9.4.2.1　苦味酸中和

1. 中和操作过程及工艺条件

苦味酸中和在中和反应器中进行。反应器多采用不锈钢制成,亦可用搪瓷反应罐代替。器内有搅拌装置,上设机械抽风管。按每次苦味酸投料量为 25 kg(干量)计,中和器容积约为 500L。

将 250~300kg 水注入中和器内,用蒸汽直接加热至 75℃~85℃,在搅拌下加入 6.5~7.0kg 碳酸钠,随后徐徐加入 25kg 苦味酸,需时约 10~15min。反应期间,大量二氧化碳气体逸出。反应完毕的标志是:二氧化碳不再逸出、反应液中无苦味酸悬浮、生成的苦味酸钠全部溶解、反应液 pH 值在 8~9 之间。确认反应完毕后,利用位差或真空提升法将苦味酸钠溶液经过滤流入还原反应器或中和液贮槽中。

2. 工艺条件讨论

根据反应式计算,每千克苦味酸只消耗碳酸钠 0.232kg,反应后母液 pH 值为 8~9,每千克苦味酸需加的碳酸钠以 0.26~0.28kg 为宜。碱量过多,将给还原造成不利的反应条件;严重时,甚至使苦味酸钠析出,因为苦味酸钠在水中溶解度随碱度增大而降低。碱量不足时,未中和的苦味酸在还原时与初加的硫化钠进行中和反应,放出硫化氢,增加了硫化钠的消耗量及恶化环境。

苦味酸钠50℃(还原时最低温度)时,在水中的溶解度为11.1%,按理论计算,25kg苦味酸应生成27.5kg苦味酸钠,最少需用220kg水才能完全溶解,生产上多加入30%～40%。水不足,在不正常条件下(如温度下降,投料略超量),苦味酸钠会析出,呈悬浮状态进行还原反应,反应将不完全。水量过多,钠盐溶解量大,影响得率。

确定中和温度的原则是:中和完毕,全部流入还原反应器后的母液温度正是还原反应所要求的温度,否则还原加料前还要将母液升温或降温。

9.4.2.2　苦味酸钠还原

1. 操作过程及工艺条件

还原的主要设备是有夹套的不锈钢、塑料或搪瓷反应器。器内有搅拌装置,并设机械抽风管,上部设硫化钠溶液计量槽,采用位差加料。

首先,将硫化钠配成浓度为12%～13%的水溶液。一般用12.5%为宜,生产中多利用测比重的方法检查溶液浓度,如12.5%硫化钠溶液在20℃时比重为1:1.32,温度修正值约为每度0.000 5。如采用化验的方法测定溶液浓度则更准确。

还原时如果采用加盐酸的工艺,可将盐酸配成6.0%～6.5%的浓度,生产中也常用测比重的方法检查溶液的浓度,如6.0%的盐酸溶液,在15℃时的比重为1.029,温度修正值约为每度0.000 5。

中和母液经过滤注入还原反应器后,测定其温度为55℃～60℃,即在搅拌下注入硫化钠溶液,如采用加盐酸时则同时加入,反应液迅速由金黄色变为深紫色。反应过程是放热的,所以在夹套用冷却水冷却以保持反应温度不升高。硫化钠溶液加入量100kg左右,(加盐酸时加入量70 kg左右),一般在10～15min内加完,长针形的氨基苦味酸钠结晶在加料1/3～1/2时从母液中析出。

加料完毕,结晶大量悬浮于反应液中,为使反应完全及减少氨基苦味酸钠在母液中的溶解量,加料完后,仍继续搅拌、冷却,使温度降低接近常温时出料。出料时将反应产物注入真空抽滤器内,用冷水洗涤氨基苦味酸钠滤层,洗去结晶中的杂质及碱性,然后抽真空至含水量30%～40%。氨基苦味酸钠为鲜明的紫红色结晶,一般一次反应生成量,全部转入下道工序,作一次投料量。

2. 工艺条件讨论

还原反应根据反应式计算,投料比为:

苦味酸:硫化钠:盐酸=1:0.51:0.239

(苦味酸为25kg时)=25:12.75:5.975

若将硫化钠溶液配成12.75%,盐酸配成6%,理论上对于25kg苦味酸的投料量都接近100kg。在实际生产中,为保证反应在碱性条件下进行,盐酸加入量要少一些;硫化钠加入量也不宜过多,过多会使反应液含碱量增加。按上述浓度配好的溶液,采取流量相等同时加料的方法,即能保证母液中的含碱量不会太高。实践证明:碱性过强,使副产物增加,还原反应激烈,结晶形成较早,得率下降。因此单独加硫化钠还原的工艺也是存在缺点的,但一部分厂为操作简便,已取消加入盐酸。

还原反应的最佳温度在55℃～60℃之间。温度过高将导致偶氮化合物的生成量增加,既减少氨基苦味酸钠得率,又影响它的纯度,制出的二硝基重氮酚起爆能力减弱;温度太低,不利于反应的进行,同样也使得率下降,过低时可使苦味酸钠析出结晶。

反应时间,在搅拌及冷却效果良好时,加料时间约 10min 即可,过短会造成得率的降低。加料完毕后的搅拌降温时间一般延续 5～10min。

3. 得率和质量要求

按理论计算,由苦味酸转变为氨基苦味酸钠得率应在 90％以上,实际得率为 75％左右,其主要原因为,水中溶解损失、抽滤损失、副产物生成等原因。

氨基苦味酸钠质量应达到以下要求,如表 9.14 所示。

表 9.14　氨基苦味酸钠标准

外　　观	紫红色疏松针状结晶
熔点(℃)	169～170
纯度(％)不小于	97
丙酮不溶物(％)不大于	0.05

9.4.2.3　氨基苦味酸钠重氮化

1. 操作过程及工艺条件(双料加入法)

氨基苦味酸钠重氮化反应的主要设备与还原部分相似。重氮反应器可用不锈钢、塑料或搪瓷容器,由于过程的热效应不显著,所以无需夹套。器内有搅拌装置,转速一般为 100～150rpm,上部有机械排风管及设有亚硝酸钠和盐酸计量槽,采用位差法加料。

配制亚硝酸钠时,按 6.0％～6.5％的浓度配制,生产上也习惯用测比重的办法以检查浓度(也可用化验方法测定),在 20℃时,浓度为 6 ％的亚硝酸钠液的比重为 1.038,温度修正值为每度 0.000 5。

重氮化反应,盐酸的浓度为 8.0％～8.5％,在 20℃时 8％的浓度,比重为 1.038,温度修正值亦为 0.000 5。

重氮化操作开始,向反应器注入水 250～300kg,用蒸汽直接加热后,一般加入湿品氨基苦味酸钠 25kg,溶液温度调整到 30℃～32℃。然后加料,加料时一般先从亚硝酸钠溶液计量槽向反应器加料,继而以同样流速从盐酸计量槽向反应器注入盐酸,两种溶液加量都是 90kg 左右,35～45min 内同时加完。两种溶液的注入口应在反应器的两侧,便于分散。氨基苦味酸钠是在悬浮状态下进行反应的,反应过程生成的二硝基重氮酚结晶亦处于悬浮状态。反应母液从反应开始至完毕经历了紫黑、浑浊土黄、透明深褐几个阶段。反应过程随时用广泛试纸检查母液 pH 值的变化情况,反应终了的标志是:母液透明,二硝基重氮酚球状结晶沉降迅速;pH 值降至接近 1;有过剩 HNO_2 游离出来,可凭嗅觉或碘化钾淀粉试纸检出。此时停止加料,然后停止搅拌,静置 10～15min,上层清液用虹吸法排出,沉在下层的成品放入漂洗槽中用水漂洗,漂洗操作也可在漂洗器内连续进行。用水漂洗的目的是除去细小的结晶,并洗去余酸。漂洗后用水冲洗过筛,经真空抽滤后可进行干燥。

2. 工艺条件讨论

重氮反应根据反应式计算投料比为:

氨基苦味酸钠:亚硝酸钠:盐酸 ＝1:0.31:0.33

为使反应进行得完全及使反应液保持酸性,实际亚硝酸钠及盐酸加入量都高于理论值,一般实际投料比为:

氨基苦味酸钠:亚硝酸钠:盐酸 ＝1:0.33～0.35:0.44～0.46

　　亚硝酸钠浓度为 6.0%,盐酸浓度 8%时,两种溶液比重接近,便于等量加料。亚硝酸钠及盐酸加入量也不应过多,因反应完全后,产生过剩的亚硝酸分解放出氧化氮气体,过多消耗原料及污染环境。当浓度过高,一般反应激烈,不利于聚晶生成;浓度过低,容器要增大。

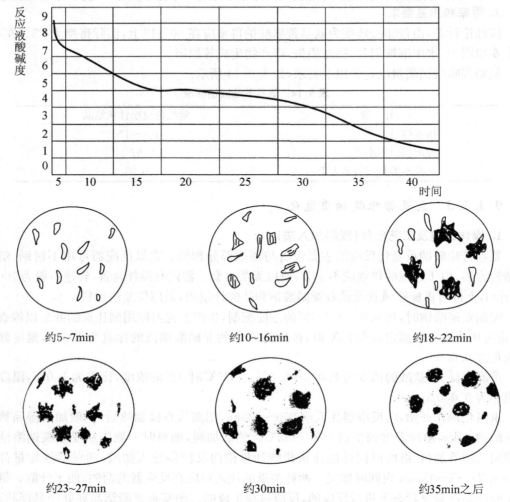

图 9.3　重氮母液 pH 值变化及球形聚晶的成长情况图

　　反应过程正常时,母液的 pH 值及聚晶成长情况如图 9.3。

　　加料时有亚硝酸钠先加法及盐酸先加法,一般多采用前一方法。在一般情况下,亚硝酸钠浓度较大,加量较多或加料超前时,产品的假密度一般较大,当盐酸浓度较大,加量较多或加料超前时,产品假密度一般较小。

　　反应温度较高,产品假密度一般较大;当温度过高时,副反应会增加,亚硝酸亦易分解,得率将下降,结晶颜色变深,起爆力较弱。温度偏低一般假密度较小,产品针片状结晶较多;如温度过低,反应变慢或进行不完全,不能得到符合质量要求的产品。

　　氨基苦味酸钠的质量,对产品质量也有一定的影响,高温及碱含量过多条件下还原制得的氨基苦味酸钠,由于副产物较多,纯度低,生成的二硝基重氮酚质量较差。洗涤不净,残存有硫化物或氢氧化钠时,会打乱重氮母液的 pH 值变化规律,严重时甚至得不到正常的产品。

　　搅拌速度也有一定影响,速度太慢,物料分散不均;太快时,结晶变小,甚至能使形成的结晶破碎。生产中一般在 130rpm 左右。

在重氮化过程加入添加剂,有利于生成球状聚晶,提高流散性及起爆力,并提高得率。有的厂加入钠盐量的 2％左右的碳酸氢铵作为缓冲剂效果很好。有的厂加入钠盐量 0.2％左右的连苯三酚及 0.3％左右的氢氧化钠的混合水溶液为晶形控制剂,可将亚硝酸钠一次全部加入,再慢速加入盐酸,此法称为盐酸单一加料法,效果也很好。

9.4.2.4　二硝基重氮酚干燥、过筛、称量及贮存

二硝基重氮酚的干燥方法常用的有烘房干燥和真空干燥两种。

烘房干燥法:在干燥室内进行静置干燥,室内有木制分层干燥架。湿二硝基重氮酚摊薄放在木框布盘上的牛皮纸上,药盘放在干燥架上。干燥室设有防尘排气孔,由暖气排管供热,室温保持 45℃～50℃。干燥室地面铺导电胶皮。窗户用红黑布窗帘遮光,室内用红或绿防爆灯照明。干燥时间以水分降至 0.1％以下为准。这种方法简易可靠,不过效率较低,易受气候影响,而且干燥数量较大。

真空干燥法:在减压环境下干燥,以利于水分的蒸发,干燥在真空干燥器内进行。真空干燥法的优点是效率高,药在高温环境的时间短,干燥效果稳定,不受气候影响,每次处理量较小,有利于安全,缺点是设备复杂、维修困难,还要用酒精脱水。各厂采用此法较少。

将干燥合格后的二硝基重氮酚(在药盘上)移至晾药室,使药温降至室温,取样分析合格后,即可进行筛药。筛药的目的是将成团的药分散,将木屑、滤布、线或其他机械杂质筛出。筛药必须隔离操作。常用的筛药机多为木制绢筛。过筛后装入药盒中,经称量记录后送往贮存室待用。贮存室温度保持在 30℃左右,室内避光的要求与干燥室相同。

9.4.2.5　二硝基重氮酚的质量要求及检验方法

1. 得率及质量要求

二硝基重氮酚的得率,以苦味酸为计算基础,理论上应该是 91.8％,实际只有 60％左右。固然有机反应是不完全的,但造成得率这样低的原因,关键在两方面,一是聚晶生成量少,在漂洗时,将未成聚晶的部分冲掉了;另一方面是还原得率低造成的。

对二硝基重氮酚的质量要求一般规定如下:

外　观	均匀球状聚晶,无肉眼可见杂质
色　泽	棕褐色或紫红色(单一法为黑棕色)
假密度(g/cm³)	0.50～0.70
含氮量(％)	12～13
爆发点(5 秒延滞期)(℃)	170～173
丙酮不溶物(％)	＞0.1
起爆能力	减量试验合格

2. 二硝基重氮酚的检验项目及方法

(1) 水分及挥发成分测定

采用烘干称量法测定,取试样 3～4g,在 50℃～55℃烘干计算。

(2) 假密度检查

采用铜制或塑料制小容器,量体积称重计算。

(3) 流散性检查

检查人员在检查假密度同时观察其流散性情况而确定。

（4）起爆性能检查

采用减量试验法进行（也称轻量试验），减量试验药量稍高于极限药量，但少于正常装药量，装入雷管中做铅板穿孔试验合格。装药量各厂根据质量情况自行确定，一般约可取极限药量与装药量的中间值。

（5）二硝基重氮酚极限起爆药量

极限药量不是每批必须检查项目，在比较质量情况时进行试验。

（6）其他项目检验

其他项目如含氮量、爆发点、丙酮不溶物，定期进行抽测。

9.4.2.6　盐酸单一加料法制备二硝基重氮酚

根据以往的实践经验，用一般"钠盐交叉法"制取的二硝基重氮酚，通常得到的是非等轴球状的或奇形怪状的晶体，其流散性差，它的结晶过程是由重氮化反应初期的副产物氨基重氮化合物和偶氮化合物来控制的，这些物质不溶于水，爆炸性极小，作为杂质进入二硝基重氮酚的聚晶中，从而大大削弱起爆性能，并导致二硝基重氮酚的聚晶呈不规则形状，从而加剧了这种削弱作用。如果添加一些辅助添加剂就会使二硝基重氮酚性能提高。其原因是增加了反应介质中能起控制聚晶作用的物质。

邻苯三酚又称没食子酸，它具有如下的结构，3个羟基以邻位方式聚于苯环的一端。

1. 反应原理

（1）酚类的取代性

一般认为邻苯三酚在氢氧化钠碱性溶液中生成邻苯三酚钠，反应式如下：

邻苯三酚钠易被氧化为苯醌结构物或其他更复杂的物质。

（2）反应过程中母液 pH 值的变化

母液的 pH 值在反应全过程经历了几个阶段的变化，详见图 9.4。

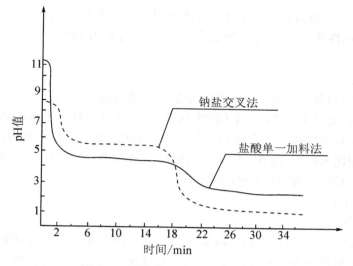

图9.4　重氮化反应 pH 值变化曲线

重氮化反应开始时在碱性介质中进行。当酸量不足时,氢离子不够,已生成的重氮盐与游离的氨基化合物相互作用,生成重氮氨基化合物。反应如下:

同时,反应开始时生成少量的二硝基重氮酚与介质的碱作用生成二硝基邻苯二酚等副产物:

（3）采用细流等速的单一加料法

为了便于控制整个重氮化反应介质的 pH 值使其按一定的规律变化,从而控制重氮化反应速度,为二硝基重氮酚的生成和有规律地成长创造有利条件。

（4）增大反应介质浓度

减少水量,增大反应介质浓度,可以提高反应速度,增加二硝基重氮酚结晶过程中晶体互相碰撞的机会,利于聚晶成长,提高产品得率,减少废水排放量。

基于上述理论依据,以没食子酸作为添加剂,实行"盐酸单一加料法"的结晶控制机理进行了大量实验,确定出较好的工艺条件及方法来制造二硝基重氮酚。

经大量的各项性能试验,其中铅板试验一千余发,穿孔为 $\varnothing 9.6\sim13.2$mm,均符合技术条件的要求。

2. 制造过程

一般的结晶原理对纯二硝基重氮酚结晶是完全适用的。就纯二硝基重氮酚而言,晶核沿各方向的成长速度是不同的,在晶体的尖端方向,由于具有较大的未饱和力场,成长得较快,晶体成长为片状或针状。如果在特殊条件下,当反应介质中存在有可供晶体吸附的物质,其吸附作用即优先发生在晶体的某一特殊面上,可以使这一特殊的晶面长得较快,而其他的晶面就长得较慢,即起到控制聚晶的作用。

工艺方法如下:

(1) 工艺条件

① 没食子酸 60g;② 氢氧化钠溶液 20%±0.5% 800mL;③ 盐酸溶液 8.0%±0.2%,30~140kg;④ 亚硝酸钠溶液 10%±0.2%,130~140kg;⑤ 氨基苦味酸钠含水 47kg;⑥反应温度 30~34℃;⑦ 反应时间 35~40 min;⑧ 自来水 110~130kg;⑨ 盐酸加料速度 2.8~3.5kg·min^{-1}。

(2) 操作方法

① 配制没食子酸溶液。将没食子酸加入氢氧化钠溶液中,搅拌到完全溶解,方可使用。

② 重氮化。往重氮器中加入自来水,开动搅拌器搅拌。加入亚硝酸钠溶液、没食子酸碱溶液和氨基苦味酸钠。然后以 2.8~3.5kg·min^{-1} 的流速加入盐酸溶液,到反应结束,并有微量黄烟出现。反应结束后,继续搅拌 5min 后出料。

(3) 性能改进

应用没食子酸做添加剂的"盐酸单一加料法"工艺,产品的起爆性能大大提高。

表 9.15 中的实验条件为 8 号纸雷管,加强帽,主装药为黑索今 0.68~0.72g,副装药为 DDNP 0.20~0.23g。实验批为盐酸单一加料法制得产品,正常批为钠盐交叉法制得的产品(下同)。

表 9.15　耐压性对比试验

批　号	假密度 (g·cm^{-3})	半爆发数/试验发数	
		29.4MPa	34.3 MPa
试验一批	0.45	0/300	0/300
试验二批	0.47	0/300	0/300
试验三批	0.58	0/300	0/300
正常批	0.64	1/100	10/100

从以下耐压性和极限起爆药量的实验结果(表 9.16~表 9.23)可以看出,新工艺产品耐压性对不同的假密度都稳定在 34.3MPa,原工艺产品随假密度不同而波动较大。对于极限起爆药量来说,新工艺产品对不同的压力都稳定在 0.10g,而原工艺的产品极限药量从 0.10g 上升至 0.25g,是新工艺的 2.5 倍,可见新工艺产品的起爆性能大大优于原工艺产品。

表 9.16　极限药量起爆试验

压力(MPa)	29.4	31.2	34.3
试验一批	0.10	—	0.10
试验二批	0.10	—	0.10
正常批	0.10	0.21	0.25

表 9.17　二硝基重氮酚极限起爆药量的对比试验

批　号	假比重(g·cm⁻³)	装药量(g)	数量(发)	全爆(发)	半爆(发)	全爆率×100
试验一批	0.45	0.14	25	25	0	100
		0.15	25	25	0	100
		0.17	25	25	0	100
		0.20	25	25	0	100
正常一批	0.65	0.2	25	5	20	20
		0.25	25	23	2	92
		0.27	25	24	1	96
		0.30	25	25	0	100
正常二批	0.47	0.14	25	24	1	12
		0.15	25	25	0	60
		0.20	25	25	0	80
		0.25	25	25	0	100
试验二批	0.67	0.20	25	3	22	92
		0.22	25	15	10	60
		0.25	25	20	5	80
		0.30	25	25	0	100
试验三批	0.85	0.12	25	23	2	92
		0.14	25	25	0	100
		0.15	25	25	0	100
		0.17	25	25	0	100
正常三批	0.67	0.20	25	0	25	0
		0.22	25	10	15	40
		0.25	25	20	5	80
		0.30	25	25	0	100

表 9.18　装药量的减少对比试验

批　号	假比重(g·cm⁻³)	装药量(g)	数量(发)	全爆(发)	半爆(发)	全爆率×100
试验一批	0.45	0.21~0.23	200	200	0	100
试验二批	0.58	0.23~0.25	200	200	0	100
正常一批	0.65	0.38~0.40	100	100	0	100
正常二批	0.67	0.37~0.40	100	100	0	100

表 9.19　水分吸潮后的起爆试验

假密度(g·cm⁻³)	原水分×100	吸潮时间(h)	吸潮后水分×100	药量(g)	数量(发)	全爆(发)	半爆(发)	全爆率×100
0.45	0.12	82	0.32	0.22~0.25	200	200	0	100
		120	0.40	0.22~0.25	200	200	0	100

注:雷管接合处没有涂漆,底部没经喷漆,其他按正常工艺进行。

表 9.20　雷管吸潮试验

相对湿度×100	吸潮时间(h)	起爆数量(发)	全爆(发)	半爆(发)	全爆率×100
93~94	48	40	40	0	100
	240	60	60	0	100
	456	100	100	0	100
	720	100	100	0	100

注:(1) 起爆药装药量为 0.19~0.20 g,黑索今装药量及其他工艺条件不变;

　　(2) 产品管壳已经变软,加强帽表面有锈蚀。

表 9.21　二硝基重氮酚分析试验结果的对比

批　号		假密度(g·cm^{-3})	pH 值	爆发点(℃)	含氮量×100	不溶物×100
试验批	一批	0.52	4.75	159.1	12.84	0.048
	二批	0.57	4.75	158.4	13.18	0.048
	三批	0.48	4.75	157.9	—	0.048
	四批	0.49	4.72	158.2	—	0.020
	五批	0.47	4.72	159.3	—	0.047
正常批	一批	0.59	4.18	158.8	12.35	0.041
	二批	0.62	4.17	159.7	12.40	0.041
	三批	0.58	4.20	160.4	—	0.041
	四批	0.67	4.19	158.7	—	0.049
	五批	0.60	4.18	158.4	—	0.051

表 9.22　雷管铅板穿孔性能试验

起爆药量(g)	副爆药量(g)	实验数(发)	穿孔直径(mm)
0.21~0.23	0.68~0.71	120	10.7~12.2
0.23~0.25	0.69~0.71	120	11.0~13.3

表 9.23　二硝基重氮酚耐压性能试验

批　号	假密度 (g·cm^{-3})	装药量(g)	压合压力(MPa)	起爆数(发)	全爆(发)	半爆(发)	全爆率×100
试验一批	0.45	0.21	8.82~12.74	100	100	0	100
试验二批	0.49	0.22	8.82~12.74	100	100	0	100
试验三批	0.58	0.23	8.82~12.74	100	100	0	100
正常一批	0.59	0.31	8.82~12.74	100	74	26	74
正常二批	0.61	0.32	8.82~12.74	100	92	8	92

（4）盐酸单一加料法制得的二硝基重氮酚起爆性能

综合上述,结合生产的实际情况,把"钠盐交叉法"生产工艺改为"盐酸单一加料法"后的生产情况表明:工艺较好,增加了产品的耐压力,而且原材料消耗明显降低,产品的起爆性能也获得了较大的改善,解决了历来存在的产品半爆等质量问题。

（5）问题讨论

"盐酸单一加料法"制得的二硝基重氮酚,其平衡水分比"钠盐交叉法"的高,在相对75%的湿度下可达 0.36%,超过验收标准。针对这个问题,在起爆性能试验过程中,又进一步测定了不同假密度的平衡水分。

① 不同假密度与平衡水分的关系

由图 9.5 可知,密度愈小,平衡水分愈低。同时,还注意到随假密度的降低起爆性能也有进一步提高的趋势。所以降低假密度是进一步提高性能和降低平衡水分的有效途径。为此将

假密度控制在 $0.45\sim0.65\mathrm{g\cdot cm^{-3}}$，其烘干工艺条件可完全沿用"钠盐交叉法"的烘干条件。

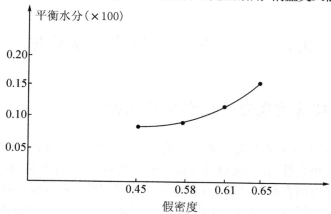

图 9.5　假密度与平衡水分变化曲线图

② 贮存时间与平衡水分的关系

由表 9.24 可以看出，在贮存过程中其平衡水分基本稳定。但是，由于雨季生产时，工房库存，湿度在 $60\%\sim70\%$，药剂的平衡水分较高，采取了如下措施避免：

① 尽可能地将密度控制在下限，以减少平衡水分；

② 二硝基重氮酚装填雷管前的干品储存期尽量缩短；

③ 雨季时，烘干后的水分最高不超过 0.20%。

表 9.24　贮存时间与平衡水分关系调查表

批　号	假密度(g·cm⁻³)	存放日期(天)	起始水分×100	最后水分×100	水分变化×100
试验一批	0.45	21	0.20	0.25	+0.05
试验二批	0.50	11	0.10	0.15	+0.05
试验三批	0.55	24	0.15	0.15	0

由"盐酸单一加料法"制造的二硝基重氮酚同"钠盐交叉法"相比较，经济效益明显提高，详见表 9.25、表 9.26。

表 9.25　盐酸单一加料法与钠盐交叉法生产的得药率

项　目	投入量(kg)	产出量(kg)	得药率×100
盐酸单一加料法	32	14.8	46.25
钠盐交叉法	32	10	31.25
差　额	—	+4.8	+15

表 9.26　盐酸单一加料法与钠盐交叉法生产的起爆装药

项　目	盐酸单一加料法	钠盐交叉法	差　额
装药量(g)	0.23±0.03	0.3±0.04	−0.13

由表 9.25 和表 9.26 可知，每生产一批药可多得 4.8kg，每生产一发雷管可节约 0.13g 药，由此可知：由于增加了得药率，降低了装药量和减少了污水排放量，企业可获得很大的经济效益。

9.5　二硝基重氮酚的废水处理

9.5.1　二硝基重氮酚的废水及其危害

二硝基重氮酚及其中间产品氨基苦味酸钠,都具有一定的毒性,主要对人体的中枢神经有刺激性,对皮肤有染色性,长期接触可能造成肝肾疾病,中毒症状是面色青紫,眩晕昏迷。由上可知,二硝基重氮酚在制造过程产生的大量废水也同样会对人或其他动物造成危害。

在二硝基重氮酚的生产过程中,每千克产品大约能产生 150～250kg 的废水。如不加处理而到处排放,就会污染环境,例如可能造成对饮用水源的污染;造成对土壤的破坏,造成对农作物的危害;造成水中生物如鱼类的减少和死亡;造成对家禽如鸡、鸭、鹅的危害;也可造成对牲畜和人的危害。所以必须搞好对废水处理工作,消除毒害,综合利用,变废为利,是值得重视的环境大问题。二硝基重氮酚的废水水质情况如表 9.27 所示。

从表 9.27 中可见,废水中有毒物质的浓度,大大超过国家排放标准,例如:含硝基苯类的废水最高允许排放浓度为 5mg/L,而还原废水含硝基化合物的浓度为 10 000mg/L,超过排放标准约 2 000 倍以上。

表 9.27　二硝基重氮酚的水质情况表

名　称	外观	pH 值	水中所含杂质	水量
还原废水 (包括洗涤废水)	暗红色	12 以上	硝基化合物约 1%以上 硫代硫酸钠约 1.5%以上 氢氧化钠约 1%以上 硫化钠约 0.5% 碳酸钠约 0.3%	约 60kg/kg 产品
重氮废水	暗黄色	1～2	硝基化合物约 0.5% 氯化钠 1.5% 盐酸约 0.2%	约 60kg/kg 产品
洗涤废水 (重氮)	橙红色	5～6	硝基化合物约 0.1%	约 20kg/kg 产品
冲洗地面、设备、工具的废水	浅橙红色	7		约 60kg/kg 产品
总废水	暗红色	9 以上		约 200kg/kg 产品

9.5.2　废水的处理方法

1. 吸附法

吸附法处理废水是利用活性炭、磺化煤等多孔性物质的表面来吸附水中的有毒物质。活性炭吸附后,要求再生,其再生的办法有高温再生、蒸汽再生、碱洗再生等。如不需再生也可烧毁处理。

吸附处理的工序大致是：

废水沉淀──→加酸酸化──→沉淀──→活性炭吸附──→加石灰中和──→沉淀──→排放。

先采用磺化煤吸附处理，再采用活性炭吸附处理，这样可降低活性炭的消耗量。

2. 锅炉蒸发法

将生产废水，主要有还原废水、重氮废水及洗涤水将其混合调至 pH 值为 9 以上，用作锅炉用水。浓缩物排出后拌入煤中，加煤时一齐烧毁。用这种方法，锅炉没有水垢生成，因为水呈碱性，已被软化。据分析，蒸汽冷凝水透明、无色、略呈碱性，含有微量硫化物及酚类及氨符合排放标准。这种方法简易可行，不过浓缩废水拌入煤后，影响了煤的燃烧；水量也较多，不易完全处理。

3. 减压蒸馏法

此法是将还原废水和重氮废水分别处理。还原废水在减压蒸馏塔内由间接蒸汽加热沸腾蒸发，蒸发冷凝的液体无色透明，符合国家排放标准。浓缩废水拌煤烧毁或回收硫代硫酸钠，再制成硫化钠，但产品质量不佳。重氮废水用吸附法处理，吸附剂是磺化煤或活性炭，有的厂也采用还原水与重氮水及洗涤水混合后全部经减压蒸馏处理，此法在有廉价蒸汽的地点可以采用。

4. 其他措施

除采取处理废水的方法外，还可在减少废水量及提高得率方面采取一些措施。二硝基重氮酚的得率约 60%，其余则被废水带走，所以如何提高得率，是减少废水中有毒物质的重要措施。下面从改进工艺，提高得率，提高质量，减少和消灭废水等方面提出一些方案。

（1）在中和反应中，不加 Na_2CO_3 或少加 Na_2CO_3。如此可减少还原液中的含碱量，减少副反应，提高得率及质量。这种还原的废水含有偶氮物较少，可反复应用 2～3 次。如此即减少了还原的数量。

（2）还原反应后，采用常温出料，离心分离，有的工厂采用此法，可把还原得率提高到 80% 以上。

（3）回收利用二硝基重氮酚细小结晶，利用途径有返回二次成长及用作点火药等。

（4）改进重氮化工艺，提高得率及减少废水量。如采用单一加料法或研究加入其他添加剂重氮法。

5. 其他废水处理方法

（1）分别处理法

此法也是将还原废水与重氮废水分开处理。即将还原废水集中经沉降后，直接送入锅炉房拌入煤粉中，一齐烧毁。此法在煤粉用量较大时可采用。重氮废水与各种洗涤废水集中沉降后，仍要采用吸附法处理。

（2）漂白法及自然浓缩法

日本二硝基重氮酚的制造，以氨基苦味酸钠为原料制造，氨基苦味酸钠集中生产。

二硝基重氮酚制造厂因此废水量减少，即只有重氮废水，将重氮废水先加氢氧化钠使水中二硝基重氮酚分解，再加漂白粉或漂白液进行漂白处理，并控制 pH 值。然后进行过滤，使清水排出，过滤物埋入地下。

氨基苦味酸钠生产废水或其他废水，曾采用过用泵打至高空蒸发架中循环，用阳光及风力自然蒸发浓缩的方法。

9.6　其他起爆药的性质及制造

9.6.1　叠氮化铅

叠氮化铅亦称氮化铅,分子式 $Pb(N_3)_2$,分子量291,结构式为链状结构:

$$N\equiv N-N-Pb-N=N\equiv N$$

氮化铅为氮氢酸(HN_3)的重金属衍生物,为高能起爆药。氮氢酸则为无色透明液体,具有强烈爆炸性及毒性。

1. 氮化铅的主要性质

纯品白色粉状,由于结晶条件不同,通常有两种晶形 α 型(短柱状),β 型(长针状),短柱状感度小;长针状感度高,生产过程易发生自爆。所以要求制成短柱状结晶。

短柱状结晶的密度为 $4.71g/cm^3$;氮化铅的假密度为 $1.2\sim1.4g/cm^3$。

氮化铅的常用装填压力为 $49MPa(500kgf/cm^2)$,压药密度 $3g/cm^3$。氮化铅吸湿性小,但当含糊精时,则吸湿性有明显的增加。

氮化铅不溶于冷水,稍溶于沸水。

氮化铅在水中长时间煮沸时会缓慢分解而放出叠氮酸。在水存在的条件下,也可与 CO_2 作用而放出叠氮酸,并生成碱式碳酸铅。

氮化铅与硝酸作用,除生成相应的铅盐外,叠氮酸被氧化而放出氮气。在生产中常用来清洗反应器。实践表明:浓 HNO_3 与干品 $Pb(N_3)_2$ 作用激烈而发生爆炸;浓 H_2SO_4 作用更猛烈,如与湿的 $Pb(N_3)_2$ 作用也能引起爆炸。

对于少量氮化铅的销毁,通常是放在亚硝酸钠溶液中,再加入稀硝酸进行销毁。

碱溶液能分解氮化铅而生成碱式氮化铅,但分解较缓慢。

氮化铅不与铝、镍、铅作用,所以装 $Pb(N_3)_2$ 的管壳应该用这些金属制成。氮化铅与铜、铁等金属作用,在有 H_2O、CO_2 存在时作用稍快,与铜作用时生成敏感的氮化铜,这点在氮化铅的生产及使用中应予以注意。

在光的作用下,氮化铅可分解,使其颜色变暗黄。在有水分时,被光照后会生成碱式氮化铅。因此,为保证产品的质量及生产安全,制造氮化铅的工房不得有直射阳光,产品也应贮存于暗处。

纯氮化铅对热的作用是比较安定的,在 $50℃$ 下存放 $3\sim5$ 年,其性质无明显变化。$170℃$ 以上加热时发现有重量损失,温度高于 $200℃$,则分解加快。糊精氮化铅受热减量增加,$100℃$ 时加热即有重量损失。

氮化铅爆炸后分解出铅及氮气;氮化铅的某些爆炸物理参数如下:

爆温　　　　　　　　　　$3\,050℃$
比容　　　　　　　　　　$3\,081m^3/kg$
爆速($\rho=3.51$)　　　　$4\,745m/s$
爆发点(5s)糊精品　　　　$345℃$
　　　　　　纯品　　　　$308℃\sim310℃$

按照极限装药量的估计,氮化铅的起爆能力高于雷汞及二硝基重氮酚。这是因为氮化铅的爆速增长期极短。实际上氮化铅极限药量受压力影响很小。氮化铅的冲击感度及摩擦感度均低于雷汞,但高于三硝基间苯二酚铅及二硝基重氮酚。

氮化铅的火焰感度较低,多与火焰感度高的三硝基间苯二酚铅配合使用。

2. 氮化铅的制造

氮化铅于 1891 年发现后,由于经常发生自爆,长期未能用于工业生产,为了克服自爆,避免针状结晶生成,生产了一种细小结晶氮化铅,由于流散性不好,采用石蜡苯溶液造粒,由于石蜡的存在使氮化铅的起爆能力下降。之后用糊精、聚乙烯醇等为晶形控制剂制得形状规则的短柱状结晶。氮化铅的生产工艺,简要说明如下:

制造氮化铅的原料为:叠氮化钠(NaN_3);硝酸铅($Pb(NO_3)_2$)。

氮化铅制造:在糊精或其他晶形控制剂存在和充分搅拌的情况下,将叠氮化钠溶液加入到硝酸铅溶液中化合而成,反应式为

$$2NaN_3 + Pb(NO_3)_2 \longrightarrow Pb(N_3)_2 + 2NaNO_3$$

制造时,先用纯水配制以下原料:

8%硝酸铅溶液,温度为 75℃～85℃,pH 值为 4～5;

3%氮化钠溶液,合碱 0.04%～0.08%,温度为 55℃～65℃;

5%糊精溶液,温度不低于 30℃(制糊精氮化铅)。

化合时,按生产产品计算投料量。先向有搅拌和夹套的不锈钢化合器中,加入配好的硝酸铅和糊精,然后徐徐加入所需氮化钠溶液,反应温度在 60℃～70℃之间。氮化钠溶液加料时间 35～45 min。反应时,必须搅拌,否则会产生针状结晶。化合后,经抽滤洗涤、分盘、干燥等工序,即得氮化铅成品。

9.6.2　雷汞

雷汞亦称雷酸汞,为雷酸($HONC$)的汞盐。

分子式　　　　　　　　　　　　$Hg(ONC)_2$

结构式

1. 雷汞的主要性质

雷汞为白色或灰色带光泽的丝状结晶。根据制法不同可得白色及灰色,灰色雷汞主要是含有有机杂质的原因,两种雷汞的性质无明显差别。

雷汞的密度由于纯度不同,一般在 4.3～4.4(g/cm^3)左右。

雷汞的假密度在 1.2～1.6(g/cm^3)之间。

雷汞的吸湿性很小,当雷汞与氯酸钾混合时,吸湿性显著增加。

雷汞微溶于水,雷汞长期存放水中,其纯度下降。

浓盐酸可使雷汞分解。雷汞与稀硝酸在低温下不作用,但浓度增高,雷汞可发生分解。

雷汞与浓硫酸作用立即发生爆炸,在实验室中不允许将雷汞放入硫酸干燥器内保存。

雷汞易被强碱作用而分解,弱碱对雷汞的作用缓慢,要销毁少量雷汞时可以利用强碱。雷汞与硫化钠作用而生成硫化汞沉淀。雷汞与硫代硫酸钠作用时也可被分解。因此,硫代硫酸钠常用来销毁少量雷汞。

雷汞很容易与铝、镁等金属起作用,在有水存在时,与铝、镁生成氮化物,并夹杂有金属汞,同时放出大量的热,使金属铝、镁表面很快被腐蚀穿孔。因此,在生产中不能采用铝或铝镁合金制作的壳体装填雷汞或含有雷汞的混合药剂。

雷汞与镍不起作用,与锡、铅、锌作用缓慢。干燥时与铜无作用,但潮湿时可生成雷酸铜等物质。

雷汞长期受日光照射可变为黄色,可分解成对冲击不敏感的物质。

雷汞作为起爆药的严重缺点之一是热安定性较差,雷汞在室温下有一定的安定性,但温度稍高即开始缓慢分解,如当温度在 50℃ 以上时,即可明显发生分解。

雷汞爆炸后分解出汞、一氧化碳和氮气。雷汞的某些爆炸物理参数如下:

爆温　　　　　　　　　　　　　　4 500℃

爆速　($\rho = 3.07$)　　　　　　　　3 925m/s

爆发点　(5 s)　　　　　　　170~180℃

　　　　(1min)　　　　　　155~165℃

雷汞的冲击感度和摩擦感度都较敏感,高于氮化铅、三硝基间苯二酚铅及二硝基重氮酚。

火焰感度也较敏感,但低于三硝基间苯二酚铅,与二硝基重氮酚接近。

雷汞的起爆力较小,低于氮化铅及二硝基重氮酚。

2. 雷汞的制造

制造雷汞的主要原料为金属汞(Hg),硝酸(HNO_3),酒精(C_2H_5OH)。

金属汞溶于硝酸中生成硝酸汞,后者在有过量硝酸的存在下与酒精化合而生成雷汞。为了制得白色的雷汞,在配制硝酸汞时还需加入少量的盐酸和紫铜。制造雷汞的反应过程是相当复杂的,气体产物也很多,反应式为:

$$3Hg + 8HNO_3 \longrightarrow 3Hg(NO_3)_2 + 2NO\uparrow + 4H_2O$$

$$2C_2H_5OH + 4HNO_3 + Hg(NO_3)_2 \longrightarrow Hg(ONC)_2 + 2CO_2\uparrow + 2NO_2\uparrow + 2NO\uparrow + 8H_2O$$

各原料的具体配比为:

汞:硝酸(60%):酒精(95.5%):铜:盐酸(21%~25%)=1:9~8.7:9~8.7:0.01:0.01

按上述配比,使汞和紫铜溶于硝酸制得硝酸汞(盐酸加入其中)。

溶解温度为 30℃~35℃,时间在两小时以上。

化合常用 80~90L 的玻璃反应瓶,先加酒精,后加硝酸汞。反应时间约 40~60min,反应温度约为 80℃~85℃。化合后,进行水洗、干燥等工序即为雷汞成品。

9.6.3　三硝基间苯二酚铅

三硝基间苯二酚铅亦称斯蒂酚酸铅,分子式 $C_6H(NO_2)_3O_2Pb$;分子量 450。通常斯蒂酚酸铅含一分子的结晶水。结构式如下:

1. 三硝基间苯二酚铅的主要性质

三硝基间苯二酚铅于 1914 年开始应用,为黄色、斜方形短柱状结晶。

密度为 $3.08 \sim 3.10 \text{g/cm}^3$;假密度为 $1.0 \sim 1.6 \text{g/cm}^3$。

三硝基间苯二酚铅在水中溶解度小,温度为 17℃时,100g 水中溶解 0.07g。吸湿性小,在 100% 的相对湿度下贮存 40 天后,水分增加 0.4%~0.5%。

与强酸作用分解,可生成三硝基间苯二酚和相应的铅盐。根据这一性质,生产中可用来清除器具上的残存药剂以保证安全。与碱作用分解,生成三硝基间苯二酚相应的盐及氢氧化铅。与金属不作用,可装填于任何金属的壳体内。

三硝基间苯二酚铅的热安定性很好,于 115℃~120℃加热 220 小时,减量约 3.89%,由于它含有 3.84% 的结晶水,所以认为实际上它不分解。

对日光照射,安定性较好,但日光照射后,其颜色变暗。

三硝基间苯二酚铅爆炸后分解出一氧化碳、水、氮和铅。三硝基间苯二酚铅的某些爆炸物理参数如下:

比容:470L/kg　　　　　　　　　　爆温:2 100℃

爆速($\rho=2.6$):4 900m/s　　　　　爆发点(5s):275℃

三硝基间苯二酚铅的冲击摩擦感度较雷汞及氮化铅低,但高于二硝基重氮酚;其火焰感度敏感于其他起爆药。

三硝基间苯二酚铅具有易产生静电积聚的特性,纯品易因摩擦产生高电压火花放电发生事故,工业品多采用沥青钝化处理。

三硝基间苯二酚铅由燃烧转为爆轰的时间较长,所以起爆力很小,不能单独用作起爆药。

2. 沥青钝化三硝基间苯二酚铅的制造

制造三硝基间苯二酚铅的原料为三硝基间苯二酚钠($C_6H(NO_2)_3O_2Na_2$)及硝酸铅($Pb(NO_3)_2$)。

三硝基间苯二酚铅通常是将一定浓度、温度及 pH 值的硝酸铅溶液加至三硝基间苯二酚钠溶液中而制得的,其反应式如下:

$$Pb(NO_3)_2 + C_6H(NO_2)_3O_2Na_2 + H_2O \longrightarrow C_6H(NO_2)_3O_2Pb \cdot H_2O + 2NaNO_3$$

配制 15% 硝酸铅溶液;3%~4% 三硝基间苯二酚钠溶液(用醋酸酸化至 pH=4.8~5.0)。化合时先加温度为 65℃~75℃的硝酸铅溶液 20~22L,后加温度为 55℃~65℃的三硝基间苯二酚钠溶液 50~56L。加料时间 5~10min。化合温度 55℃~65℃。然后经水洗、精洗、沥青汽油液钝化、造粒、干燥,即为成品。

9.6.4　5-硝基四唑汞

5-硝基四唑汞是一种性能优良的新型起爆药。它是由 5-氨基四唑经重氮化、硝化、乙二胺络合、酸解,在晶形控制剂的作用下与硝酸汞反应制得。早在 1932 年,VONHERZ 就发表了这种起爆药的报道。20 世纪 70 年代以来,国外又大量报道该药的合成方法、分析方法及性能研究。而且研究工作已进展到生产性试验,由工艺研究扩展到了应用研究。

　　由于筛选出理想的晶形控制剂,制得了纯度高、假密度大、流散性好、质量稳定的产品,并且不因控制剂的存在而影响起爆和爆炸性能。

9.6.4.1　5-硝基四唑汞制备工艺

5-硝基四唑汞的结构式:

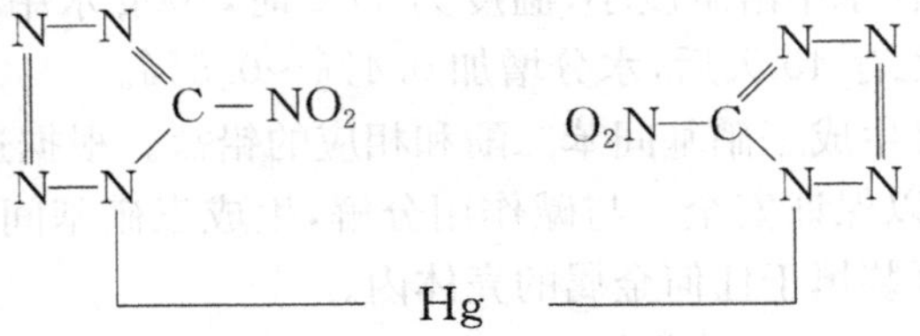

$$\text{(结构式)}$$

分子量:428.68

1. 化学反应步骤

(1) 重氮化、硝化

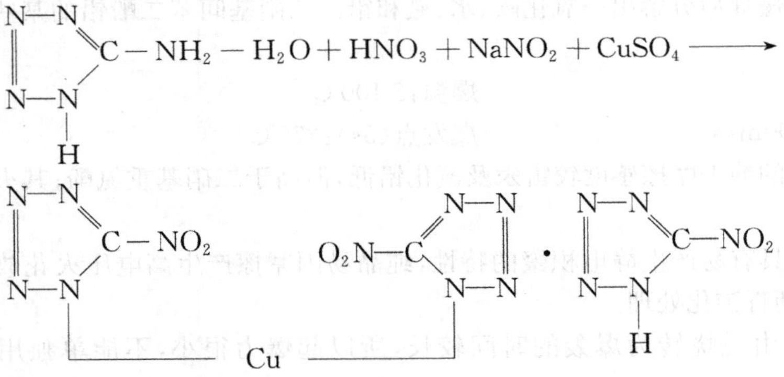

$$\text{C}-\text{NH}_2-\text{H}_2\text{O}+\text{HNO}_3+\text{NaNO}_2+\text{CuSO}_4 \longrightarrow$$

(2) 乙二胺络合

$$\text{C}-\text{NO}_2+\text{NH}_2-\text{CH}_2-\text{CH}_2-\text{NH}_2$$

$$\xrightarrow{\text{CuSO}_4}$$

$$\cdot(\text{NH}_2-\text{CH}_2-\text{CH}_2-\text{NH}_2)_2$$

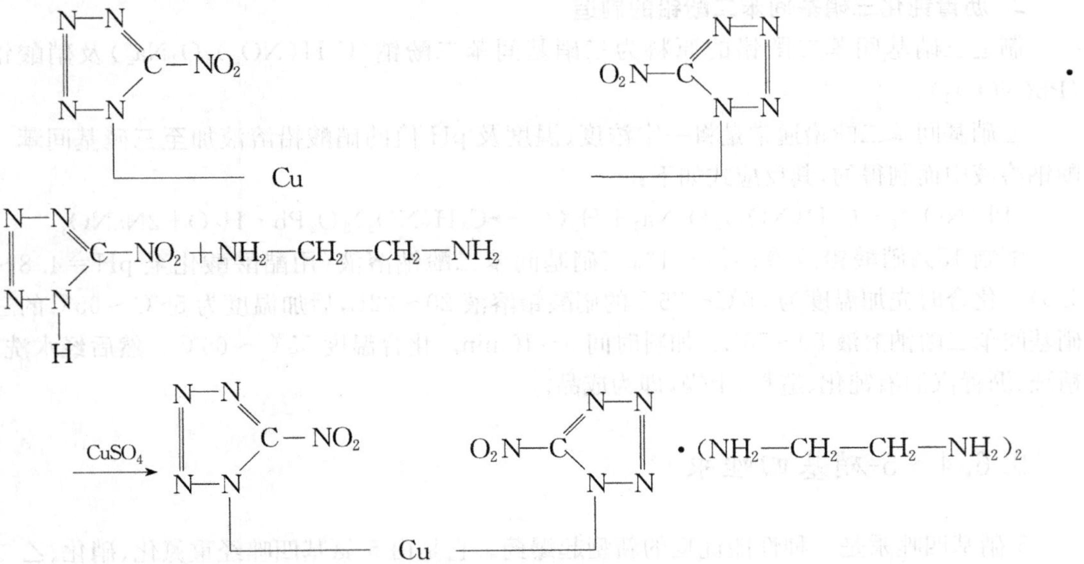

（3）酸解

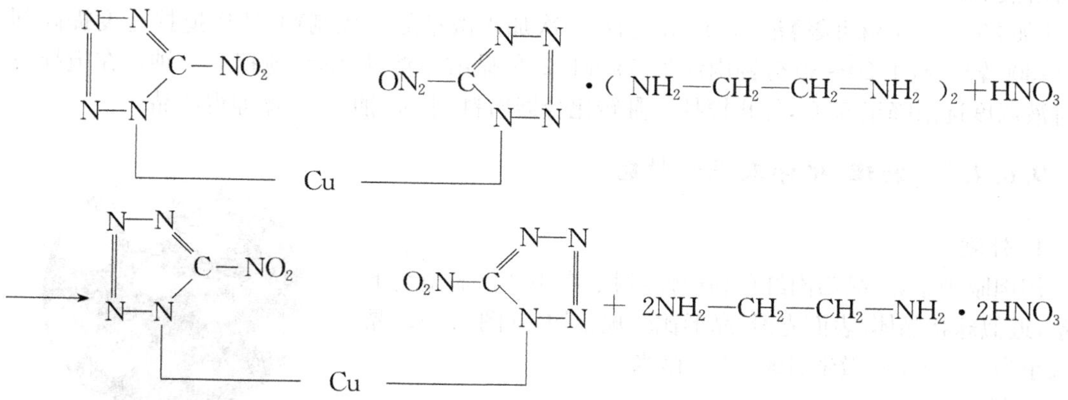

（4）5-硝基四唑汞合成

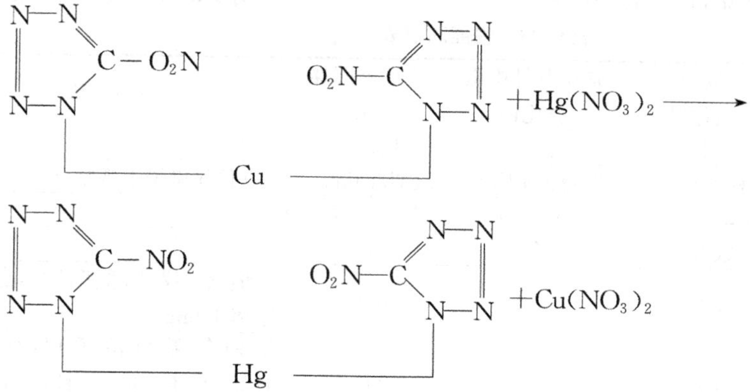

2. 工艺过程

（1）制备双乙二胺双 5-硝基四唑铜络盐

① 溶液配制

A 液配制：125g 亚硝酸钠和 66g 硫酸铜（含 5 个结晶水）溶于 360mL 水中。

B 液配制：62g 5-氨基四唑、2.4g 硫酸铜（含 5 个结晶水）、80mL65%～68%浓硝酸溶于 840mL 水中。

C 液配制：84mL65%～68%浓硝酸溶于 36mL 水中。

D 液配制：25g 硫酸铜（含 5 个结晶水）溶于 96mL 水中。

E 液：乙二胺 56mL。

② 制备工艺过程

将 A 液置于装有冰水浴化合器中，在激烈搅拌下滴加 B 液，反应温度不得超过 18℃，待 B 液加完后继续搅拌 15 分钟。然后滴加溶液 C，再继续搅拌 30 分钟，出料。先用 250mL1.8 N 的稀硝酸洗一次，再用蒸馏水洗三次，每次水量均为 250mL，抽滤。将滤饼移入反应器中，补加 720mL 蒸馏水，加热，使母液保持在 75℃～80℃。在搅拌下依次加入溶液 D 和溶液 E，使滤饼完全溶解。然后迅速置于冰浴中冷却，静置 45 分钟，络盐产生，抽滤。络盐可自然干燥（络盐熔点为 224℃～226℃，可不做其他指标分析）。

（2）制备 5-硝基四唑汞

于夹套式翻转化合器中，加入 1100mL 蒸馏水及 100g 双乙二胺双 5-硝基四唑铜络盐。然后将溶液加热至 75℃～80℃,并以 130～160 转/分搅速搅拌 5 分钟。再于 10～20 分钟时间内,滴加 26%～28%硝酸溶液 235mL;之后,一次加入微量晶形控制剂,然后搅拌速度提高到 250～300 转/分,于 20～30 分钟内滴加 350mL 20%硝酸汞溶液,继续搅拌 5 分钟。在搅拌下使母液温度逐渐降至 55℃,停止搅拌。翻转化合器出料,水洗,抽干,干燥即得产品。

9.6.4.2　物理、化学及爆炸性能

1. 外观

用肉眼观察,产品为肉红色易散性颗粒,在 100 倍显微镜下观察,近似球状晶体,表面光滑,晶形比较规整均匀(图 9.6)。晶体大小为:200×150 微米、100×100 微米。

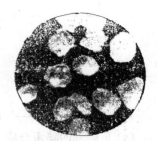

图 9.6　产品放大 100 倍照片

2. 性能

5-硝基四唑汞与氮化铅性能对照见表 9.28。

表 9.28　性能对照表

性　能	糊精氮化铅	羧甲基纤维素氮化铅	5-硝基四唑汞	试验方法
颜　色	浅黄	白	肉红	
品　形	短柱状聚晶	圆或椭圆聚晶	近似球状晶	100 倍显微镜下观察
假密度(g/mL)	1.2～1.4	1.6～1.9	1.4～1.7	
流　散　性	较好	好	好	
火焰感度发火(%)	30	60	100	火焰感度仪,标准黑药柱,点燃距离 150mm
撞击感度 上限(cm) 下限(cm)	10 6	10 5	11 5	维列尔弧形落锤仪,锤重 472.5g,标准击针,药量 0.02g,使用压力 400kg/cm²
5 秒爆发点(℃)	345	348～350	236～238	
爆速(m/s)	4 100	4 800	6 300	
起爆力: 极限起爆药量(mg)	40	22	12	试验用 TAT-1 雷管,对 120mg 黑索今极限起爆药量。炸 Ø35mm、厚 4mm 铅板
耐压性 (kg/cm²)	2 800	3 500	3 000	TAT-1 雷管,药量为极限药量 2 倍,炸 Ø35mm、厚 4mm 铅板,炸孔大于孔径计
吸湿性(%)	0.56 未平衡	0.12 未平衡	0.02 平衡	温度 30±1℃,相对湿度 87%,时间 4 昼夜
高温高湿热安定性(%)	0.36 未平衡	-0.041 未平衡	0.02 一昼夜即已平衡	温度:45±1℃,相对湿度≥92%,时间 10 昼夜,于硝酸钾饱湿器中进行试验,样品:3±0.5g,称量精确至 0.000 1g
与金属相容性	与铜及铜合金不相容,与铁轻度不相容	同糊精氮化铅	除铝及铝镁合金外与其他金属相容性良好	于硝酸钾饱湿器中进行。药量 0.03～0.05g 放在金属片上。温度:40℃～50℃,10 昼夜,观察药剂与金属相容情况
压力(kg/cm²)	600	700	700	

9.6.4.3　产品应用试验

1. Ø3.85 炮弹小雷管单一装药试验

用如下条件压装小雷管,炸 Ø35mm、厚 3mm 铅板,做威力对比试验(表 9.29)。

表 9.29　威力对比试验

类型	压装条件		总药量 (mg)	炸 Ø35mm、厚 3mm 铅板穿孔直径(mm)	平均 (mm)
	起爆药或炸药	药量(mg)			
A	三硝基间苯二酚铅	20	120	6.2, 6.4	6.3
	糊精氮化铅	35		6.2, 6.5	
	黑索今	65		6.4	
B	三硝基间苯二酚铅	20	170	2.0, 2.2, 4.2	2.5
	羧甲基纤维素氮化铅	150		3.0, 1.5	
C	5-硝基四唑汞	150	150	6.4, 6.5, 6.8	6.6
				6.7, 6.6	

2. 工程铁雷管单一装药应用试验

在工程铁雷管中,按如下条件单一压装 5-硝基四唑汞。试验结果见表 9.30。

表 9.30　工程铁雷管单一装 5-硝基四唑汞威力试验

序号	5-硝基四唑汞压装条件		总药量 (mg)	炸 Ø35mm、厚 5mm 铅板,穿孔直径(mm)	平均 (mm)
	药量(g)	使用压力(kg/cm²)			
1	0.3	500	0.3	3.7, 3.3	3.4
				4.0, 5.1	
				5.0	
2	0.4	500	0.4	7.2, 6.7	7.1
				7.3, 7.2	
				6.9	
3	0.5	500	0.5	7.0, 7.2	7.6
				8.4, 6.6	
				8.8	
4	0.25	800	0.5	9.3, 9.1	9.1
	0.25	600		8.9, 8.7	
				9.5	
5	0.3	800	0.6	11.7, 10.7	10.9
	0.3	600		10.5, 10.6	

正常工程铁雷管装 DDNP0.36g、黑索今 0.6g,而单一装 5-硝基四唑汞 0.5g,即能达到同一威力。

以上应用试验说明,5-硝基四唑汞兼有起爆药和炸药两种性能,对炮弹小雷管或工程雷管都可以用于单一装药。此外,尚有较好的火焰感度及针刺感度,在针刺雷管单一装药上,国内外都有应用先例并获得成功。

5-硝基四唑汞有如下优点:

(1) 合成方法简便,工艺稳定,产品纯度高,假密度大,流散性好。

(2) 起爆力大,热安定性好,吸湿性小,火焰感度及针刺感度较好,爆速高,具有炸药的爆炸功能。

(3) 适于各种雷管单一装药,减少装药次数,简化装药工艺,节省管材,并为雷管自动化生产开辟新的途径。

(4) 汞废水可采用 ISX 重金属脱除剂处理,效果良好,达到国家排放标准。通过对药尘、废气监测结果表明,可以达无害作业。

(5) 与多种金属有较好相容性。

5-硝基四唑汞系属四唑类起爆药,有较好的热安定性,较优越的起爆性能,较高的爆速等。这些性能与其结构紧密相关。5-硝基四唑汞是以四唑为母核衍生的起爆药,四唑五环是大 π 键结构,由于共轭效应,故比较稳定,四唑基属富氮化合物,因而也是炸药的重要原料。硝基的引入及重金属汞离子的存在,是决定其兼有起爆药和炸药两重性能的原因。

9.6.5　硝酸肼镍

硝酸肼镍(NHN)起爆药为玫瑰色聚晶,颗粒尺寸一般在 $80\sim110\mu m$ 范围,较均匀,且密实,流散性好。假密度在 $0.85\sim0.95g/cm^3$ 之间。NHN 的性能优良,火焰感度高,机械感度低,长储安定性、相容性、耐压性、流散性好。化合工艺操作步骤简单,易于控制,物耗能耗少,得率高,且不染色,工作场所洁净,整个生产过程中的废水可以达到无污染排放。但是NHN 起爆药也有两个不足之处,原材料成本过高,极限起爆药量偏大,对 RDX 的极限起爆药量 NHN 为 150mg,而 DDNP 为 120mg。虽然 NHN 起爆药存在以上两个方面的不足,但它仍然是一种安全环保型起爆药。

1. 硝酸肼镍起爆药的理化性能

室温下 NHN 几乎不溶于水、甲醇和乙醚,微溶于乙醇和丙酮;NHN 起爆药与浓硫酸作用会发生燃烧,但与浓硝酸或稀的酸碱溶液作用只发生缓慢分解、不燃不爆。在 $40\sim60MPa$ 处出现密度的跃度,可能与聚晶状态的破碎有关。而 DDNP 在大于 25MPa 时就会出现压死现象。

(1) 高温吸湿性

在 30℃ 条件下 NHN 吸湿量为 0.014%,吸湿性很小,较 DDNP 的 0.1% 小得多,且在24 小时内达到平衡。

(2) 高温高湿安定性

在 70℃,相对湿度 95% 下,对 NHN 进行高温高湿安定性试验,其吸湿减量值为0.016%,说明其高温高湿安定性好。

(3) 75℃热失重

NHN 起爆药进行 75℃、48h 加热试验,失重结果为 0.02%,在相同条件下 DDNP 为0.3%,说明 NHN 的热安定性好于 DDNP。

(4) NHN 起爆药的相容性

按 GJB772A-97 中的测定方法对 NHN 起爆药在 100℃ 的条件下加热 40h,进行了混合质量比为 1:1 的相容性试验,测试 NHN 起爆药与火工品常用材料的相容性,试验结果如表 9.31 所示。

表 9.31　NHN 起爆药与常用材料的相容性试验结果

试验材料	R	结论
紫铜	0.2	相容
铝镁合金	0.1	相容
覆铜钢	−0.1	相容
法兰铁	0.4	相容
铝	−0.2	相容
紫胶造粒 RDX	1.1	相容

2. 硝酸肼镍的爆炸性能

硝酸肼镍起爆药的爆速在 $\rho = 1.7 \text{g} \cdot \text{cm}^{-3}$ 时,$D = 6\,150\text{m/s}$,其爆热为 $4\,242\text{kJ/kg}$,比容为 529L/kg,NHN 的 5s 延滞期爆发点为 283℃。

NHN 具有相当好的火焰感度,几乎与 LTNR 相当,H100＝60cm。

NHN 的摩擦感度:摆角 80℃,表压 0.6MPa,锤重 1.5kg,药量 20mg,测得 NHN 的发火率为 12%,而在相同条件下 DDNP 为 25%,显然 NHN 要比 DDNP 钝感。

3. 硝酸肼镍的废水处理

NHN 的各工序生产的废药、化合器上的废药,用稀硝酸溶液浸泡,使之分解并以 NaOH 沉淀出 Ni(OH)$_2$ 回收用于配制硝酸镍。母液循环使用,将母液作为化合反应的底液,让废水母液循环利用,可以做到无废水排放,保护环境。

有文献对 NHN 的毒性描述为中等毒性,镍粉毒性是较微的。生产 NHN,不存在镍及其化合物交叉毒性作用,工人不接触镍粉尘、镍的氧化物及其化合物粉尘,仅溶解镍离子是易于保护的。

4. 硝酸肼镍的原材料成本

目前,硝酸肼镍起爆药每公斤原材料价为 39.2 元,单发材料成本价为 0.015 元,而 DDNP 原材料成本为每公斤 28.8 元,单发材料成本价为 0.007 2 元,显然要比 NHN 便宜得多。

9.6.6　D•S 共沉淀起爆药

氮化铅与斯蒂酚酸铅共沉淀起爆药简称 D•S 共沉淀起爆药,它是根据吸附共沉淀机理,在晶形控制剂的作用下,按照氮化铅与斯蒂酚酸铅最佳爆炸性能的配比,采用共沉淀的制备方法,制得的一种共沉淀聚结晶体。它既能表现出氮化铅良好的起爆能力,又具有斯蒂酚酸铅的良好的火焰感度。

1. D•S 共沉淀起爆药的理化性能

D•S 共沉淀起爆药是橘黄到橘红色的聚晶晶体。其结晶密度为 3.49g • cm^{-3},表观密度为 1.0～1.5g • cm^{-3} 之间。D•S 共沉淀起爆药在水中的溶解度介于氮化铅(18℃、0.023g)和三硝基间苯二酚铅(17℃、0.07g)之间,不溶于乙醇、乙醚、丙酮等,在醋酸中溶解度较大。

在 95℃加热 36h,D•S 共沉淀起爆药比糊精氮化铅热失重低 2 倍,而加热前后成分变化很小,起爆性能不变,表明 D•S 共沉淀起爆药的热安定性能良好。D•S 共沉淀起爆药在常温封闭条件下,与铝、铝镁合金、低碳钢、镍铜等金属相接触,相容性良好。

2. D·S 共沉淀起爆药的爆炸性能

D·S 共沉淀起爆药的撞击感度与三硝基间苯二酚铅相近,在相同条件下,撞击感度见表 9.32 所示。

表 9.32　　几种起爆药撞击感度的比较

名　　称	0.02g,压力 40MPa400g 落锤		0.02g,压力 80MPa400g 落锤	
	上限(cm)	下限(cm)	上限(cm)	下限(cm)
糊精氮化铅	24	10.5	16.5	4
结晶 LTNR	36	11.5	32.5	5
D·S共沉淀	33	9.0	30	4

D·S 共沉淀起爆药的摩擦感度比糊精氮化铅钝感,比三硝基间苯二酚铅敏感,几种起爆药的摩擦感度见表 9.33 所示。

表 9.33　　几种起爆药的摩擦感度

名　　称	压力(MPa)	摆角	发火率/×100
糊精氮化铅	2.5	45	94
LTNR	2.5	45	20
酒-羧 D·S 共沉淀	2.5	45	26
酒-二硝 D·S 共沉淀	2.5	45	64

D·S 共沉淀起爆药的火焰感度是随着三硝基间苯二酚铅的含量增大而增加,几种起爆药的发火高度见下表 9.34 所示。

表 9.34　　几种起爆药的火焰感度

名　　称	压药压力(40MPa)	压药压力(10MPa)
糊精氮化铅	17	17
LTNR	54	53
酒-羧 D·S 共沉淀	53	52
酒-二硝 D·S 共沉淀	52	52

D·S 共沉淀起爆药的爆速介于氮化铅与三硝基间苯二酚铅之间。并随着两个组分之变化而有一定的差异。通常两组分配比为 70:30,$\rho=2.65\text{g/cm}^3$ 时,其爆速为 D= 3 845~4 156m/s。

D·S 共沉淀起爆药的极限药量表示起爆能力时,D·S 共沉淀起爆药起爆能力高于糊精氮化铅,与纯度高的羧甲基纤维素氮化铅相接近。在 8 号工业雷管中,对 0.60g 黑索今的极限药量:DDNP 为 0.01g;糊精氮化铅为 0.06g;D·S 共沉淀起爆药为 0.035g。

D·S 共沉淀起爆药的静电感度与三硝基间苯二酚铅的静电感度比较近,属同一数量级。

9.6.7　K·D 共沉淀起爆药

K·D 共沉淀起爆药是以苦味酸钠与氮化铅在碱性介质条件下,采用硝酸铅为共沉淀剂制得的碱式苦味酸铅与氮化铅的共沉淀聚结晶体。K·D 共沉淀起爆药具有流散性好,药剂颗粒大而均匀,假密度提高到 1.0 g/cm³ 以上,最大可达到 1.64 g/cm³,一般都在 1.2~1.45 g/cm³ 之间。K·D 复盐起爆药制备总混合液加料时间由原来的 50~70min 缩短到 20~40min,大大缩短了制备周期,制备工艺也易掌握和控制,药剂成分稳定,药剂流散性有明显的改善。其生产工艺流程图如图 9.7 所示。K·D 复盐起爆药已在九三九四厂全面代替

D·S 共沉淀和 DDNP 起爆药用于装填工业火雷管。自 1984 年开始小批量试装,1985 年生产定型后大批量生产,累计总数达 2 亿发。几年来的生产及用户使用后的信息反馈表明,K·D 复盐生产的雷管质量是可靠的。K·D 雷管的性能较 DDNP 雷管有明显的提高,生产质量稳定、可靠、平均良品率 98.5% 以上。从根本上解决了雷管半爆的问题。与 D·S 雷管比较质量相当,但消除了 D·S 雷管装配中压合爆炸现象。

1. K·D 共沉淀起爆药的理化性质

K·D 共沉淀起爆药能综合反映苦味酸铅与氮化铅的优良物化性质,它具有吸湿性小、热安定性好、与多种材料相容等优点。在高温高湿条件下,K·D 共沉淀起爆药具有比较低的减量值,其吸湿平衡点在 96h。

K·D 共沉淀起爆药在 75℃ 热失重实验中其失重为 0.04%。

K·D 共沉淀起爆药真空安定性试验(VST):在 100℃,定容和真空条件下,测定 48h 后热分解产物的压力,然后根据气体定律换算成标准状态下的体积见表 9.35 所示。

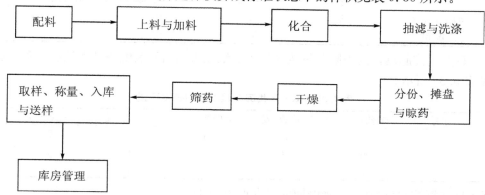

图 9.7　K·D 复盐起爆药工艺流程图

表 9.35　K·D 共沉淀起爆药真空安定性(mL·g^{-1})

名　称	一组	二组	平均
K·D 起爆药	0.34	0.33	0.34
结晶氮化铅	0.54	0.62	0.50
DDNP	/	/	6.53

K·D 共沉淀起爆药与金属的相容性:将金属管壳半埋于 K·D 起爆药内,置于相对湿度为 95% 的环境中。放置一定时间后,观察表面变化情况,判断有无腐蚀痕迹,实验情况见表 9.36 所示。

表 9.36　K·D 起爆药与金属相容性试验

条　件	铁	铝	黄铜	紫铜	镍铜	铜镀锡
温度:26℃～30℃ 湿度:95% 时间:120 天	不作用	不作用	表面局部变暗	不明显	似有腐蚀斑点	不作用

2. K·D 共沉淀起爆药的爆炸性能

K·D 起爆药的摩擦感度用 K-44-Ⅲ型摆式摩擦仪进行试验,每组 25 发,其爆炸百分数结果见表 9.37 所示。

表 9.37　K·D 起爆药的摩擦感度试验

名　称	表压(MPa)	摆角	一组	二组	三组
K·D 起爆药	0.6	80	24	20	22
	0.65	50	8	8	8
DDNP	0.6	80	/	/	24
	0.65	50	8	12	10
结晶氮化铅	0.6	80	/	/	100

K·D 共沉淀起爆药的热丝感度结果见表 9.38 所示。

表 9.38　K·D 共沉淀起爆药的热丝感度试验

名　称	组别	50%发火电流(A)	标准偏差(A)	备注
K·D 起爆药	1	0.33	0.02	室温 23℃相
	2	0.35	0.02	对湿度 65%
三硝基间苯	1	0.34	0.01	
二酚铅	2	0.33	0.02	

K·D 共沉淀起爆药的极限药量按 8 号工业纸壳火焰雷管装配条件下压制雷管,其试验结果见表 9.39 所示。

表 9.39　K·D 共沉淀起爆药的极限药量

序号	起爆药量(mg)	试验数(发)	全爆数(发)	半爆数(发)	小孔数(发)
1	35	10	8	2	0
2	40	50	46	0	4
3	50	50	50	0	0

K·D 共沉淀起爆药的 5s 延滞期的爆发点为 263℃。

3. 经济效益分析

九三九四厂起初用 DDNP 起爆药装填工业火雷管,后来用 D·S 共沉淀起爆药取代之。这是对 DDNP 雷管的一大技术改进,其经济效益有所改进,近来改为 K·D 复盐起爆药,既降低了原材料成本,又消除了压合爆炸所造成的损耗,每年可节省工装消耗费用数万元,其经济效益又有了提高。

4. 废水处理效益分析

生产 1kgK·D 起爆药平均排放 60kg 废水,只有 DDNP 废水量的 1/10,废水中铅、硝基酚含量在 1g/L 左右,对母液及洗滤液的废水先加亚硝酸钠,再加硫酸进行销爆处理,可得硫酸铅沉淀,沉淀下来的硫酸铅集中处理收回。对除铅后废水中所含硝基酚,原采用活性炭吸附,再中和排放,其效果不佳,九三九四厂现采用经专家评审鉴定的 SYT 化解法处理含有硝基酚的废水,具有工艺流程短、操作简便、设备少、投资省、处理费用低等优点。

K·D 废药销毁一般采用的方法有化学法、爆炸法和钝化燃烧法。销毁 K·D 废起爆药,采用钝化燃烧法一定要做到谨慎操作、认真处理、科学分析、彻底销毁。首先保证选用物理性能合适的机油将废 K·D 复盐起爆药浸润透彻使其真正达到被钝化,同时强化工艺和规章制度的严格性,决不允许水和其他杂质混入废药桶。采用的 30 号压缩机油浸泡 7d 的钝化工艺,实践证明达到了使废 K·D 复盐起爆药可靠钝化,防止爆燃的目的;同时,采用水泥地上铺薄钢丝网,再覆盖层纸进行摊铺约 3mm 厚药油混合物的方法,能保证不受地表温度的影响,且由于架空作用可使废药能充分燃烧和散热,从而防止了爆燃现象的发生。综合上述的实践过程,对废 K·D 复盐起爆药的处理达到了可靠钝化、充分燃烧、安全销毁的目的,取得了满意的效果。

9.6.8　GTG 起爆药

配合物类起爆药是近年来国内外研究的热点之一,世界各国都致力于研究和开发制备工艺简单、性能优良的配合物类起爆药。在我国,大量使用的是 DDNP 起爆药,其耐压性差、生产废水污染严重。因此,急需研究出性能优良、三废污染轻的起爆药来代替 DDNP 用于雷管生产中。在借鉴国外配合物起爆药发展经验的基础上,研究了由高氯酸镉与碳酰肼化合制备的单质起爆药——高氯酸三碳酰肼合镉(Ⅱ)(简写为 GTG),并对其基础性能和在雷管中的应用进行了大量的研究,认为这种起爆药的机械感度适中,对热和静电作用钝感,使用安全,具有良好的发展前景。

1. GTG 起爆药的物理化学性质

GTG 起爆药为白色多面体形结晶体,表面光滑,没有突出的棱角,其流散性很好,可很好地满足定容装药的使用要求。批量生产的产品假密度为 $\rho = 1.0 \sim 1.3 \text{g} \cdot \text{cm}^{-3}$。粒度分析结果表明,GTG 起爆药的粒子较大,粒度分布比较集中、颗粒大小均匀,50 目至 200 目间的颗粒占 95% 以上,可有效地减少使用过程中产生的药粉,有利于安全生产和减少粉尘污染。

GTG 不溶于酒精、醚、苯、卤代烃的溶液和乙酸。当有无机酸存在,GTG 溶解并且分解成镉无机酸盐和碳酰肼无机酸盐。在水中溶解度随温度的升高而增加,在 21.0℃ 时,在水中的溶解度为 1.75%。因此,可以用水作溶剂对 GTG 进行分析,也可以用水作溶剂对少量的 GTG 起爆药样品进行精制。

(1) GTG 起爆药的安定性

GTG 起爆药以 75℃ 加热 48h 后试验,不仅没有失重现象,而且还有微小的增重,增重量为 0.12%,表明 GTG 在加热试验条件下的安定性良好。经常温高湿吸湿试验 24h、48h、72h 和 96h 以后,分别称量得试样质量的变化率为 0.016%、0.011%、0.002 8% 和 −0.011%。该结果表明,在试验条件下,GTG 起爆药的吸湿增量很小,在天平的分析误差范围内。因而 GTG 在常温高湿条件下的安定性很好。在 70℃、相对湿度为 96% 的条件下,经试验 24h、48h、72h 和 96 h 后,分别称量得试样质量的变化率为 0.007 8%、−0.009%、−0.002 4% 和 −0.000 16%。表明 GTG 起爆药在高温高湿条件下,质量变化很小,所得结果基本在天平的分析误差范围内。因而 GTG 在高温高湿条件下既不吸湿增重、也不吸湿减重,安定性很好。真空安定性试验,经 100℃、48h 后,所得 GTG 起爆药的放气量为 0.07mL · g^{-1}。该试验结果表明 GTG 的真空安定性很好。

(2) GTG 起爆药的相容性

用火工品药剂真空安定性试验的水银压力计测定法,测试 GTG 起爆药与火工品常用材料的相容性,测试结果如表 9.40 所示。该试验结果表明,GTG 起爆药与常用火工品材料的相容性好,可以满足多种火工品的使用要求。

表 9.40　GTG 起爆药与常用材料的相容性分析

GTG 与相关材料	R(mL)	结论
铝	0.3	相容
铝镁合金	0.8	相容
法兰铁	0.0	相容
覆铜钢	0.1	相容
镍铜	0.6	相容
2%紫胶 RDX	0.2	相容

注:R 为相当于药量为 5g 时的净增加气体量,代表反应程度。

2. GTG 起爆药的爆炸性能

GTG 起爆药的爆速 $D=5\,540$m/s,密度 $Q=1.9$g/cm³,爆热为 3 900kJ/kg,TNT 当量为 0.922,比容为 730L/kg。在工业雷管中,GTG 起爆药对紫胶造粒黑索今的极限起爆药量与装药条件有密切的关系。由于 GTG 起爆药是燃烧转爆轰型的起爆药,凡是有利于燃烧转爆轰的条件,都有利于极限起爆药量的降低。因此,在最佳条件下,GTG 起爆药的极限起爆药量为 50mg,而在普通雷管正常装配条件下,极限起爆药量在 150mg 左右。正常生产装药量在 160mg～200mg 之间就可确保雷管作用的可靠性。GTG 起爆药的耐压性较好,在工业雷管中,其耐压性能可达 70MPa,远远高于 DDNP 起爆药。

(1) GTG 起爆药的撞击感度

依据火工品药剂机械撞击感度测定法测试,落锤质量为 800g,50%发火高度为 19.8cm,标准偏差为 2.69cm。按炸药撞击感度测试法测试,5kg 落锤,50%发火高度为 24.5cm,标准偏差为 0.05cm。而在同样条件下测得的太安炸药的 50%发火高度为 16.6cm,标准偏差为 0.03cm,表明 GTG 与太安炸药的撞击感度相当。

(2) GTG 起爆药的摩擦感度

按照火工品药剂摩擦感度测定法测试,1.23MPa、70°摆角条件下 GTG 起爆药发火率为 10%;1.96MPa、90°摆角条件下的发火率为 60%。该结果表明,GTG 起爆药的摩擦感度比叠氮化铅和 DDNP 的摩擦感度都低。

(3) GTG 起爆药的火焰感度

GTG 起爆药在常压条件下不能被标准黑药柱点燃,即使是用明火直接点该起爆药,也不能使其着火,更不能使其爆炸,只有将其均匀地撒在纸上,用火点燃纸后,在纸燃烧的情况下才能带着 GTG 起爆药一起缓慢地燃烧,产生明亮的黄色火焰。即使是装配成雷管,用导火索也不能使该雷管爆炸。正是由于 GTG 起爆药的这一性质,保证了其使用过程的绝对安全。只有将火雷管装配成电雷管、导爆管雷管、延期雷管等形式后,雷管才能实现爆轰。因此,该起爆药不能用于导火索点火的雷管中。GTG 起爆药的 5s 延滞期爆发点为 367℃。

(4) GTG 起爆药的静电火花感度

按照火工品药剂静电火花感度测定法对 GTG 起爆药进行静电感度测试,其 50%的发火能量,负极为 2.50J,正极为 1.73J。表明 GTG 起爆药的静电感度很低,远低于目前使用的斯蒂酚酸铅、叠氮化铅等常规起爆药的静电感度。

北京矿务局化工厂于 1999 年与北京理工大学合作进行了 GTG 起爆药工业化生产技术的研究并获得成功,制得的 GTG 起爆药具有假密度大,流散性好,耐压性高,物理化学性质稳定,安定性和相容性好,纯度高,机械感度低,爆炸性能优良,综合性能良好,生产过程工艺简单,废水量少,且容易处理,处理后完全达到国家排放标准等优点。在此基础上,进行了

GTG 起爆药工业雷管的研制。铁壳和纸壳雷管极限药量如表 9.41 所示。

表 9.41　铁壳和纸壳雷管的极限药量

管壳	装药量(mg)	试验量(发)	结果
铁	50	200	全爆
纸	50	50	全爆

3. GTG 起爆药雷管经济效益分析及与 DDNP 雷管的比较

按照确定的工艺技术条件,对使用 GTG 装填的工业雷管的经济效益情况进行了分析并与 DDNP 起爆药雷管进行了比较,纸壳管的瞬发或秒延期一段每万发成本降低 100 元,二段以上秒延期管成本两者基本持平。金属壳(以铁壳计)瞬发管每万发下降 138 元,二段以上每万发下降 121 元,若采用其他管壳,如铜、覆铜或铝,则费用降低更多,效益更可观。从长远看,纸壳雷管属淘汰产品,产量将逐渐下降,所以 GTG 起爆药在工业雷管中的推广应用其意义将是显而易见的。GTG 起爆药除可给工厂带来直接的经济效益外,还会在安全、质量,尤其是环保方面带来众多的间接效益。

GTG 型火雷管 200 万发,全部一次交验合格。经多种矿山试用,点火可靠,起爆威力大,能够满足使用要求。比非起爆药火雷管装配工艺简单,安全性、可靠性、环保性都有所提高,该技术能够满足工业化生产使用要求。但是 GTG 作雷管起爆药爆炸后所产生的重金属氧化物的毒性及其对环境人体的危害不应忽视。科技开发和立项时应进行环境影响评价,研究起爆药应符合可持续发展战略的观点。

9.6.9　混合起爆药

由于各种起爆器材的发展,对起爆药提出了许多新的要求,现有的单体起爆药还不能完全满足这些要求。单独使用缺点较多,混合起来应用可起取长补短的效果。各种用途的混合起爆药有许多配方,所以混合起爆药是比较繁杂的。国内外对混合起爆药的配方、制备和性能的研究都比较重视。

9.6.9.1　机械混合起爆药

混合方法有干混及湿混法两种,干混法是将一定粒度的固体状的各成分直接相混合,以制得某些较优良的起爆药。

混合设备用硬纸板制作的短圆柱状转鼓进行。

这种方法,优点是适于大量生产,但要进行隔离操作;缺点是干药粉的机械感度大,摩擦生电能力强,可能发生爆炸事故。这点在生产中应特别注意。

湿混法在混药时加水,或加其他溶剂或黏合剂,用转鼓或手工进行,此法较安全。

常见混合起爆药有以下几种:

(1)雷汞与氯酸钾混合物。

亦称爆粉,常用配比为雷汞:氯酸钾=8:2。

(2)氮化铅与斯蒂酚酸铅的混合物,配比为 3:1。

(3)二硝基重氮酚与氯酸钾的混合物,这种药剂的制法如下。二硝基重氮酚采用克拉克法制得,假密度约 0.3 以下,针、柱、片结晶皆可用。这种药剂的氧平衡配比约为 DDNP 的 40%、$KClO_3$ 的 60%,为保证起爆药感度,采用稍负氧平衡,配比为:DDNP 40%~50%、

$KClO_3$ 50%～60%,所以采用 50:50,外加黏合剂 1%造粒。这种药剂的冲击感度、摩擦感度、爆发点与二硝基重氮酚接近,起爆力稍高于纯二硝基重氮酚。

9.6.9.2 共同结晶起爆药

由于干混法、湿混法的均匀性都受一定设备条件、工艺条件的限制,各种成分的混合均匀性与各种成分之间的密接性不够理想。因此,除机械混合之外,考虑化学上的共同结晶方法,以达到产品性能和质量的要求。

1. 混晶法

这种方法是由一种溶液中加入一种成分作为晶核,再加入另一溶液,使在原有的晶核上析出另一成分的结晶。应用混晶法时应注意下列各项:

(1) 晶核不与介质作用,颗粒小而易于成悬浮液,以便于结晶生成;

(2) 反应温度不能使各成分分解;

(3) 介质的酸碱度适宜,不致使各成分分解,且利于在晶核上析出新的结晶。

制造混晶药,可用雷汞、斯蒂酚酸铅和氮化铅的混合物为例而予以说明。先在容器中加入硝酸铅及晶核用的雷汞,搅拌,保持呈悬浮状,在 40℃～45℃下注入氮化钠及斯蒂酚酸钠的溶液,保温一定时间,经过滤、洗涤后,予以烘干而得成品。

这种混晶药火焰感度、起爆能力均较大,但冲击感度小于雷汞。由于要求不同,可调整各成分,即增加斯蒂酚酸铅多时,则火焰感度增加,但起爆能力下降。若用氮化铅较多时,则起爆能力增大,但火焰感度低,可根据实际要求而定。

2. 共晶法

共晶法为采用共同结晶的方法,使两种起爆药混合在一起。如氮化铅与斯蒂酚酸铅共晶,即在制药工艺上采取措施使氮化铅和斯蒂酚酸铅在化合反应时按一定比例共同沉淀下来,所得产品保留了起爆力大和火焰感度好的特点,同时粒度、流散性、假密度等性能都满足雷管的要求。

有人设计了氮化铅、三硝基间苯二酚铅、四氮烯三元共沉淀起爆药(即 DSS)实验,证明了 DSS 共沉淀起爆药兼备了三元组分各自的基本特性,是一种性能良好,用途较广的火工品药剂,该起爆药工艺简单可行,操作安全,根据用途可任意调整配比,其质量稳定,重现性好,适合大批量生产。

共晶起爆药现已研制出很多品种,是一种很有发展前途的制造混合起爆药的方法。

9.7　国外起爆药的概况

9.7.1　糊精氮化铅

该产品符合美军事标准 MIL-L-3055 要求,美国称为 STRAIGHT LEAD AZIDE,便于运输。吉欧公司从杜邦公司购买,用来装配 G-21 及 G-22 型耐高温雷管。在显微镜下观察,晶形很不规整,有方形、三角形及六角形(图 9.8)。粒度很细。土黄色,流散性较好。把这种产品装在直径约 100mm、高约 80mm 的导电橡胶盒中,用酒精浸泡,存放在室外的用铁板焊制、刷白漆的约 1.2×1.2×2.0m 的转手库中。

图 9.8 杜邦公司 STRAIGHT LEAD AZIDE 晶粒示意图

9.7.2 羧甲基纤维素氮化铅

在英国,这种产品称为 RD-1333 氮化铅。美国也研究与生产这种产品。杜邦公司仍用此名。产品质量符合美军事标准说明书 MIL-L-46225C(MU)。主要用在军事及特殊设计的火工品。美军用小型电雷管,杜邦公司生产的石油射孔弹耐高温电雷管(E-84、E-97、X-321K 等型号)均装这种起爆药,生产量很大。英美两国的 RD-1333 氮化铅无大区别。

杜邦公司专门生产这两种氮化铅的反应器有 4 个,每个每次可生产 7.5 磅,以 50kg 组批。反应器分装在隔离室中,有自动加料设备。

前南斯拉夫的胜利化工厂采用连续法生产糊精氮化铅。反应器系高约 2.5～3m,外径约 300mm 的玻璃筒。筒下部中心有玻璃喷嘴,通入压缩空气搅拌,从筒顶分别加入两种料液,从反应器下端出料口连续将糊精氮化铅及母液排出。用两台真空过滤器轮流过滤洗涤。这套设备同样可用来生产斯蒂酚酸铅。

9.7.3 斯蒂酚酸铅

杜邦公司这种起爆药,生产和使用中的静电事故隐患未完全解决。该公司对装这种产品的雷管或点火具的电极塞子加以改进,装上防静电环,消除偶然的静电事故。

9.7.4 二硝基重氮酚

美国大力神公司,日本旭化成及油脂公司均有生产。日本的方法与我国的基本相同。日本用有机玻璃漏斗及真空抽滤,漏斗内有布口袋,过滤后将漏斗翻转,用压缩空气使布口裂鼓出,产品即自动落在塑料筒内。这项操作由一人在防爆墙外进行。

9.7.5 硝化甘露糖醇

阿特拉斯火药公司特玛奎工厂现在大量制造及使用这种产品,据说比叠氮化铅安全。学名为 HEXANITRO-MANNITOL,缩写为 HNM。结构式为:

$$
\begin{array}{l}
CH_2ONO_2 \\
O_2NOCH \\
O_2NOCH \\
HCONO_2 \\
HCONO_2 \\
CH_2ONO_2
\end{array}
$$

颜色:白色
密度:1.73g/mL
分子量:452
熔点:112℃～113℃

这种产品的制法及有关性能:

(1) 冲击感度:矿务局标准仪器,20mg 药,落高 11cm;皮卡丁尼兵工厂仪器,2kg 落锤,
　　　　　　11mg 药,落高为 4 英寸。

(2) 摩擦摆试验:钢容器,爆炸。塑料容器,无作用。

(3) 爆发点:175℃(5 秒)。

(4) 75℃国际热失重试验:48 小时失重量 0.4%。

(5) 100℃加热试验:48 小时发泡。

(6) 吸湿性:30℃,RH=90%,吸湿量 0.17%。

(7) 极限药量:对叠氮化铅:0.06g。

(8) 铅铸试验:相当于 TNT172%。

(9) 爆速:∅0.5 英寸药柱,密度为 1.73g/cm³ 时,8 260m/s。

(10) 200g 沙试弹,碎砂 68.5g。

(11) 各种热量(卡/g):燃烧热:1 515(粗品)1 525(精制品)
　　　　　　　　　　爆炸热:1 390(粗品)1 454～1 520(精制品)
　　　　　　　　　　生成热:337(粗品)345～366(精制品)

9.7.6　雷汞

杜邦公司已不用雷汞,塞尔维亚等国尚用,制备方法与我国的相同。但用包有导电橡胶的真空过滤器过滤及洗涤。

9.7.7　混合起爆药

日本旭化成公司延冈雷管厂用的起爆药系二硝基重氮酚与氯酸钾混合物。其他厂均用二硝基重氮酚。

复习思考题

1. 二硝基重氮酚有哪些制造方法?

2. 二硝基重氮酚的化学反应过程? 写出化学反应方程式?

3. 请回答起爆药制造过程中三大反应的温度各是多少?

4. 怎样对二硝基重氮酚生产后的污水进行处理? 处理污水的原理是什么?

5. 简述雷汞的制作方法,并写出三硝基间苯二酚铅的结构式。

6. 混合起爆药有哪些方法?

第 10 章　黑火药和延期药制造

10.1　黑火药概述

10.1.1　黑火药的发展及用途

黑火药也称为有烟火药,是最早发现和应用的火药。黑火药是我国所发明的,具体年代不详,也有记载说公元 682 年我国即制出了黑火药,已有一千多年历史。在无烟火药及猛炸药发现以前,得到了广泛的应用。在军事上曾用于武器的发射、点火用品及爆炸武器的装药等方面。在工程上曾用于采矿、开山、筑路、开凿隧道等方面。在民间则用于花炮的制造以及民间狩猎等方面。最初的黑火药成分是以等量的硝酸钾、硫、木炭组成。之后发现黑火药的燃烧速度是随 3 种成分的改变而改变的,经过不断探索,试验了各种配比的黑火药。

黑火药的点火,最初采用纸条卷成的细管或浸泡硝酸钾及黏附有黑火药的棉线,这就是导火索的雏形。

黑火药生产的混合方法,由最初采用捣磨法,之后改用大理石或青石制成的石碾法。由于石碾研磨危险性大,19 世纪出现了转鼓混合法,转鼓法是将原料预先粉碎后,再进行二元和三元混合物的混合,目前国内多采用此种方法。

黑火药的干燥,由最初使用露天自然干燥,后改为用火炕或火墙室干燥,由于采用火焰加热具有很大的危险性,之后改用热水加热干燥、蒸汽加热干燥及热风干燥。

在无烟火药及猛炸药发明以后,黑火药在军事方面及工程方面的应用即被取代。现在的黑火药,主要用来制造延期药、导火索、引火药剂,用作礼花弹和猎枪弹等发射药以及用于贵重石材开采等,仍有一定消耗量。

10.1.2　黑火药的组成及分类

1. 黑火药的组成

黑火药中氧化剂为硝酸钾,由于它的吸湿性较小,所以在黑火药中是较好的氧化剂。除硝酸钾之外,硝酸钠可代替硝酸钾的作用,但其吸湿性较强,极少应用。除硝酸钾之外也可采用氯酸钾、过氯酸钾作为氧化剂。但由于含氯酸盐的粉状火药敏感度极高,在制造与使用过程中极为危险,因此被禁止加入使用,凝固状含氯酸盐的火药一般用于电雷管引火药头用药。

黑火药的可燃剂为木炭与硫,木炭由于来源与制法不同,可使火药具有不同的性能,木炭的炭化度,对火药点燃性及燃烧速度具有影响。炭化度高燃速快,点燃性则以炭化度中等较好。也可用其他物质代替木炭,如纤维、淀粉、蔗糖、木屑、石蜡等,但这些物质都存在各种缺点,所以没有得到实际应用。

硫是一种可燃剂,常将其粉碎成粉末使用,同时它也是木炭与硝酸钾的黏合剂。另外硫可提高黑火药热感度,因木炭与硝酸钾反应时,硫可起到接触剂的作用,所以可使火药发火点降低并易于点燃。有硫时黑火药燃烧后硝酸钾可生成硫酸钾或硫化钾,但应防止生成碳酸钾。因为存在碳酸钾时,碳酸钾可与炭反应生成钾及一氧化碳,钾与炭及氮又会合成氰化钾。

2. 黑火药的分类

（1）引火线或导火索用药

引火线与导火索具有相同功能,形状也基本相同。由于要求不同的燃烧速度,黑火药可有不同的配比组成。各组分的变化范围如下：

硝酸钾	60%～78%
木　炭	10%～30%
硫	10%～30%

（2）爆破用药

爆破用黑火药大部分用作露天破碎、切割大理石、花岗岩等。配比范围如下：

硝酸钾	70%～75%
木　炭	15%～18%
硫	10%～12%

（3）发射用药

发射用药为供枪炮弹丸的发射使用,配比范围如下：

硝酸钾	74%～78%
木　炭	12%～16%
硫	8%～10%

（4）引火用药

引火用药一般采用无硫火药,用于点燃对火焰较钝感的燃烧药剂,配比如下：

硝酸钾	80%
木　炭(含碳量75%～80%)	20%

在起爆器材的制造中,所用的黑火药主要是制造导火索,或引火线和爆破药剂。以下内容以介绍生产导火索用粉状黑火药作示例。

10.1.3　黑火药的理化性质

1. 黑火药的理化性质

黑火药根据含炭量及使用不同炭化度的木炭而呈现黑色或灰色。由于用途的不同,可采用粉状药及不同大小形状的粒状药,导火索一般采用粉状药。

黑火药由于它的制造原料具有吸湿性,因此其本身也具有吸湿性。黑火药吸湿的速度和程度既取决于黑火药的组成,也与环境温、湿度有关。这是因为硝酸钾本身就有吸湿性,而木炭也起了重要作用,木炭对气体的吸附能力力强。黑火药吸湿后燃速变慢。

黑火药的假密度取决于组分配比,如为造粒药,则决定于药粒的大小及形状,如标准组成硝酸钾 75%,木炭 15%,硫 10% 的粉状药,假密度约为 $0.35g/cm^3$。

黑火药是化学性质较安定的物质的混合物,故它的化学性质安定,在较干燥的条件下长期贮存而不变质。也不易与金属发生作用。当温度高至 70℃ 以上时会由于硫的少量挥发而改变黑火药的组成。

2. 黑火药的爆炸性质

黑火药的爆炸分解反应式极为复杂,一般简单的写法如下:
$$2KNO_3 + S + 3C \longrightarrow K_2S + 3CO_2 + N_2$$

黑火药的某些爆炸物理参数如下:

爆温(由组成不同)　　　　　　约 2 000℃~2 200℃

燃烧温度　　　　　　　　　　约 1 200℃

比容(由组成不同)　　　　　　约 280~320L/kg

爆速(标准组成,$\rho = 1$)　　　300~400m/s

黑火药的冲击感度不敏感。黑火药对摩擦感度非常敏感,用铁与铁、铜与铁、铜与石、铅与铅、铅与木或木与木之间进行摩擦都可能造成发火。因此在制造过程中,所有机器摩擦面之间不得有药粉。在铜与铜之间摩擦感度较小,所以生产中多用铜制工具。

黑火药对火焰感度敏感,铁与石等撞击发生的火花或静电火花,都可能引起发火,所以生产中应特别注意。

黑火药的加热感度较钝感,其发火点较高,其发火点与组成配比有关,粉状药及粒状药发火点如下:

粉状药　　　　　　265℃~270℃

粒状药　　　　　　310℃~315℃

10.2　影响黑火药燃速的因素

10.2.1　组成配比对燃速的影响

1. 硝酸钾加入量的影响

火药的配比为硝酸钾 75%,硫 10%,木炭 15%,在此基础上增加硝酸钾减少木炭,或减少硝酸钾增加硫与木炭,都可使火药的燃速减慢(见表 10.1,表 10.2)。

表 10.1　硝酸钾增加、木炭减少对燃速的影响表

配　比(%)			在药盘内燃烧时间(s)
硝酸钾	硫	木炭	
75	10	15	12.4
78	10	12	16.9
80	10	10	24.2
81	10	9	25.8
84	10	6	49.7
87	10	3	不燃

表 10.1 现象的主要原因是因为含炭减少,燃烧后二氧化碳生成减少,放热减少,燃速因此减慢。

表 10.2 现象的主要原因为硝酸钾含量减少,供氧不足,生成的二氧化碳减少,一氧化碳增多,放热量减少,因此燃速减慢。

表 10.2　硝酸钾减少对燃速的影响表

配　比（%）			1 米导火索的燃烧时间（s）
硝酸钾	硫	木炭	
72	13	15	40
62	20	18	100
40	30	30	150

2. 硫加入量影响

硫含量增加，燃速变慢（表 10.3），这是因为硫增加，炭减少，燃烧放热减少而造成的。所以可利用增加硫含量的办法，适当调节黑火药的燃速。

表 10.3　硫增加、炭减少对燃速的影响

配　比（%）			在药盘内燃烧时间（s）
硝酸钾	硫	木炭	
75	1	24	10.9
75	4	21	11.2
75	7	18	11.8
75	10	15	12.4
75	13	12	13.2
75	20	5	28.8

3. 木炭加入量的影响

木炭对黑火药的性质影响很大，所以在黑火药的三组分中，木炭应引起极大的注意。由表 10.1 可看出：在一定范围内，木炭增加，硝酸钾减少，燃速增快。从表 10.3 也可看出：硫减少，木炭增加，燃速增快。这都是由于木炭增加，燃烧热增高的缘故。

木炭本身炭化度的高低，对火药的燃烧影响很大，一般黑火药燃速随木炭含碳量的增高而加快。这也是由于燃烧热随木炭含碳量增加而增加的缘故。木炭本身炭化度对火药除具有燃速影响外，还对点燃易难具有影响，一般具有中等炭化度的木炭制成的黑火药容易点燃，这是由于木炭本身的性质而造成的。

10.2.2　其他因素对燃速的影响

1. 气体压力对燃速的影响

黑火药的燃烧速度，随外界气体压力的降低而变慢；随气体压力的增加而增快。如当空气极为稀薄，气压降至 350mmHg 时，燃烧可能会熄灭。

2. 装药密度对燃速的影响

黑火药的燃烧速度与装药密度成反比，即密度愈大，燃速愈慢，除燃速外感度也会随密度的增加而降低，即密度大的火药不易点燃。

3. 水分含量的影响

黑火药随水分含量的增加，燃速下降。据资料介绍，水分含量大于 2% 时，燃速性能显著变坏，当水分含量达到 15% 时，即失去燃烧性质。

10.3 黑火药的生产工艺

10.3.1 制造黑火药的原料

1. 硝酸钾

硝酸钾又称硝石、土硝、火硝,分子式 KNO_3,分子量 101.11。纯硝酸钾为白色结晶,比重 2.1～2.2,熔点 334℃。

硝酸钾易溶于水,在水中溶解度(20℃)为 31.6％。纯硝酸钾的吸湿性很小。硝酸钾在 20℃时的临界湿度为 91.3％,而硝酸钠是 73％。随着温度升高,临界湿度要降低。

硝酸钾被加热超过 350℃后,就开始分解,生成氧和亚硝酸钾(KNO_2),亚硝酸钾进而分解成氧化钾(K_2O)和氮氧化物,因此,硝酸钾在高温时是强氧化剂。

最早的硝酸钾是从老旧的土墙、土房地上的一些白色结晶提取的,土硝因此得名。这是泥土中的含氮化合物长年氧化并与其中的钾盐化合而成的。在水和植物中也含有少量的硝酸钾。天然硝石矿的硝酸钾储量较丰富,从矿石中可浸出含 50％～70％KNO_3 的硝石,然后用结晶法精制。自从发现智利硝石(硝酸钠矿石)后,在工业上就开始用硝酸钠和氯化钾作原料制取硝酸钾。

用于黑火药的硝酸钾,应符合下列要求:

外观	白色结晶
KNO_3 含量(％)不小于	99.0
水分含量(％)不大于	0.2
氯化物(以 NaCl 计)(％)不大于	0.1
碳酸盐(以 K_2CO_3 计)(％)不大于	0.5
水不溶物含量(％)不大于	0.04
盐酸不溶物含量(％)不大于	0.02

2. 木炭

木炭是木材在隔绝空气条件下加热分解时所得到的固体产物。主要成分是碳,灰分很少,质松多孔,可吸附气体。木炭是固体燃料的一种。

根据加热分解程度不同(炭化程度不同),用于制造黑火药的木炭有 3 种:

(1) 黑炭

含碳量 80％～85％,蓝黑色,粉末呈黑色;性脆,易粉碎或磨碎;撞击时,声音清脆;燃烧时无较大火焰,仅由于一氧化碳的燃烧有短而蓝白色的火苗。

(2) 褐炭

含碳量 70％～75％,红褐色;质感润滑,撞击时声音低沉,比黑炭难粉碎;燃烧时有黄红色火焰,但无炭烟。

（3）栗炭

含碳量约 50%～55%，浅褐色，在很大程度上保持着木纤维的结构，很难粉碎；不易点燃，燃烧缓慢。

除这 3 种外，往往还有些中间状态的炭种，如含碳量在黑炭与褐炭之间称黑褐炭；含碳量在褐炭与栗炭之间称褐栗炭等。

黑火药的燃速与所用木炭的炭化程度关系很大，一般随木炭的含碳量降低而减慢。所以制造燃速较快的黑火药时多采用黑炭或黑褐炭，而制造燃速较慢的黑火药则用褐炭、褐栗炭和栗炭。也可以在黑火药中同时混入两种类型的木炭，调整它们的比例，以变换燃速。

木炭的发火点与其炭化程度有关，中等炭化程度的木炭（含碳 75%～80%）发火点最低，最易点燃。含碳量比该数值低和高的木炭，发火点都要升高，较难点燃。这是由于炭化程度高的木炭，缺少与氧反应能力较强的挥发性物质；而炭化程度较低的木炭，则因杂质含量过多而降低了它的燃烧反应的能力。与此相对应，用黑褐炭制成的黑火药较易点燃。

木炭的燃烧发热量，因炭化程度不同而异，黑炭热值较高，栗炭较低。

木炭有吸湿性，吸湿速度和程度与炭化度和环境温、湿度有关。在一般干燥气候下，可吸收 5%～7% 的水分，在潮湿环境中可达 15%～18%。

木炭的多孔性使它具有吸附气体的能力。木炭在空气中易吸附氧气，在温度较高时，可发生自燃。

黑火药用的木炭大多用木材干馏的方法制得。木材的材质必须是柔软、不致密、不含树脂的，如白杨、赤杨、柳、榛等的白净木材，树不要老，以春天砍伐为佳，因为此时木材水分多，盐分少。将树剥皮去节后切成 10～30mm 厚的板条，露天风干至水分小于 20% 才能使用。这样的木材制出的木炭性脆、质松、灰分少、易于破碎，也容易同黑火药其他成分混合。还可用大麻秆制木炭，这种木炭制出的黑火药燃速较快。

炭化罐是一个有密闭盖的圆柱形铁罐，盖上有排气孔。木材在罐内放好，拧紧盖子，打开排气孔，移入火炉中加热干馏，气体产物由排气孔排出，一般不作回收。炭化温度和炭化时间根据所要求的炭种、木材的种类而定，一般取表 10.4 中的范围。

表 10.4　木材炭化操作条件

木炭种类	碳含量（%）	炭化温度（℃）	炭化时间（h）	得率（%）
黑　炭	80～85	350～400	6～8	23～26
褐　炭	70～75	280～340	6～8	33～37
栗　炭	50～55	150～200	8～10	67～70

炭化完毕，将炭化罐从炉中取出，立即关闭排气孔，冷却至室温后才可出炭，再将炭放入金属筒中密闭放置，一周后才能应用，因为新制的木炭在粉碎研磨时容易自燃。使用前的木炭还要经过清理挑选，将灰斑、疤节除去，将颜色不同的进行分类。合格的木炭应无肉眼可见杂质；断面的颜色均匀一致；灰分不大于 1.5%；水分不超过 7%。

3. 硫

硫俗称硫黄。化学符号为 S。原子量 32.064。比重 1.99～2.07，为黄色固体。多以结晶形态存在，其中有两种同素异形体：斜方硫和单斜硫，斜方硫是硫的稳定形态。天然硫多为斜方硫。斜方硫熔融后冷却可得单斜硫,在常温下,单斜硫会逐渐变为斜方硫。斜方硫熔点 112.8℃;单斜硫熔点 119.3℃。在 363℃时能着火燃烧。

硫不溶于水,溶于二氧化碳。

硫是热和电的不良导体。受到摩擦时,易产生静电,在黑火药生产中,要注意这种性质。硫的化学性质很活泼,与金属一起研磨,易生成硫化物。细碎的硫在空气中长期放置,可少量发生氧化,可能生成少量的亚硫酸及硫酸。

硫黄从天然硫矿提取或加热黄铁矿而得。从矿石中熔炼出来的是粗硫(含 2%～5%杂质),还应进行蒸馏精制。将粗硫在 400℃下蒸馏,蒸气在 120℃～130℃下冷凝成液体,再烧铸成棒状或块状硫,只有这种硫才可用于黑火药制造。由于冷凝温度过低而凝结成的硫黄(粉状硫),表面积大,容易被氧化,往往含有微量的亚硫酸或硫酸,吸湿性也较大,不能用于黑火药制造。

黑火药使用的硫应符合下列要求:

外观	淡黄或浅灰黄色棒状或块状结晶
硫含量(%)不小于	99.5
灰分(%)不大于	0.1
砷含量(%)不大于	0.05
硫酸或亚硫酸	无
硫化氢气味	无

10.3.2　制造黑火药工艺流程

制造黑火药的过程,就是 3 种物料的粉碎和充分混合的过程,工艺流程图如图 10.1。

10.3.3　黑火药的生产工艺说明

1. 原料粉碎

黑火药的质量在很大程度上取决于各种物料预先加工的情况,各种物料预粉得越细,则最后 3 种物料混合时就分散得越均匀,彼此接触面越大,黑火药的燃烧性能就越稳定。不过也无须对细度要求过高,因为这将使粉碎时间延长,而对黑火药质量的提高,超过一定程度以后,就不太显著了。

在生产中,一般是将硫与炭分别打碎后,按一定的比例一起粉碎,称为二料粉碎。硫单独粉碎时,会黏附在粉碎机的壁或角上,并易产生静电。木炭单独粉碎时,除栗炭外,其他木炭都有可能发生自燃。将硫炭一起粉碎则消除了黏结现象及产生静电现象和自燃现象。并有助于硫炭接触良好。二料粉碎在铁制球磨机中,采用青铜球进行。粉碎后的混合物经 60 目筛网过筛后,即可供三料混合使用。

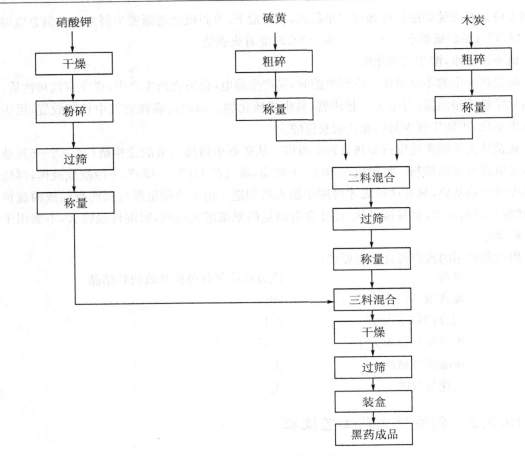

图 10.1　黑火药工艺流程图

二料混合工艺条件如下：

球占转鼓容积	30%
球料比	1.5 : 1
鼓球直径比	20～40 : 1
转速	$\dfrac{25}{\sqrt{D}} \sim \dfrac{28}{\sqrt{D}}$（$D$ 为转鼓直径）
混合时间	4～6h

使用栗炭时,由于它较难粉碎,故先单独进行粉碎,粉碎后经 60 目筛网过筛,再与硫进行二料混合和粉碎。

硝酸钾单独在球磨机中粉碎,粉碎前应先干燥至水分在 0.25% 以下,否则,硝酸钾也会黏附在桶壁上。也可用轮碾机粉碎及干燥同时进行。粉碎后经 60 目筛网过筛后,供三料混合使用。

硫、炭和硝酸钾原料粉碎,用铁制球磨机,但必须是专机专用,不得混用。还应注意,硫、炭混合要做到密闭,否则,摩擦变热的硫粉及炭粉易为空气氧化,严重时会发生燃烧。

2. 三料混合

三料混合就是将上面加工好的 3 种原料按比例混合在一起成为黑火药。在混合过程中还有进一步粉碎的作用。它是黑火药生产中最危险的工序。因此,混合的设备多采用内衬牛皮革的球磨机,里面的磨球是木制的,称为三料混合机。三料混合机是一个木(或铝)转鼓内衬以 4~5mm 的牛皮制成。混合和出料过程中要求操作人员远离、隔离操作。

混制各种导火索用黑火药的配比,参考表 10.5。

三料混合工艺条件如下:

球占转鼓容积	30%
球料比	1:1
鼓球直径比	20~40:1
转速	8~12rpm
混合时间	6~8h

表 10.5　各种燃速导火索用黑火药的常用配比表

燃速(m/s)	硝酸钾(%)	硫(%)	木炭(%)
60~80	64	23	13(黑炭)
90~110	64	26	10(黑炭)
100~125	63	27	10(黑炭)
150~170	75	15	10(黑褐炭)
240~260	75	15	10(褐炭)
290~320	75	15	10(栗炭)

3. 干燥、过筛

混合后的黑火药放入木制或铜制盘中,药盘放在干燥室内的木架上进行干燥,干燥温度为 40℃~45℃。导火索用黑火药一般干燥至水分为 0.2%~0.3% 时使用效果较好。

干燥合格的黑火药经晾药后还要过筛,以除去偶然混入药中的杂质或混合时木球脱落的木屑。筛药要在单独的筛药室进行,筛药有专用的振动筛,也常用一种简易的悬吊筛。通过 60 目绢或铜筛网过筛后装盒,可供卷制导火索应用。

10.4　延期药制造

10.4.1　延期药概述

10.4.1.1　延期药的用途及组成

在延时性起爆器材中用以控制由点火到爆炸时间的药剂称为延期药,如延期雷管、继爆管等。在军事上,广泛应用在各种延期引信、自爆装置中。

黑火药是最早应用的延期药,它属于有气体延期药,在起爆器材中,至今还用在秒延期雷管和导火索中。由于它燃烧时产生气体较多,吸湿性较强,不能保证较高的燃速精度,因此在精度要求较高的延期器材中不能应用。另一种延期药为无气体或微气体延期药,不存在以上缺点,在毫秒雷管和继爆管等延期器材中,一般都采用这类延期药,也就是本章所讲述的延期药。

适用于毫秒雷管和继爆管的延期药必须符合下列要求:

(1) 燃烧速度快并且均匀,而且能通过配比和药量的适当调整,在较大的幅度内控制其燃烧时间；

（2）其燃烧产物没有或者有很少的气态生成物；

（3）发火点要低，易为引火药头或导爆管火焰所点燃，机械感度应较小；

（4）有良好的物理和化学安定性，不与雷管管材和雷管的其他装药起反应，并保证在贮存之后或在环境温度变化下，燃烧性能基本不变；

（5）加工方便，原料无毒，来源丰富；

（6）燃烧气体或残留物不会污染环境；

（7）煤矿许用雷管用延期药要求燃烧残渣热容要小，以防飞散点燃瓦斯。

延期药通常是氧化剂和可燃物的机械混合物。为了调整燃烧速度，还加入适量的燃速调整剂，或有助于燃烧稳定和贮存稳定的添加物；此外还可加入少量的黏合剂以利于造粒装药。

1. 氧化剂

氧化剂有氯酸盐、过氯酸盐、铬酸盐、重铬酸盐、硝酸盐、高锰酸盐以及重金属的氧化物和过氧化物。

了解各种氧化剂的物理化学性质，对合理选择氧化剂有重要意义。

氧化剂的熔点较低时，一般分解温度也较低，因此组成的延期药一般燃烧迅速，且易点燃。

氧化剂所含的有效氧量高，其延期药的燃速也高；反之则低。

分解放热的氧化剂的有效氧放出较易，其延期药燃速较快，机械感度也较高；反之，则燃烧速度较慢，也比较钝感。

氧化剂分解生成物最好是难挥发的，即其熔点及沸点都是较高的。这样，其延期药的燃烧产物才能是无气体的或少气体的。

氧化剂的吸湿点应较高，在水中的溶解较小，这样的氧化剂制成的延期药吸湿性小，燃速较稳定。

2. 可燃物

常用的可燃物有某些金属如镁、铝等；非金属如硅、碳、硒、硼等；硫化物如硫化锑等和合金如硅铁等。可燃物是决定延期药的燃烧性能和安全性的主要组分，要合理选择可燃剂，也应首先了解它的理化性质。

可燃物燃烧热大，其延期药的燃速快。

可燃物的化学活性强，燃速较快；活性弱，燃速较慢。

为了获得无气体或少气体延期药，其可燃物的燃烧生成物在延期药的燃烧温度下还必须是凝聚状态的物质。

3. 燃速调整剂

两组分即二元混合物的延期药，可以在一定范围内改变组分的比例而获得不同的燃速。如果要求燃速变动幅度较大，通常加入少量第三、第四种物质，形成多元混合物。这种添加物称燃速调整剂。如果加入的物质可使燃速减慢，这种物质可称为缓燃剂。缓燃剂可以是较弱的氧化剂，也可以是较弱的可燃物，还可以是惰性物质。

如铅丹、硅延期药中，加入硫化锑，随着硫化锑加入量的增加，燃速也将递减，虽然同是可燃物，但由于硫化锑的燃烧热比硅小，而且在反应温度下熔融吸热，也导致燃速下降。延期药中加入惰性物质，如硅藻土、氟化钙等，它本身不参与燃烧过程，而是冲淡反应物的浓度,并吸收热量,也同样起到降低燃速的作用。

4. 黏合剂

在延期药中加入黏合剂是为了造粒,同时它还起着钝化作用,表现在降低延期药的燃速和机械感度以及改善延期药的理化安定性上。常用的黏合剂有硝化棉、虫胶、骨胶、聚乙烯醇、羧甲基纤维素等有机物质,溶于适当的溶剂中,均匀混合到延期药中。由于它参与延期药的燃烧反应并产生气体,所以加量不宜过多。

10.4.1.2　我国起爆器材用延期药的概况

我国用于制造毫秒延期雷管最早的延期药以铅丹和硅铁为基本组成,生产上称"基药",用硫化锑作缓燃剂。一般的做法是:固定基药的组成,递增加入硫化锑,即可得到各种燃速不同的延期药。

硅铁作为可燃剂的缺点为难以粉碎,原料中硅含量变化大;经粉碎水选后,硅含量明显下降,原料利用率只有 55%～60%,其余 40%因含铁量高不能使用。

所以后来多采用纯度在 98%以上的硅,代替硅含量为 75%左右的硅铁,经过干粉碎和加丙酮或酒精再粉碎(又称二次精磨)之后硅细度可达 1.5 微米以下,并且可以全部使用,不再水选。

用硅代替硅铁后,延期药燃烧精度提高,燃速更快,因而硫化锑的加入量也相应增加。

各厂所用硅纯度不同,其基药组成亦有差异,组成并不十分固定,有时根据段别的燃速要求,同时调整硅和硫化锑的配比。

在铅丹-硅-硫化锑延期药中加入硒可以明显的提高秒量精度及降低燃速。有文献指出,硫化锑在 300℃左右被氧化生成二氧化硫,开始是放热反应,而当温度升高到 500℃时,还未氧化的硫化锑开始熔融,吸收热量,正是这后一过程,对铅丹、硅延期药的燃烧起抑制作用。加熔点为 217℃的硒,就可以先由熔融的硒包围部分硫化锑,使之与氧隔绝,避免了硫化锑的放热反应,利用它的吸热作用。

硅(硅铁)系延期药只能用于毫秒延期系列,为了增加延期时间,在制造秒延期雷管时,我国大多数厂家采用钨粉和过氧化钡做延期药,还有用三氧化二锑、硅粉和氧化铜混合制成的延期药,无铅无铬、低毒,可减轻环境污染;为了提高秒延期雷管的点火可靠性和延期精度,人们在一个延期元件内分段装压感度不同的药剂,使延期时间和点火可靠性大大提高。

10.4.2　生产中应注意的延期药的某些性质

10.4.2.1　延期药燃烧的某些现象

延期药的燃烧过程情况极为复杂。虽说是"无气体延期药",但还有气体,它是由氧化剂的分解产物、燃烧后的产物和药粒间的空气组成的。有实验证明,延期药燃烧时的气体压力波,透过药层,先行于燃烧波的前面,其速度是燃烧传播速度的 10 倍以上。不同成分的延期药,气体压力波先行速度也不同。这些先行的气体形成了每平方厘米几十公斤的压力,而且参与了热量的传递,对燃烧的稳定性产生不良的影响。

研究者还发现了所谓"层状龟裂"现象。延期药的燃烧是呈薄层状,一层一层进行的。由于气体的作用,将薄层状的燃烧产物向后推移,脱离了未燃烧的药层,在燃烧产物和未燃药层间形成空隙(图 10.2),阻碍了热量的传导。延期药燃烧气体越少,龟裂的裂痕越小,越有利于药层的稳定燃烧。

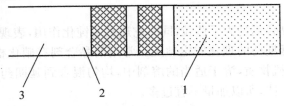

图 10.2　层状龟裂图
1—未燃药层；2—层状裂痕；3—燃烧产物

　　研究者还观察到延期药的燃烧有一种振动燃烧现象，即燃烧波阵面的推进不是平稳进行的，而是一层一层地，似乎是时着时灭地进行的，这是燃烧产物在燃烧过程形成层状龟裂造成的。在龟裂形成的空间内热量的供给和氧化性气体的流动受到阻碍，使反应速度降低，但氧化还原反应的积累，隔一段时间又使燃烧加速，形成新的龟裂后再降低，如此反复而形成所谓"振动燃烧"。振动燃烧是燃速不均匀的主要原因。一般说，延期药装填密度小，可燃物颗粒大，燃烧管口开放，都能导致振动燃烧的加剧。因而加大延期药压药密度，增加可燃物的细度和在密闭状态下燃烧，有利于燃烧精度的提高。

10.4.2.2　影响延期药燃烧性能因素

　　必须强调指出，延期药的配方，是同原材料及药剂本身一系列物理和加工因素相联系的。换言之，在配方确定后，这些因素就成为影响延期药燃烧性能的关键，也就是影响燃烧秒量精度的关键。通过生产实践和科学实验，在这些方面已经积累了不少经验，总结出一些规律。将这些影响因素归纳为下列 8 个方面，即原料纯度、原料细度、混合均匀度、装药密度、延期药的装量及装药长度、延期药的湿度、点火药药量及延期药直径。

　　下面主要以铅丹、硅（硅铁）系延期药的实验结果，说明这几方面的经验。实验的方法是将延期药装入雷管中测定延期秒量，从中进行对比并作出结论。

1. 原料纯度的影响

　　工业铅丹是先将铅氧化成氧化铅（PbO），将氧化铅粉碎后再被高温空气流氧化而成的。由于氧化不完全，粒子中心有氧化铅残存，这是铅丹的主要杂质。氧化铅磨得越细，氧化越完全，铅丹纯度越高，因此纯度高的铅丹往往都较细，另外铅丹中还存在铁、锰、铜等杂质。由于氧化铅及杂质的存在，减少了原料铅丹的有效氧量，使延期药燃速变慢，精度变差。

　　硅是用炭在电炉中还原石英砂而制得的，含有铁、铝、钙等杂质。在工业生产中，为防止生成碳化硅，往往预先加入一定量铁，所以硅中总含有铁，当铁含量较多时，就称为硅铁，由于硅的燃烧热比铁大，而且易于粉碎成均匀的颗粒，所以硅比硅铁燃速高，在实践中还看出硅的纯度越高，秒量精度越好。

　　燃速调整剂如硫化锑、硒等，其纯度较高时其缓燃作用明显，加量可相对减少。

2. 原料细度的影响

　　原料颗粒的大小，对延期药的燃烧速度影响很大。呈固态混合的延期药，各组分的接触状态主要由其细度决定，颗粒越小，即细度高时，接触面越大，接触的状态越一致，反应也就越完全，振动燃烧及龟裂的节距越小，因而燃速越快，精度也较高。

可燃物如硅的细度影响最为显著,因颗粒越细,燃烧越容易,而且燃烧也较完全。

铅丹的细度,一般也是细度越高延期药燃速较快,但不如硅明显,因氧化剂分解放氧较容易,所以细度影响相对较小。

缓燃剂越细,越能均匀分散在基药组分之间,而发挥它的缓燃作用,配比不变时延期药燃速减慢,即秒量提高,如要求相同的秒量,加入量可相应减少。

3. 延期药混合均匀度的影响

延期药的混合均匀度是指组分互相分散的程度。很显然,只有充分分散后,才有稳定的燃烧状态。混合均匀度与延期药混合时间有关,随着混药时间的增加,混合均匀度增加,一般燃速加快,精度提高。但混合时间延长至一定值时,延期药的燃速及精度即趋于稳定。

4. 延期药密度的影响

加大延期药的装填密度,其孔隙率减少,气体压力波先行的现象和振动燃烧和层状龟裂现象都可减弱,有利于燃烧稳定进行。

一般延期药密度增大,燃烧秒量精度提高。燃烧速度一般随密度的增加而下降,这是孔隙度减少的结果,但压力增加到一定值时,孔隙度改变较小,故燃速趋于稳定。如采用压装延期药时,多采用 78.4MPa(800kgf/cm^2)以上的压力压药。

5. 延期药的装量及药柱长度影响

每批延期药在使用前都要确定它的具体装量,如为铅锑合金管式延期元件,要确定其长度。装药量及药柱长度对延期时间及精度都有一定的影响。

实验表明,秒量增加与药量增加成正比,如药量太少,药层太薄,同样的装药误差造成的秒量偏差与药层较厚的相比将相对增大。有人认为,药柱被引火药头点燃时,在端面 1mm 厚度上的药层几乎是同时燃烧的,在药柱中心药层约 2mm 处开始正常燃烧。所以药柱高度不能小于 3mm。当药层太薄时,甚至可能由于引火药头火焰穿透延期药层而失去延期作用。由于上述原因,药量或药柱长度不能太小,但也不应药量过多或药柱过长。

6. 延期药湿度的影响

延期药的吸湿性取决于原料的吸湿性。铅丹吸湿性很小,硅的吸湿性较铅丹大,过氧化钡的吸湿性较大,调整剂硅藻土的吸湿性比硫化锑大,所以要根据延期药原料的吸湿性考虑延期药的吸湿性。水分或挥发分的存在,在延期药燃烧时会由于气化消耗了热量,增加了气体量,改变了燃速;而在贮存过程中,它能促使药剂发生化学变化,因此水分或挥发分一般控制在 0.1% 以下。此外延期药的吸湿性还与使用的黏合剂有关,所以在选择黏合剂时应采用吸湿性较小者为佳。

7. 引火药药量的影响

点燃延期药多采用引火药头进行,目前国内工业电雷管引火药头的组成多以氯酸钾-硫化锑-二硝基重氮酚或氯酸钾-木炭-二硝基重氮酚为其主要成分。

引火药头对延期药的燃速影响较大,这是因为不论是哪一种引火药头,在燃烧后都会产生气体,这些气体在气室中造成一定的压力,引火药头药量较大,气室压力增大,延期药的燃烧加快,秒量降低。

另外,较大引火药头有较强的火焰,因而延期药的发火延滞期较短,也会造成秒量降低。另一方面,较大的引火药头产生的气体压力大,对雷管的风口塞密封性要求高,否则将造成密性变坏而导致燃速不一致。引火药头太小,不能保证可靠点火,而且因为火焰太弱,延期药着火延滞期变长,也会影响秒量精度。

8. 装药直径的影响

延期药柱直径的大小,对燃速有一定的影响,药柱直径减小延期时间较长,因侧向热损失增加,当药柱直径小到某一值时,燃烧就会出现熄灭。这是由于单位体积或单位长度内药剂产生的热量太少,侧向热损失相对地增大,当反应生成热小于散失的热量时,燃烧反应即停止。保证燃烧进行而不致熄灭的最小直径称为延期药直径临界值,直径临界值的大小和药剂组成、配比、壳体材料、外界温度等因素有关。直径增大延期药柱的燃速会加快,当直径增大到一定程度,直径对燃速的影响就不显著了。管壳材料的吸热及外界温度变化对直径较小的药柱影响较大。

10.4.2.3　延期药的敏感度

铅丹-硅-硫化锑延期药的冲击感度较钝感。延期药的摩擦感度非常敏感,可超过某些起爆药,金属之间或硬性物质之间摩擦都可能发火。因此在生产中,应特别注意。

有人测定了铅丹硅或铁之比为 7∶3 的几种延期药的发火温度,结果如下:

铅丹-硅(纯硅)	510℃
铅丹-硅铁(含铁约 4.5%)	520℃
铅丹-硅铁(含铁 21.75%)	625℃

发火点比一般的起爆药和猛炸药高得多,可见延期药对热的感度较低,但粉状延期药对火焰或火花感度还是比较敏感的,在生产中也要加以注意。

10.4.2.4　铅丹、硅铁、三硫化二锑系延期药的燃烧特性

1. 问题的提出

由铅丹、硅铁和三硫化二锑(以下记为 Pb_3O_4、Fe-Si、Sb_2S_3)组成的延期药是用于短延期电雷管的常用药剂。众所周知,它的燃烧性能由 Sb_2S_3 的加入量调整,但是关于它的燃烧特性受哪些因素支配的讨论,却不充分。在配比问题之外,按下述程序对 Fe-Si 粒度这个因素进行探讨。

(1) 求出不同 Fe-Si 粒度下,各种配比与燃速的关系。

(2) 对具有一定燃速的组成区,探求各种燃烧特性,考察配比与硅铁粒度对这些特性的对应关系。

2. 试验方法

(1) 原料

Pb_3O_4:一级试剂,纯度 99.5%;

Fe-Si:含硅 95.2%,Fe 4.5%,Cu、Ni 微量;

Sb_2S_3:含 Sb 71.0%(理论值 71.7%)。

用 SKN 型透光式粒度分布测定仪测得各种原料的粒度分布列于表 10.6。通过粉碎和分级,对均值粒度 4.1 和 18.7 μm 的两种硅铁加以探讨。

表 10.6　原料的粒度分布

原料	直径(μm)		
	25%	50%(均值)	75%
Pb_3O_4	3.3	4.4	5.9
Fe-Si	3.0	4.1	9.2
Fe-Si	10.4	18.7	28.5
Sb_2S_3	4.6	6.8	11.8

（2）燃烧速度的测定

将延期药试样直接装入内径 6mm 的圆管内,加压后装配成电雷管。延期药试样高 3mm,用时间计数器和话筒测定延期时间,由此计算出燃速。另外,将试样雷管浸入 0℃的水中,在浸渍状态下测得的燃速取作基准燃速。

（3）温度系数的测定

把在 40℃和 0℃水中所显示的燃速变化率(%)定为温度系数。

（4）发热量的测定

往与试样雷管同样材质、同样形状的空管体中装入 18mm 高的延期药,加压,装上点火装置。将此试样置于量热弹(YM 改良 B 型燃烧式绝热热量计)中,通电点火后经过一定时间测定水温的升高。由热量计的内筒和水的热容量算出发热量。

（5）延期药燃烧气体压力的测定

在图 10.3 的燃烧气体压力测定装置中,放入装有同样药高(3mm)延期药的铜管。通电点火,测定点火后压力变化。为了阻止气体的泄漏,在 0℃水中进行测定。压力计用新兴通信兴业公司制的 MP/500 型压力计;放大器用三叶测器公司制的 6M51 型应变增幅器。

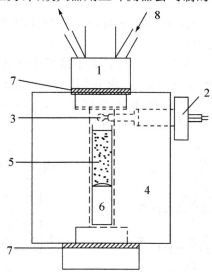

图 10.3　延期药燃烧气体压力测定装置图

1—压力传感器;2—点火塞;3—引火头;4—压力罐;5—试样;6—钢柱;7—铅垫;8—水

（6）延期药先行燃烧气体压力的测定

在底部有直径 2mm 孔的铜管里,压填相同药高(3mm)的延期药;另一端装配上带引火头的封口塞。把这个铜管放在气体压力测定器(图 10.4)的环形铅垫上。为防止燃烧气体泄漏,用螺旋压板压紧封口塞,使铜管与铅垫保持气密。将此装置浸入 0℃的水中,测定通电点火后的压力。所用的压力计与(5)相同。

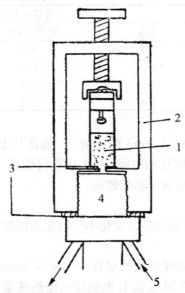

图 10.4　延期药燃烧先行气体压力测定装置图

1—试样;2—试样支架;3—铅垫;4—压力传感器;5—水

3. 试验结果与分析

(1) 配比与燃速的关系

由浸入 0℃水中的电雷管试样的延期时间,求得的每种粒度 Fe-Si 延期药的燃速与配比的关系示于图 10.5 和图 10.6 中。

由图可知,Fe-Si 质量大约在 10% 以下时,Sb_2S_3 配比是决定燃速的主要因素。这一点对于粒度 4.1μm 的 Fe-Si 更为显著。

另外,为了便于比较燃烧特性的好坏,着重于接近不燃区的燃速为 1.5mm/s 的组成。下面以具有这种燃速的一些组成为对象,求它们的各种燃烧特性。此外,由图 10.5 和图 10.6 还可看出,由于 Fe-Si 粒度增大,使不燃区扩大,1.5mm/s 等燃速线向 Sb_2S_3 减少、Pb_3O_4 增加(补上 Sb_2S_3 减少的分数)的方向移动。

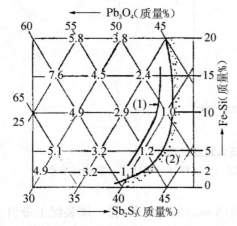

图 10.5　三成分系统在 0℃ 水中的燃速(mm/s)

(Fe-Si 均值粒度 4.1μm)

1—1.5mm/s 等燃速线;2—不燃域

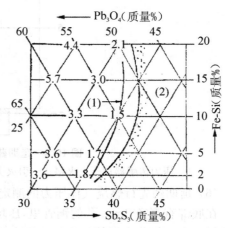

图 10.6　三成分系统在 0℃ 水中的燃速(mm/s)

(Fe-Si 中值粒度 18.7μm)

1—1.5mm/s 等燃速线;2—不燃域

（2）燃烧特性

表 10.7 为燃速 1.5mm/s 的组成的各种燃烧特性。其中发热量的增加随点火元件通电时间的变化情况示于图 10.7。图中，$t=0$ 为开始通电的时间，$t=7$s 开始观察到发热，并逐渐加速，到 $t=40\sim60$s 结束。

表 10.7　组成和硅铁粒度不同时燃烧特性的变化

成分（质量 %）			Fe-Si 均值粒度 (μm)	燃烧速度 (mm/s)	温度系数 (%/10 度)	发热量* (J)	燃烧下限环境温度 (℃)	气体压力 (MPa)	先行气体压力 (MPa)
Pb$_3$O$_4$	Fe-Si	Sb$_2$S$_3$							
59	2	39	4.1	1.50	5.04	953.9	−10	4.51	3.04
58	3	39	4.1	1.49	3.92	1 322.1	−40	4.41	2.84
55	6	39	4.1	1.51	3.66	1 510.4	−60	4.41	2.75
52	9	39	4.1	1.49	4.18	1 355.6	−40	4.31	3.04
50	12	38	4.1	1.48	4.22	1 259.3	−20	4.31	2.75
48	15	37	4.1	1.49	4.59	1 075.2	−10	4.51	2.94
59	5	36	18.7	1.51	5.87	1 192.4	0	4.22	2.84
55	10	35	18.7	1.49	4.64	1 368.1	−20	4.41	2.75
52	15	33	18.7	1.52	5.07	1 280.3	−10	4.51	2.75

＊每 18 mm 药长的能量

根据这个结果，假定时间比实际时间滞后 7s。本试验药高为 18mm，试样的燃烧时间大约为 10s，因此影响到延期药燃烧特性的有效发热量应该是在 $t=17$s 处的实测值。但本试验方法中，由图中 $t=20$s 处所表示的情况来看，$t=17$s 附近的测定值的波动太大，可靠性较差。与此相反，$t=60$s 时的测定值重现性相当好。所以在表 10.7 中记入了 $t=60$s 时的发热量（J/18mm 药高）。对于均值粒度为 4.1μm 的 Fe-Si，Sb$_2$S$_3$ 含量 37%～39% 左右时的燃烧秒量为 1.5mm/s。

另外，Fe-Si 含量为 3%～15% 时，燃速的温度系数仅 3.6%～4.6%/10 度。可以说组成变化对它的影响不大。另一方面，均值粒度 18.7μm 的 Fe-Si，其温度系数为 4.6%～5.9%/10 度。由于这一点增大，能使燃烧持续的最低温度（下称燃烧下限环境温度）为 −20℃，且可靠性降低。延期药发

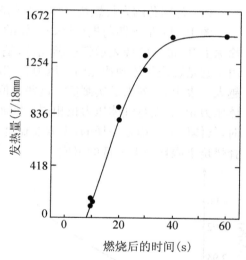

图 10.7　典型的时间与发热量的关系图
组成：Pb$_3$O$_4$/Fe-Si/ Sb$_2$S$_3$＝55/6/39；
Fe-Si 均值粒度 4.1μm

热量与温度系数以及发热量与燃烧下限环境温度的关系分别示于图 10.8 和图 10.9 中。根据这些结果可知，发热量对与温度有关的燃烧特性影响很大，确定组成时应予充分考虑。另外，在 Fe-Si 粒度方面，把粗粒与细粒的比较，还难以确定它对发热量的影响。

（3）延期药的燃烧气体压力

如果延期药的燃烧气体压力过高，会造成雷管脱爆（炸脱封口塞雷管不爆），或管体破裂、秒量串段等问题，所以压力高是不好的。

　　图 10.10 中绘出了测定的压力曲线。曲线的第一个峰是引火头发火的压力;接着一个小峰,是使延期药确实发火而加的点火药的压力;最后的急剧上升是装在延期药底部的点火药燃烧造成的。将这个下部点火药开始燃烧的时间,定为延期药试样终了的时间。由于无法进行绝对空间的计算,求不出此时的绝对值。但进行相对比较还是有效的。如表 10.7 所列,若燃烧速度相同,组成和 Fe-Si 的粒度不同,测得的燃烧气体压力几乎也相同。

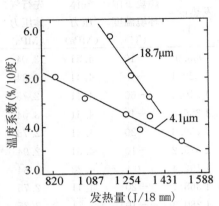

图 10.8　　发热量与温度系数的关系图
Fe-Si(4.1μm);Fe-Si(18.7μm)

图 10.9　　发热量与燃烧下限环境温度的关系图
Fe-Si(4.1μm);Fe-Si(18.7μm)

　　(4) 延期药的先行燃烧气体压力的测定

　　图 10.11 是延期药先行燃烧气体的压力曲线。开始的峰是引火头的冲击压,随后压力徐徐上升,最后的峰表示到达燃烧带,是一个很高的压力。之所以要研究先行气体压力,是由于它是燃烧气体到达之前的压力,一般称之为预压。预压愈高,造成起爆药被压死的危险越大。表 10.7 列出了实测值。这些数值表示它与(3)的结果是一样的。进一步说明燃烧气体压力相同,先行气体压力也相同。因而,根据(3)和(4)的结果,对表 10.7 的组成进行评价时,气体压力方面是一样的,无需要做什么选择。只需对其他特性进行选择,特别是应该选择燃烧下限环境温度低的组成。

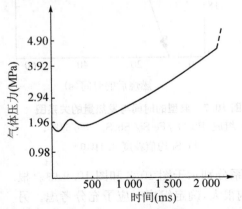

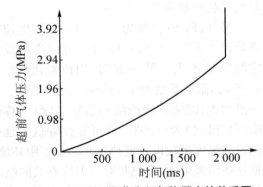

图 10.10　　时间和延期药气体压力的关系图　　　　图 10.11　　时间和延期药先行气体压力的关系图

　　Pb_3O_4/Fe-Si/ Sb_2S_3 延期药有一个范围很广的等燃速组成区。但发热量、燃烧下限环境温度等燃烧特性却随组成的不同而有很大差异。另外,在等燃速组成之间,燃烧气体压力大体是相等的。从而可以推测受气体压力支配的燃烧速度。

　　随 Fe-Si 的粒度的增大,不燃区扩大。当达到 18.7μm 时,延期药可靠性降低,不宜使用。

10.4.3　延期药的生产工艺

延期药的配方非常多且复杂,本书仅以国内最常用的铅丹、硅和硫化锑系列延期药为例叙述。

10.4.3.1　主要原料

1. 铅丹

铅丹是四氧化三铅(Pb_3O_4)的俗名,又叫红丹,分子量 685.63,是一种鲜橘红色粉末。比重为 9.1,有毒。在 500℃开始分解为一氧化铅和氧,故有氧化作用。不溶于水,溶于热碱溶液和硝酸中,由一氧化铅在空气中加热至 300℃~500℃而制得。不同货源的工业铅丹,其纯度差别较大。铅丹广泛用于涂料、玻璃、陶瓷工业;又是延期药的主要氧化剂之一,用于延期药的铅丹应符合下列要求:

外观	橘红色粉末
纯度(%)不小于	95
硝酸不溶物(%)不大于	0.2
水溶物(%)不大于	0.1

2. 硅

硅旧称矽,符号为 Si,原子量 28.086,灰黑色结晶,比重 2.4,熔点 1 420℃。化学性质较活泼,硅粉在 30℃以上长期放在空气中,可以自然氧化,在高温下能与多种元素化合。不溶于水及多种酸类,但溶于氢氟酸及苛性碱中。硅的用途极广,常用于制造合金、有机硅化合物,并且是一种极重要的半导体材料,因为晶体硅具有半导体性质。硅在自然界分布极广,主要以二氧化硅和硅酸盐的形式存在,硅是在高温下由镁或碳还原二氧化硅而制得的。

工业硅有 4 种品级见表 10.8。

表 10.8　工业硅品级

品级	硅含量(%)	铁含量(%)	铝含量(%)	钙含量(%)
一级	>99	<0.5	<0.5	<0.5
二级	>98	<0.7	<0.8	<0.5
三级	>97	<1.0	<1.2	<0.8
四级	>95	<1.5	<1.5	<1.5

3. 硫化锑

硫化锑是三硫化二锑(Sb_2S_3)的简称,分子量 339.72。天然硫化锑为有光泽的灰色结晶,须经过精炼应用。比重 4.64,熔点 550℃。不溶于水,溶于浓盐酸。在干燥状态时,硫化锑与氯酸钾、赤磷等在一起研磨容易燃烧。硫化锑的天然矿产在我国储量丰富。

作为缓燃剂用于延期药的硫化锑,应符合下列要求:

外观	灰黑色结晶,具有硫化锑所特有的光泽,无肉眼可见杂质
化合硫含量(%)	25.0~28.3(相当于 Sb_2S_3 含量 89%~99%)
游离硫含量(%)不大于	0.07
盐酸不溶物(%)不大于	1.5
游离硫酸	无

10.4.3.2 制造延期药的工艺流程

延期药的制造过程是：首先对各种原料粉碎、筛选，然后将各种物料进行混合、干燥、造粒、筛分等。由于采购来的原料及组成各厂不一，具体的生产工艺也有差异。下面我们以铅丹-硅-硫化锑系列的延期药为例加以讨论，见图10.12。

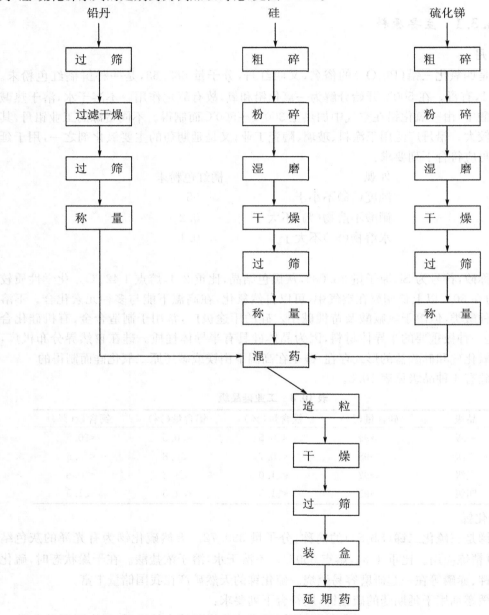

图10.12 延期药生产工艺流程图

10.4.3.3 工艺流程说明

1. 原料的粉碎及筛选

原料的粉碎和筛选，指的是延期药进行混药前，各种原料分别进行的主要加工过程。经

过这些加工程序之后,各种原料的细度就应该达到一定的要求,目前一般规定如下:

铅丹不大于	25μm
硅不大于	1.5μm
硫化锑不大于	15μm

　　纯度较高的铅丹一般都比较细,纯度在 95% 以上的铅丹,其平均细度在 2μm 左右,无须粉碎和水选,只要经过一般过筛,除去机械杂质后,即可使用。为防止过筛时粉尘飞扬,可将铅丹悬浮水中过筛或用水冲洗过筛,过筛采用 140~160 目/英寸筛进行。

　　原料硅是熔块状,在延期药中,对它的细度要求又特别高,因此要经过长时间的粉碎,才能得到细度合格的颗粒。首先用破碎机将硅破碎至 2mm 以下再进行超细粉碎,一般采取在干粉碎若干时间后,再加入丙酮或无水乙醇等助磨剂在球磨机中进行湿粉碎,效果较好,助磨剂加入量与原料量之比约为 3~4:1。采用不锈钢制球磨机,用瓷球或轴承钢球,经粉碎后纯度下降较小,具有较好的细度,经干燥过筛后即可应用。

　　球磨机及粉碎工艺条件如下:

转鼓直径	1 000mm
转鼓宽	400mm
钢球材质	轴承钢
钢球直径	20、40、60mm 各占 1/3
转鼓转速	30~35rpm
加料量	100kg
球料比	1.5:1
干磨时间	100h
湿磨时间	200h

硫化锑的粉碎方法与硅相同,只是粉碎时间可稍短。

2. 混药

　　混药有干混法及湿混法两种,现多采用后一方法。干混法是比较危险的,采用铅芯胶皮球进行。由于机械摩擦、静电火花等原因经常发生着火事故,现已很少采用。

　　常规的湿混发有两种。一种是球磨机加助磨剂湿混,另一种是机械搅拌加水湿混。

　　球磨湿混法是将混合原料和无水乙醇或丙酮按 3:1 的比例,加入不锈钢球磨机内混合,生产上称为延期药湿混,湿混比干混安全。混合的药剂须经风干,除去溶剂后才可进行造粒。

　　湿混药多采用不锈钢圆形或八角形球磨机进行,下面为球磨机及混药工艺条件如下:

转鼓直径	600mm
转鼓宽	300mm
钢球直径	15、20、25mm 各占 1/3
转鼓转速	30~35rpm
混药量	15kg
球料比	1.5:1
混药时间	8h 以上

　　机械加水湿混法是将物料加入混拌机内,加入一定量的水,水中含有降低固体粉末与水之间表面张力的分散剂,使物料迅速被水浸透,搅拌一定时间即可达到要求,一次混合量多

达 80kg,效率较高。

3. 其他工序

为增加延期药的流散性,一般要进行造粒,以便于装药。机械加水湿混法只需在半湿混状态时造粒即可。球磨法混药造粒可加入黏合剂,但黏合剂会造成延期药燃速变慢和燃烧稳定性变差。因此在满足要求下,加入量不可过多。造粒用黏合剂有虫胶、桃胶、硝化棉、过氯乙烯、聚乙烯醇等,采用不同溶剂溶解,加入量一般为 0.1%~0.5%。制五芯铅管延期元件一般不加黏合剂。

造粒多用转动式造粒机进行,也可用手工进行。

每次药量约 5kg,在有防护罩保护下进行,造粒多用 40 目左右筛网,用比造粒大的筛网,如 30 目,除去大粒,在 45℃~50℃下干燥至水分不大于 0.1%。凉药后再过筛,可用 60 目除去药粉,收集筛面上的颗粒装盒待用。通过筛孔的粉末重新造粒。延期药的筛分也必须隔离操作。

筛分是将造粒后尚未干燥的药进行分筛,将颗粒较大和较细的粉末去掉,需要的颗粒干燥后待用。筛分可采用振动筛、往复筛或摇动筛进行。

4. 质量检验

延期药制成后要分批测试秒量,合格后供制延期元件使用。质量检验主要检验秒量及其精度,检验方法可用铜内管内装入 0.3~0.4g 的延期药,用约 78.4Mpa 压力加压,插入电引火元件,卡口后,用光电测时仪测其秒量,一般采用 20 发。测秒量后可算出以下数值进行质量比较,按工厂的使用要求认为质量合格时即可使用。

秒量及精度比较有关计算公式如下:

(1) 平均秒量 $\overline{X} = \dfrac{\sum X}{n}$;

(2) 极差 $R = X_大 - X_小$;

(3) 相对极差 $= \dfrac{R}{X} \times 100\%$;

(4) 标准差 $S = \sqrt{\dfrac{\sum (X - \overline{X})^2}{n-1}}$;

(5) 相对标准差 $= \dfrac{S}{X} \times 100\%$。

10.5　国外延期药示例

10.5.1　硼-铅丹延期药(B-Pb$_3$O$_4$)

美国杜邦公司大量使用这种延期药作为秒级延期雷管装药,其组分系硼、铅丹及一种偏磷酸铅盐(2PbO · PbHPO$_3$ · $\frac{1}{2}$H$_2$O)。用甲醇及氯乙烷为溶剂,聚硫化物造粒剂,以改善铅丹的流散性;调整药量以获得不同的秒段;杜邦公司还采用 1.7%硼及 98.3%铅丹混合物作点火药,用以点燃延期药。

该厂的毫秒-秒级延期药有以下两种:

(1) 黑火药

短延期药,8～550ms。要经过 40～100 网目筛分,装药前烘干,装入雷管后要密封,不致受潮,影响延期的精确度。

(2) 锑-高锰酸钾延期药(Sb-KMnO$_4$)

一种无气体延期药。这两种物质混合时,燃烧方程式如下:

$$3KMnO_4 + 3Sb \longrightarrow K_3SbO_4 + 3MnO + Sb_2O_5 + 269 \text{ 千卡}$$

延期药中锑/高锰酸钾为(36±1)/64。可用于秒级,最大可达 8.0s。

加工方法:用球磨机研磨,取 60% 细锑粉及 40% 粗锑粉(过美国标准筛 200 目)混合后,再与研细的高锰酸钾混合,无添加剂。调整药量及药柱长度以获得所需的延期时间。

10.5.2　其他延期药

(1) 南斯拉夫有两种延期药。秒延期管用锆粉、三硫化二锑及铬酸钡,组分比为 10%～15%、32% 及 53%～58%。毫秒管用硅、四氧化三铅及三硫化二锑。组分比为 25%～30%、68%～70% 及 7%。

(2) 日本旭化成公司延冈厂的毫秒及半秒雷管所用的延期导火索延期药系过氧化钡 80%、铬酸铅 20%、二硝基萘 2% 及少量胶黏剂。

(3) 美国大力神公司雷管厂的毫秒及秒延期雷管用的延期药系过氧化钡、硒和碲的混合物。装在延期体内,按不同长度来控制延期时间。

复习思考题

1. 影响黑火药燃速的因素有哪些?

2. S 在黑火药中起什么作用?

3. 叙述设计短延期药的主要技术要求,以及技术上实现的途径。

4. 氧化剂性能是怎样影响延期药性能的?

5. 影响延期药燃烧性能的因素有哪些?

第 11 章　国内瞬发雷管制造

11.1　火雷管制造

11.1.1　火雷管概述

用导火索引爆的雷管,称为火雷管或火焰雷管。

在现代工程雷管中,火雷管是最简单的一个品种。它具有结构简单,使用方便,不受地下杂散电流和空中雷电的威胁等优点。

火雷管多用于露天爆破,由于导火索燃烧时喷出火焰,所以火雷管不能用于有瓦斯及煤尘爆炸危险的地点。

除了成品的火雷管外,在雷管生产中,还有一种作为半成品的火雷管(有时简称火管以示区别)。同成品火雷管一样,半成品火雷管也已经完成了雷管爆炸部分的全部装药,而且彼此的生产过程也大致相同,只不过后者将继续进行加工,与其他元件组合,成为另一些品种的雷管。因此,火雷管是一切雷管的基本部分。

图 11.1(a)是金属壳火雷管结构。在一个一头敞开、一头封闭的管内,装压有黑索今作为猛炸药柱,然后装入起爆药,扣入一个有传火孔、其外径与铜管内径作紧密配合的加强帽,然后再将起爆药压至一定密度。雷管的上部留一段空位。图 11.1(b)是纸壳火雷管结构。雷管两头敞开,猛炸药柱经装压后,就固定在管体下部,药柱外露的底面用防潮漆保护。起爆药为二硝基重氮酚。金属壳火雷管一般按 6 号雷管标准装药;纸壳火雷管一般按 8 号雷管标准装药。这两种雷管也都可以作为装配其他雷管的半成品火管。

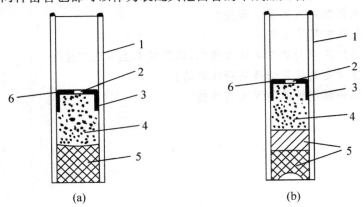

图 11.1　火雷管结构图

1—管壳;2—传火孔;3—加强帽;4—二硝基重氮酚;5—猛炸药柱;6—结合缝点漆

雷管的底部,纸壳雷管多制成圆锥形或半球形凹底。因其无底,底部猛炸药压成凹底对炸药有保护作用,金属壳多制成平底。

　　火雷管的上部留一段空位,引爆火雷管时,将一段导火索插入雷管上部的空位,直至导火索插入端面与加强帽接触,用火柴点燃另一端,导火索药芯随即燃烧并将火焰传递到另一端,通过加强帽的传火孔,将起爆药点燃,起爆药很快由燃烧转为爆轰,将下面的猛炸药引爆,完成了整个雷管的爆炸。所用导火索的长度以够点火人员退到安全地点而定。

11.1.2　雷管壳帽的制造

11.1.2.1　壳帽的作用及材料

1. 管壳的作用及材料

　　管壳的作用是构成雷管的外形,盛装和保护雷管装药,限制爆轰产物的旁侧飞散,使爆轰成长期缩短,并加强轴向起爆能力。金属管壳爆炸后,还可增加金属碎片及金属流的作用。

　　对管壳的要求是管壳本身不与药剂发生作用,贮存期间无变化。

　　对于使用在有瓦斯和煤尘爆炸危险矿井中的雷管,还要求雷管爆炸后的管壳碎片不引爆瓦斯。实验表明,铜管壳雷管不易引爆瓦斯,因爆炸后火焰很小。铝和铁在空气中燃烧并且有很高的燃烧热,易于引爆瓦斯。

　　纸壳雷管的爆炸火焰较铜壳雷管大,但远小于铝壳及铁壳雷管,瓦斯试验也表明铝、铁壳雷管对瓦斯的引爆率比纸壳雷管高得多。因此,规定铝、铁雷管不能用于有瓦斯和煤尘爆炸危险的矿井中,铜壳及纸壳允许使用。覆铜管壳虽然中间为铁、两面为铜,但其对瓦斯的安全性较好,在有瓦斯及煤尘爆炸危险的矿井中允许使用。

　　管壳要易于加工成形,原料来源丰富。因为雷管产量很大,符合这条原则,具有很大的经济意义。

　　管壳还要具有一定强度,以发挥雷管的起爆性能和保证运输、使用和生产的安全。因此,管壳壁应有一定的厚度。

　　管壳强度对起爆药和猛炸药的爆轰成长有明显的影响,强度增强起爆药极限药量下降,雷管的起爆能力增强。

　　铜壳是我国最早使用的,铜壳优点较多,强度较高、延展性好、加工容易、可以长期贮存。但铜是一种在工业上具有广泛用途的、重要的有色金属,如此消耗在雷管中是不适当的,所以现在国产雷管都不用纯铜制管壳。

　　铝管壳具有强度较好、加工容易、可长期贮存等优点,来源也较容易,但不能用于有矿尘和瓦斯爆炸危险的矿井。

　　铁管壳的强度高、原料丰富,但易锈蚀、加工较困难。此外铁雷管易引爆瓦斯,特别是锈蚀的铁壳,所以铁壳管多用于露天爆破。目前法兰铁壳以及磷化处理的铁壳不易锈蚀,可用于有瓦斯的井下。

　　覆铜管壳也称覆铜钢壳,具有铜壳的性能,并能节约铜材,近年来采用较多。

　　金属管壳的底部可做成平底及凹底,凹底由于聚能效应,虽可提高雷管局部作用,但当雷管与炸药直接接触时,经试验平底与凹底雷管的起爆能力接近,而平底较好;此外,经试验覆铜壳平底雷管较凹底的雷管对瓦斯的引爆率低,因此,金属壳管多制成平底。

　　金属壳中,纸管壳实用价值较大,因纸管壳加工容易、成本低、原料丰富,只是强度和防潮性较差,目前我国仍然大量应用。塑料壳具有弹性及高温变形,不利于雷管在高温天气应用,限制了它的普遍推广。

各种雷管用管壳的尺寸,一般在以下范围:

内径	6.2～6.3mm,公差不大于±0.1mm
长度　火雷管及瞬发电雷管	40～50mm,公差不大于±1mm
延期电雷管	60～70mm,公差不大于±1mm

2. 加强帽的作用及材料

加强帽在雷管中的作用是封闭雷管装药,防止漏失,减少外界因素对装药的影响,增强雷管的安全性;阻止起爆药柱上层爆炸产物向反方向和旁侧散失,可加快从燃烧向爆轰的转化,从而降低极限药量。

以极限药量比较,从表 11.1 可看到加强帽的加强作用。

表 11.1　有无加强帽的起爆药极限药量比较

起爆药			极限药量(g)		猛炸药
			有帽	无帽	
二硝基重氮酚	假密度 g/cm³	0.59	0.10	0.15	黑索今 (铜壳)
		0.60	0.10	0.17	
		0.70	0.10	0.20	

加强帽可用铜、铁、铝制作,加强帽强度越高,起爆药的极限药量越小。以上 3 种材料,铁强度最高,铜次之,铝最低,一般采用铜制。加强帽材质对瓦斯引爆率也有影响,一般铜帽较低。

在一定范围内增加加强帽的长度,有助于极限药量的降低,一般超过 6～7mm 后,再增加其长度,其作用已不甚明显。

加强帽传火孔大小对极限药量也有影响,传火孔过大时,其加强作用会减弱,过小时则不利于被点燃,由试验知孔径约为 2.0mm 时较好。

加强帽的尺寸一般如下:

高度	6±1mm
孔径	2.0±0.1mm
外径	与管壳内径紧密配合

11.1.2.2　管壳的制造

1. 纸管壳的生产工艺

(1) 制造纸管壳的主要原料

① 卷管纸

又叫雷管纸,是一种专供卷制雷管管壳用的优质牛皮纸,纸质坚韧结实,有相当高的坚韧度和优良的耐水性。成卷供应,每卷约 300kg。

卷管纸应符合下列要求:

厚度(mm)		0.18±0.01
紧度(g/cm³)		0.70～0.88
伸长率(%)不小于	纵向	1.5
	横向	4.5
灰分(%)不大于		1.5
宽度(mm)		1 280

② 虫胶

又称紫胶、漆片。产于我国云南和东南亚、印度等地,是寄生在某些植物上的紫胶虫吸取植物汁液为食料后,分泌出的一种液体,经提炼精制而成;呈黄至深棕色薄片,比重 1.0～1.04;其中主要的成分是虫胶树脂,约占 83%～86%,虫胶树脂的主要化学成分是脂肪酸脂-桐油酸($C_{16}H_{32}O_5$)和虫胶酸($C_{15}H_{20}O_6$)。虫胶溶于酒精、碱和硼酸中,在丙酮和醚中只是部分溶解,不溶于汽油和苯。虫胶是热固性物质,在 35℃失去脆性,软化点在 50℃～80℃,高于 80℃加热一定时间即能固化。虫胶具有绝缘、黏合、防腐、防潮等特性,在国防、电器、油漆、医药上的用途都很大,也是雷管生产的重要原料之一,在纸壳制造中用作防潮剂。

③ 聚乙烯醇

聚乙烯醇是一种水溶性高分子化合物,为白色粉末,结构式 $-\left[-CH_2-\underset{\underset{OH}{|}}{CH}-\right]_n-$ 。

聚乙烯醇的水溶性较好,在沸水中能很好地溶解。无机盐类可使聚乙烯醇水溶液起凝胶作用。

聚乙烯醇受热软化,加热至 130℃～140℃时性质几乎不变,色泽稍变黄,在 160℃下长期加热颜色变深,在 200℃时分子间脱水使其水溶性变差,超过 200℃时,因分子脱水而减重,接近 300℃分解。

聚乙烯醇多用于黏合剂、乳化剂等。在纸管制造中用作黏合剂。

(2) 纸管壳卷制工艺流程

纸管壳卷制工艺流程图如图 11.2 所示。

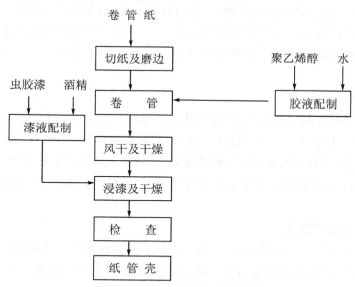

图 11.2　纸管壳卷制工艺流程图

(3) 纸管壳生产工艺说明

① 切纸

卷一个管壳,只要一张长为 139mm,宽为管体长度,一般为 45、50、60 或 70mm 的长方形纸片。雷管纸是成卷供货的,所以先将纸切开。切纸工序就是将供货的大卷纸变成小卷纸,这些小卷纸的宽度,正是上述长方形纸片的长度(在进入下面的卷管工序时,要再经过一次切纸才能变成一张小纸片连续卷管)。因此,担负这种由大卷纸变成小卷纸工作的切纸机多采用滚动式的切纸机。切纸要求尺寸准确,无毛边。

② 磨边

因为雷管纸厚且硬,两面较光滑,卷管时不容易黏结牢固。所以先要将上述切好的小纸卷的一边边缘 8~10mm 宽度,磨去光面,使其变毛、变薄。这不仅易于黏结,而且管壳外周光滑,没有纸边突起。这是通过一台磨边机的专用设备来完成的。磨后纸边的厚度,由里向边缘变薄,一般平均为 0.8~0.12mm。

磨纸工序必须同时配备一套抽风装置,将磨纸过程不断产生的纸毛从抽风口吸出,并在工房外加以收集和处理,不可排入大气中。另外,磨纸过程噪音较大,一般可以采用有机玻璃罩等减弱噪音。

③ 卷管

卷管采用自动卷纸管机进行。管壳要求内外光洁,内壁无翘边,管口整齐、卷管紧密,管壳壁厚一般不小于 1mm。

根据上述对壁厚的要求和雷管纸的厚度,一个管壳要卷 6 层,展开的长度为 139mm。

卷管用黏合剂有多种,曾用过桃胶、干酪素胶、羧甲基纤维素、聚乙烯醇等,以桃胶及聚乙烯醇较好,由于桃胶来源缺乏,现多用聚乙烯醇为黏合剂,一般采用 9%~10% 的水溶液。

④ 风干、捅管、干燥

卷管机出来的管壳外表沾有胶液,需要及时送入一个通风槽或通风橱内,用风吹干并随时扒动,以避免黏在一起,造成表面粗糙或损坏。

有的工厂,为消除管壳内壁纸边翘起,使内孔更圆滑,在风干后,经过一个捅管的工序,将管逐个用一根直径与管壳内径相等的冲子捅一下,可用一简单的捅管机连续进行。

管壳经风干(和捅管)后送入干燥室或干燥柜干燥,室内温度 50℃~60℃,时间约 12h 以上。

⑤ 浸漆、干燥、检查

以往为了加强管壳的防潮能力,管壳内外表面都涂一层薄薄的虫胶漆,虫胶酒精漆液的浓度为 8%~10%,将管壳放在铁网桶内,浸入片刻,提起沥净,先风干一定时间,然后转入 60℃~80℃ 干燥柜干燥,干燥初时应随时扒动,防止管壳互相黏结影响外观。

干燥完毕的管要全部经过检查,将不符合质量要求的管体检出,合格的供雷管装配使用。

2. 覆铜管壳的生产工艺

金属壳包括覆铜壳、铜壳、铁壳、铝壳等,现在多用覆铜钢壳。其制造方法基本相同,经过切料,下料冲盂、退火、压延引长、切口、洗管、浸漆干燥等工序而制成。现以覆铜壳生产工艺加以说明。

覆铜管的制造原料为覆铜钢片,如某厂采用厚度为 0.99~0.07mm,铜层每边占总厚度 3.4%~4% 的铁覆铜钢片进行制作。

(1) 覆铜壳生产工艺流程

覆铜管壳生产工艺流程图,如图 11.3 所示。

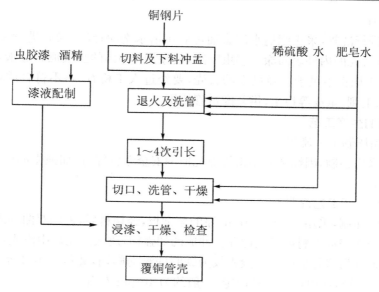

图 11.3　覆铜管壳生产工艺流程图

（2）覆铜壳生产工艺说明

① 下料冲盂及退火洗管

首先将覆铜钢片切成覆铜钢带，在覆铜钢带上，按照管壳长度计算确定的下料圆片，利用曲轴冲压机冲压下料，并冲成盂状，然后将冲盂在密闭炉中 600℃～650℃ 进行退火，退火时间约 40～60 分钟，出炉待自然冷却后进行洗管。

退火后的管壳，需要进行洗管，以除去氧化层，洗管用稀硫酸液，浓度约 8%～10%。将退火后的冲盂，放入有孔眼的不锈钢桶中，浸入有稀硫酸的容器内，用蒸汽加热，在温度为 40℃～60℃ 时约 10 分钟，倒入有孔眼的洗管机内用清水洗涤约 10 分钟，再用肥皂水洗涤约 5 分钟后，进行压延引长。

② 引长及切口

将冲盂经过退火及洗管后在五连冲床上进行压延引长，在五连冲床上冲盂，经过四次引长最后一次切口后，其直径和长度即成为符合要求的覆铜管壳。管壳的平均内径约为 6.2mm。为了装药、延期雷管使用时装延期元件以及电雷管插入电引火元件方便，做成内径底部稍小，上部稍大的形状。管壳厚度约 0.4mm。

管壳引长变化情况如图 11.4 所示。

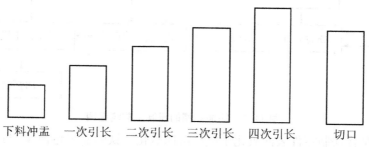

图 11.4　覆铜壳制造引长示意图

③ 其他工序

切口后要进行洗管,采用肥皂水洗去油污后用清水洗净;经干燥后进行浸漆,以防止管壳受潮腐蚀,在管壳的内外表面涂一层虫胶漆,浸漆用约5%的虫胶酒精漆液进行。浸漆后在60℃～80℃干燥柜中烘干。经烘干的管壳,要经过人工检查,将不符合质量要求的管壳如:皱纹、砂眼、毛刺、重皮等检出,供装配雷管使用。

3. 加强帽的生产工艺

(1) 加强帽压制工艺流程

加强帽多采用铜制,因铜加强帽雷管对瓦斯的安全性较好,铜加强帽的压制工艺流程图如图11.5所示。

(2) 加强帽生产工艺说明

铜加强帽的压制,采用0.3～0.4mm厚的紫铜板,经切料后,采用双曲轴冲床冲压而成。利用冲压模具一次完成下料冲盂及冲孔。冲成的加强帽,放入滚光鼓中滚光,以相互摩擦除去帽边尖刺及冲孔后未掉的孔片。滚光鼓为铁制的滚动圆桶,装料量为鼓容积的20%。滚动时间约4～6h,其转速由桶的直径而定,一般约为40rpm左右。

滚光后经用10%左右的热碱水浸泡或在洗管机中进行洗漆,然后再用清水洗净,以除去油污。

洗净的铜帽经干燥后,进行退火,退火温度约在600℃,时间约15分钟,退火后经酸洗除锈,再用水洗除去余酸。干燥后涂虫胶漆,然后再经干燥、检查,将不合格品如存在裂缝、皱纹、毛刺、无孔等挑出,即可供装配使用。

4. 铁制壳帽的氧化处理

矿用起爆器材的制造中也常使用铁制管壳及加强帽,多用于露天及无瓦斯煤尘爆炸危险的地点,铁制壳帽的制造方法与覆铜壳、铜帽大致相同,只是在酸洗除锈时宜采用盐酸进行。除此之外,在最后铁制壳帽要进行氧化处理。

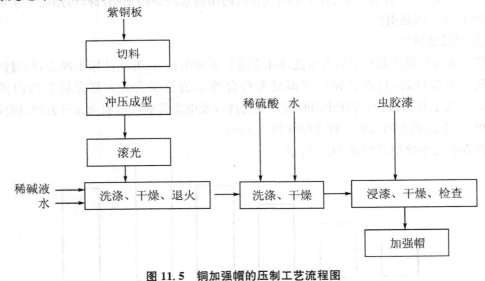

图 11.5　铜加强帽的压制工艺流程图

氧化处理是将铁制零件表面氧化生成一层四氧化三铁的蓝黑色薄膜,与空气、水分及药剂隔离,以增强防锈性能,这种方法称为法兰。法兰的方法是采用亚硝酸钠与氢氧化钠混合溶液与铁相互作用,在一定温度和时间条件下,生成亚铁酸钠及铁酸钠,这两者再作用则生成四氧化三铁膜层。

反应时将亚硝酸钠及氢氧化钠加入水中溶解,水与亚硝酸钠及氢氧化钠之比为 $1:0.2:0.6$,将溶液加热到 $140℃\sim150℃$,将壳帽放入溶液中,反应约 30 分钟即可完成。反应完后,取出用水洗净余碱,再进行干燥及涂漆。反应式如下:

$$3Fe+NaNO_2+5NaOH \longrightarrow 3Na_2FeO_2+NH_3\uparrow+H_2O$$
$$6Na_2FeO_2+NaNO_2+5H_2O \longrightarrow 3Na_2Fe_2O_4+NH_3\uparrow+7NaOH$$
$$Na_2FeO_2+Na_2Fe_2O_4+2H_2O \longrightarrow Fe_3O_4+4NaOH$$

11.1.3　火雷管的装填工艺

11.1.3.1　纸壳火雷管装填工艺流程

纸壳药柱管制备工艺流程图如图 11.6 所示,纸壳火雷管装填工艺流程图如图 11.7 所示。

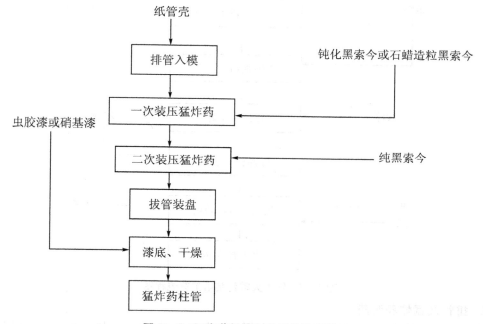

图 11.6　纸壳药柱管制备工艺流程图

我国目前生产的成品火雷管,多用纸壳制造。作为装配电雷管的半成品火管也多用纸壳制造。纸壳一般生产 8 号雷管。其装填过程,习惯分为药柱管制备(即完成猛炸药柱部分),成品装填部分(即装压起爆药及成品完成部分)。也可总称为火雷管装填工艺。

金属壳火雷管的工艺流程较纸壳火雷管简单,猛炸药经过一次或两次装药及压药后,无拔管、装盘、漆底、干燥工序,即可经扩口后,装起爆药。其他工序与纸管同。

11.1.3.2　纸壳火雷管装填工艺说明

1. 黑索今的准备

纸壳雷管由于无底,底部猛炸药采用钝化黑索今,以便有良好的成型性。如无钝化黑索今,可用石蜡造粒黑索今,石蜡加入量约为 6%,并加入 0.1%~0.15% 的蜡红,以便与纯黑索今进行区别,并观察混药的均匀性。石蜡造粒方法采用通入热水或低压蒸汽的夹套不锈钢容器进行。把需要加入的石蜡放入容器中,加热到80℃～90℃,熔化后加入蜡红,熔解后加入黑索今混合均匀,一般采用约40目筛进行造粒使用。用于煤矿使用电雷管的半成品火管,一般还要加入10%～15%的氯化钾作为消焰剂。上部黑索今采用纯黑索今,以保持较好的感度,黑索今假密度以0.8～0.85g/cm³较好,如假密度过小流散性不好,还应加入黏合剂造粒,黏合剂可用桃胶也可加入其他黏合剂。桃胶加入量约0.1%,桃胶采用适量的水溶解。在容器中混合均匀后用40目绢筛造粒,然后干燥,在50℃～55℃干燥至水分不大于0.06%后使用。

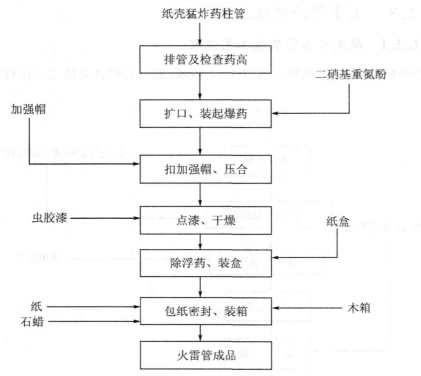

图 11.7 纸壳火雷管装填工艺流程图

2. 排管及猛炸药装药

将检查合格的纸管壳,用排管机排入专用的压药板条模具中,每模具排50个,模具底座有锥形突起,底座洒少量滑石粉,以防黏结。

8号纸壳雷管装入纯黑索今总量不少于0.6g,一般装入约0.7g,为使雷管起爆性能良好,分两次装药,每次约装总量的一半。一次装药装入钝化黑索今或石蜡造粒黑索今(如生产煤矿许用电雷管半成品时,则需装入含有消焰剂的黑索今),一次装药后进行一次压药,二次装药采用纯黑索今或黏合剂造粒黑索今。装药多用定容计量的办法进行装药,使用的工具是装药板,它由定量板和套板组成,用铝、铝合金或有机玻璃制成。装药机设在防爆小室中,操作人员在防爆钢板外用拉杆操作。

装药板孔径应比管体内径小,一般取6.0mm,孔高可根据药量要求和药的假密度计算确定。

3. 猛炸药的压药及喷漆

一次装入黑索今后进行一次压药,成为一次药柱。再装入二次黑索今,再进行二次压药,成为二次药柱。要求一次药柱密度较大,二次药柱密度较小,其目的是下部的药柱密度大,底部成型性好,另外还有较大的爆速,使雷管的起爆能力增强。上部的二次药柱密度较小,主要是保持其较好的起爆感度。

压药方法分为定位压药及定压压药,以定压压药较好。定位压药采用曲轴压力机进行,其效果表现为每次压药后,一块板条上 50 发管药柱高度是一致的,但由于各发雷管装药量总有差异,因而各药柱的密度是不同的。这种压药方式的优点是效率高,设备简单;缺点是冲击太猛既不利于安全,也增加了药柱上下密度的差异,在装药量误差较大时,各药柱间的密度相差较大,严重时会出现管体变形或药压不紧的现象。

采用油压机进行定压压药,可以消除定位压药的缺点,它动作平稳,无冲击、振动,药柱的密度上下较均匀,药柱密度一致,在雷管生产中应用较多。油压机为立式单缸上举式四柱液压机,装有专用补偿装置,能对同时受压的每个雷管施加相同的压力。油压机的补偿装置,能对同时受压的每个雷管施加相同的压力。油压机的补偿器在机体的上部,上面有重锤以控制油压机的压力。内有油缸与压药冲子相接,它能使作用于药柱的每根冲子具有相同的压力,因而在装药量相差不是很大时,每个雷管药柱都具有相同的密度。此外,也起到压药时防止受冲击的作用。但由于各雷管装药量有差异,加压后药高稍有不同。油压机的缺点是,设备复杂,要勤于检查维修,操作要求细致。

压药密度一般一次药柱在 $1.6\mathrm{g/cm^3}$ 左右,二次药柱在 $1.4\mathrm{g/cm^3}$ 左右;总药高为 15mm 左右。一次药柱下部聚能穴直径约 4.5mm;高度约 3.0mm。

加压后的猛炸药柱管,在模具内拔出聚能穴向上整齐放入木盘中进行底部喷漆。喷漆多采用虫胶漆或硝基漆,漆液浓度约为 35%。喷漆后放入干燥室在 45℃～55℃ 下干燥约 12h 以上。

4. 起爆药的装药及压合

将经过干燥好并检查合格的药柱管用排管机排入板条模具中,并用药高检查工具检查药高,然后进行扩口,扩口用曲轴压力机,用扩口冲子进行,扩口后管壳内径为 6.4～6.5mm,扩口深度为 10～15mm,便于装起爆药及扣入加强帽。

起爆药各厂采用二硝基重氮酚,装药量以能确保雷管中的猛炸药完全爆轰,并达到规定的起爆能力。一般装药量比相同条件下的极限药量约大 50% 以上,实际装药量一般不少于 0.28g,多在 0.30g 以上,这样可避免由于工艺过程的误差而造成的不良后果,二硝基重氮酚的假密度对起爆力、耐压性及流散性都有一定的影响,所以假密度多采用 $0.5～0.7\mathrm{g/cm^3}$,同时规定一个装药量的相应范围,假密度在低限时装低限药量,在高限时装高限药量,这样可大致保持有相同的药柱高度。因此,在假密度规定的范围内尽可能制备假密度偏小的产品,对提高雷管质量及降低成本有利。因二硝基重氮酚装药量可降低,起爆力也较好。

装药后要扣入加强帽然后进行压合,首先将加强帽排入扣帽器中,然后采用油压机的冲子顶入管内并与二硝基重氮酚压合,压合后二硝基重氮酚的压药密度在 $0.9～1.0\mathrm{g/cm^3}$ 较好。

二硝基重氮酚的装药及加强帽压合,是非常危险的工序,操作必须注意安全,都要在防爆小室中进行。

5. 其他工序说明

经压合后的管体,要进行加强帽与管壳结合缝点漆,以防止加强帽脱出,点漆可用人工或点漆机进行。漆液多采用 30%～40% 酒精虫胶漆液。点漆后在 40℃～50℃ 干燥室中干燥 10h 以上。点漆时防止漆液堵塞加强帽传火孔(制电雷管半成品火管一般不进行点漆)。

经干燥后清除管体表面及内部的浮药,外部可用擦净法清除;内部可用鹅毛掸清除。

在清除浮药后要进行检查,然后 100 发装入一盒,用两层蜡纸包封,装入箱内,一般每箱 50 盒(5 000 发)。

11.1.3.3　金属壳火雷管装填工艺说明

金属壳火雷管多采用铁壳及覆铜壳,多生产 6 号雷管纯黑索今装药量不少于 0.4g,一般装入 0.45g。黑索今采用纯黑索今或黏合剂造粒黑索今,不采用钝化黑索今或石蜡造粒黑索今,多采用一次装压药,压药密度约为 1.5g/cm³。也可分两次装压药。

猛炸药装压药后,即进行药高检查,然后装起爆药,扣加强帽压合。起爆药装量及压合密度与纸壳 8 号火雷管相同。其他工序也与纸壳火雷管相同。

金属壳火雷管成品与电雷管半成品根据用户需要也可生产 8 号雷管,纯黑索今装药量不少于 0.6g,可分两次装压药。

11.1.4　火雷管的性能及质量检验

11.1.4.1　火雷管的性能要求

对纸壳火雷管的质量及性能方面的要求如下:

(1) 外观

管壳外表无裂缝、纸层开裂、变形、污垢等。内外无浮药。

(2) 尺寸

雷管长度 45 或 50mm;内径 6.2±0.1mm,从加强帽到管口的空管高度不小于 15mm。

(3) 抗震性能

震动试验时不发生爆炸;震动试验后雷管结构完整;没有洒药或加强帽松动的现象。

(4) 起爆性能

铅板穿孔试验,穿孔直径不小于雷管外径。

(5) 包装

包装完整。保证密封防潮。包装箱用厚不小于 14mm 的木板或带木框的纤维板(厚度不小于 3mm;木框条宽 50mm,厚 15～18mm)制成,板材不得腐朽,箱内外无铁钉突出,用木螺栓(不少于 6 个)上紧箱盖。一箱 5 000 个(50 盒)。雷管在盒内、箱内不得松动。箱外有规定标志。

火雷管保证期,自交库之日起为两年。

11.1.4.2　质量检验及分析

1. 外观,尺寸和包装检查

这些项目由检验人员用肉眼、量尺和反光镜按验收标准进行。外观的反常现象往往反映了产品潜在的质量问题。一个有经验的检验人员可以从中判断出它产生的原因,并能预料到它在使用和运输过程中可能产生的后果。下面是一些示例。

(1) 雷管表面有药尘:这是无尘作业没做好,搓管操作不彻底造成的。这种雷管可能在运输过程或使用过程中发生爆炸。

（2）雷管鼓肚或有裂缝、纸管壳松裂：前者多是压药压力过大造成的；后者则是卷管时配胶、用胶不当或贮存期间严重受潮造成的。这样的雷管会因起爆药能力不足而形成半爆或拒爆，严重时可能洒出药粉，在运输或使用时发生爆炸事故。

（3）窝心残缺或堵有异物：窝心残缺可能因板条模具底锥形突起部分沾药，药柱压力不足或在检验工序漏检造成的。这样的雷管都会造成铅板穿孔能力下降，不过一般对起爆炸药的影响不大。

（4）加强帽的不正常情况：加强帽被漆层堵住传火孔会造成火雷管拒爆。加强帽压歪、反扣是雷管洒药的潜在因素。加强帽的明显松动不仅可造成雷管半爆，而且是雷管洒药和在运输或使用过程中发生爆炸的主要原因。

（5）包装不良：不利于产品的贮存。雷管与中包盒，中包和木箱松紧配合不好，则会在装箱（过紧）或运输（过松）时造成事故。

2. 震动试验

震动试验又称运输安全性试验，目的是考查雷管产品是否能经得住在一般运输过程和使用过程中的震动。

试验在专门设计的震动机上进行，其基本动作是电动机带动凸轮以 60rpm 的速度旋转。每转一圈，将一块长木板的一端带起一定高度，并随即自由落下，木板另一端与铰链相连，作为支点。因此，木板每分钟也是上下振动 60 ± 1 次，在木板的某位置上固定一个小木匣（放试验雷管用）。使匣底中心起落高度为 150 ± 2mm，为了统一震动的程度，还规定震动机安装在一个木框上，木框上是 0.6m 厚的炉灰渣，炉灰渣的粒度为 8 ± 12mm。震动机单独安装在一个有防爆设施的房子内。

试验时，取经过外观检查合格的火雷管 40 发，管口向上和向下各一半放入纸盒内，然后再置于震动机木匣中间，匣的空隙用碎纸塞紧，将木匣盖板上好，操作人员离开机房，开机连续震动 10 分钟停机稍待片刻后，取出雷管。

火雷管在震动期间不允许出现爆炸，震动后逐个检查不得有洒药和目力可见的加强帽移动等情况。

对震动试验时发生爆炸的情况应慎重分析，可能是由于加强帽与管体配合太松，压合不紧造成的。但如果试验时木匣和管盒填塞不紧，震动期间雷管之间剧烈碰撞，也可能发生爆炸。经分析只有在排除了后一种可能性之后，才能确定该批雷管不合格应报废。

经震动后出现洒药或加强帽移动等情况，是由于加强帽与管壳间相互配合不紧或压合压力较小造成的。发生这种情况，全批雷管应进行退修处理。

3. 铅板穿孔试验

雷管的铅板穿孔试验，是为了判断药柱对邻近介质的局部破坏作用。因此，雷管的铅板穿孔能力就表明了雷管底部方向的猛度。猛度与爆速成正比，猛度越大，表明雷管药柱爆速越高，起爆力也越强。

铅板试验的装置如图 11.8（a）。试验铅板直径不小于 30mm（或正方形边长不小于 30mm），试验 6 号雷管时，厚度为 4.0 ± 0.1mm，试验 8 号雷管时为 5.0 ± 0.1mm。

铅板平置于直径相同的一段钢管上，铅板中央垂直安放待试验火雷管，用导火索引爆。外有钢板防爆箱保护。雷管爆炸后，根据在铅板上留下的爆痕，分下列几种情况，见图 11.8（b）。

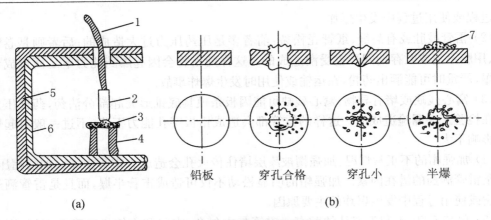

图 11.8　雷管铅板穿孔试验

1—导火索;2—雷管;3—铅板;4—钢管;5—防爆箱;6—铅衬;7—雷管残留物

(1) 爆炸后,在铅板上打一个孔,孔径不小于雷管的外径者,称为"完全爆炸",炸穿铅板的孔径大于等于雷管外径则合格。

(2) 爆炸后,打穿了铅板,但孔径小于雷管外径,或虽未穿透,但在铅板上有凹坑,并无雷管的残余物留在铅板上者,统称为"穿孔小"。

(3) 有爆声响,声音较小,铅板完好,且在铅板上留有雷管底部未爆部分,或有猛炸药柱的药粉者,称为"半爆"。

(4) 无爆炸声响,雷管完好,为"拒爆"。

完全爆炸的雷管可以正常地起爆炸药,为合格品。半爆雷管不能起爆炸药。穿孔小的雷管虽能起爆炸药,但因其爆速低,将使炸药爆轰加速期变长或爆轰中断,或发生爆燃、雷管拒爆,半爆及穿孔小皆为不合格品,其原因可参照表 11.2 进行分析。

表 11.2　火雷管铅板试验不合格原因

类　别	具体原因	不合格情况	
装药方面	起爆药装量不足	+	+
	起爆药质量反常	+	++
	起爆药密度过大	+	++
	起爆药水分太大	+	+	+
	二次猛炸药柱水分太大	+	
	二次猛炸药柱密度过大	+	
	一次猛炸药内含钝化剂过多		+
	一次猛炸药柱密度过小		+
	猛炸药装量不足		+
管壳方面	纸管受潮后强度降低	+	+
	纸管卷得太松或太薄	+	+
加强帽方面	加强帽传火孔太小或太大	+	+
试验方面	传火孔堵塞	+	
	导火索断火	+	
	雷管歪放在铅板上		+

11.1.4.3　雷管起爆性能的其他试验方法

雷管的起爆能力有多种试验方法,铅板穿孔法是一种简单方便的方法,但铅板穿孔只反映雷管的轴向起爆力,不能全面反映雷管对炸药的起爆能力。在对比雷管的起爆能力方面,常用的还有小铅铸试验法、钝感炸药试验法、炸药爆速法及爆痕法。近年来,又出现了雷管水下爆炸能量测试、锰铜压阻法、电阻丝法、底片速度测试法、变截面连续装药传爆长度测量法、雷管爆轰压力测量以及测声法,等等。

其他方法还有砂试法、弯钉法、隔板法、钢凹法等,但不常应用。

11.2　瞬发电雷管制造

(1) 瞬发电雷管就是通电后瞬间爆发的雷管。它实际上是一个火雷管和电引火元件的组合,而电引火元件则是将电能转变成热能足以激发火雷管爆炸的复合元件。

(2) 瞬发电雷管分为普通型及煤矿型,普通型瓦斯引爆率高,用于有瓦斯及煤尘爆炸危险的地点安全性差;煤矿型称为煤矿许用瞬发电雷管,这种雷管使用于井下采煤时安全性较高。因此煤炭系统主要生产煤矿型瞬发电雷管。

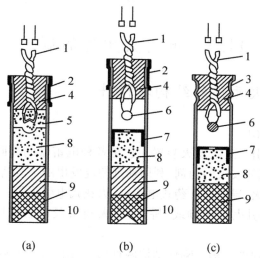

(a)　　　　(b)　　　　(c)

图 11.9　各种瞬发电雷管结构图
1—脚线;2—铁箍;3—覆铜壳;4—塑料塞;5—点火药;
6—药头;7—加强帽;8—起爆药;9—猛炸药;10—纸管壳

图 11.9(a)为纸壳直插式瞬发电雷管结构图,是在猛炸药柱上面,装二硝基重氮酚后加压,上面再松装入少量二硝基重氮酚为点火药,然后将电引火元件的桥丝直接插入松装二硝基重氮酚内,通电后桥丝发热点燃松装二硝基重氮酚,从而将雷管引爆。此结构形式较简单,操作方便,但由于塑料塞插入深度不够,以及二硝基重氮酚加压不牢,雷管在倒置时二硝基重氮酚与猛炸药之间存在空隙,可能会出现倒放半爆,是这种结构的缺点。

图 11.9(b)为纸壳药头式结构,这种结构克服了以上存在的缺点,现为国内广泛采用的

结构,但引火元件要增加药头涂抹工序,工艺较复杂。

　　以上两种纸壳结构,多生产 8 号雷管。生产煤矿许用瞬发电雷管,要在一次猛炸药柱中加入消焰剂。

　　图 11.9(c)为金属壳药头式结构,金属壳最早采用铜壳,之后由于节约铜材,研制成功了覆铜壳,多生产 6 号雷管。底部形状有凹底及平底。这种结构防潮性能较好;如果出现瞎炮将雷管混入煤中,在选煤时易被磁铁吸出,因此这种雷管优点较多。生产煤矿许用瞬发电雷管,一般做成平底较好,据试验平底瓦斯引爆率低,如装药量超过 6 号雷管装药量时,瓦斯引爆率增高,则需在猛炸药中加入适量的消焰剂。

　　其他金属管壳如铁、铝管壳则不允许使用于有瓦斯及煤尘爆炸危险的地点。

　　瞬发电雷管在使用时,爆破网络的连接方式有串联法、并联法及混合连接法,达到一次同时引爆多发的目的。由于串联法有操作简单,电能消耗少,引爆数量多等优点,所以多采用串联法。

　　瞬发电雷管可以在远离炸点的安全地方进行引爆操作,与火雷管相比,就安全可靠得多,因此,广泛用于煤矿和其他爆破工程中。

　　纸壳瞬发电雷管,由于外壳绝缘性好,所以抗静电性能较好。金属壳瞬发电雷管,抗静电性能较差,因此要在内部结构方面采取抗静电措施,制成抗静电型电雷管,方能保证生产及使用的安全。

11.3　电引火元件的制造

11.3.1　电引火元件的结构及材料

1. 电引火元件的结构

　　电引火元件也称电引火或电发火装置。它是各种电雷管的共同点火部分,它的作用是使电能转变为热能,点燃易发火的药剂,利用药剂燃烧发出的火焰将雷管引爆。电引火可分为金属桥丝灼热式电引火,导电引火药式电引火,火花式电引火等。

　　金属桥丝灼热式电引火是由脚线、桥丝、引火药头及与管壳固定的封口塞等部分组成的。

　　此种电引火元件分弹性结构及刚性结构两种形式(图 11.10),弹性结构是将桥丝焊接在脚线叉头上,结构简单制造容易,但用塑料塞封口固定时,当塑料塞在卡紧过程脚线叉头发生位移,容易造成药头破裂是其缺点。刚性结构是将桥丝焊接在金属片或线路板上,然后再与脚线卡接或焊接,再用塑料塞包紧固定,在塑料塞卡紧过程药头不会发生破裂,这种结构装配电雷管质量较好,废品率少。目前国内多应用弹性结构,所以本章工艺部分只讲述弹性电引火元件生产工艺。

2. 元件各部分的作用及制造材料

　　(1) 脚线

　　脚线也称为端线或导线,是将电能通过封闭电路使桥丝灼热的导线部分。

电雷管的脚线是由爆破线做成的,爆破线由金属芯线和绝缘外皮组成,芯线采用镀锌铁线制作,外皮采用聚氯乙烯制作。

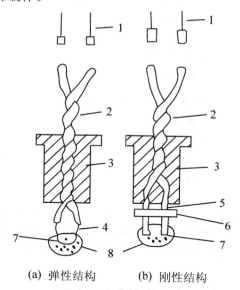

(a) 弹性结构　　　　(b) 刚性结构

图 11. 10　电引火元件结构

1—线尾;2—脚线;3—塑料封口塞;4—叉头;5—金属片;6—塑料箍;7—桥丝;8—药头

这种专供做雷管脚线的铁爆破线芯线的直径为 0.52 ± 0.01mm;电阻不大于 $0.6\Omega/m$,一般在 $0.52\sim0.60\Omega/m$ 之间;爆破线外径 0.95 ± 0.05mm,绝缘层局部厚度不小于 0.16mm;并要求它经受住交流 50Hz、1 000V 电压的火花击穿试验。其单线拉断力不小于 8kg;延伸率不小于 18%;可在 $-30℃\sim+45℃$ 的环境中使用。

爆破线一般 $9\sim12$kg 缠成一卷。剪成脚线的长度根据需要通常有 $0.5\sim3$m 多种规格,我国目前多生产 2m。爆破线塑料包皮有多种颜色,两根脚线用两种颜色,便于使用时接线;延期电雷管亦可按脚线的颜色区分段别。

(2) 桥丝

桥丝也称为电桥,作用是通入电流后产生热量,使引火药头发火。桥丝应当用电阻系数较高的金属或合金制成,如采用铂铱合金、康铜合金、镍铬合金等。

我国矿用电雷管多采用镍铬桥丝制作,镍铬丝电阻较大,发火功率较小,串联发爆数量较多。镍铬桥丝的电阻国内一般为 $2.5\sim3.5\Omega$,这种电阻属于中电阻型,由于中电阻型发火电能消耗小,所以应用较广。但是这种中电阻制成的电引火元件由于电能消耗小,有可能通过杂散电流引起发火,因对杂散电流没有抵抗作用,必须引起注意。

桥丝材料一般为镍 65%,铬 15%,铁 20%;直径约 $40\mu m$;镍铬丝每米电阻 $800\sim900\Omega$。

(3) 引火药头

引火药头的作用是受热后产生火焰,将雷管引爆。药头药剂是氧化剂、可燃物及敏感剂的混合物。

药头药剂要求化学安定性好、热感度适当、导热及热容性小、发火较快、摩擦硬度较低。引火药剂有很多种类,目前国内煤炭系统多采用氯酸钾、木炭、二硝基重氮酚等的混合药剂,常用的几种配方如表 11.3。

表 11.3　常用几种引火药头的参考配方

原料名称		配比(%)				
引火药	氯酸钾	76.4	30	65	60	76
	木炭	23.6	20	17	12	
	二硝基重氮酚			18	25	5
	硫化锑					19
黏合剂 (外加)	羧甲基纤维素	2	2			2
	硝化棉				3	
	过氯乙烯				2	
	骨胶	6	6	10		2
保护层	过氯乙烯	+			+	
	硝基漆		+	+	+	+

氯酸钾、木炭药头,热感度较低,通电发火时间较长,发火电流较高,发火同时性较差,这种药头的优点是燃烧平稳不会猛烈地爆发,而且由于感度低,操作使用较安全。其燃烧反应式如下:

$$2KClO_3 + 3C \longrightarrow 2KCl + 3CO_2 + Q$$

氯酸钾、木炭、二硝基重氮酚药头,热感度及机械感度都较高,因二硝基重氮酚可起到敏感剂的作用,所以随着二硝基重氮酚的含量增加,感度增高。这种药头发火时间较短,同时性较好;发火电流较低,但安全性较差。燃烧反应较复杂,参考式如下:

$$2KClO_3 + 3C + C_6H_2O_5N_4 \longrightarrow 2KCl + 2C + 3CO_2 + 4CO + N_2 + H_2O + Q$$

药头药剂中也可加入铅丹、硅、硫化锑等材料,掺入以上物质可使药头的点火能力增强,药头的坚固性提高。

(4) 封口塞

封口塞国内采用塑料制作,它的作用是将电引火元件与雷管壳口部卡紧固定,并将管口密封。封口塞的原料多采用聚氯乙烯或高压聚乙烯压制,高压聚乙烯优点较多,采用较广。

11.3.2　电引火元件的制造

1. 制造电引火元件的工艺流程

制造电引火元件的工艺流程图如图 11.11 所示。

2. 电引火元件生产工艺说明

(1) 脚线制备

脚线制备包括分线、盘线、剥除线尾皮及拧劲剥除叉头塑料皮工序。

分线采用分线机进行,是将成卷的爆破线分成要求的脚线长度,目前脚线长度多生产 2 米,长度公差为名义尺寸的 ±5%。每 20 根为一束,盘成 2～3 圈,脚线头尾留出一定长度,头部留长 180mm;尾部留长约 150mm。首先用固定剥刀剥除线尾塑料皮约 50～70mm。再用拧劲机将两根不同颜色的脚线拧在一起,拧劲长度约 25～30mm,在拧劲同时即剥除叉头 8～10mm 长的塑料皮,至此即完成脚线制备。

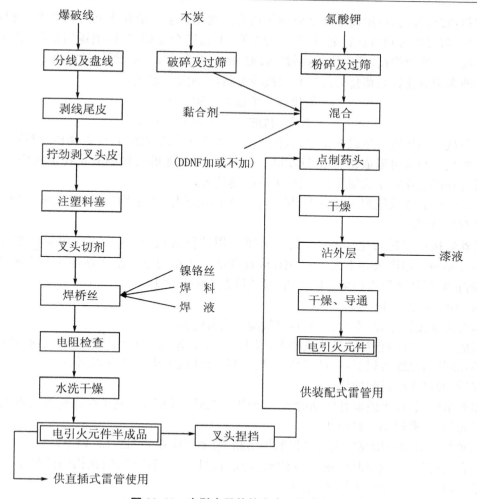

图 11.11 电引火元件的生产工艺流程图

（2）注塑料塞及叉头切齐

塑料塞的成型是通过将热塑性塑料加热后注入特定的模具中完成的，整个过程分为排模、注塑、出模 3 个步骤。每个模具排 20 副脚线，注塑用液压注塑机进行。高压聚乙烯从加料斗中加入，进入电加热器被加热熔化，温度保持在 165℃～185℃，下部塑料出口附近温度控制在 130℃～140℃，温度都可用热电偶自动调整。熔化后的塑料受挤压杆加压入模具，熔融塑料与脚线黏为一体，冷却后形成塑料塞。注塑时，要掌握好温度、压力和加热时间。多采用钉形塞，塞的直径约为 6.1mm，钉形塞的钉帽部分等于或稍大于雷管外壳；钉形塞总长约 15mm，钉帽部分长约 1.5～2mm。注塑后叉头距离约 3.5～4.0mm。

叉头切齐的目的是通过切线头机将叉头切成一定长度、切齐、切平。通过切线，还可进一步校正两根线芯之间的距离，而且只有新切出的线口，才易于焊接桥丝。切后叉头长度一般为 4～5mm；瞬发管用的稍短，延期管用的稍长。

（3）桥丝焊接及电阻检查

焊桥丝是比较精细的工序，将镍铬合金丝焊至每副线的叉头端。焊接多由人工用电烙铁配合以焊料和焊液来完成，也可用焊接机进行。手工焊接采用 15W 的小容量自制电烙铁进行。

焊料,常称焊锡,可用锡铅合金或纯锡进行。锡铅合金一般在车间自行熔制,锡与铅之比为 6∶4 时可以得到熔点较低(183℃～190℃)的锡铅合金焊料,调整锡铅比例,合金熔点都可升高。镍铬丝焊接,用纯锡焊料效果较好,锡熔点为 231.8℃,焊接较牢固。

焊液多用氯化锌与稀盐酸或锌与浓盐酸配制,其配比一般为:

氯化锌∶稀盐酸＝50∶50

锌∶浓盐酸＝16～19∶84～81

锌与盐酸作用也可生成氯化锌,氯化锌及盐酸都有除锈的能力,可以使桥丝与铁线焊接牢固。氯化锌与水可形成络合酸 $H(ZnCl_2(OH))$,此物能够与铁的氧化物生成络合酸铁。盐酸可与铁的氧化物生成氯化物,所以都有除锈能力。

桥丝焊接后要求能耐 60g 拉力、桥丝中间无锡块、焊点大小均匀、桥丝长度一致、无"尾巴"及"双桥"现象。

桥丝焊接后要进行电阻检查,检查采用专用的仪表进行,仪表工作电流一般不大于 20mA,控制桥丝电阻公差不大于 0.8Ω,检查合格后采用流动的清水洗净叉头上的残余焊液,以防止对桥丝及焊点产生腐蚀作用,水洗后在干燥室烘干。

(4) 引火药头点制

药头药剂按氯酸钾、木炭、二硝基重氮酚三组分配制。

氯酸钾是一种白色粒状晶体或粉末,有毒,含氧丰富,在 400℃分解放出氧,有效氧量为 39.2％,故其氧化能力很强,与可燃物共研会引起爆炸或燃烧;纯度不应小于 99.5％,氯酸钾经粉碎后,通过 200 目筛使用。

木炭采用杨、柳木或麻秆烧制的黑炭,因黑炭发热量较高,有利于提高药头的点火能力。木炭经粉碎后,通过 200 目筛使用。

二硝基重氮酚采用克拉克法制作的细结晶,假密度应在 0.3g/cm³ 以下。

黏合剂有骨胶、羧甲基纤维素等的水溶液,也可用过氯乙烯、硝化棉的醋酸丁酯溶液。加入量一般在 4％～10％(干量)之间。

引火药剂的混合可用手工或机械混合,混合要在湿的条件下进行,药剂干后易摩擦、撞击发火,需注意安全。混合均匀后点制药头,药头点制多用人工进行,也可用药头机蘸制。

为了避免桥丝断裂和便于点制,叉头部位要"捏挡",即将叉头距离捏小至 2.0～2.5mm。点制药头一般分两次较好,一次点抹易出气孔。药头干燥后要沾保护漆层,以增加防潮能力及增加药头的坚固性及安全性。药头应有椭圆球形;表面光滑,无气孔及裂缝;桥丝无外露及短路现象。药头的大小要求一致,药头重量一般在 10mg 左右,但用于点燃较钝感的药剂时,重量可适当增加。

沾保护层可用硝基漆或过氯乙烯的醋酸丁酯溶液进行,沾保护层后,在干燥室烘干。

为防止在点制药头时,造成桥丝断裂的元件混入其中,电引火元件还进行导通检查后,方可应用。

11.4　瞬发电雷管的装配工艺

11.4.1　装配各种瞬发电雷管的结构形式

1. 装配普通瞬发电雷管的结构形式

（1）药头式结构

采用火雷管与塑料塞药头式电引火元件装配而成,装药量与火雷管相同,此结构是目前多数厂所采用的结构,可生产金属及非金属壳雷管。

（2）纸壳直插式结构

起爆药分两次装药,一次加压,二次松装,将塑料塞桥丝无药头元件直插入起爆药中制成。此结构可节约引火药头及加强帽,但起爆药装量较多,猛炸药装量与火雷管相同。

起爆药一次装压 $0.3 \sim 0.35g$,压药密度 $0.8g/cm^3$;起爆药二次松装 $0.10 \sim 0.15g$;一、二次起爆药间采用楔形面接触。

2. 装配煤矿许用瞬发电雷管的结构形式

（1）纸壳煤矿许用瞬发电雷管

装配这种雷管可采用药头式结构或直插式结构,起爆药装压与药头式及直插式结构相同;在一次猛炸药柱中都要加入适当量的氯化钾或其他吸热降温物质,作为消焰剂制成。

某厂在一次黑索今药柱中,氯化钾含量与瓦斯引爆率及铅板穿孔值,试验情况如表 11.4。氯化钾的细度对瓦斯引爆率的影响如表 11.5。氯化钾加入量一般在 $10\% \sim 15\%$ 之间,氯化钾细度过 100 目以上筛。也可以加入其他消焰剂如氟化物、冰晶石（Na_3AlF_6）等。

表 11.4　一次药柱中氯化钾量对瓦斯引爆及铅板穿孔值影响

氯化钾含量	引爆数/试验数	铅板穿孔平均值(mm)/试验数
4%	10/50	12.02/40
6%	6/50	11.41/40
8%	3/50	11.40/40
10%	2/50	11.30/40
12%	0/50	11.12/40
15%	0/50	9.70/40
20%	0/50	7.93/40

表 11.5　氯化钾细度对瓦斯引爆率的影响

氯化钾细度	氯化钾含量	引爆数/试验数	引爆率
40 目	8%	8/50	16%
60 目	8%	6/50	12%
100 目	8%	2/50	4%
140 目	8%	0/50	0%
160 目	8%	0/50	0%

（2）覆铜壳煤矿许用瞬发电雷管

覆铜壳煤矿许用电雷管,多采用药头式平底结构,一般制成 6 号雷管,也可根据使用要求制成 8 号雷管;装药量与火雷管相同,但猛炸药装药量一般超过 0.5g 时,要采用两次装压药,一次药柱中要加入 10%~15%氯化钾为消焰剂。

3. 抗静电雷管的结构

非金属壳如纸壳、塑料壳电雷管管壳绝缘性强,具有一定的抵抗脚线与管壳之间的火花放电能力,一般不另采取脚壳间抗静电措施。

金属管壳导电性强,易发生脚线与管壳(包括脚线叉头与加强帽)之间火花放电,可引起药头发火及雷管爆炸,因此需要采取抗静电措施。抗静电措施有多种方法,如在脚线药头与管壳之间设抗静电塑料套;采用半导体封口塞;封口塞中安装放电片或放电电阻等方法。多采用套绝缘套的方法。

在两根脚线之间放电,电流通过桥丝可使药头发火,因此药头药剂要选用合适的配方,不允许药剂太敏感。

11.4.2　瞬发电雷管装配工艺流程

目前煤炭系统多生产药头式 8 号纸壳及 6 号覆铜壳,煤矿许用瞬发电雷管,这两种雷管的装配工艺流程图如图 11.12 所示。

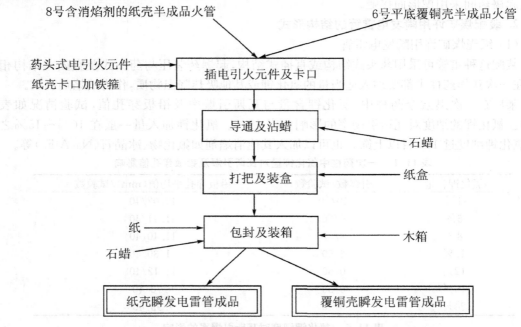

图 11.12　煤矿许用瞬发电雷管的装配工艺流程图

(1) 纸壳直插式瞬发电雷管装配流程与药头式不同处是在火管装填部分直插式两次装二硝基重氮酚,一次加压无加强帽,二次松装;在装配时采用无药头桥丝电引火元件。其他工序与上同。

(2) 纸壳普通型瞬发电雷管的装配流程,除采用不同消焰剂的半成品火管外,其他工序与上同。

(3) 瞬发电雷管电引火元件与装药部分与延期电雷管相同时,即可作为延期电雷管 1 段管。

11.4.3　煤矿许用瞬发电雷管装配工艺说明

1. 火雷管部分的制备

纸壳半成品火雷管部分的制备,包括含消焰剂的黑索今的准备,一次、二次装压猛炸药柱,喷漆,干燥,排管,扩口,检高,装起爆药,扣帽,压合,点漆,干燥及清除浮药工序,与火雷管装填工艺相同。

覆铜壳半成品火雷管部分的制备,与金属壳火雷管装填工艺相同。

2. 卡口、导通

装填完成的火雷管半成品与塑料塞式电引火元件组合,套上铁框,铁框直径约 8.6mm,壁厚约 0.3mm,高约 5mm,然后用立式卡口机卡紧密封,即完成装配工作。

电雷管的两根脚线同桥丝必须是一个通路,才能接通电流;不形成通路不仅该发雷管不能起爆,而且在成组串联使用时,也将造成全组雷管不能通电而拒爆,所以出厂的电雷管要导通检查;这个工序就是对雷管逐个进行检查,将不导通的雷管检出。常用检查仪表有指针导通器、音响导通器、电光导通器等,导通工作电流,一般不大于 20mA。

由于导通器内装有电池,所以仪器外壳要封闭良好,以防脚线插入接触电池发生爆炸。

3. 沾蜡

为增加雷管防潮性能,特别是纸壳雷管的防潮性能,要使每个雷管裹上一层防潮蜡剂。蜡剂除具防潮功能外,还要求不易剥落,并且凝固迅速。

沾蜡一般采用石蜡,将石蜡在蒸汽加热蜡锅内熔化,温度一般 90℃～100℃,将雷管在蜡液中浸泡约 2～3s;取出后甩净多余附着的蜡液。蜡锅应有隔网,以清除可能脱落的雷管,以防雷管落入锅底受热过久发生爆炸。

也可采用石蜡、松香、桐油为 70∶23∶7 的混合物为防潮剂,此混合剂防潮性能好,但需在 180℃～200℃进行熬制。沾蜡温度要求较高,一般在 120℃～130℃;要求制作防潮性能高的雷管时可采用此种混合蜡剂。

4. 其他工序

其他工序有打把、装盒、包封、装箱等工序,是将雷管包装的最后工序。一般每 20 发 1 把,5 把 1 盒(100 发),每盒用两层蜡纸包封,装入箱内,一般每箱 10 盒(1 000 发)。

11.4.4　瞬发电雷管性能及质量检验

11.4.4.1　电雷管的特性参数

1. 电阻($R_\text{全}$)

电雷管的电阻是雷管的全电阻,即桥丝与脚线常温下电阻之和。

$$R_\text{全} = R_\text{桥} + R_\text{脚}$$
$$= r_\text{桥} L_\text{桥} + r_\text{脚} L_\text{脚} \tag{11.1}$$

式中 $r_\text{桥}$——桥丝材料单位长度电阻;

　　　$L_\text{桥}$——桥丝长度;

　　　$r_\text{脚}$——脚线材料单位长度电阻;

　　　$L_\text{脚}$——两根脚线的总长度。

根据雷管的电阻,可计算爆炸电路总电阻,估算出雷管的起爆数量;并根据电阻可知道雷管有无质量弊病。

雷管电阻与桥丝及脚线材料、直径、长度有关。

2. 最大安全电流($I_{最大}$)

在无限长时间,通入恒定直流电,不发火的最大电流值。知道最大安全电流,可判断雷管的安全性。

在测定最大安全电流值时,一般通电时间 1 分钟或 30s。如通电时间太短,最大安全电流值会增大。成批测定,应为全批雷管无一发火的最大电流值。测定仪表多采用雷管参数测量仪进行。测定方法有习惯法及升降法,习惯法为 25 发不发火的最大电流值;升降法是采用数理统计的方法测出,用测试数据计算出 50% 发火电流,推算出发火概率为 0.01% 的电流值,可作为最大安全电流值。

最大安全电流与桥丝的材料、直径、长度、制造质量及药头成分、混合均匀性及点抹药头的质量等因素有关。

3. 最小发火电流($I_{最小}$)

是指在长时间通入恒定直流电后,发火的最小电流值。最小发火电流是检验电雷管对电流敏感度的参数。

在测定最小发火电流值时,一般也按通电时间为 1 分钟或 30s。通电时间缩短,最小发火电流值增大。最小发火电流测定方法与最大安全电流相同。采用升降法时,推算出发火概率为 99.99% 的电流值,可作为最小发火电流值。

最小发火电流的影响因素与最大安全电流相同。

4. 百毫秒发火电流(I_{100})

通电时间为 100 毫秒时,发火的最小电流值。本参数可作为使用时保证雷管发火的最小电流值,并为测定发火冲能提供需要的电流。

一般认为 $2I_{100}$ 以上电流为强电流,在通入此电流时,桥丝热损失较小,可忽略不计,百毫秒发火电流的影响因素与上同。

百毫秒发火电流的测定方法与上同,但通电时间为 100 毫秒。

5. 发火冲能($K_{发}$)

发火冲能(引燃冲量)是使电雷管发火的电流冲能最小值。即通入电流的平方与通电时间的乘积。公式为

$$K_{发} = I^2 t_{发}(\mathrm{A^2 \cdot ms}) \tag{11.2}$$

式中 I——通入电流;

$t_{发}$——通电发火时间。

知道发火冲能,可了解雷管的敏感度,可求不同时间发火电流,可作设计发爆器的参考。

发火冲能随发火电流的大小而变化,当发火电流很大时,具有最小发火冲能,其值不易测定。所以多采用 2 倍 I_{100} 为测定电流,所测的发火冲能称额定发火冲能,此值约比最小发火冲能大 5%~6%。

全批雷管测定时,一般用上下限表示,上限为全部发火的冲能最小值,下限为全部不发火的冲能最大值。测定采用参数测量仪进行,可用习惯法及升降法,固定电流测发火时间,用上式计算而得,用升降法测定时,采用 2 倍百毫秒发火电流为测试电流,通入不同时间,求出发火概率为 99.99% 及 0.01% 的通电时间,再用上式算出发火冲能的上下限。

发火冲能与桥丝的直径、比电阻、比热、密度及引火药剂的感度等因素有关。

6. 桥丝熔断冲能

熔断冲能为使桥丝熔断的电流冲能最小值。即熔断电流的平方与熔断时间的乘积。公式为

$$K_{熔} = I^2_{熔} \, t_{熔} (\text{A}^2 \cdot \text{ms}) \tag{11.3}$$

熔断冲能是了解桥丝熔断后,是否有足够的潜热点燃引火药剂的参数,因此要求

$$K_{熔} \geqslant K_{发}$$

因为满足上式时,即使桥丝被强电流熔断,仍能保证雷管发火爆炸;现在应用的镍铬丝符合上式要求。

测试熔断冲能时,一般也采用 2 倍 I_{100},测出熔断时间 $t_{熔}$ 后,按公式计算得出。熔断冲能主要与桥丝直径、比电阻、比热、密度、熔点等因素有关。

7. 传导时间

从桥丝获得使引火药发火能量的瞬间至起爆药开始爆炸的时间称为传导时间,公式为

$$\theta = T_{爆} - t_{发} \tag{11.4}$$

式中 $T_{爆}$——由通电至爆炸时间;

$t_{发}$——由通电至引火药发火时间。

传导时间是对串联齐发起到重要作用的参数。因为有了传导时间,才能将串联成组的不同感度的雷管引爆。因为在感度最高的电雷管引火药剂的燃烧时间内,感度最低的雷管应能够发火,这样所有电路的雷管才能全部爆炸。否则,当最敏感雷管爆炸后,线路炸断就会有雷管拒爆。

传导时间稍长而差值小,对雷管串联及爆炸同时性有利。

$t_{发}$ 随电流强度增加而下降,当电流很大时,$t_{发}$ 很小可忽略不计。所以一般用 10A 电流测出的爆炸时间,即可作为传导时间。传导时间与引火药剂的燃速、密度及药头的点制质量有关。全批电雷管传导时间采用上下限表示。

8. 串联准爆电流($I_{串}$)

串联准爆电流为电雷管成组串联时,确保全部发火的最小电流值。

此参数为雷管的串联使用提供参数;也是衡量雷管质量指标之一,此数值较小时雷管的质量较好。测定此值时一般采用 20 发串联,求出 3 次全部爆炸的最小电流值,也可用升降法进行。

串联准爆电流与桥丝的材料、直径、长度及药剂的组成、混合均匀性及药头的点制质量有关。

串联准爆电流也可用下式计算作为参考数值。

$$I_{串} = \sqrt{\frac{K_{最大} - K_{最小}}{\theta_{最小}}}$$

式中 $K_{最大}$, $K_{最小}$——发火冲能上限及下限;

$\theta_{最小}$——传导时间下限。

9. 各特性参数的参考值

以上 8 个参数对电雷管发火性能的研究具有重要意义。各厂生产的产品,由于原材料来源不同,药剂组成配比不同以及生产质量不一致,特性参数也存在差异。表 11.6 中的数据可作参考。

11.4.4.2 瞬发电雷管的性能要求及质量检验

瞬发电雷管的起爆性能要求及检验方法与火雷管同。瞬发电雷管对产品的电发火性能及其他性能要求及质量检验如下:

1. 电性能要求及质量检验

(1) 对几个电参数的技术要求

我国对电雷管几个重要的电参数技术要求如下:

① 全电阻:2m 长铁脚线电雷管,不大于 6.3Ω,公差不大于 2Ω。

② 安全电流:通以 0.18A 恒定直流电流,5min 不应爆炸。

③ 单发发火电流:不大于 0.45A。

④ 发火冲能:不大于 8.7($A^2 \cdot ms$)。

⑤ 串联准爆电流:20 发串联通以 1.2A 恒定直流电流,应全部爆炸。

表 11.6 国产矿业电雷管特性参数表

参数名称	引 火 药 剂		
	DDNP	$KClO_3$-C-DDNP	$KClO_3$-C
全电阻(Ω)	4.8~5.9	4.8~5.9	4.8~5.9
最大安全电流(A)	0.125	0.20	0.25
最小发火电流(A)	0.20	0.325	0.375
百毫秒发火电流(A)	0.375	0.425	0.525
发火冲能($A^2 \cdot ms$)	上限 3.5 下限 2.0	上限 4.0 下限 2.5	上限 8 下限 4
熔断冲能($A^2 \cdot ms$)	11	11	11
传导时间(ms)	2.5~4	2.5~4.5	4~7
串联准爆电流(A)	0.70	0.70	0.80

(2) 电性能质量检验及分析

① 电阻测定及分析

采用雷管电阻测试仪进行,通过雷管的电流不应大于 0.05A,测出的电阻要符合规定要求。

通过雷管的全电阻的检查,可发现雷管电阻是否符合规定要求。不符合规定要求时,可存在桥丝断路、短路、电阻不稳等现象。出现原因分析如下:

· 生产的导通工序漏检;

· 桥丝焊接不牢,没有捏挡,在导通工序后,又经几个工序加工和传递运输,在焊点处崩开,甚至桥丝崩断;

· 桥丝被药剂严重腐蚀;

· 打把时折断了脚线;

· 在电阻检查或捏挡时用力过度,以致叉头两根铁线互相接触;

· 拧劲部位脚线外皮损伤;

· 桥丝焊接不牢,但与叉头又未脱离,出现"似通不通"的情况;

· 焊桥丝后留尾巴较长,摆过来又搭在桥丝上,形成不稳定的"双桥"。

② 安全电流测定及分析

安全电流测定采用雷管参数测量仪进行,通以 0.18A 电流,5min 不得爆炸,电流表误差不大于 0.01A。

安全电流测定时发生爆炸原因分析如下：

· 在焊接桥丝时将桥丝拉细；
· 桥丝在生产工序之间或运送过程中被碰伤，截面变小；
· 试验线路不对，通电流过大；
· 引火药混合不均，敏感剂含量过多。

③ 单发发火电流测定及分析

测试方法采用升降法，按测定最小发火电流方法进行，通电时间 30s，测出的电流不应大于规定值，电流表误差应不大于 0.005A 较好。每发雷管只准测定一次，不得重复使用。

单发发火电流不符合规定要求可能有以下原因：

· 桥丝电阻太小；
· 桥丝与引火药接触不良；
· 桥丝出现"双桥"；
· 桥丝沾有焊锡；
· 引火药混合不均。

④ 发火冲能测定及分析

测定方法采用升降法，求出该批雷管的百毫秒发火电流，用测额定发火冲能方法测定，求出发火概率为 99.99% 的通电时间，再用公式算出，即发火冲能上限，不得大于规定值。发火冲能不符合规定要求的原因可参考发火电流原因进行分析。

⑤ 串联准爆电流测定及分析

20 发电雷管串联连结，测量电阻后，对该组电雷管通以 1.2A 恒定直流电流测定；电流表误差不应大于 0.1A。此试验可与铅板穿孔同时进行。

造成串联试验或串联使用时丢炮可能有以下原因：

· 起爆电流太小；
· 发爆器出现故障；
· 串联接线有误；
· 爆破网路裸线接地；
· 电阻不稳；
· 桥丝上有大锡堆；
· 有双桥丝；
· 桥丝与引火药接触不良；
· 引火药受潮；
· 不同品种或制造厂的雷管串联。

2. 其他性能的要求及质量检验

（1）其他质量及性能方面的要求。

① 雷管外观

雷管外表无裂缝、砂眼、锈蚀、纸层开裂、浮药、底部残缺、纸壳无铁箍、铁箍开裂、封口塞松动或过高、过低等缺陷。

② 抗震性能

在震动试验机上震动 10min，不允许发生爆炸及断路、短路、电阻不稳、结构损坏等缺陷。

③ 抗拉力性能

拉力试验,荷重 2kgf,持续 1min,封口塞和脚线不得发生肉眼可见的移动或损坏。

④ 沼气安全性

在沼气浓度 9.0±0.3% 条件下,引爆率不大于 4%。

⑤ 包装及保证期

电雷管的内包装,每 100 发 2m 长脚线电雷管装一盒,包装盒要密封防潮。雷管在盒内不得有松动现象。脚线长度增加时,允许变动盒内雷管数量。电雷管的外包装,每 10 盒一箱,包装盒在箱内不得有松动现象。对包装箱的要求与火雷管同。

金属管壳产品保证期为两年,纸管壳产品保证期为一年半。

(2) 其他方面的质量检验分析

① 外观及包装检查

外观及包装质量,一般用肉眼检查,其质量情况可参考火雷管进行分析。

② 震动试验及分析

取经外观和导通检查合格的雷管 20 发试验,试验方法与火雷管相同。要求在震动时间不发生爆炸,震动后逐个检查不得有断路、短路、电阻不稳定和结构损坏的情况。也同火雷管一样,发生爆炸要判断清楚是由于雷管的原因造成的,还是由于试验操作本身的差错,如空隙没填好,震动时雷管有碰撞等原因造成的。在排除了后者,确认是雷管的原因,如药柱松动洒药或起爆药内混有机械杂质的,该批雷管应予报废。震动后出现断路、短路、电阻不稳定、结构损坏(对瞬发雷管,是指塑料塞脱出、药头破裂、窝心底损坏、猛炸药柱松散脱落等)等现象,可能有以下原因:

· 桥丝焊接不牢;

· 桥丝存在伤痕;

· 叉头间距离过小;

· 药头点制不牢固;

· 卡口不牢固;

· 火雷管装填部分存在质量问题。

③ 拉力试验及分析

拉力试验,是检查电雷管在一般难免的拉拽情况下,如雷管打把、装炮等操作,能否拉脱或造成雷管引火部分的损坏,这是封口牢固性的检查方法。

试验时将 2kgf 重物悬挂在雷管脚线上,使雷管脚线及封口塞受重持续 1min,然后取下,肉眼检查封口塞,脚线受拉后有无拉脱移动或损坏等情况。

如出现以上质量情况时,可能有以下原因:

· 塑料塞直径过小;

· 卡口机卡口不紧;

· 塑料塞与脚线接触不牢;

· 脚线存在伤残。

④ 沼气安全性试验及分析

沼气安全性试验是检查雷管对井下瓦斯的安全性;试验在铁制爆炸箱中进行,试验条件如下:

沼气浓度	$9.0\pm0.3\%$
箱内温度	$10℃\sim30℃$
爆炸箱尺寸	直径 560mm,长 1 200mm
引爆率不大于	4%(即不超过 1/25 或 2/50)

瞬发电雷管沼气安全性不合格,可能有以下原因:

- 纸壳雷管一次猛炸药柱中含消焰剂过少;
- 猛炸药装量过多;
- 纸壳外蜡量过多;
- 覆铜壳发生锈蚀;
- 覆铜壳底部有聚能穴,猛炸药未采取消焰措施;
- 试验时沼气温度过高;
- 爆炸箱容积不符合规定要求。

11.5　油井电雷管及无起爆药雷管

11.5.1　油井电雷管

油井电雷管是专供油井钢管射孔时起爆油井导爆索再起爆油井射孔弹时应用的。

由于石油钻井极深,井内温度较高,压力较大,普通电雷管易发生自爆或拒爆。因此研制了能够在油井深度不超过 3 000m;经受压力 350~380kgf/cm² 及温度 125℃的条件下使用的雷管,其结构如图 11.13。

管壳采用低碳钢压制,管壳上部外径 17mm,内径约 15mm,下部外径 13mm,内径 11mm,下部长约 46mm,总长约 70mm,管壳镀锌,加强帽为铝帽。猛炸药采用黑索今分两次装压药,总装量为 2g,起爆药采用发火点较高的氮化铅,药量 0.3g。脚线为 1 根,管壁为另一通路。药头药剂采用氯酸钾∶木炭为 8∶2 的药剂,药头药量 50mg。桥丝为直径 45μm 的康铜丝(铜镍合金),最小发火电流 0.65A;最大安全电流 0.4A。封口塞为橡胶塞,密封效果较好,装配及封口都采用油压机进行。

11.5.2　无起爆药雷管

无起爆药雷管即不装入起爆药,这种雷管因为不装入起爆药,所以在制造、运输使用过程比较安全。图 11.14 为无起爆药瞬发电雷管结构图。

无起爆药雷管是利用较敏感的猛炸药,在较坚固的外壳及加强内管中,在强点火药的激发下可由燃烧转变为爆轰。猛炸药由燃烧到爆轰受很多因素影响,在这种雷管中都要考虑到,其中有引火药头的点火能力,点火药的发热量,猛炸药的感度、密度及细度,内管及外壳的强度等,对雷管的全爆都会产生一定的影响,在设计制造过程必须加以考虑。

点火药一般采用发热量较高的硅系药剂,或采用氯酸钾、硫氰酸铅药剂等,长内管及外壳多用铁或覆铜制,内管中装入粒度较细的和较敏感的太安或 662 炸药较好;也可用黑索今炸药。装药密度不可过大,一般压药压力 15～20Mpa。

无起爆药雷管可制成火雷管、瞬发电雷管及各种延期电雷管。

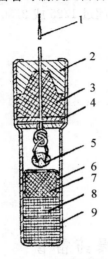

图 11.13　油井电雷管结构图

1—脚线;2—压垫;3—胶塞;4—铁垫;
5—引火头;6—加强帽;7—起爆药;
8—猛炸药;9—管壳

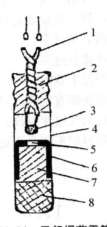

图 11.14　无起爆药雷管结构图

1—脚线;2—塑料塞;3—引火药头;
4—金属壳;5—点火药;6—金属内管;
7—太安或 662 或黑索今;8—黑索今

11.5.3　塑料导爆管式无起爆药雷管

无起爆药雷管,即在雷管装药中去掉了起爆药成分,从而使雷管生产、使用、运输都比较安全,也避免了生产起爆药所产生的大量废气、废水对环境的污染。

1. 雷管结构及作用过程

塑料导爆管式无起爆药雷管的结构,如图 11.15 所示。

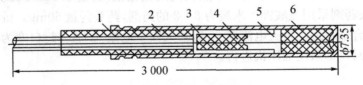

图 11.15　塑料导爆管式无起爆药雷管结构图

1—塑料导爆管(爆速＝1 950m/s);2—塑料卡口塞;
3—引爆管壳;4—662 炸药;5—雷管壳;6—炸药柱

雷管的作用过程:用火帽或雷管等能量引爆塑料导爆管,爆轰经过一定长度(不小于600mm)以后传播,即达到 1 950m/s 的稳定爆速;然后起爆引爆管中的 662 炸药,爆速进一步增高,由于钢制的引爆管壁厚、强度大,减弱了侧向膨胀波的干扰和影响,促使 662 炸药的爆速进一步增长达到稳定爆速,进而引爆底层炸药柱,使爆速更高,以保证雷管有足够威力。

2. 雷管各项性能试验

按上述雷管结构作了结构稳定性、震动、高温、低温、吸潮、浸水、威力、测时等项试验,并用火雷管做了贮存试验(贮存 3 年半时间),结果见表 11.7。

表 11.7　雷管的各项性能试验

序号	试验项目	试验条件	数量(发)	试验结果	
				爆轰率(%)	5mm 铅板炸孔(mm)
1	结构稳定性	全部装结晶 662 炸药,正常起爆	1 439	100	大于 11
		全部装结晶 662 炸药,正常起爆	1 000	100	大于 11
2	震动	落高 15 厘米,5 分钟	100	100	11.42
		落高 15 厘米,10 分钟	50	100	11.42
		落高 15 厘米,20 分钟	50	100	10.92
		落高 15 厘米,40 分钟	50	100	10.78
3	高温	+40℃2 小时	100	100	11.12
		+60℃2 小时	50	100	10.67
4	低温	−40℃2 小时	100	100	11.12
		−55℃2 小时	100	100	11.15
5	吸湿	相对湿度≥95%　24 小时	100	100	10.88
6	浸水	雷管置于水中,浸泡 20 小时	50	100	11.05
7	威力	测量雷管炸穿 $\varnothing 35 \pm 1$、厚 5mm 铅板炸孔	50	100	最大炸孔 11.68mm 最小炸孔 10.38mm 平均炸孔 11.27mm
8	测时	用火帽引爆导爆管,Ⅰ靶用光靶,Ⅱ靶用声靶,用 E305 时间频率计测时	50	100	最大时间 2.9ms 最小时间 2.2ms 平均时间 2.4ms
9	贮存	1977 年 4 月生产,1980 年 11 月起爆	100	100	
		1977 年 4 月生产,1980 年 11 月起爆	54	100	
10	群爆	用 1 发 8 号纸壳工程雷管带 6~8 发产品,用医用胶布绑扎	1 000	100	

各种性能试验结果说明,塑料导爆管式无起爆药雷管结构稳定、作用可靠、威力大,各项性能满足军、民用矿山爆破要求。

3. 影响雷管性能的各种主要因素

(1)炸药性能

猛炸药由冲击波起爆,冲击波到达猛炸药界面上的爆速越大,猛炸药起爆越容易,到达猛炸药界面上的爆速小于临界爆速时,猛炸药不能起爆。在无起爆药雷管中,塑料导爆管的稳定爆速是 1950m/s,比较小,因此要求装填雷管的猛炸药应具有临界爆速小、爆轰感度好、爆轰成长期短的性能,即能被塑料导爆管可靠起爆。炸药被起爆之后,爆轰能够较快成长达到稳定爆轰。太安、黑索今等常用炸药经过磨碎工艺,也可以降低临界爆速,但其缺点是:磨碎工艺较危险;磨碎后的炸药粒子太细,流散性差,难以装药,还易产生静电。662 炸药性能可较好满足无起爆药雷管装药要求,其爆速高,生产工艺简单,材料来源广泛,成本低。

(2)引爆管壁厚

猛炸药的爆轰成长应该是在雷管装药的前一部分完成,在爆轰成长阶段,管壳强度对猛炸药爆轰成长很有影响。根据一般经验,管壳较厚(即强度较大),炸药爆速成长期短;管壳较薄时,由于管壁破裂,稀疏波入侵,会延长爆速成长期,也可能发生不完全爆轰,因而降低雷管起爆能力或半爆。在无起爆药雷管中,引爆管壳是处在爆轰成长阶段,其壁的厚度更为关键。我们曾用铝质薄壁与钢质厚壁引爆管作了对比实验,结果见表11.8。

表 11.8   铝质薄壁与钢质厚壁引爆管的爆轰对比实验

引爆管		实验数量(发)	实验结果
材料	壁厚(mm)		
铝	0.33	10	全部半爆
钢	0.47	150	100%爆轰
钢	0.857	100	100%爆轰

引爆管中,压装662炸药的高度在14~16mm左右,松装炸药高度在4~6mm左右,总高度在18~22mm左右,足以保证662炸药爆轰成长所需药柱高度。当爆轰达到稳定爆速后,虽然爆炸气体的压力远远大于管壳强度,但这时管壳强度对爆速已没有什么影响,因此在炸药柱部分强度较差的薄壁雷管壳,不影响爆轰,相反有利于产生较大的输出能量。

(3)引爆管中炸药装药密度

根据炸药理论,炸药装药密度小,则其临界爆速小,爆轰感度高,爆轰成长期短。因此,在引爆管中662炸药压药压力不宜过大(即装填密度不能过大)。实验结果(表11.9)表明,当引爆管中压药压力大于500kg/cm^{2}时,即出现半爆。

表 11.9   压药压力对雷管性能的影响

压药压力(kg/cm^2)	实验数量(发)	实验结果		备注
		爆轰率(%)	5mm铅板炸孔	
125	50	100	10.76	
200	50	100	11.27	
300	50	100	11.28	16发半爆
400	50	100	11.17	4发拒爆
500	50	60	10.49	

(4)黏合剂

为解决结晶单质662炸药粉末多,流散性差,难以实现群模计量板装药的问题,可在662炸药中加入黏合剂进行造粒。但黏合剂的加入会使662炸药的临界爆速提高,爆轰感度降低,也会延长爆速成长期。为此,对几种常用黏合剂及其含量对雷管性能的影响做了试验(表11.10)。结果表明,不同的黏合剂影响程度不一样,对于同一黏合剂,其含量越少,影响也越小。由表11.10可见,聚乙烯醇缩丁醛和聚醋酸乙烯酯都可满足要求,但因后者所用溶剂醋酸丁酯气味大,影响操作人员健康,故选用聚乙烯醇缩丁醛作黏合剂,含量在0.2±0.05%。

表 11.10   黏合剂对雷管性能的影响

黏合剂名称	黏合剂含量(%)	数量(发)	实验结果		备注
			爆轰率(%)	5mm铅板炸孔	
虫胶	2	10	90	11.21	半爆1发
酚醛树脂	2	50	94		半爆3发
聚乙烯醇缩丁醛	0.25	50	100	11.10	
聚乙烯醇缩丁醛	1.0	535	99	11.60	瞎火5发
聚醋酸乙烯酯	0.5~1	100	100	11.67	

（5）传火孔口部加绸垫及硝棉漆

雷管口部加绸垫或涂以硝棉漆，使雷管拒爆率增加。实验结果见表 11.11。

表 11.11　加绸垫或涂硝棉漆对雷管性能的影响

传火孔口部情况	导爆管爆速（m/s）	数量（发）	实验结果
加绸垫	1 650	5	绸垫打碎，5 发全部拒爆
涂 4% 浓度硝棉漆	1 650	20	硝棉漆层打掉，其中 6 发拒爆，第二次全部起爆
涂 4% 浓度硝棉漆	1 950	50	全部爆轰

由于塑料导爆管给出的能量是一种低爆速冲击波，作用于雷管时间很短，所以当口部增加一层惰性物质时，将使冲击波发生反射和迅速衰减。由表 11.11 可见，用 1 650m/s 的导爆管起爆，雷管的起爆率很低。用 1 950m/s 的导爆管起爆，虽然 50 发全部爆轰，但为了保险起见，我们也不用绸垫和涂漆。对于在口部不加绸垫或涂漆的雷管，紧口以后，经震动和防潮性能实验，性能均很好，同时还简化了生产工艺。

4. 生产工艺流程图

塑料导爆管式无起爆药雷管工艺流程图如图 11.16 所示。

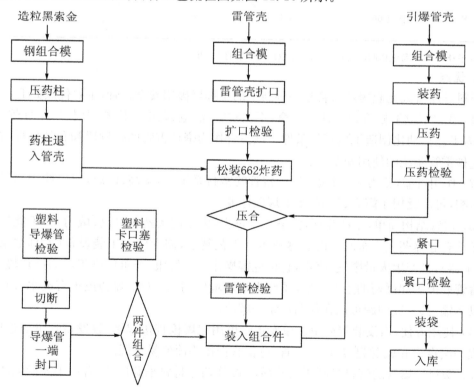

图 11.16　塑料导爆管式无起爆药雷管工艺流程图

5. 662 炸药与起爆药摩擦感度比较

用江西轴承厂生产的滑柱，在摩擦感度仪上测定 662 炸药与常用几种起爆药的摩擦感度。每批试验 25 发，每发 20mg 试样，实验结果见表 11.12。从摩擦感度测试结果看，单质

662 炸药的摩擦感度远远低于所有常用起爆药,因此,用它代替起爆药增加了雷管装配、使用的安全性。

表 11.12　662 炸药与起爆药摩擦感度比较

序号	试样名称	摆角(度)	表压(kg/cm²)	发火率	结果(%)
1	粉末氮化铅	80°	6	100	100
2	结晶 THPC	80°	6	96	96
3	沥青 THPC	80°	6	76	76
4	D·S 共晶	80°	6	74	74
5	加防静电剂 D·S 共晶	75°	6	36 / 24	30
6	单质 662 炸药	75°	60	0 / 0	0
7	加防静电剂 D·S 共晶	80°	8	64 / 48	56
8	单质 662 炸药	83°	8	8 / 4	6

注:序号 5~8 组每组作两次实验,最后结果取两组结果的平均值

6. 优点

塑料导爆管式无起爆药雷管是一种新型的工程爆破用安全雷管,主要优点如下:

(1)生产、运输、贮存以及使用安全,不受雷电、静电、杂散电影响,从根本上杜绝了早爆事故,为工艺自动化创造了良好的条件。该雷管作为毫秒雷管的瞬发段和孔外传爆雷管,增加了毫秒雷管系统的使用安全性。

(2)作用可靠,威力大,用途广泛。雷管的密封系统好,耐高、低温,所以使用不受天气、环境影响,可广泛用于露天、井下、水下爆破作业。

(3)雷管结构简单,生产简便,污染少。过去,由于起爆药感度高、威力大,不能运输,雷管厂必须有起爆药生产车间。而起爆药生产工艺复杂,需专门的工装设备(如真空泵、化合器、烘干器),且产生大量废气、废水,直接危害操作工人健康,严重污染工厂周围环境。无起爆药雷管取消了起爆药的生产,减少了废水对环境的污染。662 炸药虽也有废水,但 662 炸药可以运输,其三废问题可以在炸药厂统一解决。

(4)使用方便,击发装置简单。单发雷管可用起爆枪直接起爆,数发雷管可通过网路连接实现一次点火和成群起爆,比火雷管、电雷管操作均简便易掌握。

(5)塑料导爆管的管材是高压聚乙烯,662 炸药原材料来源广泛,有利于大量生产。

11.6　雷管的性能测试

11.6.1　飞片雷管与工业雷管的输出能量

工业雷管一般用二硝基重氮酚(DDNP)作为起爆药。但 DDNP 在生产过程中会产生大量有毒废水,对生产人员造成健康危害且污染环境,又因 DDNP 机械感度较高,在生产、使用、运输和贮存工业雷管时容易出现安全事故。新型的无起爆药雷管——飞片雷管,完全采用黑索今(RDX)装药,在生产和使用中无污染,安全性能好。通过铅板穿孔、起爆钝感炸药及水下爆炸能量测试等 3 个试验,定性、定量地测定飞片雷管和工业雷管的输出能量并比较两者的测量结果。

1. 雷管的装药结构

工业雷管的装药结构和飞片雷管的装药结构分别见图 11.17 和图 11.18。飞片雷管与工业雷管输出端的头遍、二遍装药相同,仅起爆药剂不同。工业雷管为 DDNP,飞片雷管采用敏化黑索今。两种起爆药剂的能量不同:DDNP 的爆热为 5 852kJ/kg;黑索今爆热:6 025kJ/kg。经计算可知,与 0.3gDDNP 能量相当的 RDX 为 0.291g 。

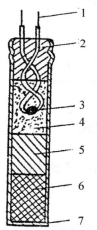

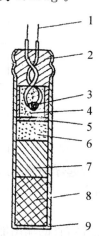

图 11.17　工业雷管的装药结构图
1—爆破线;2—封口塞;3—引火头;
4—起爆药(DDNP);5—传爆药(RDX)
6—主装药(RDX);7—雷管外壳

图 11.18　飞片雷管的装药结构图
1—爆破线;2—封口塞;3—引火头;
4—点火药(RDX);5—内管;6—起爆药剂(RDX)
7—传爆药(RDX);8—主装药(RDX);9—外壳

2. 雷管的起爆机理

(1) 工业雷管的起爆机理

工业雷管起爆过程如图 11.19 所示。引火头点燃起爆药,起爆药产生自加速反应,由燃烧到爆轰,如图中 A 段,并以较弱冲击波和燃烧气体引爆传爆药。传爆药爆速变化快,如图中 B 段,处于爆轰成长段,最后达到自身稳定爆速,以较强冲击波引爆主装药。主装药经过极短时间的爆轰成长阶段,达到自身稳定的高速爆轰,如图中 C 段。

（2）飞片雷管的起爆机理

飞片雷管中内管产生的高速飞片撞击在起爆药剂黑索今上,炸药局部产生热点。若热点温度足够高,经过延滞期后产生局部爆炸反应。放出的热量补充并加强了冲击波,这样不同温度、不同延滞期的局部爆炸、不同时间的冲击波形成更多热点,使得起爆药剂完全爆轰,以强冲击波引爆传爆药、主装药,最后达到稳定的强爆轰。

3. 雷管的起爆能力及相关因素

雷管起爆能力的研究是一个复杂的问题。通常可把雷管的能量输出简化为 3 个要素,冲击波、碎片和热爆炸气体。具体条件下各要素的作用有所侧重。比如,雷管与炸药直接接触以冲击波为主,有间隙时以碎片为主。而爆炸气体只在破壳后才对起爆对象有压缩(冲击波)和热作用。雷管凹底有金属流形成,但只在一定距离外,才能有起爆作用。

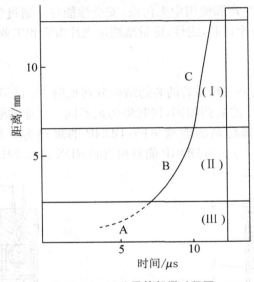

图 11.19　工业雷管起爆过程图

Ⅰ—主装药；Ⅱ—传爆药；Ⅲ—起爆药

在铅板穿孔和起爆钝感炸药的实验中,雷管和炸药直接接触,因此,考虑雷管的能量输出应以冲击波为主。

4. 试验

为了测量飞片雷管的输出能量,与 8 号工业雷管进行起爆能力的比较,飞片雷管采用总药量为 1.0g、0.9g、0.8g 三种装药。用分析天平称药,装入覆铜壳内,放入压模内用杠杆压力机压药,以保证药量准确,密度一致。各样品装药条件如表 11.13。

表 11.13　各样品装药条件

样品	名称	总药量(g)	头遍药 RDX(g)	二遍药 RDX(g)	三遍药 RDX(g)	四遍药 RDX(g)
0	工业雷管	1.0	0.35	0.35	0.3DDNP	—
1		0.8	0.25	0.25	0.25RDX	0.05
2	飞片雷管	0.9	0.30	0.30	0.25RDX	0.05
3		1.0	0.35	0.35	0.25RDX	0.05

注：装药密度头遍 $1.66g/cm^3$,二遍 $1.43g/cm^3$,三、四遍散装。

（1）铅板穿孔试验

按 GJB736.5-89 进行试验，每样品测 10 发，用游标卡尺测量铅板穿孔的直径，数据见表 11.14。

表 11.14　铅板穿孔试验　　　　　　　　　　　　单位：mm

样品	1	2	3	4	5	6	7	8	9	10	平均值 x	极差 d
0	11.3	10.7	11.7	10.9	10.5	11.2	11.0	9.8	10.8	10.8	10.87	1.9
1	11.4	12.1	12.1	11.8	11.8	10.8	12.5	12.1	11.9	11.5	11.80	1.7
2	12.2	12.5	10.5	12.5	12.1	12.9	12.7	11.6	12.1	12.5	12.17	2.4
3	12.7	12.7	13.3	12.9	11.9	12.3	12.7	12.7	13.0	12.4	12.66	1.4

（2）起爆钝感炸药

在梯恩梯中混入一定比例的滑石粉制备钝感炸药。滑石粉起钝感作用，含量越多，炸药越钝感，则要求起爆它的能量越高。钝感炸药的制备方法：梯恩梯用 60 目筛全部过筛，医用滑石粉干燥后用 100 目筛全部过筛。过筛后的梯恩梯和滑石粉按不同比例混合，制成药卷直径 24.5mm 的钝感炸药。

过筛后的梯恩梯和滑石粉首先按 5％、10％、15％、20％、25％、30％、35％、40％的滑石粉含量配制炸药进行试验。结果表明 25％以下各种样品全部引爆，而 30％以上各样品均不能起爆，因此我们把炸药中滑石粉含量定在 25％~30％之间进行试验。

为判断炸药是否被样品引爆，可以在药卷尾端插一段 100mm 长的导爆索，其下垫一块铝板。若炸药被引爆，则能引爆导爆索，并在铝板上留下爆痕，否则没有爆痕。装置如图 11.20 所示。各样品引爆结果列于表 11.15。

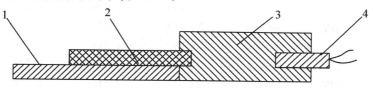

图 11.20　起爆钝感炸药装置图

1—铝板；2—导爆索；3—药卷；4—雷管

表 11.15 各样品引爆结果

钝感炸药类别	工业雷管				飞片雷管		
滑石粉％	1	2	3	样品号	1	2	3
				1	×	×	×
26	×	×	×	2	×	×	×
				3	×	×	×
				1	×	√	√
27	×	×	√	2	×	×	√
				3	×	×	×
				1	√	√	√
28	√	√	√	2	√	√	√
				3	×	×	√
				1	√	√	√
29	√	√	√	2	√	√	√
				3	√	√	√

注：×表示钝感炸药被引爆，√表示不爆。

（3）水下爆炸能量测试

① 原理

铅板穿孔和钝感炸药法，仅能对雷管的能量输出作定性比较。而水下爆炸能量测试法可定量测出各雷管的起爆能量。

雷管在水下爆炸输出能量包括冲击波能和气泡能。用一传感器测定雷管在水下爆炸时产生的冲击波和气泡脉动，先后测出冲击波压力以及气泡的脉动周期，经微机处理，得到冲击波比冲能 E_s、比气泡能 E_b，计算出雷管水下爆炸的总能量 E_t。公式如下：

$$E_t = K_f(\mu E_s + E_b) \tag{11.5}$$

式中 K_f——装药形状系数；

　　 μ——冲击波衰减系数。

② 试验方案

试验时，把被测样品固定在测试架上，距离传感器（爆心距）0.5m，放入水下约 2m 处，水池直径 2.5m，高 3m，用厚 10mm 钢板卷制。测试前先用标准雷管校正传感器。

测试条件如下：$\rho_0 = 1.26 \text{g/cm}^3$，$R = 0.5\text{m}$，水深 $d = 2\text{m}$，大气 $P = 1.873\text{Mpa}$，$\theta = 4\mu\text{s}$，$\mu = 1.92$。测试结果见表 11.16。水下测试结果换算成单发雷管能量对比见表 11.17。

表 11.16　水下爆炸能量测试结果

样品号	序号	P_m(MPa)	T_b(ms)	E_s(MJ·kg^{-1})	E_b(MJ·kg^{-1})	E_t(MJ·kg^{-1})
	1	10.361	25.962	1.318	1.861	4.391
0	2	10.308	25.743	1.326	1.850	4.357
	平均值	10.335	25.718	1.322	1.856	4.374
	1	10.010	25.242	1.411	2.193	4.093
1	2	9.834	24.992	1.418	2.129	4.850
	平均值	9.922	25.117	1.415	2.161	4.876
	1	11.239	25.893	1.477	2.104	4.939
2	2	11.064	25.993	1.440	2.129	4.893
	平均值	11.152	25.943	1.459	2.117	4.916
	1	11.425	26.642	1.492	2.063	4.928
3	2	12.293	26.393	1.513	2.006	4.911
	平均值	11.854	26.518	1.503	2.035	4.920

表 11.17　水下测试结果换算成单发雷管能量对比结果

样品号	0	1	2	3
E_s(kJ·发$^{-1}$)	1.322	1.132	1.313	1.503
E_b(kJ·发$^{-1}$)	1.856	1.729	1.905	2.035
E_t(kJ·发$^{-1}$)	4.374	3.901	4.424	4.920

（4）结果与讨论

① 铅板穿孔结果讨论

由表 11.14 知，铅板穿孔的孔径大小顺序为：3 号（12.66mm）＞2 号（12.17mm）＞1 号（11.80mm）＞0 号（10.87mm）。

铅板穿孔试验的依据为雷管的机械破坏力与雷管的起爆能力成正比。那么，穿孔直径

3 号＞2 号＞1 号的次序是合理的。因为它们的起爆方式与装药密度均相等,仅装药量不同,装药量的大小顺序为 3 号＞2 号＞1 号,故起爆能力也应为 3 号＞2 号＞1 号。但 1 号＞0 号的穿孔直径,则有些反常。这与钝感炸药法及水下爆炸能量测试法均相悖,可能是 1 号雷管的飞片起爆方式使得轴向冲击波速度比工业雷管大的缘故。

② 起爆钝感炸药法结果讨论

由表 11.15 知:起爆钝感炸药的能力次序为:3 号 ＞ 2 号(≈0 号)＞1 号。起爆钝感炸药的能力是雷管输出能量的一种表现。从理论上讲各样品起爆钝感炸药的能量应与其起爆能力相对应。试验结果表明各样品起爆钝感炸药的能力次序是合理的。

③ 水下爆炸结果讨论

由表 11.17 的数据知冲击波能 E_s:3 号＞0 号＞2 号＞1 号(0 号比 2 号的 E_s,仅大 0. 01 kJ·发$^{-1}$,可认为两者的冲击波能相似);气泡能 E_b:3 号＞2 号＞0 号＞1 号;总能量输出 E_t 为 3 号＞2 号＞0 号＞1 号。

飞片雷管优于高速飞片起爆,初始冲量大,起爆药剂黑索今的爆速比二硝基重氮酚高,使得飞片雷管的爆轰成长期短。

因此,各样品冲击波压力峰值 P_m 的大小顺序为 3 号＞2 号＞0 号＞1 号是合理的。

雷管的冲击波能 $E_S = P^2 \cdot \tau$,这里 τ 为冲击波的作用时间,它受装药量的影响。因为各样品的装药量大小顺序为 3 号(＝0 号)＞2 号＞1 号,必然各样品的 τ 值大小顺序为 3 号(≈0 号)＞2 号＞1 号。药量的增加也使侧向冲击波能明显增加。

雷管的气泡能由爆炸气体产物量所决定。二硝基重氮酚是负氧平衡,爆炸时产生大量的炭颗粒,而黑索今几乎全部生成气体产物。DDNP 爆炸方程式:

$$C_6H_2O_5N_4 \longrightarrow 4CO + 2C + H_2O + 2N_2 + Q_1$$
$$C_6H_2O_5N_4 \longrightarrow 2CO_2 + 4C + H_2O + 2N_2 + Q_2$$
$$C_6H_2O_5N_4 \longrightarrow 2CO_2 + CO + 3C + H_2 + 2N_2 + Q_3$$

RDX 的爆炸方程式如下:

$$C_3H_6N_3(NO_2)_3 \longrightarrow 1.5CO_2 + 1.5CO + 1.5H_2O + 1.5H_2 + 3N_2 + Q$$

4 种样品气体产物的总量计算列于表 11.8。

表 11.18　气体产物比较

样品	药量(g)	药量(mol)	气体产物(mol)	气泡能(kJ . 发$^{-1}$)	T_b(ms)
0	0.3DDNP	0.001 43	0.035 52	1.856	27.718
	0.7RDX	0.003 15			
1	0.8RDX	0.003 60	0.032 43	1.729	25.117
2	0.9RDX	0.004 05	0.036 49	1.905	25.943
3	1.0RDX	0.004 50	0.040 54	2.035	26.518

各种样品气体产物量大小顺序:3 号 ＞ 2 号 ＞ 0 号 ＞ 1 号,因而气泡能大小顺序为 3 号 ＞ 2 号 ＞ 0 号 ＞ 1 号是必然的。

雷管的爆炸总能量 $E_t = K_f(\mu E_S + E_b)$。由表中各样品的 E_s、E_b 大小,计算出总能量 E_t 次序:3 号＞2 号＞0 号＞1 号是合理的。

飞片雷管与工业雷管在装药直径、炸药细度、外壳状况和装药密度等 4 个方面是相同的。但起爆药剂不同,前者为 RDX,后者为 DDNP。由 RDX 和 DDNP 的爆热和比容对比知,RDX 的爆热大于 DDNP,RDX 爆速大于 DDNP。因此飞片雷管输出冲击波参数高于工业雷管,亦可说明 2 号飞片雷管较之工业雷管的输出能量大的结论。

综上所述,飞片雷管(1g 药量)输出的冲击波能、气泡能和总能量都大于工业雷管(1g 药量);飞片雷管(0.9g 药量)输出气泡能和总能量都大于工业雷管(1g 药量);飞片雷管(0.8g 药量)输出的冲击波能、气泡能和总能量都最小,其起爆能力也最弱。因此,在基本条件(如装药量、壳材料、装药密度、装药直径、炸药细度)相同的情况下,当正常爆轰时,该类飞片雷管的总输出能量大于工业雷管,即起爆能力大于工业雷管。

11.6.2 雷管破片速度

雷管轴向飞片速度与其起爆能有很大的关系,尤其是随距离增加爆炸气体作用减弱。空中爆炸时,雷管以破片作用为主。

自 1974 年以来,W. G. Schmack 报道了雷管轴向飞片速度的测试方法。后来 W. E. Voreck 用靶线法也进行了雷管轴向飞片速度研究,不过他研究的装置是用来测试针刺雷管破片速度的,其主要特点是在雷管端面黏一块薄钢片,以起"整形化"作用,同时对雷管自身产生的底飞片运行有一定的干扰。

飞片技术不仅可用作起爆机理的研究,而且可能发展为测定冲击波感度的一种标准方法。雷管与炸药界面爆轰的传递,管壳飞行起重要作用。1975 年,A. C. Schwarz 介绍了以电爆箔加速飞片测冲击感度的方法,其起爆能量以 $P^2\tau$ 表示。式中 P 为破片在炸药中造成的冲击波压力,τ 为冲击波在破片中来回的时间,P 决定于飞片速度,而飞片速度又视雷管药的威力而定。

M. L. Schimmel 介绍了 QUEST 方法,认为在雷管-炸药界面上施主提供的能源应在施主与受主的各种耦合条件下,考虑爆炸气体和飞片的综合起爆作用。其试验的主要结论为:气体物在 7.0mm 处迅速衰减,不能起爆受主炸药,而破片在 76mm 处还可起爆受主药。在间隙为 12.7mm 时,只考虑破片的作用,破片与气体能量分布示意图见图 11.21。

1. 测试装置

矿用雷管底飞片速度简易测管装置见图 11.22。

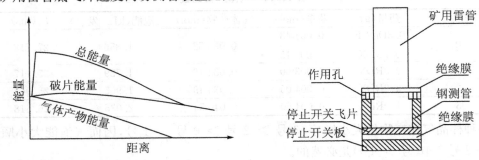

图 11.21 破片和气体能量分布示意图　　**图 11.22 简易测管法测试装置示意图**

第一开关由爆炸气体接通,第二开关由底片击穿绝缘膜接通。用测时精度为 1ns 的"EE3570 精密测时仪"记录时间。根据单次测量误差估计方法,得出最大误差传递公式:

$$\left|\frac{\Delta U_{\mathrm{f}}}{U_{\mathrm{f}}}\right|=\left|\frac{\Delta l}{l}\right|+\left|\frac{\Delta t}{t}\right| \qquad (11.6)$$

式中 ΔU_{f}——测量速度的绝对误差;

　　　U_{f}——底片飞行距离;

　　　t——底片飞行时间;

　　　Δl——装置长度误差;

　　　Δt——测时仪精度。

又 $t=l/U_{\mathrm{f}}$

所以
$$\left|\frac{\Delta U_{\mathrm{f}}}{U_{\mathrm{f}}}\right|=\left|\frac{\Delta l}{l}\right|+|\Delta t|\frac{U_{f}}{l}$$

$$=\frac{1}{l}(\,|\,\Delta l\,|+U_{\mathrm{f}}\,|\,\Delta t\,|\,) \qquad (11.7)$$

在测量底飞片速度时, $l=31.04\mathrm{mm}$, $\Delta t=\pm 1\mathrm{ns}$,测长游标卡尺精度为 $0.02\mathrm{mm}$,考虑装置安放不平整性取 $\Delta l=0.05\mathrm{mm}$,则底飞片速度为 $100\mathrm{m/s}$ 时,其系统精度为

$$\left|\frac{\Delta U_{\mathrm{f}}}{U_{\mathrm{f}}}\right|=\frac{1}{31.04\times 10^{-3}}(0.05\times 10^{-3}+1.0\times 10^{3}\times 1.0\times 10^{-9})$$

$$=0.16\%$$

底飞片速度为 $2\,000\mathrm{m/s}$ 时,其系统精度为

$$\left|\frac{\Delta U_{\mathrm{f}}}{U_{\mathrm{f}}}\right|=\frac{1}{31.04\times 10^{-3}}(0.05\times 10^{-3}+2.0\times 10^{3}\times 1.0\times 10^{-9})$$

$$=0.17\%$$

通过精度计算可知,简易测管系统精度可控制在误差小于 0.2% 水平。

因该方法有较高的系统精度,而且试验中观察到雷管底飞片为整体运动。所以可将底飞片近似看成一维流动,从而可结合一维反应流体力学程序 SIN 进行计算。这样可把雷管破片输出与计算机使用的数学模型联系起来。该测试方法既为自动化测试和数据处理创造了条件,也为定量检验方案的实施提供了测试手段。因而可作为矿用雷管起爆能力检测方法之一。

2. 结果与讨论

用上述简易测管装置在固定测距为 $31.04\mathrm{mm}$ 时,对 4 种矿用雷管测试了底飞片速度,原始时间记录见表 11.19。根据 $U_{\mathrm{f}}=l/t$ 可计算底飞片速度,结果见表 11.20。

底飞片速度测试结果存在一定离散性,可按下述原因解释:

(1) 生产工艺条件控制因素的影响,在雷管的生产过程中,由于装药量和装药条件(如装药密度和装药长度)存在的误差,导致雷管燃烧转爆轰的过程不同,从而造成冲击波、高温高压爆炸气体产物作用在底飞片上的能量不同。

(2) 试验收集到的雷管底飞片可以看出,其形状和大小有差别。有平面圆片状,也有球冠状等。底飞片的质量也略有不同,同样会导致所测底飞片速度值分散。

表 11.19　覆铜壳矿用雷管底飞片运行时间

序号	6号瞬发电雷管 (有起爆药)(μs)	8号瞬发电雷管 (无起爆药)(μs)	6号三段毫秒电雷管 (有起爆药)(μs)	6号五段毫秒电雷管 (有起爆药)(μs)
1	14.087 5	13.639 3	14.332 4	14.154 5
2	14.542 4	14.785 2	14.201 4	12.236 2
3	14.046 7	15.163 2	12.638 6	15.243 3
4	15.056 2	12.832 6	11.590 4	13.016 9
5	16.672 5	12.226 2	15.101 5	12.221 3
6	14.746 1	15.602 6	15.577 3	13.554 5
7	15.931 5	15.298 3	13.190 4	15.324 3
8	14.679 5	15.417 7	15.703 1	13.666 1
9	16.147 6	15.326 4	13.478 7	13.154 2
10	16.211 2	13.971 0	15.074 0	14.226 3
平均值 t	15.212 1	14.426 3	14.021 6	13.679 8
标准差 s	0.949 9	1.193 3	1.352 3	1.086 1

注：$\bar{t} = \dfrac{1}{n}\sum\limits_{l=1}^{n} t_l$，$s = \sqrt{\sum\limits_{l=1}^{n}(t_l - \bar{t})^2/(n-1)}$

表 11.20　覆铜壳矿用雷管底飞片速度实测值

序号	6号瞬发电雷管 (有起爆药) (mm·μs⁻¹)	8号瞬发电雷管 (无起爆药) (mm·μs⁻¹)	6号三段毫秒电雷管 (有起爆药) (mm·μs⁻¹)	6号五段毫秒电雷管 (有起爆药) (mm·μs⁻¹)
1	2.203 4	2.275 8	2.165 7	2.192 9
2	2.134 4	2.099 4	2.185 7	2.536 7
3	2.209 8	2.047 1	2.185 7	2.036 3
4	2.061 6	2.418 8	2.678 1	2.384 6
5	1.861 7	2.538 8	2.055 4	2.539 8
6	2.105 0	1.989 4	1.992 6	2.290 0
7	1.948 3	2.029 0	2.353 2	2.025 5
8	2.114 5	2.013 3	1.976 7	2.271 3
9	1.922 3	2.025 3	2.302 9	2.359 7
10	1.914 7	2.221 7	2.059 3	2.181 9
U_f	2.047 6	2.165 9	2.222 5	2.281 7
s	0.126 4	0.191 4	0.225 6	0.180 2

注：$\bar{U}_f = \dfrac{1}{n}\sum\limits_{l=1}^{n} U_f$，$s = \sqrt{\sum\limits_{l=1}^{n}(U_f - \bar{U}_f)^2/(n-1)}$

（3）管壁材料的均匀性及壳体加工过程的影响。管壳质量影响雷管装药的爆炸效果，其破坏程度对底飞片速度的测试值也有影响。

（4）测试底飞片速度用的测管装置安放的不平整及作用孔与雷管安放是否对正等，也会使测试值离散。

雷管底飞片速度测管系统精度分析和实测结果表明，该方法具有一定的可信度和区分度，可以用来进行雷管设计与性能检验。

11.6.3　煤矿许用电雷管管壳与瓦斯安全性关系

煤矿许用电雷管与普通工业电雷管相比，除了应具有快速完成燃烧转爆轰过程和可靠起爆炸药能力外,还应具有较好的瓦斯安全性。所以,研究雷管管壳对瓦斯安全性的影响是选择新的壳体材料之主要依据。系统地考察和研究雷管管壳的材质、厚度、表面处理层及结构对瓦斯安全性的影响,为研制和应用钢管壳煤矿许用电雷管提供了依据。

1. 实验方法

实验同时采用了瓦斯安全性试验和爆炸火焰拍摄、爆炸火焰持续时间测试 3 种测试手段,分别见图 11.23、图 11.24、图 11.25,其中爆炸火焰大小用 $H \times D$ 形式表示。

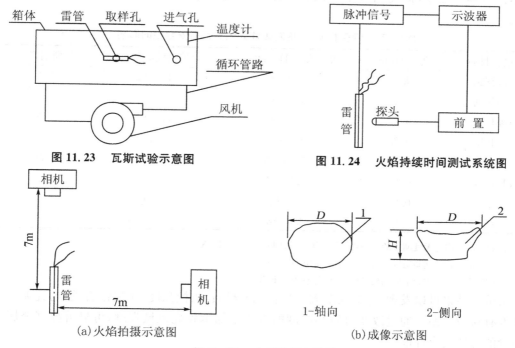

图 11.23　瓦斯试验示意图

图 11.24　火焰持续时间测试系统图

（a）火焰拍摄示意图　　　　　　　（b）成像示意图

图 11.25　火焰拍摄方法图

实验选择了覆铜管壳、铜管壳、纸管壳、08F 铜管壳、11F 铜管壳及 08F 退火处理钢管壳,采用相同的装配工艺,加大装药量制成成品雷管,加大雷管装药量的目的在于增加瓦斯安全性试验的可比性。

2. 实验结果及分析

（1）管壳材质、厚度对瓦斯安全性的影响

典型的雷管爆炸火焰照片见图 11.26,管壳材质、厚度对爆炸火焰、瓦斯安全性影响的实验结果见表 11.21。

（a）侧面　　　　　　　　　　　　（b）正面

图 11.26　典型的雷管爆炸火焰照片图

　　根据拍摄的爆炸火焰照片,无论是发蓝钢管壳雷管,还是覆铜钢管壳或钢管壳雷管,爆炸时空气中都没有飞散碎片的燃烧光迹,唯有这些碎片碰到附近刚性物体时才形成火花。铜管壳碎片的火花最小,覆铜钢和发蓝钢碎片的火花大小没有明显区别。

　　由表 11.21 可见,同一钢材的管壳,随着厚度增加,爆炸火焰及火焰持续时间减小,瓦斯安全性提高;不同钢材质的管壳,机械强度大的爆炸火焰小,瓦斯安全性好;延展性好的金属管壳,虽爆炸火焰小,但瓦斯安全性没有明显改善,这说明爆炸火焰不是引燃瓦斯的唯一因素。

表 11.21　管壳材质、厚度对爆炸火焰和瓦斯安全性的影响

钢管材质	厚度(mm)	火焰大小 H×D(cm)	火焰持续时间(μs)	瓦斯引燃率
覆铜钢	0.25	4×12	58~65	2/20
11F 钢	0.25	4.5×12	56~65	2/20
08F 钢	0.25	8×19	55~64	5/20
08F 钢	0.28	5.5×13	52	4/50
08F 钢	0.35	5×12.5	40~42	2/50
08F 钢退火	0.25	7.5×17	55~59	8/20
铜	0.25	5×12	58~68	4/20
纸	1.00	20×28		8/20

注:(1) 雷管均为无延期体的一段管,装药为 0.30gDDNP,0.68gRDX;

　　(2) 瓦斯巷道试验温度均为 20℃,甲烷浓度为 9±0.3%;

　　(3) 除纸壳外均为平底结构,纸壳雷管加有少量 KCl。

　　从试验结果可以发现,爆炸火焰大小与管壳的材质、机械强度、延展性有关,与瓦斯安全性能没有对应关系。通过改变材质和厚度的方法增加钢管壳机械强度,可显著提高金属管壳雷管的瓦斯安全性能。

　　(2) 表面处理层和平凹结构对瓦斯安全性的影响

　　雷管管壳表面处理层和底部平凹结构对雷管瓦斯安全性的影响分别见表 11.22 和表 11.23。

　　根据爆炸火焰照片,主装药为 0.42gRDX 的凹底雷管可以形成十分明显的聚能射流,当加大 RDX 装药量后,聚能射流变短,但明显可见爆炸火焰面积和火焰持续时间随药量增大而增加的趋势。由表 11.22 可知,瓦斯安全性随药量增加而迅速下降,且凹底结构比平底结构的瓦斯引燃率稍高。由于平、凹底结构雷管在实际使用中对起爆能力没有显著影响,因此,从瓦斯安全性角度考虑,煤矿许用雷管最好采用平底结构。

　　从表 11.23 可见,同一材质不同表面处理层对雷管爆炸火焰及瓦斯安全性影响很小。所以,在防腐层选择时,无须过多考虑防腐处理层对雷管瓦斯安全性的影响。

　　通过 3 种实验方法从多个角度对煤矿许用电雷管瓦斯安全性的管壳影响因素进行了考察。结果表明,爆炸火焰不是引燃瓦斯的唯一因素,不能仅依据爆炸火焰大小判断雷管的瓦斯安全性能好坏。提高金属管壳的机械强度,可显著提高雷管的瓦斯安全性。

表 11. 22　雷管底部平凹结构对瓦斯安全性的影响

管底	RDX(g)	火焰大小 H×D(cm)	火焰持续时间(μs)	瓦斯引燃率
平	0.68	8×18	64	5/20
凹	0.68	7.5×18	62	7/20
平	0.42	6×15	40～45	0/50
凹	0.42	6.5×15	40～45	0/50

注:(1) 雷管的起爆药均为 0.30g DDNP;

　　(2) 雷管壳材质均为 08F 钢,厚度为 0.25mm;

　　(3) 瓦斯巷道试验温度均为 20℃,甲烷浓度为 9±0.3%。

表 11. 23　表面处理层对雷管爆炸火焰和瓦斯安全性的影响

表面处理层	火焰大小 H×D(cm)	火焰持续时间(μs)	瓦斯引燃率
未处理	8×17.5	58	7/18
电镀锌	7.5×18.5	62	7/18
电镀铜	7×18.5	61	8/20
法兰	7.5×18	62	7/20

注:(1) 雷管的起爆药为 0.30g DDNP,0.68g RDX;

　　(2) 雷管壳材质为 08F 钢,厚度为 0.25mm,凹底结构;

　　(3) 瓦斯巷道试验温度均为 20℃,甲烷浓度为 9±0.3%。

11.6.4　工业雷管引爆强度测定

对于雷管的输出试验,测定方法很多,一般是测量其冲击波压力峰值或猛度的大小。在我国,工业雷管的输出威力试验,最常见的是铅板穿孔试验,根据雷管爆炸对一定厚度铅板穿孔直径的大小来判断雷管对炸药的引爆强度。在科学研究中,也有使用凹痕试验(钢凹或铝凹试验)、霍普金森杆试验、钢球压缩、间隙试验等方法的。不同引爆强度的雷管,其作用时,在规定的试验炸药中产生的机械冲击效应,也可用标准铜柱受动压的形变程度来表示,即以某种规格铜柱的压缩量衡量被测雷管的引爆强度。

1. 测定理论

受压铜柱上活塞运动方程为

$$m\frac{\mathrm{d}^2\varepsilon}{\mathrm{d}t^2}=SP-R \tag{11.8}$$

式中 m——活塞质量;

　　ε——铜柱变形量;

　　S——活塞横断面积;

　　P——冲击波压强;

　　R——铜柱的阻力;

　　t——铜柱压缩时间。

设阻力曲线呈线性,R 仅是 ε 的函数,则有

$$R=a_0+a\varepsilon \tag{11.9}$$

式中 a_0——灵敏度;

　　a——强度系数。

将(11.9)式代入(11.8)式则为二阶微分方程

$$m \frac{\mathrm{d}^2\varepsilon}{\mathrm{d}t^2} = SP - a_0 - a\varepsilon \qquad (11.10)$$

由于(11.10)式的一般解不存在,考虑冲击波压力 SP 瞬时地作用于活塞上,则(11.10)式可变形为

$$\frac{m}{a} \frac{\mathrm{d}^2\varepsilon}{\mathrm{d}t^2} + \varepsilon = \frac{SP - a_0}{a} \qquad (11.11)$$

则得该二阶常系数线性非齐次方程的通解为

$$\varepsilon = \frac{SP - a_0}{a} + A\cos at + B\sin at \qquad (11.12)$$

式中 A、B——待定系数;

α——$\sqrt{a/m}$。

(11.12)式对 t 求导则得

$$\frac{\mathrm{d}\varepsilon}{\mathrm{d}t} = -Aa\sin at + Ba\cos at$$

当 $t=0$ 时,$\varepsilon=0$,$\frac{\mathrm{d}\varepsilon}{\mathrm{d}t}=0$ 代入(11.19)式可得到

$$A = \frac{SP - a_0}{a}, \quad B = 0$$

所以活塞运动方程为

$$\varepsilon = \frac{SP - a_0}{a} - \frac{SP - a_0}{a}\cos at$$

$$= \frac{SP - a_0}{a}(1 - \cos at)$$

2. 测定装置

如图 11.27 所示。

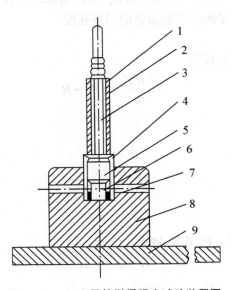

图 11.27　工业雷管引爆强度试验装置图

1—被测雷管;2—药筒;3—试验用炸药;4—导向纸筒;5—圆钢柱;
6—标准测压铜柱;7—定心环;8—击砧座;9—钢板

3. 试验用炸药柱的制备和压制

（1）晶体钝化 TNT 制备过程

① 称取 200g 军品片状 TNT，倒入夹套反应器中，用 180mL 丙酮和 230mL 乙醇作为溶剂混合。然后开动搅拌器，搅拌速度以全部 TNT 被搅动起来为准。

② 向夹套内通入温度为 70℃～75℃的热水，使反应器中料液升温到 50℃，TNT 全部溶解。

③ 将夹套内热水全部放出，溶液自然冷却至约 38℃时，有结晶析出。此时向夹套内通入温度约 20℃的水，继续搅拌直至料液温度降至 25℃时为止。放掉夹套内的水。

④ 将真空泵、滤瓶、滤液漏斗、缓冲瓶用橡胶管等连接成抽滤系统，把所得液晶混合物进行抽滤，同时用乙醇在滤液漏斗中冲洗晶体 TNT 直至颜色较白为止。

⑤ 将晶体 TNT 在常温下干燥 24h，过孔径为 1mm 的筛，取筛下物，其粒度分布见表 11.24 所示。

表 11.24　晶体 TNT 颗粒的粒度分布

筛孔径（mm）	＞0.8	0.8～0.71	0.71～0.59	0.59～0.50	0.50～0.30	0.30～0.10	＜0.10
百分数（%）	2	4	4	10	50	30	0

⑥ 将所得晶体 TNT 重量 3% 的石蜡油倒入量筒，并用 100mL 乙醚溶解均匀。将石蜡油、乙醚混合液均匀地淋洒在晶体 TNT 上，均匀搅拌 10～15min。

⑦ 将该混合物放置在排风橱内，待乙醚全部挥发，即制得晶体钝化 TNT。

（2）TNT 药柱的压制过程

专用压药柱装置见图 11.28。药柱压过以后，将底座旋下，再将退药柱底模装在底座位置，即可构成退药柱装置。

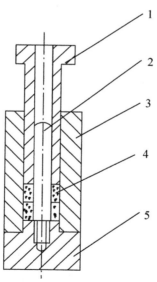

图 11.28　压药柱装置图
1—环形冲头；2—芯杆；3—压药筒；4—药柱；5—底座

装配压药专用模具，先把芯杆 2 旋入底座 5 中，再把压药筒 3 套在底座上，最后把装药漏斗套在压药筒上面，待装药。称取 1.875g 混合炸药，倒入专用模具，插入环形冲头 1，以 $375×10^5$Pa 压力压药，并保压 10s 时间。然后进行第二次装压药。为了防止药层界面断裂，允许在第一次压药后将药面用细铜杆略捣松后再进行第二次装药。

　　试验药柱只进行两次装压药,总药量为 3.75g。装压完毕后,按退药柱装置实施,在压力机上轻轻地将环形冲头压到底,药柱被压进退药柱底模内。从退药柱底模内倒出压制好的药柱,药柱表面应完整光滑,检查合格后,放入玻璃干燥器内备用。

复习思考题

1. 简述电雷管的分类。
2. 加强帽在雷管中的主要作用是什么?
3. 画出电雷管的基本结构图并说出各部分的作用。
4. 瞬发电雷管的作用原理是什么?
5. 试描述电雷管的制作流程。

第 12 章　国内延期雷管制造

12.1　延期电雷管概述

12.1.1　延期电雷管的种类及用途

延期电雷管就是通电后隔一段规定的时间才爆炸的雷管。延期雷管要若干"段"同时使用,各段延期时间不同,在同时通电后,各段就按一定的时间间隔顺序爆炸。

按照时间间隔的长短,延期电雷管分为秒延期电雷管、短秒延期电雷管及毫秒延期电雷管。秒延期电雷管各段间的时间间隔为 1s 以上;短秒延期雷管为 0.1～0.9s 之间;而毫秒延期电雷管则为几至几十毫秒。

在某些爆破作业中,为了提高其爆破效果,常采用分段爆破。分段爆破即要求炮眼中的炸药按一定顺序爆炸。这样可使前一炸药的爆炸为后一装药创造"自由面"。在掘进巷道中更需要"掏槽眼"、"底眼"、"帮眼"等有顺序的起爆,可消除一次全爆威力过大;也可消除分次爆破带来的工作效率低和减轻操作人员在恶劣条件下的劳动。在岩石爆破中,按顺序逐个起爆炸药,可使岩石向一定的方向飞落,即"定向爆破"。实现按顺序逐个起爆炸药,装药就要使用延期电雷管。

延期电雷管在通电发火后,电引火元件与起爆药之间的延期元件发挥作用,使各个电雷管按规定时间起爆,即第一发雷管爆炸后,第二发雷管爆炸,然后第三发……这样,第一发和第二、三……发雷管的延期时间是不同的。习惯上,第一发是瞬发电雷管叫一段,随后爆炸的叫二段,三段……以至几十段。

秒延期及短秒延期电雷管多用于岩巷、隧道掘进、采石、土方工程及其他露天爆破工程中,由于延期时间较长,有的结构还会喷出火焰,所以禁止在有瓦斯及煤尘危险的矿井使用。

毫秒延期电雷管是适应毫秒爆破而产生的。毫秒爆破也称微差爆破,一般认为有补充爆破作用、残余应力作用、产生附加自由面、减轻地震作用等优点。

毫秒延期电雷管也分为普通型及煤矿型,煤矿型称为煤矿许用毫秒延期电雷管,对沼气安全性要求与煤矿许用瞬发电雷管相同。煤矿许用毫秒延期电雷管除对沼气安全性要求外,对总的延期时间也有要求。这个时间,各国规定不尽相同,而且也随具体的条件而变化,我国建议控制在 130ms 以内。

以前我国煤炭系统各厂多生产 8 号纸壳秒延期电雷管、8 号纸壳毫秒延期电雷管及 6 号覆铜壳毫秒延期电雷管。所以本章只介绍以上 3 个品种的生产工艺,其他品种的延期电雷管生产工艺与此相似。

12.1.2　延期电雷管的延期元件

延期电雷管的延期时间是由装于雷管内部的延期元件(延期体)来控制的。延期元件的结构有各种形式,常见的有导火索式、直填式(药柱式)、延期内管式、单芯铅管式及多芯铅管式等。

1. 导火索式

这种延期元件是将黑火药或延期药为药芯,卷制成导火索,然后按秒量要求,切成一定长度的索段,装入雷管内。这种元件的优点是加工较简单,成本低。但药芯密度较小,且不易控制,燃速精度较差,多用于制作秒延期及短秒延期电雷管。目前我国秒延期电雷管多采用以黑火药为药芯的导火索延期元件。

2. 直填式

直填式是将黑火药或延期药直接装入雷管内,加压成延期药柱;这种结构制作简单,成本低,但压药密度较小,制毫秒延期雷管秒量精度较低,国内有的厂家采用氯酸钾、木炭为延期药,用直填式制作半秒延期电雷管,质量较好。

3. 延期内管装药式

这种延期元件是将延期药装入一个直径稍小于雷管内径的铜制内管中加压,然后与电引火元件装配成延期内管,然后再与延期雷管用的纸壳火雷管装配成半纸半铜式毫秒延期电雷管。所采用的延期药有铅丹-硅系延期药及过氧化钡-硫化锑系延期药。采用铅丹-硅系延期药因燃烧发热量较高,沼气试验安全性较差,不能用于井下瓦斯煤层;采用过氧化钡-硫化锑系延期药或掺有消焰降温剂的延期药,由于燃烧发热量较低,沼气试验安全性较好,可以达到规定的指标,因此可用于装配煤矿许用毫秒延期电雷管。

4. 单芯铅管式

单芯铅管延期元件,是将铅丹-硅系延期药装入铅管中经拉拔制成,然后切成适当的长度,装入雷管中。这种结构秒量精度较好,可用于制作各种延期秒量的雷管。但其缺点是药芯直径较粗,约 3mm 左右,延期药的燃烧产物易引起瓦斯爆炸,不宜用于有瓦斯煤尘爆炸危险的井下。

5. 多芯铅管式

这种延期元件是在铅管中装入铅丹-硅系延期药,经多次拉拔制成五根药芯或三根药芯的铅管,然后切成适当长度,装入覆铜壳雷管内制成毫秒延期电雷管;也可装入铜延期内管中,再与纸壳雷管配成半纸半铜式毫秒延期电雷管。这种延期元件延期秒量精度高,沼气试验安全性好,目前是国内制造煤矿许用毫秒延期电雷管采用较广的延期元件。

这种结构的延期元件,由于药芯较细(约 $0.4\sim0.5mm$),药量少,燃烧产生的热量及高温残渣量少以及铅管吸热和熔化的铅层与燃烧残渣产生胶结。从而降低了火焰温度及残渣温度,并减少了残渣的喷出量,因此对瓦斯的引爆率较低。另外,这种结构药芯密度大、直径小、振动燃烧减弱,外界压力变化及点燃能量的变化对其燃烧的影响都较小,所以延期秒量精度较高。

12.2　延期电雷管的结构及延期系列

12.2.1　秒延期电雷管结构

国内生产的秒延期电雷管多采用纸壳导索式结构,分整管式结构(图 12.1(a))及两节式结构(图 12.1(b))。

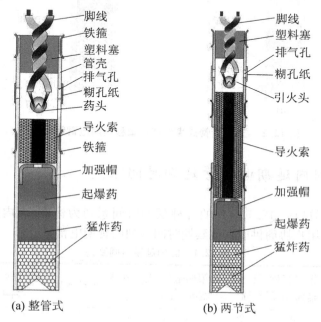

(a) 整管式　　　　　　　　　(b) 两节式

图 12.1　纸壳秒延期电雷管结构图

一般多采用整管式结构。如延期时间较长,索段较长,整管壳长度不够,则可采用两节式结构。两种结构都为 8 号雷管。

纸壳导火索式结构的优点是结构简单、制作容易、成本较低。但纸壳防潮性能较差;另外由于导火索燃烧产生较多的气体,设有排气孔,因此也影响其防潮能力。

秒及半秒延期电雷管也可采用金属壳,采用秒级延期药及其他形式的延期元件制作,但目前国内生产较少。

12.2.2　毫秒延期电雷管结构

国内目前煤炭系统多生产煤矿许用毫秒延期电雷管,有纸壳及覆铜壳两种。图 12.2(a)为纸壳凹底 8 号雷管,铜或覆铜延期内管,内装五芯铅管延期元件;图 12.2(b)为覆铜壳平底 6 号雷管,五芯铅管直接装入管内卡紧固定,这种结构采用较多。

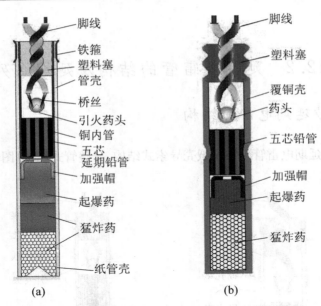

图 12.2　五芯铅管式煤矿许用毫秒延期电雷管结构图

12.2.3　国内延期电雷管延期时间系列

国内延期电雷管以表 12.1 所列的各种延期时间系列为标准（表内数字为名义延期时间），工厂也可以与用户协商供应其他延期时间系列的延期电雷管。

表 12.1　国内延期时间系列

段号	第一毫秒系列(ms)	第二毫秒系列(ms)	第三毫秒系列(ms)	第四毫秒系列(ms)	1/4秒系列	半秒系列	第一秒系列	第二秒系列	第三秒系列
1	0	0	25	0	0	0	0	0	0
2	25	25	50	25	0.25	0.5	1.2	2	1
3	50	50	75	45	0.50	1.0	2.3	4	2
4	75	75	100	65	0.75	1.5	3.5	6	3
5	110	100	128	85	1.00	2.0	4.8	8	4
6	150		157	105	1.25	2.5	6.2	10	5
7	200		190	125	1.50	3.0	7.7		6
8	250		230	145		3.5			
9	310		280	165					
10	380		340	185					
11	460		410	205					
12	550		480	225					
13	650		550	250					
14	760		625	275					
15	880		700	300					
16	1 020		780	330					
17	1 200		860	360					
18	1 400		945	395					

续表

段号	第一毫秒系列(ms)	第二毫秒系列(ms)	第三毫秒系列(ms)	第四毫秒系列(ms)	1/4秒系列	半秒系列	第一秒系列	第二秒系列	第三秒系列
19	1 700		1 035	430					
20	2 000		1 125	470					
21			1 225	510					
22			1 350	550					
23			1 500	590	说明:1. 煤矿许用毫秒延期电雷管多按第一、二毫秒系列前5段生产。				
24			1 675	630					
25			1 875	670	2. 第三毫秒系列1段之前还有0段,名义延期时间为0。				
26			2 075	710					
27			2 300	750					
28			2 550	800					
29			2 800	850					
30			3 050	900					

每段延期电雷管要有明显标志,如采用脚线颜色区别时使用较多的1~7段,一般按以下颜色配合:

一段灰红　二段灰黄　三段灰蓝　四段灰白　五段绿红　六段绿黄　七段绿蓝

12.3　延期电雷管的装配工艺

12.3.1　纸壳秒延期电雷管装配工艺

1. 纸壳秒延期电雷管装配工艺流程

目前大量生产的纸壳秒延期电雷管装配工艺流程图,如图12.3所示。

2. 纸壳秒延期电雷管装配工艺说明

(1) 火管及电引火元件准备

延期用纸壳火雷管的准备包括猛炸药柱的压制及装压起爆药等工序,与火雷管装填工艺相同,只是加强帽接合缝不需点漆。为保证雷管的质量,一般起爆药量较火雷管稍高,多在0.35g左右;管壳长度65~70mm,电引火元件的药剂与瞬发电雷管相同,为保证药头点火能力,药头重量一般在20mg左右。

(2) 导火索燃速检验及切索

目前我国多生产第一秒延期系列,2~4段秒延期雷管都用相同长度的管壳,各段延期索段的长度也大致相同,这就必须分别采用不同燃速的导火索。因此,规定了几种燃速不同的延期导火索(表12.2),可配合各段秒延期电雷管生产使用,一般当5段以上时,可采用增加导火索长度的办法来满足秒量要求。

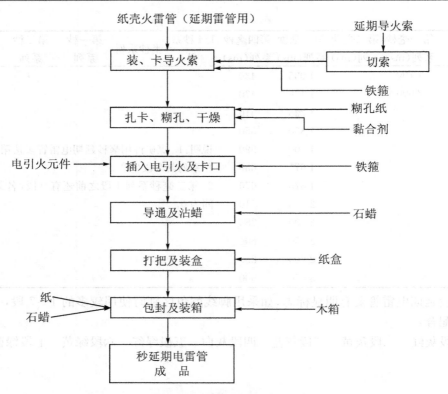

图 12.3　纸壳秒延期电雷管装配工艺流程图

表 12.2　几种燃速不同的延期导火索

序号	燃速(s/100mm)	序号	燃速(s/100mm)
1	6.0~8.0	4	24.0~26.0
2	9.0~11.0	5	29.0~32.0
3	15.0~17.0		

规定这个秒量标准,是同索段的切长相配合的,索段太长,管体随之加长,管材和导火索的消耗增加;索段太短,则不利于卡紧导火索固定,秒量相对误差变大,秒量精度降低;实践经验是不能小于10mm,也不宜超过16mm。在使用前导火索要经过燃速测定确定切长,切长公差一般不超过0.5mm。然后装入雷管测其秒量,合格后方可生产。切索在切索机上进行,切索机有送料、切断两套机构,索长调整机构可根据要求切出索段长度。

(3) 压装及卡紧导火索

将导火索段装入火管的工具是导火索套板,套板由排索板、引索板组成。在两板的孔错开时,将索段排入索板孔,然后将引索板扣在火管上,再将两板孔对正,索段即可由曲轴压力机冲子推入管内。冲子的压入深度要根据索段长度变动,使索段下端面正好与加强帽接触。压入过深,会进一步压实二硝基重氮酚,可能造成雷管半爆。

卡导火索就是在管体导火索段中部的位置上,紧缩一下,形成一圈凹痕。使用的设备多用立式卡口机,卡口要防止卡在起爆药柱的位置上。卡后凹痕的宽度和深度,以能固定索段并起到防止速爆的作用即可,太紧会卡裂管体或改变索段药芯的直径和密度,造成秒量的增高;为了防止纸管卡后回胀,在管外卡索位置先套上一个铁箍再卡紧,此时,卡入深度约0.5~0.6mm,卡痕宽约2mm,铁箍内径约8.6mm,厚约0.3mm,高3~4mm。

（4）扎排气孔

排气孔的作用是在雷管延期时间内,让引火药头燃烧后和导火索段药芯燃烧时产生的气体排出。若没有排气孔或排气孔太小,就可能在引火药头燃烧后,还来不及点燃导火索段,就将引火元件喷出,造成雷管拒爆;也可能引火元件并不喷出,但将管体鼓胀,热气流通过管壳与索段间的缝隙引燃起爆药,造成雷管速爆。试验证明,当孔径为 1mm,孔数为 3 个（总面积 2.36mm²）时,就会产生这类情况;当孔径为 1.5mm,孔数 3 个（总面积 5.31mm²）或孔径 2.0mm,孔数 2 个（总面积 6.28mm²）时,这种现象就得以消除。当然孔径太大,孔数太多也不好,这不仅降低管体的强度和防潮能力,也可能因为引火药头燃烧的高温气体排放太快而点不着导火索,同样也造成雷管拒爆。目前多用两孔、孔径 1.8～2.0mm 和三孔、孔径 1.5mm 两种。

排气孔的位置也有类似的影响。为了点火可靠,引火药头要靠近导火索端面,排气孔离此端面越高,引火药头燃烧气体排出不顺利,也会造成雷管速爆或拒爆。试验表明,孔离端面超过 2.5mm 后,就会出现这种情况。但是为了扎孔方便,也不能位于紧靠端面上。一般排气孔中心离导火索端面 1.5～2.0mm 较好,扎孔机多采用立式自动扎孔机。

（5）糊排气孔

排气孔要用纸糊严密封,除了防潮外,也为了对导火索点火可靠。但又不能糊纸太厚,太厚排气孔的作用就不能发挥。应该是保持这个"薄弱"点,以便气体在适当的时间,冲破纸层排出。

糊眼纸选用鸡皮纸,纸质坚韧,耐折、耐破、耐水性能都较好;厚 0.06～0.07mm,切成长 29～31mm,宽 10～11mm 纸条;涂上浓度为 20%～25% 的桃胶水,将纸条卷贴在排气孔位置。注意纸条的接头位置不要在排气孔上。为分段清晰,纸条上可印上段别数字。糊上纸条后,雷管插在木板条上,送入 35℃～45℃ 干燥室干燥 4 小时以上。

（6）卡口及其他工序

经以上工序与电引火元件装配后套上铁箍卡口密封。引火药头要求端正,插入管内时,靠近延期索段的药芯,歪着对点火可能有影响,尤其是高秒导火索。脚线的叉头高度决定雷管气室的大小,气室应该一致,一般规定为 4.5～5.0mm,点制药头后为 5.5～6.5mm。卡口以后的其他工序与装配瞬发电雷管相同。

12.3.2　覆铜壳毫秒延期电雷管装配工艺

1. 覆铜壳毫秒延期电雷管装配工艺流程

6 号覆铜壳五芯铅管式煤矿许用毫秒延期电雷管,其装配工艺流程图如图 12.4 所示。

2. 覆铜壳毫秒延期电雷管装配工艺说明

（1）五芯铅管的拔制

五芯铅管的拔制是比较复杂的,其拔制过程如下:

铅管→截管→洗管→干燥→封底→装延期药→封口→多次轧管及拔管→单芯铅管

单芯铅管 5 根↘
　　　　　　　一次套管→多次轧管或拔管→试验定长 →切管
　　铅管 1 根↗

　　　　　　→五芯铅管延期元件（延期体）

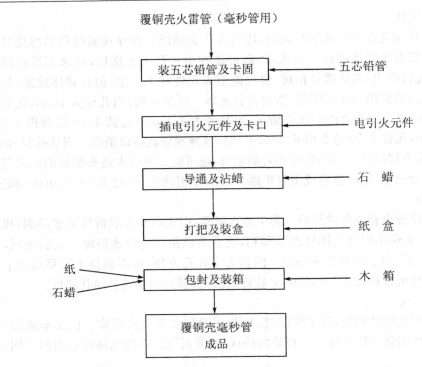

图 12.4　6 号覆铜壳五芯铅管式煤矿许用毫秒延期电雷管装配工艺流程图

五芯铅管的拔制,采用铅锑合金管,含锑约 2.5%～3.5%,含锑可增加铅管强度,对防止拉断及增加药芯密度有利。铅管内径一般在 10～15mm 之间选定,壁厚一般在 2～3mm 之间。用锯将铅管截成约 400mm 长的铅管,然后用布及热水将铅管内外部擦洗干净,干燥 24h,将干燥好的铅管一端封闭,将质量合格的延期药装入管中,装药据铅管内径确定(约在 50g 以上),然后封口,将两端封口的装药铅管,用轧管机或拔管机经过约 20 次的轧管及拔管即制成直径约 5.2mm 的单芯铅管。

然后将 5 根单芯铅管,中间放一根直径约 4mm 的实心铅管,套入约与装药管同样规格的铅管中,经过 10 次左右的轧管或拔管至一定的外径时,为增加药芯密度及缩小药芯直径,再套二次或三次套管,二次或三次套管后共轧管及拔管 20～30 次左右后,即达到使用要求的五芯铅管。一般覆铜壳应用直径约为 6.2mm,一般套三次套管,纸壳铜内管式应用的直径较细约 5.2mm,经过二次套管后即可拔成。五芯铅管的药芯直径 0.4mm 左右,药芯密度为 4g/cm³ 左右。

拔好的铅管按平均长度装管试验后,决定使用的段别及切长,切长范围一般在 8～14mm,公差不大于 1mm。

五芯铅管的拔制主要设备有轧管机、拔管机及切管机。轧管机由两个带有不同直径的许多沟槽的圆辊组成。拔管机为一长形设备,身长约 8～12m,机头部有一对带不同沟槽的碾辊,用于拉拔前将铅管端部碾细,以便能插入模具中,拉拔模具多用碳化钨制作,模具间直径相差约 0.5mm,即每拉拔一次铅管直径约缩小 0.5mm。切管机由送管装置及切管刀组成,可自动控制切管长度。有的厂用轧管机及拉拔机配合使用,有的厂只使用拔管机完成。

(2) 火雷管及电引火元件的准备

覆铜壳火管部分的装填方法与成品火雷管制造相同,猛炸药装量可按 6 号雷管装药,如想增强起爆力也可按 8 号雷管药量装药;采用管壳长度,根据需要可在 60～65mm 之间选定;管壳内径约 6.2mm,外径约 6.9mm。根据猛炸药药量情况,可分别采用一次装药及二次装药,药量 6 号不小于 0.4g;8 号不小于 0.6g。起爆药装量一般不小于 0.28g,但实际装量一般在 0.35g 左右。管壳多采用平底。

电引火元件的制法与瞬发电雷管相同,引火药剂多采用氯酸钾、木炭或麻秆炭及二硝基重氮酚组成。药头重量一般在 8～10mg 左右。塑料塞采用钉形塞。

(3) 装五芯铅管及卡固

生产毫秒雷管用的火雷管装填部分完成后,即装五芯铅管,首先将五芯铅管延期元件排入套板中,用曲轴压力机将铅管压入延期雷管体中。

五芯铅管装入火管中后,为防止活动,要与覆铜管壳紧密接触,并需在铅管装入部位进行卡固。延期元件卡固时卡痕深度对秒量及精度都有影响,卡痕直径越小,平均秒量越高,卡痕过深除造成秒量偏高外,还可能造成断火及影响管体的强度。卡痕过浅则铅管与覆铜壳内壁存在缝隙,可能出现速炸现象。卡痕深度应根据铜管内径及铅管外径试验确定,一般卡痕直径 5.8mm 左右,卡痕宽度 2～3mm。在操作中还应注意均匀一致,否则卡痕深度不同会造成秒量上下波动。

五芯铅管也可采用公差配合进行紧装配,而不进行卡固,紧装配五芯铅管外径要较覆铜壳内径稍大,此法除雷管外部美观外,也防止了因卡痕直径及上下位置变动造成的秒量波动,此法对管壳内径及铅管外径要求较严。

(4) 卡口及其他工序

插入电引火元件后进行卡口密封,封口是毫秒雷管装配过程的重要一环,封口达不到气密的程度,延期秒量精度是没有保证的。因延期药在雷管内燃烧期间,不可避免地要产生气体,形成压力,并反过来影响燃烧过程。选用微气体延期药和设立气室,只不过是削弱,但并没有消除这种影响。为了使延期药仍然获得稳定燃烧,只有使这个压力的影响在同一批的各个雷管内具有大致相同的程度。在气室大小、延期药量和引火药头大小一致的情况下,就必须做到气密程度的封口。也就是说,雷管内燃烧物生成的高温高压气体,不能逸出管外。否则,由于漏气,管内压力下降,将使燃速变慢,如果漏气的程度不一样,燃速的变动也不一样。卡痕直径也不可过小,过小会使叉头活动造成药头脱落或桥丝断路。

此外塑料塞的插入深度要求一致,否则也会造成气室大小变动,从而气室压力也随之变动,也会造成秒量波动。

其他工序操作及要求与瞬发电雷管装配相同。

12.3.3 纸壳毫秒延期电雷管装配工艺

1. 纸壳毫秒延期电雷管装配工艺流程

纸壳铜内管五芯铅管式煤矿许用毫秒延期电雷管装配工艺流程图,如图 12.5 所示。

2. 纸壳毫秒延期电雷管装配工艺说明

这种结构是将五芯铅管,装入铜延期内管中,插入电引火元件并卡口,装配成电引火延期元件(图 12.6),再与纸壳火雷管装配成纸壳铜内管的五芯铅管延期元件煤矿许用毫秒延期电雷管。

延期内管可用铜或覆铜制作,外径约 6.1mm,内径约 5.4mm;底孔 3.5mm;管长

32mm。将延期内管排入模中,再将五芯铅管排入套板中,装入管内,再用油压机将五芯铅管加压固定。

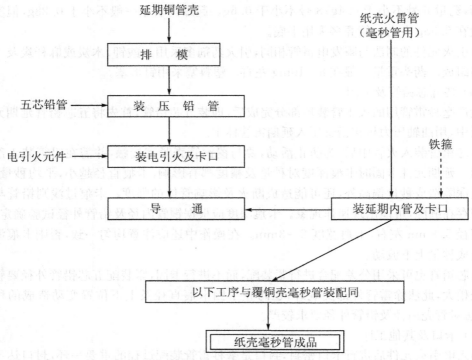

图 12.5　五芯铅管式煤矿许用毫秒延期电雷管装配工艺流程图

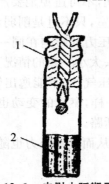

图 12.6　电引火延期元件

1—电引火元件;2—五芯铅管

这种结构在装配过程要求五芯铅管加压固定后与铜内管紧配合,防止铅管与铜内管壁间存在缝隙,油压机的压管压力要保持一致不可过大或过小。卡口也要严密。纸壳火雷管按8号雷管装药,一次猛炸药柱中要加入消焰剂。延期内管装入纸壳火雷管中后,还要经过加铁箍二次卡口。再经导通、打把、沾蜡、包装等工序后即为成品。这种结构装配较安全。如将电引火延期元件先经导通将废品挑出后,再与火雷管装配,这样可减少成品雷管的废品,成品如再经导通后则更能保证导通质量。

12.4　延期电雷管的性能及质量检验

12.4.1　延期电雷管的性能要求

对各种延期电雷管的起爆性能要求及测试方法,与火雷管相同;对其电参数要求及测试方法以及雷管外观与包装方面的要求与瞬发电雷管相同;对煤矿许用毫秒延期电雷管的沼气安全性要求及测试方法,与煤矿许用瞬发电雷管相同;其他性能如抗震性能、抗拉力性能的要求及试验方法,都与瞬发电雷管相同。

延期电雷管除以上性能要求外,对其延期性能则有较严格的要求,按国家规定的标准及方法测定延期时间。产品的延期系列一般按表 12.1 的系列要求进行生产及延期时间的测定。

12.4.2　各种延期电雷管延期时间测试

1. 测试仪器的精度及测试电流

测试延期时间的仪器,可采用各种毫秒表、微秒表、时间间隔测试仪或雷管参数测量仪等仪器进行,测试仪器的精度对测定延期时间的精度有一定的影响,所以要求所用的测试仪器要有足够的精度。一般对于秒延期电雷管,测试仪器精度不低于 0.01s;对于段间间隔大于 100ms 小于 1s 的延期电雷管,测试仪器精度不低于 1ms;对于段间间隔小于 100ms 的延期电雷管则仪器精度不低于 0.1ms。

测试延期时间通入的电流大小对秒量精度具有一定的影响,电流大小主要影响引火药头的发火时间,从而影响秒量的精度,因此测定电流必须固定一较强的电流值,一般多采用 1.2A。

2. 延期时间测试方法简述

国内延期电雷管秒量的测试及验收方法,过去一直采用经验的验收方法,方法是给各段雷管延期时间规定一个公差范围,每批雷管抽测一定数量(如 20 发)雷管,全部在规定的公差范围内,即为合格。如有 1 发超出公差范围则加倍复试。这种方法比较复杂,质量保证程度较低,所以现在应用较少。

20 世纪 80 年代初制定了一部标准,采用双侧有限计量值一次抽样方案。规定以上下相邻两段名义秒量的中间值为规格限(U 和 L),样本数 $n=25$,取 K 值为 1.5 和 2 两个等级(分别称为二级和一级精度),则验收方案为:

$$\overline{X}+KS\leqslant U$$
$$\overline{X}+KS\geqslant L$$

式中X——平均秒量;

　　S——标准差;

　　U——上规格限;

　　L——下规格限。

同时满足以上两式为合格,否则为不合格。这个验收方案比以前的公差范围法前进了一步,在试验量增加不大的情况下,对质量保证程度有了明显的提高。

由于以上方法也存在一定的缺点,如异常秒量问题及对标准差没有规定所达到的程度等问题。

国家标准总局又发布了《工业电雷管国家标准》。延期时间验收时,计算出 X、S、U、L 值,按相应的曲线判断是否合格。该标准并对测定中出现的秒量异常值的剔除作了规定。此法优点较多,现在多采用这种方法(参看标准)。

12.4.3　延期电雷管质量分析

延期电雷管起爆性能、电性能、抗震性能、抗拉力性能及煤矿许用毫秒电雷管的沼气安全性要求及质量问题分析与火雷管、瞬发电雷管大致相同。除此之外，延期电雷管易发生的质量问题主要是秒量不合格；另外还可能发生速爆、半爆及拒爆问题，以下分别对这几方面的质量问题进行分析。

12.4.3.1　秒延期电雷管质量问题原因分析

1. 秒量不合格的原因

(1) 延期索段定得过长或过短，造成秒量普遍偏高或偏低。

(2) 索段长短误差太大，秒量误差随之亦大。

(3) 切成的索段受潮后秒量增高，受潮后再干燥，秒量会降低。但过度受潮后，即使再干燥，秒量则不易下降。

(4) 索段两端药芯掉药。

(5) 卡索太紧，索段药芯密度增大，秒量增加。

(6) 导火索本身燃烧不稳定的问题，也一定反映到秒延期雷管的秒量上，如药量不均，密度不一；或黑药本身细度不均，混合不均；水分不同；或卷制时，没有将渗入沥青、换药停车前后的索段切去等，都会造成秒量不准。

2. 速爆的原因

(1) 使用不扣加强帽的火管，或扣加强帽，但管内壁浮药清除不净的火管。

(2) 卡索太松或不加铁箍纸管受潮后回胀。

(3) 延期索段太短，或导火索直径太细。

(4) 排气孔太小，位置太高或糊眼太厚。

(5) 漏装延期索段。

(6) 引火头药量太大。

3. 拒爆的原因

(1) 引火头脱落、药量太小或偏离索段药芯端面。

(2) 糊眼纸脱落或排气孔太大。

(3) 引火元件被炸脱，来不及点燃导火索。造成这种现象的原因可能有：卡口不紧，引火头药量太大，排气孔没扎透或太小或位置太高，糊眼太厚等。当然并非凡炸脱都造成拒爆，如果是延期索段点燃后炸脱则影响不大。

(4) 索段有毛头将药芯盖住，或导火索沥青层太厚，切断后糊住药芯表面。

(5) 导火索本身的问题，也会在这方面反映出来，如过度受潮，沥青渗入药芯，细药和断药，高秒导火索火焰感度太低等。

12.4.3.2　毫秒延期电雷管质量问题原因分析

1. 秒量及其精度不合格原因

(1) 延期药方面的原因

延期药方面的原因可参考影响延期药燃烧性能的因素进行分析。因延期药是决定秒量的关键，质量不好必然会影响成品的质量。

(2) 五芯铅管拔制方面的原因

① 使用了不合格的延期药；

② 延期药装药量不一致；

③ 铅管外径及内径不一致；

④ 铅管硬度不一致，含锑量不均；

⑤ 药芯直径及密度不一致；

⑥ 铅管切长公差过大；

⑦ 铅管切头不齐；

⑧ 铅管未经试验或试验定长不准。

（3）电引火元件方面的原因

① 塑料塞直径不一致，有的过小造成封口不严密，发生漏气；

② 塑料塞与铰链结合不严密，存在缝隙，发生漏气；

③ 塑料塞长度不一致，造成气室大小不一致；

④ 叉头长度不一致，造成药头与五芯铅管端面距不一致，影响点火强度；

⑤ 引火药头大小不一致，造成点火强度及气室压力不一致；

⑥ 引火药头点制质量不好，如存在与桥丝接触不严、点抹不正、桥丝外露等疵病，造成发火时间不一致；

⑦ 引火药头混合不均，造成药头感度及燃速不一致；

⑧ 引火药头部分受潮，也会造成发火时间及燃速不一致。

（4）雷管装配方面的原因

① 覆铜壳结构，铅管卡痕深度不一致，影响药芯直径及密度，造成燃速不一致；

② 纸壳内管式结构，铅管压入压力不一致，压力过大会使延期铅管长度、药芯直径及密度可能发生变化，造成秒量不一致；

③ 铅管装入雷管内位置不一致，造成气室大小不一致；

④ 塑料塞插入深度不一致，造成气室大小不一致；

⑤ 卡口不坚固或不严密，造成塑料塞炸脱及漏气。

2. 速爆或半爆的原因

五芯铅管或延期元件，发生速爆及半爆的可能性较小，以下原因可作参考：

（1）引火药头过大将管体膨胀，可能发生速爆或半爆；

（2）压装五芯铅管时，铅管过长或定位不准，二硝基重氮酚二次加压造成密度过大可能发生半爆；

（3）延期元件与管壳配合过紧，压入速度过快，使管体内空气不易排出，也可能使起爆药二次加压，发生半爆；

（4）延期元件过短或卡痕过浅或管壁粘有起爆药可能产生速爆。

3. 拒爆的原因

（1）不同厂的毫秒雷管配段使用。

（2）引火药成分配比不正确或搅拌不匀。

（3）引火药头受潮。

（4）引火药头脱落。

（5）引火药头药量太小，没有点燃延期药。

（6）引火药头太大或卡口太松，炸脱封口，点不着延期药。

（7）延期药中含调整剂或钝感剂过多。

（8）五芯铅管断火或装压铅管时压力过大，铅管上端面药芯变形。

4. 提高毫秒延期电雷管秒量及其精度质量的方向

根据上面秒量及其精度不合格原因分析,要保证产品质量,应在以下几方面加以提高:

(1) 提高延期药的质量

主要在药剂配方、原料纯度、加工细度、混药均匀度、药剂湿度等方面加强研究及管理,以保证延期药质量。

(2) 提高五芯铅管质量

主要在铅管质量、拔制定长及切管方面加强,以保证铅管元件的直径、药芯直径、药芯密度、铅管长度等符合要求。

(3) 提高电引火元件质量

主要在塑料塞注制,药头药剂混合、点制、干燥、检查等方面加强,以保证电引火元件的质量。

(4) 提高雷管装配质量

主要加强各元件及半成品的检查,不符合要求的不应使用,并在铅管卡痕(覆铜壳),压铅管压力(纸壳式),塑料塞插入深度,卡口严密性、沾蜡及包装防潮等方面加强操作,以保证成品质量。

12.5　新型延期电雷管

12.5.1　微气体等间隔秒级延期电雷管

我国秒级延期电雷管至今仍然延续导火索结构,而尤以 2,4,6,8,10 秒的分段间隔最为普遍。为了提高爆破效果,兵器工业部制定了秒延期电雷管的部标 WJ1042-1045-78,其段别规定为表 12.3 所示。

表 12.3　秒延期电雷管的段别规定

段别	1	2	3	4	5	6	7
秒量(s)	不大于 0.1	1.0+0.5	2.0+0.5	3.1+0.7	4.3+0.8	5.6+0.9	7.0+1.0

根据民爆事业发展的需要,国内研制成功了微气体等间隔秒延期电雷管,其段别为表 12.4 所示。

表 12.4　微气体等间隔秒延期电雷管的段别规定

段别	1	2	3	4	5	6	7
秒量(s)	不大于 0.1	1	2	3	4	5	6

微气体等间隔秒延期电雷管有良好的防潮、防水、防静电性能,同时不受气压影响,延期时间准确,精度高。

1. 结构

微气体等间隔秒延期电雷管的结构如图 12.7 所示。

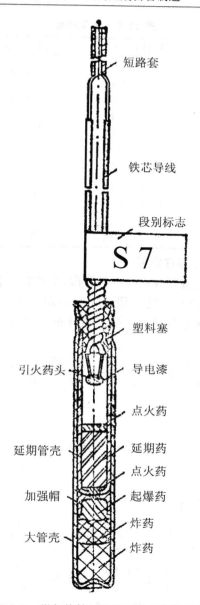

短路套

铁芯导线

段别标志

S7

塑料塞

引火药头　　导电漆

点火药

延期管壳　　延期药

点火药

加强帽　　起爆药

炸药

大管壳　　炸药

图 12.7　微气体等间隔秒延期电雷管结构

2. 技术参数

安全电流:0.1A

单发测时发火电流:1.2A

20 发串联发火电流:1.2A

产品电阻:3.8～5Ω

抗静电指标:500pF、串 5 000Ω、25kV 放电

起爆威力:5 毫米厚铅板炸孔不小于雷管外径

3. 分段及其秒量精度

对产品进行了分段试验及其精度的考核。每段各试验延期药 5 批计产品各 500 发,秒量分布为正态分布。现举出其中一次试验结果列于表 12.5。

表 12.5　秒量精度

段别	试验数(发)	秒量(s)$t \pm \Delta t$	均方差 σ	工程能力指数 C_p
2	94	1.03+0.1 1.03−0.17	0.052	3.32
3	97	2.01±0.05	0.022	7.52
4	92	3.07+0.11 3.07−0.21	0.065	2.56
5	98	4.07+0.2 4.07−0.1	0.049	3.40
6	100	5.01+0.18 5.01−0.19	0.071	2.34
7	74	5.99+0.26 5.09−0.15	0.100	1.66

4. 大批量生产秒量精度可靠性估算

微气体等间隔秒级延期电雷管规定按 1 秒分段,生产时控制每段秒差不大于 0.56s。经过 2 段 300 发、3 段 400 发、4 段 600 发、5 段 400 发、6 段 500 发、7 段 500 发,总计 2 700 发秒量稳定试验。均在 0.56s 的秒差范围内。按二项分布公式计算秒量合格品概率的区间,结果是

$$\frac{P_L}{P_U} = \frac{1}{n+\mu_{a/2}}\left(K + \frac{\mu_{a/2}^2}{2} \mp \mu_{a/2}\sqrt{\frac{K(n-K)}{n} + \frac{1}{4}\mu_{a/2}}\right)$$

式中 P_L——置信区间上限;

　　P_u——置信区间下限;

　　n ——样本量;

　　K ——不合格品数;

　　$U_{a/2}$——双侧分位数。

当 $a = 0.05, U_{a/2} = 1.96$ 时

$$P_L = \frac{1}{2\ 700 + 1.96}\left(0 + \frac{(1.96)^2}{2} - 1.96 \times \sqrt{0 + \frac{(1.96)^2}{4}}\right) = 0$$

$$P_U = \frac{1}{2\ 700 + 1.96}\left(0 + \frac{(1.96)^2}{2} + 1.96 \times \sqrt{0 + \frac{(1.96)^2}{4}}\right) = 0.001\ 42$$

合格品概率 P 上限 $= 1 - 0 = 100\%$,P 下限 $= 1 - 0.001\ 42 = 99.86\%$。

由计算结果看出,$a = 0.05$,即可信度 $1 - a = 95\%$,合格品概率的区间估计在 99.86% ~ 100%。可见 1~7 段秒延期雷管标称秒量按 1 秒分段大批量生产精度是可靠的。

5. 性能试验数据

(1) 同批产品常温、高温、低温条件下测时

该产品所用 Z 系微气体延期药与 Pb_3O_4 系延期药进行对比试验(Z 系与 Pb_3O_4 系延期药同装一种产品进行常温、低温、高温测时),以对比该延期药的温度系数。其结果见表 12.6。

表 12.6　两种延期药系列的测时结果

延期药系列	试验条件	数量（发）	秒量分布（s）	秒差 Δt(s)	平均秒量 X(s)	均方差 σ	高、低温秒差(s)
Z	常温	20	2.07～2.13	0.06	2.10	0.017	
	高温(50℃)	50	2.01～2.10	0.09	2.05	0.023	2.01～2.34
	低温(－47℃)	50	2.16～2.34	0.18	2.24	0.043	$\Delta t=0.33$
Pb₃O₄	常温	20	1.96～2.17	0.21	2.07	0.061	
	高温	20	1.89～2.09	0.20	1.99	0.053	1.89～2.67
	低温	30	2.30～2.67	0.37	2.50	0.085	$\Delta t=0.78$

根据经验公式 $\Delta t/t=K\Delta T$ 计算温度系数 K 值。

式中 Δt——固定温度下的秒量均值；

　　t——温度变化引起秒量均值的变化与固定温度下秒量均值差；

　　ΔT——温度变化差值。

Z 系列：常温 20 发平均秒量 $X=2.060$

　　　　高温 50 发平均秒量 $X=2.048$

　　　　低温 50 发平均秒量 $X=2.240$

$$K=\frac{0.192}{2.048\times97}=9.66\times10^{-4}$$

Pb₃O₄ 系列：常温 20 发平均秒量 $X=2.077$

　　　　　高温 20 发平均秒量 $X=1.995$

　　　　　低温 20 发平均秒量 $X=2.550$

$$K=\frac{0.505}{1.995\times85}=2.98\times10^{-3}$$

$$(2.98\times10^{-3})\div(9.66\times10^{-4})=3.08(倍)$$

经计算 Pb₃O₄ 系延期药的温度系数是 Z 系延期药的 3 倍，经试验该种雷管受温度影响精度变化小。

（2）高温受潮

试验条件：延期体放在相对湿度为 95% 的硝酸钾饱和溶液的容器内存放，温度控制在 40℃～45℃。结果见表 12.7。

（3）静电感度试验

试验条件：储能电容 500pF、串 5 000Ω、经受 25kV 一次冲击。试验结果见表 12.8。

微气体等间隔秒级延期雷管的结构紧凑，体积小，装配工艺简单，秒量精度好，防潮性能和长期储存性能稳定。由于是等间隔分段，可以大大提高爆破效果。该雷管所用的延期药为无铅、无铬，还消除了对生产使用者的毒害。

表 12.7　高温受潮的试验结果

受潮时间(昼夜)	试验数量(发)		时间精度(s)	发火率(%)
5	50	$t\pm\Delta t$	6.57+0.17 6.57-0.34	100
		σ	0.100	
		Cp	1.66	
10	50	$t\pm\Delta t$	6.67+0.27 6.67-0.14	100
		σ	0.070	
		Cp	2.38	
16	50	$t\pm\Delta t$	6.56+0.3 6.56-0.4	100
		σ	0.096	
		Cp	1.72	

表 12.8　静电感度试验结果

试验数量(发)	试 验 方 式	试 验 结 果
50	脚-脚	100%未爆
190	脚-壳	100%未爆

12.5.2　塑料压制延期管体

延期电雷管和瞬发电雷管的主要区别在于增加一段延期时间,产生延期时间的零件叫延期体,延期体是由延期药和延期管体组成。世界各国作延期管体的材料有铜、锡、铅、铝等有色金属。近年来,随着技术的发展,国内生产的延期管体多选用价格便宜、材料丰富的铁加工而成。热固性的酚醛塑料粉压制成的延期管体有如下优点:

(1)塑料延期体热传导性差。延期药燃烧时,不会将延期药燃烧产生的热量通过管体传给下层延期药,这样就防止了延期药变热而加快燃烧,延期药的燃速是稳定的,延期药柱燃烧基本上是等速燃烧,结果是延期管体长度与延期秒量成直线关系。

(2)由于塑料延期体绝热性好,延期药燃烧通过管体传走的热损失少,装入管体的延期药,燃烧临界直径小,铜管体装入延期药燃烧临界直径为 4mm,而塑料管体装入同样延期药时,稳定燃烧的临界直径仅为 2.5mm,同样秒量的延期管,塑料延期管体装的延期药量大大减少。

(3)塑料延期管体便于群模压制,去毛刺后即可使用,加工工艺工序少,零件一致性好。而金属管体加工复杂,多次拉伸、退火、冲孔、切口、表面处理,加工工序多,成本高。

(4)塑料可以直接压制成大漏斗形延期管体,这种延期管体既能装延期药,取得延期电雷管一定的延期时间,又可以代替加强帽包住起爆药,从而又节省了一个金属加强帽。经过加工试制了漏斗形塑料延期管体(图 12.8(a)),同时设计了带漏斗形的延期电雷管(图 12.8(b))。

在试制秒延期电雷管时,塑料延期管体有 3 种形式,圆柱形延期管体,装入延期药构成延期管,在起爆药部位需扣上一个加强帽(小漏斗形不上加强帽出现个别半爆),大漏斗形延期电雷管不上加强帽,经过延期电雷管试验,延期时间准确,起爆百分之百。

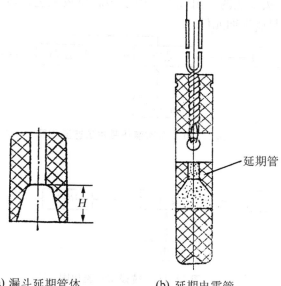

(a) 漏斗延期管体　　　　　　(b) 延期电雷管

图 12.8　漏斗延期管体图

12.5.3　MG803-A 型 30 段高精度毫秒电雷管

1. MG803-A 型 30 段高精度毫秒电雷管的设计

（1）产品结构与工艺的选择

在雷管的发火元件和起爆药之间装入一个延期元件，在延期元件内装入具有一定燃速和延时精度的延期药，通过配方和延期元件的长度（或药量）来调节延期时间。采用小直径装药的延期元件，具有燃速稳定、延时易调节、延期精度高的优点。雷管的结构见图 12.9。

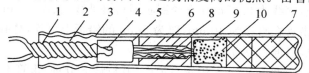

图 12.9　MG803-A 型毫秒电雷管结构

1—脚线；2—密封塞；3—管壳；4—引火头；5—内管；
6—小直径装药延期元件；7—烈性炸药；8—延期药；9—加强帽；10—起爆药

小直径装药的延期元件一般有两种工艺可以实现：一是多次装压延期管的工艺，二是拉拔工艺。两种工艺对比如下：

多次装压的基本工艺流程见图 12.10。

装药工艺：由于每个元件要经过多次装药，生产效率低，容易产生差错，所以必须制作高精度定量级，以提高生产效率。

拉拔工艺：基本工艺流程见图 12.11。

铅管准备：一般通过挤压工艺来获得所需规格的铅管，其挤压工艺及装置比较简单。

装药工艺：由于延期药装入较大内径的铅管，所以装药比较方便，且对称量精度要求不高。拉拔工艺，需要在专用的拉拔机上进行，其结构简单，易于制造。

通过比较,得到拉拔工艺的突出优点。由于多芯拉拔工艺比较复杂,成本较高,所以选定采用单芯拉拔工艺制造延期元件。

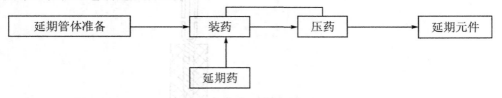

图 12.10　多次装压基本工艺流程图

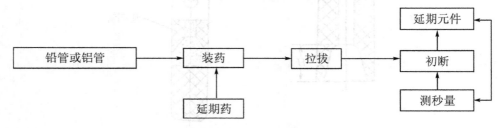

图 12.11　拉拔工艺流程图

(2) 段数及分段时间的确定

国外对爆破时岩石移动规律研究表明:在一般情况下,相邻炮孔间的合理间隔时间一般在 25ms～50ms 之间。在特殊地质条件下,要求较短(或较长)的时间间隔。由于我国矿山分布广,矿岩的地质条件复杂,因此,可以研制 30 段高精度毫秒电雷管,采用分级等间隔的毫秒雷管延期系列,其分段时间及延时精度见表 12.9。

2. 产品规格与性能

(1) 延期时间及精度:见表 12.9,1 000ms 内分 30 个段别。

(2) 点火装置:桥丝直径为 0.035mm 的镍铬丝,电阻范围为 1.5～2.5Ω;引火药头为氯酸钾、硫氰化铅、铅丹的混合物。

(3) 脚线与管壳:脚线为 0.45mm 直径铜芯塑料爆破线,长度 30cm,管壳为铜管壳。

(4) 起爆威力:雷管在直径为 40mm,厚为 5mm 的铅板上爆炸,炸孔直径大于 8mm。

(5) 最小发火电流:通入 0.5A 恒定直流电。

(6) 最大安全电流:通入 0.05A 恒定直流电,并持续 5 分钟,雷管不爆炸。

(7) 串联 20 发准爆电流:1.5A 恒定直流电。

3. 主要性能试验

(1) 延期时间测试

产品分两个阶段连续批量生产,约两万发,一般按 5% 抽样测试,特殊情况下,可增加抽样数量。将测试数据用数理统计方法计算,结果见表 12.9。

(2) 高低温试验

高温 50℃,恒温 4 小时,从烘房中取出后立即测试;低温 −25℃～−30℃,恒温 4 小时,从冰箱中取出后立即测试(从 3、15、22、26 段产品中各抽取 10 发)。产品经高、低温试验后,其延期时间普遍略有增高,但延时精度均符合要求。测试结果见表 12.10。

(3) 高温-常温-低温循环试验

该项试验数据列于表 12.11。从 11、16、28 段产品中,各抽取 10 发,做 3 个循环试验。高温 40℃～50℃,恒温 3 小时;常温 17℃,恒温 1 小时,低温 −25℃～−30℃,恒温 3 小时。

产品经高、低温循环试验后,其延期时间略有增高,但延时精度均符合要求。

表 12.9　各段延期时间及测试结果

段别	标称延期时间 T(ms)	要求偏差 σ_{n-1}(ms)	测试结果				
			延时范围 (ms)	均值 (ms)	偏差 σ_{n-1}(ms)	极差 R(ms)	变异系数 CV(%)
1	<10		3.0～4.3	3.48	0.33	1.3	
2	25		22.0～31.8	27.1	2.80	9.8	10.3
3	40	5.00	32.5～47.3	39.9	3.70	14.8	9.3
4	55		49.5～59.7	53.7	3.10	10.2	5.8
5	70		62.7～82.8	73.2	4.20	20.1	5.7
6	90		8.07～99.1	91.1	5.50	18.4	6.0
7	110		106.7～122.0	114.4	4.40	15.2	3.9
8	130		116.5～133.8	126.7	4.20	17.3	3.3
9	150	6.67	144.0～159.1	153.6	4.10	15.1	2.7
10	170		167.1～181.3	174.0	4.10	14.2	2.4
11	195		184.9～205.5	193.0	5.20	20.6	2.7
12	220		209.8～230.4	219.7	4.60	20.6	2.1
13	245		236.5～255.3	245.1	5.10	18.8	2.1
14	270	8.33	257.8～287.8	268.0	8.60	30.0	3.2
15	295		284.4～310.3	297.3	6.20	25.9	2.1
16	330		311.3～346.2	329.9	8.50	34.9	2.6
17	365		359.8～377.6	369.5	5.30	17.8	1.4
18	400	11.67	388.4～413.8	399.5	8.50	25.4	2.1
19	435		415.1～452.3	438.4	9.90	37.2	2.3
20	470		448.3～481.3	464.1	8.60	33.0	1.9
21	520		498.4～534.2	519.6	10.50	35.8	2.0
22	570		564.0～596.4	579.3	8.50	32.4	1.5
23	620		591.0～620.4	606.1	7.20	29.4	1.2
24	670	16.67	648.9～680.3	667.1	9.90	31.4	1.5
25	720		691.5～746.3	715.9	11.40	54.8	1.6
26	770		745.2～784.8	766.6	10.60	39.6	1.4
27	820		807.2～849.7	827.3	11.80	42.5	1.4
28	880		866.3～898.0	884.3	10.20	31.7	1.2
29	940	20.00	916.5～970.9	947.1	13.80	54.4	1.5
30	1 000		970.9～1 027.8	999.5	12.10	56.9	1.2

(4) 浸水试验

取 26 段产品 10 发,放入充 2kg/cm² 气压的常温水中,浸水 8 小时,产品经浸水试验后,其延时精度符合要求。

(5) 震动试验

取 29 段产品 20 发,在 WJ231-04 震动机上(频率为 60 次/分,落高为 150mm)震动 10 分钟,震动后产品完好。

(6) 单发发火电流与不发火电流试验

用"升降法"测试 50 发,测得单发发火电流 0.28A 时,发火概率为 50%;不发火电流 0.19A 时,发火概率为 0.01%。

表 12.10　高低温试验

段别	实验条件	延时范围(ms)	均值(ms)	偏差(ms)	极差(ms)
3	常温(17℃)	38.4~46.6	42.0	2.3	8.2
	高温	33.9~43.5	39.6	3.1	9.6
	低温	37.9~50.5	43.2	4.3	12.6
15	常温	290.6~307.9	298.2	5.0	17.3
	高温	293.1~310.3	298.9	5.6	17.2
	低温	296.9~315.2	308.5	6.1	18.3
22	常温	545.5~574.7	558.2	9.3	29.2
	高温	554.8~586.0	572.3	9.9	31.2
	低温	563.4~597.8	582.4	10.5	34.4
26	常温	739.0~765.6	753.1	8.4	26.6
	高温	757.7~799.2	773.6	12.2	41.5
	低温	754.1~777.6	766.8	8.0	23.5

表 12.11　高温-常温-低温循环试验

段别	实验条件	延时范围(ms)	均值(ms)	偏差(ms)	极差(ms)
11	循环前	189.0~202.7	196.0	4.3	13.7
	循环后	188.2~205.0	197.1	4.7	16.8
16	循环前	325.3~346.4	331.9	6.6	21.1
	循环后	321.7~339.6	333.9	5.5	17.9
28	循环前	899.1~920.2	908.8	6.1	21.1
	循环后	909.4~938.3	922.7	8.7	29.4

(7) 串联起爆试验

串联 20 发雷管,通入 1.2A 恒定直流电流,全部爆炸。

(8) 起爆感度试验

在厚度为 5±0.1mm,直径为 40±1mm 的铅板上,分别起爆 10 发雷管,炸孔直径为 12.1~13.1mm。

(9) 常温贮存试验

产品存放于常温库房中,经 6 个多月贮存后,从各段产品中抽样,其测试结果见表 12.12。测试结果均符合延时精度要求。

表 12.12　常温贮存试验

段别	实验条件	延时范围(ms)	均值(ms)	偏差(ms)	极差(ms)
10	贮存前	166.3~182.6	175.9	5.4	16.3
	贮存后	164.8~173.6	168.2	2.6	8.8
20	贮存前	756.8~779.8	768.7	8.4	23.0
	贮存后	750.4~775.2	762.4	7.7	24.8

复习思考题

1. 电雷管有哪些电学参数? 简述它们所表达的意思。
2. 延期电雷管的作用原理是什么?
3. 标称发火冲量的试验测定方法是怎样的?
4. 画出铅板穿孔实验装置示意图,并说明该实验的原理?
5. 试说明电子雷管的现状及发展前景?(用自己的话)

第 13 章　导火索导爆索制造

13.1　导火索制造

13.1.1　导火索概述

1. 导火索的用途及分类

导火索是一种以黑火药为药芯,外面包缠有棉、麻纤维和防潮层的绳索状点火器材。它的用途是在一定时间内将火焰传给雷管或黑药包,将其引爆。在延期雷管中,导火索还用作延期元件装入雷管中,在礼花弹及某些军工制品中,也常用作延期元件。

导火索于 1831 年由毕克弗尔特创制后,100 多年来,虽有改进,但基本结构变化不大,所以有人把沿用至今的导火索命名为毕氏导火索。自从各种猛炸药相继出现和使用以后,黑火药在爆破工程和军事上的重要性相对下降,因而导火索的消耗量也逐渐减少,况且导火索在燃烧时产生火陷,也不能在有瓦斯、煤尘爆炸危险的井下使用。但我国的秒延期电雷管仍以导火索为延期元件,火雷管的引爆仍采用导火索,所以导火索仍然是不可缺少的点火器材。

导火索按燃烧速度分为速燃导火索、缓燃导火索及高秒导火索。速燃导火索燃速 100 m/s 以下,缓燃导火索燃速 200m/s 左右,高秒导火索燃速约为 300m/s 左右。

导火索按用途分为工业导火索及延期导火索,工业导火索又分为普通导火索及缓燃导火索。普通导火索燃速 100~125m/s,缓燃导火索燃速 180~215m/s,延期导火索燃速可在 60~320m/s 之间根据需要确定多个不同燃速的品种。

2. 导火索的结构

导火索的结构随用途不同略有不同,但其基本结构是由药芯及索壳组成的。图 13.1 是普通导火索传统的结构图。将一根工业导火索逐层剥开,中心是由 3 根芯线和黑药芯组成的索芯,索芯的直径在 2.2mm 以上。药芯外顺次裹缠若干层外皮,紧裹药芯的是内层线,其作用是将药芯包缠成形,使其成连续的圆条状,芯线在药芯内,芯线是为在卷索时将黑药拉出。其外是中层线,缠线的方向与内层线相反,其作用是裹紧内层线,防止松缓,并增加药芯的密度。中层线的外面是沥青防潮层,起到防潮和黏结中层线,以防松动的作用;防潮层的外面是纸条层,它和沥青严密黏结,可以使导火索外壳坚固性增强,而且还有阻止药芯燃烧火焰透出索侧的作用。纸条层的外面再裹以外层线,目的是将纸条层缠紧。最外层是涂料层,其作用是将外层线与纸条层黏结在一起,防止在切断导火索时散开。经过这样逐层缠绕,索径也逐渐变粗,成索时其外径为 5.2~5.8mm。普通导火索表面为棉线和纸的本色,缓燃导火索的外层线中有一根绿色线。

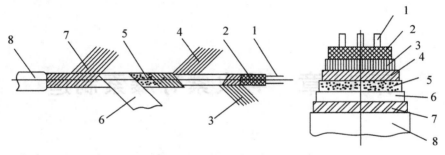

图 13.1　工业导火索结构图

1—芯线；2—药芯；3—内线层；4—中线层；5—防潮层；6—纸条层；7—外线层；8—涂料层

　　延期雷管用的延期导火索,因为要同雷管内径紧密配合,外径稍粗,直径为 5.9～6.1mm。为此,可以在内层线和中层线之间加一层纸条,在涂料层的外面再加一层较薄的纸条,增加了两层纸条后,一般就可以加粗索径,防止侧向透火的能力也有所加强。最外层的纸条又有助于索的表面与雷管内壁严密接触,这些效果,正是作为延期元件所必需的。

　　导火索药芯的黑药多采用粉状药。我国多采用棉纱做卷索的线层,其他如亚麻纤维、化学纤维的线纱也可使用。

3. 导火索的燃烧性质

　　导火索的药芯由于采用黑火药制成,能够作匀速燃烧以传递火焰。燃烧所产生的热量可借助于所产生的高温气体及固体熔渣,从反应的药层传向内层,因此在压力不变时燃烧能够稳定进行。

　　影响黑火药燃速的因素对导火索的燃速都有一定的影响,其中包括大气压力的变化,药芯密度的变化及水分的变化等。

　　导火索由于在使用地点的大气压力不同会使燃烧速度产生变化,所以使用地点由于海拔高度不同其燃烧速度也不同。

　　导火索在燃烧时尾部燃烧气体不能顺利排出,会使燃速增快,严重时可爆燃,发生安全事故,在使用时应引起注意。

13.1.2　导火索的制造工艺

1. 制造导火索的工艺流程

　　导火索的制造过程较简单,将各种原料准备好之后,在专用的制索机上,连续卷制成导火索,其生产工艺流程,如图 13.2 所示。

2. 原料准备

（1）黑火药准备

　　按照黑火药的制造工艺,根据各种导火索所需要的燃烧速度,可以调整黑火药中各种成分的配比和使用炭化程度不同的木炭,参考表 13.1 列出的配方,将黑火药准备好供卷制导火索使用。

（2）棉纱的准备

　　棉纱是由天然棉纤维纺织成的,按用户的要求,棉纱有粗细之分。表示棉纱粗细有两种方法:一种是支数,就是单位重量棉纱的长度,按重量和长度所用单位,支数有公制和英制两种,我国棉纱沿用英制。一磅棉纱是 840 码长时定为英制的 1 支纱,若为 21×845 码,称为

21 支纱;若为 32×840 码,称为 32 支纱,显然纱支越大,棉纱越细。另一种是我国规定的号数,就是每 1 000m 棉的重量(以克表示),若 1 000m 棉纱重 28g 称为 28 号纱,号数越大,棉纱越粗。制导火索用棉纱常用 21 支、32 支,相当于 28 号、18 号。

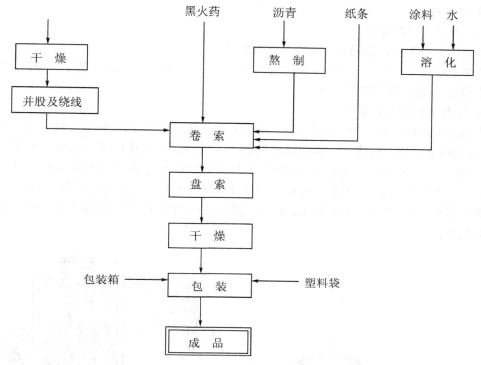

图 13.2 导火索的生产工艺流程图

表 13.1 各种燃速导火索常用的黑火药参考配方

导火索燃速(m/s)	硝酸钾	硫	木炭	炭型
60~80	64	23	13	黑炭
80~110	64	26	10	黑炭
100~125*	63	27	10	黑炭
150~170	75	15	10	黑褐炭
240~260	75	15	10	褐炭
290~320	75	15	10	栗炭

* 为普通导火索燃速,其余为延期导火索燃速。

棉纤维有吸湿性,因此进厂棉纱都要在 40℃~50℃ 的干燥室干燥至水分含量为 3%~4%,但也不宜过低,水分过低棉纱强度下降。经干燥后将棉纱加工成合股线或棉线,将合股线或棉线缠绕至专用的线轴上,供制索使用。

(3)沥青的准备

沥青在导火索中作防潮涂料,一般采用石油沥青。石油沥青为原油蒸馏残余物再经加工制成,根据加工法不同,得到不同的品种,供不同场合使用,分普通、建筑、道路、专用等品种。导火索生产多用建筑沥青。石油沥青具有优良的黏结性、水性和防腐蚀性,符合使用要求。

建筑石油沥青有"30 甲"、"30 乙"等牌号。一般选用以上两种牌号,软化点不低于 60℃。原料沥青往往黏有包装纸、泥土等,要进行加热熔化除去杂质,凝固后打碎使用。

（4）纸条的准备

制索的纸条有专用纸称"导火索纸"，一般有 3 种牌号选用，将纸切成宽 $16×18\text{mm}$ 的纸条盘卷备用。纸的牌号及厚度为：DX06 厚度为 $65±5\mu\text{m}$；DX07 厚度为 $78±6\mu\text{m}$；DX09 厚度为 $93±7\mu\text{m}$。

（5）外层涂料的准备

导火索的外层黏性涂料可以从以下几种中选用：

羧甲基纤维素 $3\%～5\%$ 水溶液；聚乙烯醇 $2\%～4\%$ 水溶液；淀粉、黏土、滑石粉组成的黏性水溶液；其他不吸潮的黏性液。

3. 导火索制造工艺说明

卷制导火索的主要工序为制索工序，制索采用制索机进行，制索机有一机完成式及分机完成式，国内多采用一机式。一机式制索机如图 13.3 所示，机体由垂直部分和水平部分组成，垂直部分由上至下顺序安装有：放药斗，用作下药的锥形药缸，完成内层线包覆的上线盘和中层线包覆的下线盘，最下面是将加工中的导火索由上下移动改为水平移动的换向轮，两个线盘上插有线轴，上方还有芯线轴，在垂直部分，导火索形成了药芯和完成了内层线和中层线的包覆。

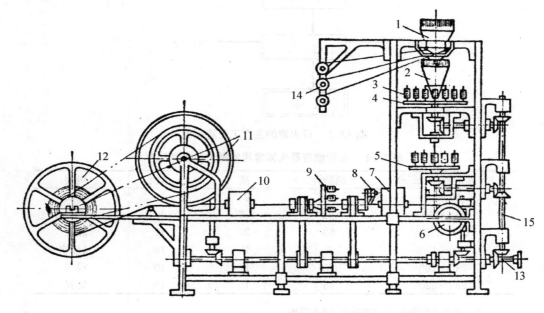

图 13.3　制索机

1—贮药斗；2—药缸；3—线轴；4—上层线盘；5—下层线盘；6—换向轮；7—沥青涂槽；8—纸条盘；
9—外层线盘；10—涂料槽；11—大线轮；12—成品轮；13—横轴；14—芯线轴；15—立轴

在水平部分，导火索先经过沥青涂槽，出槽后被纸条包覆，继而通过外层线盘再进入涂料槽，出槽后，导火索经过大线轮，最后绕到成品轮上。在水平部分，导火索完成沥青、纸条、外层线、外层涂料的包覆。

在制索机上共设有 5 道卡模以控制导火索各包覆层的直径，一道卡模为内层线卡模，二道卡模为中层线卡模，三道卡模为沥青卡模；四道卡模为纸条层卡模；五道卡模为外层线及外层涂料卡模，以控制导索外径。

制索机的生产能力，一般为 $300～500\text{m/h}$。工业导火索的药芯药量，一般为 $7～8\text{g/m}$；

延期导火索药芯稍粗些,以便于点燃,一般为 9~10g/m。

卷制完成后的导火索再进行盘索,盘索就是将定长导火索盘成卷。从制索机上卸下绕满导火索的成品轮,用盘索机将导火索盘卷到一定内径的木轮上,每 250±2m 为一卷。盘卷时切去有细、断药或停机、开机标志索段或其他不正常索段,所有索头都要浸石蜡液密封。

盘索后,索卷用绳捆扎。按批送入 35℃～45℃ 干燥室干燥 24h 以上。一般每 4 卷(1 000m)装一箱,箱内用塑料袋密封。保证期一般为两年。

13.1.3　导火索的性能及质量检验

1. 工业导火索的性能要求

对工业导火索的质量及性能方面的要求如下:

(1) 外观:表面均匀,无折伤、变形、发霉、油污、剪断处散头等现象。

(2) 尺寸:导火索外径 5.2~5.8mm,药芯直径不小于 2.2mm。

(3) 燃烧速度和燃烧性能:普通导火索燃速 100~125m/s;缓燃导火索燃速 180~215m/s。燃烧时不得有断火、透火、外壳燃烧、爆声及速燃等现象。

(4) 抗水性能:在 1 米深(约 20℃)静水中浸 4h 后,燃速和燃烧性能不变。

(5) 耐热性:在 45℃ 恒温箱中放置 2 h,不允许有黏结和外壳破坏现象。

(6) 耐寒性:在温度为 -25℃ 条件下放置 1h,不允许弯曲时有裂纹及折断现象。

对延期导火索的质量要求与工业导火索不同之点是外径 5.9~6.1mm;燃速有几种规格;一般要求 100mm 长度的秒量偏高,不大于 1.5s;其余为 1.0s,别的项目要求与工业导火索相同。

2. 质量检验方法

(1) 外观及燃烧情况用目测,直径用卡尺量测。

(2) 测燃烧速度采用 1m 长索段,点燃后用秒表测时,精确到 1s。在测时过程并观察其燃烧性能。

(3) 抗水性试验是将导火索试样盘成直径不小于 25cm 索卷,在温度为 20±5℃,深度 1m 的静水中浸 4h 后,取出剪去潮湿索头。剪成 1m 长索段,再进行燃速及燃烧性能测试。

(4) 耐热性试验是将导火索试样盘成直径不小于 25cm 索卷,放在 45±2℃ 的恒温箱中保持 2h,取出在室温下放置 20~25min,导火索之间不得有黏结及外壳破坏现象。

(5) 耐寒性试验是将导火索试样,盘成直径不小于 25cm 索卷,放置在 -25±2℃ 条件下保持 1h。取出后,立即从索卷的两端起,分别在直径为 18±2mm 的木棒上旋绕 3 周,不得有肉眼可见的裂纹和折断现象。

13.2　导爆索制造

13.2.1　导爆索概述

1. 概述

导爆索是一种绳索状的起爆器材,但它本身需要另一种起爆器材引爆。在导爆索的一端引爆雷管,导爆索就会被激发,将爆轰传递到另一端,而达到起爆与其接触的药包或另一根导爆索的效果。导爆索是为适应爆破工程的要求而产生的,火雷管不能同时起爆多个炮眼的装药。

电雷管虽然弥补了这种不足,但一般电雷管却容易在地面杂散电流的作用下爆炸,因此不能在机械化程度较高的露天矿或金属矿使用。为适用于杂散电流大的场合,而出现了导爆索。经过近百年的实践和发展,如今已不仅应用在露天爆破,而且在一些特殊的爆破作业中发挥了其特长,还可作为独立的能源应用在金属爆炸成型、爆炸焊接、爆炸切割等方面。

最初在1879年出现的导爆索,是以铅、锡之类的软金属为外壳,以硝化棉、苦味酸、梯恩梯之类猛炸药为药芯,由于这些猛炸药爆速、威力较低,临界直径较大,为了使药芯直径尽可能缩小,当时使用金属外壳。而导爆索在使用时,难免要弯曲,这些金属只好用延展性较好的软金属。这样的导爆索笨重昂贵,弯曲性小,限制了导爆索的大量生产和应用。

在太安、黑索今这些爆速高、威力大、爆轰感度好的猛炸药相继出现后,才为导爆索生产工艺的改革提供了可能性,使导爆索的生产容易、成本降低、性能更好、使用方便,很快取代了金属壳导爆索,而大量用于工程爆破中。现在导爆索的爆速,一般可达 6 000~7 000m/s,能够可靠地起爆目前使用的各种工业炸药。但是导爆索在爆炸时,产生强烈的火焰,所以只能在露天和无瓦斯或矿尘爆炸危险的井下爆破作业使用。在1954~1956年间,又发展了供有瓦斯和煤尘爆炸危险矿井中使用的煤矿导爆索,之后又出现了塑料皮导爆索、强力导爆索、低能导爆索等新品种。各种导爆索的用途如下:

(1)普通导爆索:有两个品种,即外层为棉线导爆索及塑料导爆索。适用于露天和无沼气、煤尘爆炸危险的爆破作业。外层涂覆塑料的导爆索,更适用于水下爆破作业。这种导爆索药芯药量不少于11g/m。

(2)煤矿导爆索:煤矿导爆索的索芯或外壳内掺有消焰剂,以降低爆热。这种导爆索根据其安全等级,可分别应用于具有不同爆炸危险的矿井中。消焰剂一般为碳酸盐或冰晶石、氯化钠等。

(3)强力导爆索:药芯的药量按起爆力的要求适当增加,就成为强力导爆索,强力导爆索药量一般为15~20g/m,可用于爆炸成型或特殊管道的安全作业。

(4)细径导爆索:也称低能导爆索,由于普通导爆索价格较高,使它的扩大使用受到了一定的限制。为降低使用成本,研制了细径导爆索,使药量降至7~10g/m,爆速在5 000m/s以上,用于露天爆破,成本可降低。

(5)金属壳导爆索:柔性金属壳导爆索是由药芯和金属外壳组成的,可用铅、锡等软性金属制作,可制成直径大小不同的多种规格,供油井、金属切割、军事等方面应用。

2. 使用导爆索的优点

导爆索中用量最大的为普通导爆索,普通导爆索主要用于一次起爆多个炮眼装药的较大型的露天煤矿作业中。用导爆索起爆装药的优点可归纳如下:

(1)不受地下杂散电流、空中雷电感应的影响。

(2)起爆准确可靠,并能同时起爆多个炮眼装药,而且"同时性"很高。

(3)药包中没有雷管,故在装炮和清理瞎炮时比较安全,而在矿石、煤块中,也不会夹杂未爆雷管;在矿石、煤块的装卸、运输和使用时,不致发生意外爆炸事故。

(4)爆破前的准备工作比较简单,无复杂的线路计算和线路连接以及由于线路短路产生拒爆。

（5）导爆索沿着炮眼内的炸药全长起爆,有助于提高炸药的爆速和消除炮眼深部工业炸药可能产生的爆燃。

（6）可用于涌水量较大或温度较高的炮眼中。

当然,导爆索应用也有不足之处,如成本较高;网路铺设完毕后,只能依靠观察对网路加以检查;而且已装入炮眼的导爆索,是否在装填过程中发生损坏、松动等情况,不易判断。

3. 导爆索的结构及设计要求

普通导爆索的结构与普通导火索的结构基本相同,只是药芯为黑索今或太安,其最外层为涂石蜡防潮层,为与导火索进行区别外面为红色。塑料导爆索为在中层棉线外面涂一层红色塑料层,可取消纸条及沥青防潮层。

其他一些特殊用途的导爆索,则根据使用要求,可对其外壳结构、药芯药量及外径进行设计制造。但在设计制造时应注意及满足以下几方面要求:

（1）药芯直径应大于该炸药的极限直径,或根据对爆速的要求,如果不高时,也可接近极限直径,但必须大于临界直径。

（2）金属外壳可降低炸药的极限直径,纤维壳对降低炸药的极限直径一般无作用。

（3）药芯药量应满足对药芯直径的要求。

（4）炸药的细度应满足导爆索的药芯密度、爆轰感度、卷制流散性等各方面的要求。

（5）药芯密度应满足导爆索爆速的要求,如普通导爆索 6 000m/s 以上,药芯密度应在 1.02g/cm³ 以上,多控制在 1.10g/cm³ 以上,爆速可达 6 300m/s 以上。

黑索今爆速与装药密度的关系,(当密度在 1.0 以上时)可用下式计算:

$$D_\rho = D_1 + M(\rho - 1.0)$$

式中 ρ ——炸药装药的密度(g/cm³);

D_ρ ——炸药在密度为 ρ 时的爆速(m/s);

D_1 ——炸药在密度为 1 时爆速(m/s),黑索今为 5 947m/s;

M ——与炸药性质有关的系数,黑索今为 3 590(m/s)(g/cm³)。

13.2.2　导爆索的生产工艺

目前大量应用的为普通导爆索,所以下面只对普通导爆索的制造工艺加以介绍。

1. 导爆索制造工艺流程

普通导爆索的制造与导火索基本相同。即将各种原料准备好之后,在专用的制索机上连续卷制成导爆索,其生产工艺流程如图 13.4 所示。

2. 导爆索制造工艺说明

（1）黑索今的准备

黑索今的准备,包括粗、细黑索今的准备、称量、混合、干燥等工序。因为使用黑索今为药芯,多采用粗、细混合应用,效果较好。

黑索今随药粒变小,极限直径和临界直径都可下降,两者的差值亦缩小;如黑索今密度为 1.0g/cm³ 时,药粒为 180μm,临界直径为 4.4mm;而在 25~150μm 时可降至 1.2mm。此外,导爆索的爆轰感度也可以提高。从这两点看,导爆索用细结晶黑索今(大部分为 2~25μm)比较有利,但这样的黑索今流散性极差,在卷索时下药很不均匀,容易出现细、断药等情况;此外,这种黑索今的假密度只有 0.35~0.45g/cm³,在卷索机上使药芯达到 1.1g/cm³ 的密度是很困难的,此密度下爆速可达 6 300m/s。因此,在实际生产中,不能单用细黑索今做药芯。

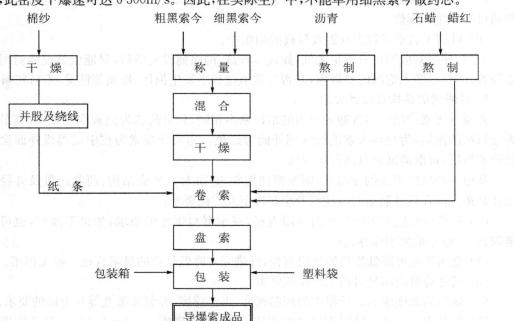

图 13.4　导爆索的生产工艺流程图

粗结晶黑索今,假密度在 $0.70 \sim 0.90 \mathrm{g/cm^3}$ 之间,颗粒大部分在 $20 \sim 100 \mu\mathrm{m}$,单纯用作药芯也不可取。由于极限直径增大,药量和棉纱的消耗增加;导爆索的爆轰感度也较低,并且因为它的流散性太好,在卷索时反而不易附着在芯线上,同样也会产生细、断药等情形。

所以在实际生产中,多采用混合黑索今的办法,即按一定比例,将以上两种粗、细黑索今混合使用。假密度可控制在 $0.50 \sim 0.55 \mathrm{g/cm^3}$,这样就兼顾了药芯粗细、密度、爆轰感度、卷索下药等各方面的要求。

粗、细黑索今混合时,先分别测出粗、细黑索今的假密度,根据测定值并结合生产经验决定配比。因为黑索今感度较高,可用皮制转鼓混合或用手工混合,混合后过约 30 目绢筛,以便混合得更均匀,并除去机械杂质,过筛后测定假密度,测定结果不在要求范围,可酌量加入粗的或细的黑索今重混。

混好的药放在干燥盘内送入干燥室,在木架上干燥,要求水分不大于 0.06%。干燥后仍须复测假密度,合格后即可应用。

如采用太安为药芯,假密度一般要求为 $0.70 \mathrm{g/cm^3}$ 左右较好。由于太安的感度较黑索今高,流散性也能满足使用的要求,对细度的要求不太严格。

(2) 其他原料的准备及导爆索的卷制

其他原料的准备包括有棉线、纸条、沥青、石蜡剂的准备。

棉线的准备与导火索同。只是在卷索时棉线的用量较导火索多。因导爆索的外径较粗,药芯密度要求大,所以各层棉线的股数较导火索多。

纸条及沥青与导火索采用的相同。

导爆索的外层涂料多采用石蜡防潮剂,掺入约 0.08% 的蜡红,将导爆索外皮染为淡红色,以区别于白色的导火索。也可采用石蜡、松香、桐油熬制成,其比例为 5 : 4 : 1,外加 0.08% 蜡红的防潮剂。后者防潮效果较前者好。

　　导爆索的卷制与导火索卷制相同,也采用制索机进行。导爆索卷成后不需再进行干燥,经过盘索每卷长为 50±0.5m;导爆索两端要用防潮纸及防潮剂或塑料帽密封;然后用塑料袋及木箱或纸箱包装即为成品。导爆索的保证期为 2 年。

13.2.3　导爆索的性能及质量检验

1. 普通导爆索的性能要求

　　(1) 外观:表面红色,无折伤、无污垢等现象。

　　(2) 药量:不小于 11g/m。

　　(3) 尺寸:外径棉线导爆索不大于 6.2mm;塑料外皮导爆索不大于 6.0mm。每卷长度 50±0.5m。

　　(4) 爆速:不低于 6 000m/s。

　　(5) 起爆性能:用 1.5m 长的导爆索能完全起爆一个压制的梯恩梯药块。

　　(6) 传爆性能:按规定方法连接后,用 8 号雷管起爆,应爆轰完全。

　　(7) 抗水性能:棉线导爆索在 1m 深的清洁静水中浸 4h,应传爆可靠。塑料导爆索在水压为 50kPa,浸 5h 传爆可靠。

　　(8) 耐热性能:在 50±2℃ 条件下保温 6h,外观及传爆性能不变。

　　(9) 耐寒性能:在 −40±2℃ 条件下冷冻 2h,取出后按规定的连结法用 8 号雷管起爆,爆轰完全。

　　(10) 火焰感度:导爆索端面药芯被导火索喷燃时不爆炸。

　　(11) 耐弯曲性:按耐热、耐冷性能试验的条件保温后做弯曲试验,药芯不洒出,内层线不露出,塑料层不破裂;然后按规定的方法连接,保证爆轰完全。

　　(12) 抗拉性能:导爆索承受 500N 静拉力后,仍能保持爆轰性能。

2. 质量检验方法

　　(1) 外观和尺寸检验:用目测检查外观,用卡尺检查外径。

　　(2) 药量测定:取 200mm 长的索段,用分度值不大于 0.1g 的天平称重,然后解剖除掉药粉,称量全部包缠物和芯线重量,将两次重量差乘以 5,即为每米药量。

　　(3) 爆速测定:采用爆速仪法测定一定长度导爆索的爆炸时间,然后计算得出。

　　(4) 起爆试验:取 1.5m 长导爆索,按图 13.5 捆扎在一个 200g 压制的梯恩梯药块上,导爆索一端插入药块孔内,导爆索在药块上缠绕,用线扎紧,用 8 号雷管起爆导爆索,药块应爆轰完全。

　　(5) 传爆试验:取 8m 受试导爆索,切成五段 1m 和一段 3m 的。按图 13.6 用扎结和束结连接,用 8 号雷管起爆后,各段导爆索爆轰完全。

　　(6) 抗水试验:取 5.5m 受试导爆索一根,盘成直径不小于 25cm 的索卷,索头用防潮剂浸封,放入深 1m,

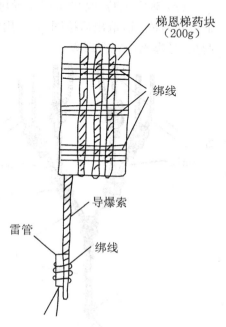

梯恩梯药块
(200g)

绑线

导爆索

雷管

绑线

图 13.5　起爆性能试验图

温度 10℃～25℃ 的水中，浸 4h。取出切成 1m 长 5 段，按图 13.7 用水手结连接，用 8 号雷管起爆，全部导爆索应爆轰完全。

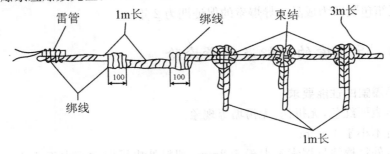

图 13.6　传爆性能试验图

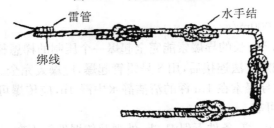

图 13.7　抗水和耐热性能试验的连接方法图

塑料导爆索，放入密闭器中，加压至 50kPa，保持 5h，取出用与上面相同方法试验，应爆轰完全。

(7) 耐热试验：取 5m 受热导爆索 1 根，盘成直径不小于 25cm 的卷索，放入 50±2℃ 恒温箱中保温 6h，取出后先检查外观，不应有防潮剂熔化或渗入药芯的现象，然后切成 5 段 1m 长的。按图 13.7 连接，用 8 号雷管起爆，导爆索应完全爆轰。

(8) 耐寒试验：取 20m 受试导爆索，切成 4 段 3m 长的和 4 段 2m 长的。放入 -40±2℃ 低温箱冷冻 2h，取出后按图 13.8 用水手结连接，在连接时索干不应有折断现象；用 8 号雷管起爆，导爆索应完全爆轰。

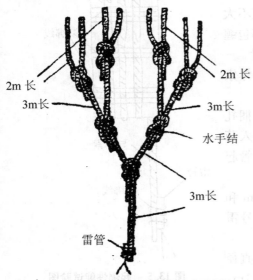

图 13.8　耐寒试验的连接方法图

(9) 耐火焰试验：取 50mm 受试导爆索和导火索各 5 段，彼此端面药芯对正距离在 50mm 内，点燃导火索，当火焰传至接触面而喷出时，导爆索不爆轰为合格。

(10) 耐弯曲试验：取 1m 受试导爆索 10 根，5 根按耐热试验的条件处理；5 根按耐寒试验的条件处理；取出后每根导爆索的不同 3 处立即于直径 5mm 的轴上以 90°角弯曲 4 次，弯曲处不应有塑料层破裂或露出内层线现象，经上述弯曲后的导爆索按图 13.7 连接，用 8 号雷管起爆，导爆索应完全爆轰。

(11) 抗拉试验：取受试导爆索 0.5m，一端夹在线夹上，在另一端悬吊 500N 负荷 1min 不应拉断，取下后仍能被 8 号雷管引爆，且爆轰完全。

13.2.4　煤矿导爆索

近年来,矿井的爆破作业推广了深孔光面爆破的新技术。为了提高煤炭生产率,在瓦斯矿井也推广了此项技术,相应地提出了适用于瓦斯煤层用的煤矿导爆索或称"安全导爆索"。煤矿导爆索在深孔光面爆破中有显著的优越性。在较深的炮孔中,装药长度过长,对硝酸铵类的低爆速炸药就不能一次起爆,为了弥补这一缺陷,在较长装药炮孔中采用导爆索连接最为适宜。此外,在光面爆破中,为使周边光滑平直,减少周岩的破坏,通常使用分段装药,用导爆索将各段连接为一体,可以做到一次全爆。

13.2.4.1　产品结构和主要性能

煤矿导爆索的结构和我国现生产的工业导爆索的结构基本相同。都是以黑索今炸药为芯药,以棉纱、纸条包缠,并涂有沥青防潮层。不同的是,煤矿导爆索在沥青防潮层外增加消焰剂(食盐层),外层被覆聚氯乙烯(PVC)薄膜作护套,如图 13.9 所示。

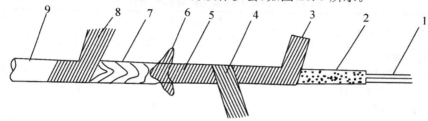

图 13.9　煤矿导爆索产品结构示意图

1—芯线;2—芯药;3—内层线;4—中层线;5—沥青层;

6—消焰剂;7—纸条层;8—外层线;9—聚氯乙烯护套

主要技术指标:

索芯药量:12~14g/m

消焰剂量:2g/m

导爆索外径:不大于 7.3mm

爆速:6 000~6 500m/s

使用温度范围:0℃~60℃

安全性:20m 导爆索在 9% 甲烷空气中悬吊试验 5 次不发火。

13.2.4.2　瓦斯安全性能鉴定

采用安全度较高的悬吊法,试验时将工业导爆索(无 PVC 外皮和有 PVC 外皮的两种)与煤矿导爆索进行对比。

1. 试验条件

(1) 试验巷道直径 1.8m,长 20m,爆炸室直径 1.8m,长 5m。

(2) 将导爆索悬吊于巷道中心部位。若 10m 导爆索将其并排悬吊于巷道中心断面,若 15m 导爆索,则将其在巷道中间排成三角形,若 20m 导爆索则在巷道中排成方形(导爆索与巷道壁之间的距离大致相等)。

(3) 为避免雷管及导爆索尾端裸露于瓦斯中,在起爆点及尾端套上食盐被筒。

（4）炸药室甲烷浓度为 9%。

2. 试验结果

（1）3 种不同类型的导爆索试验结果如表 13.2 所示。

（2）煤矿导爆索和煤矿炸药共同引爆瓦斯试验。

将 2 号煤矿炸药 120g 连结在导爆索上，此时把煤矿炸药装入 Ø55×900 臼炮中，导爆索悬吊于爆炸室，中间充填 9% 浓度的甲烷，试验后的结果为：6m、10m、16m、20m 时均不引爆瓦斯；当长度增至 25.5m，则引爆瓦斯。

（3）煤矿导爆索贮存及浸水后，瓦斯安全性和爆速情况见表 13.3。

表 13.2　不同导爆索的瓦斯安全性

导爆索	10m	15m	20m	25m	30m
工业导爆索(无 PVC)	3/4	3/3			
工业导爆索(有 PVC)	2/2	2/2			
煤矿导爆索	0/2	0/2	0/5	1/4	1/1

注：表中分母为试验次数，分子为引爆瓦斯次数。

表 13.3　煤矿导爆索的贮存和抗水性能

种类及贮存时间	瓦斯安全性				爆速
	10m	16m	20m	30m	(m/s)
煤矿导爆索贮存 2 天					6 739
煤矿导爆索贮存 4 个月			0/5		6 527
煤矿导爆索贮存 8 个月			0/5	1/1	6 526
煤矿导爆索贮存 8 个月			0/5		
浸水 1 小时(水深 1 m)					6 490
工业导爆索贮存 8 个月	1/2	1/2			6 439

由表 13.3 看出，煤矿导爆索贮存 8 个月后瓦斯安全性良好。贮存 8 个月后经过浸水仍保持原有性能，安全性比工业导爆索高 2~3 倍。

3. 引爆炸药试验

由于煤矿导爆索外皮加厚并有消焰层的影响，需考虑起爆炸药的能力是否会受到影响，故进行了下述试验。

将煤矿导爆索的一端束上煤矿炸药一卷，用 8 号雷管起爆煤矿导爆索，结果 2 号和 3 号煤矿抗水硝铵炸药均能引爆。煤矿导爆索贮存 8 个月后，以及再经浸水后均能起爆 3 号煤矿硝铵炸药。

13.2.5　新型的空心导爆索

新型的空心塑料导爆索，解决了国内现有结构形式的棉、塑类导爆索的爆速不能突破 8 000m/s 的难题，增添了传爆器材的新品种。该产品适用于一切高速传递爆轰波的场合。例如，使用它可实现平面、柱面、球面上的多点同时起爆。特别是在无瓦斯、无粉尘或水下环境进行光面、预裂、深孔爆破时，严格要求同排、同行、同一炮孔齐发性，采用它可达到要求；也可使用它传递起爆能，可以引爆钝感低爆轰炸药，对提高效率和减少炸药单耗十分有益；在石油地球物理勘探中用它做人工地震能源，可得到很高的地震波主频。

1. 设计原理

该产品提高爆速的原理，就是以一空腔贯穿药芯全长，在一定装药密度下使其产生增速性的内管道效应,使爆速提高到 8 100～8 200m/s 左右。

炸药爆炸时因管道约束产生一些奇异的现象,一类是使爆速增加,这种现象在国内外研究者中已观察多年,例如阿伦斯曾测得太安、特屈尔猛炸药做成空心药柱时爆速不仅大大超过了同直径实心药柱的爆速,而且还超过了同样炸药在结晶密度和极限直径上可能达到的最大爆速。对管道效应的机理的解释还没有定论,但人们早已在实践中利用了它,塑料导爆管就是一个很好的例子。

2. 产品结构

空心塑料导爆索结构如图 13.10 所示。

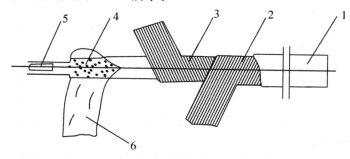

图 13.10　产品结构图

1—塑料护套;2—聚丙烯带;3—聚丙烯带;4—炸药;5—塑料管;6—聚酯薄膜条

3. 技术参数

(1)爆速不低于 8 000m/s;

(2)用 8 号工业雷管能完全引爆,产品对搭结、水手结均传爆可靠;

(3)对重 200g,密度 1.59～1.6g/cm^3 梯恩梯药块能完全起爆;

(4)水压力 495MPa 的容器里浸泡 6h 时,爆轰性能正常;

(5)在+60℃～−50℃条件下进行弯曲打结,作用可靠;

(6)扯断力为 90～100kg;

(7)伸长率为 7%～15%。

4. 影响因素

(1)药芯中的临界空腔直径

取装药量为 13g/m,密度为 1.25g/cm^3,以塑料管作药芯空腔衬层,当管壁厚 0.5mm 不变时,改变塑料管空腔直径,用 DS-435 晶体测时仪(精度 1/DS)电离通靶测得变化规律如图 13.11 所示。从图 13.11 可知爆速增至 8 000m/s 的临界空腔直径为 0.3mm。

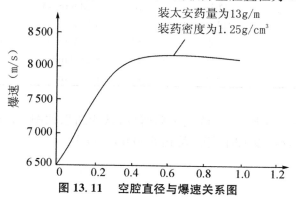

图 13.11　空腔直径与爆速关系图

（2）药芯截面积与管道截面积之比

当装药密度为 $1.25g/cm^3$，塑料管壁厚 0.5mm 定值时。塑料管外径在 $1.6\sim2.2mm$ 范围内选取，测得不同的药芯截面积与管道截面积之比的数据。从表 13.4 可看出，当塑料管外径在 $1.6\sim2.2mm$ 变化时，其爆速超过 8 000m/s，而爆速稳定性随药芯截面积与管道截面积之比增大趋向更稳定。

表 13.4　爆速稳定性

组别	药芯截面积 $S_1(mm^2)$	管道截面积 $S_2(mm^2)$	S_1/S_2	试验数 n	爆速平均值 (m/s)	极差 (m/s)	标准偏差 (m/s)
1	7.0	2.0	3.5	10	8 116	400	153
2	15.2	3.8	4.0	10	8 130	300	144
3	8.8	2.0	4.4	10	8 164	275	94
4	12.7	2.5	5.1	10	8 100	160	72
5	13.7	2.5	5.5	10	8 236	155	68
6	24.0	3.8	6.3	10	8 300	95	58
7	18.0	2.5	7.2	10	8 264	90	57

（3）管道对于药芯偏心

用塑料管作空腔衬层，塑料管对药芯偏心时，爆速发生变化，实验结果见表 13.5，爆速随塑料管对药芯偏心距增大而下降。当塑料管偏至药芯一侧，并与药芯外径内切时，爆速下降至药芯的爆速。

表 13.5　塑料管对药芯偏心时的爆速

批号	药芯外径 (mm)	塑料管 外径/内径(mm)	偏心程度(mm) 偏心距	偏心程度(mm) 药层最薄处	n	爆速平均值 (m/s)
1	4.0	1.8/0.75	1.1~1.0	0~0.2	10	6 693
2	4.0	1.8/0.75	0.8~0.7	0.3~0.4	10	7 243
3	4.0	1.8/0.75	0.6~0.5	0.5~0.6	10	8 065
4	4.0	1.8/0.75	0.4~0.3	0.7~0.8	10	8 264

（4）管道材料及介质

当某种材料的空管贯穿药芯中心作空腔衬层时，随着管材及介质的不同爆速将不同，见表 13.6。空心药芯增速性内管道效应受管材及介质影响，管壁材料强度愈大和约束性愈强，则管道爆速愈低。当管道空腔全长被液体、固体阻塞时爆速显著下降。

表 13.6　管材及介质不同时的爆速

序号	管材	管中介质	n	平均爆速	备注
1	聚乙烯	铁丝	10	6 480(m/s)	
2	聚乙烯	机油	10	6 593(m/s)	药芯外径都为 4.0mm
3	聚乙烯	清水	10	6 700(m/s)	衬层塑料管直径为
4	聚乙烯	空气	10	8 280(m/s)	1.8~0.75mm
5	纯铅	空气	10	7 439(m/s)	

（5）装药密度

当装药量、塑料管等参数一定，改变装药密度，试验结果如图 13.12 所示。从图 13.12 知，装药密度为 $0.8g/cm^3$ 以上时，爆速均达 8 000m/s 以上。

5. 其他材料选择

（1）炸药

选择高感度的猛炸药能产生增速性内管道效应,用假比重为 $0.65\sim0.75g/cm^3$ 太安、特屈尔或黑索今粉状炸药可获得 8 000m/s 的爆速,用钝化的黑索今与太安中途有熄爆现象。

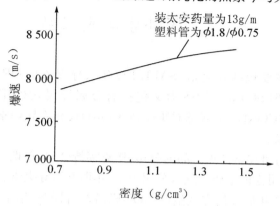

图 13. 12 装药密度与爆速图

（2）外壳

选用聚酯薄膜、聚丙烯带、高压聚乙烯作外壳材料。

（3）药芯空腔衬层管

贯穿药芯中心的空腔衬层管材料与增速性内管道效应爆速有着较大关系,强度愈大的束性愈强,则爆速提高愈不明显,高压聚乙烯质地柔软,约束性弱,成型好,故选此作药芯空腔衬层较好。

6. 工艺流程

空心塑料导爆索可用干法或湿法制成,工艺流程如图 13.13 所示。

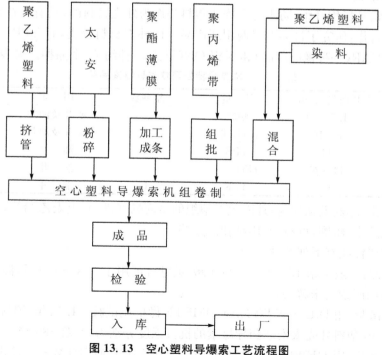

图 13. 13 空心塑料导爆索工艺流程图

13.3　国外索类火工品

美国索类火工品主要包括导火索（SAFE FUZE）、导爆索（CORDEAU，现称 PRIMA-CORD）、柔性切割索（FLSC）等。导爆索又包括有金属导爆索（MDF）、起爆线（PRIMA-LINE）、烟火索（PYROCORD）、延期索（DELAY CORD）、有壳导爆索（CDF）和地震用导爆索（SEISMIC CORD）等。

美国有三大生产与研究索类火工品的公司：毕克福特公司，奥斯汀火药公司及阿帕赤火药公司，以毕克福特公司为最主要。这家公司 1913 年即开展导火索、导爆索业务，1940 年起生产军用导爆索。1974 年后又研究及生产 NONEL 管。目前每年生产几亿英尺导爆索，是美国导火索、导爆索及非电起爆塑料导爆管的主要生产、研究和供应者。

13.3.1　毕克福特公司索类火工品品种、性能及制造方法

1. 导火索

该公司目前由于导爆索及 NONEL 管的大量生产而减少了导火索的品种及产量，只剩下一种导火索，结构与我国的相同，但芯药外层是用聚丙烯纤维线编织包覆，我国则用棉纤维线。其产品耐磨、防水，但不耐温。

2. 软壳导爆索

软壳导爆索是指用纤维、防水化合物或塑料等作为外壳材料的，具有可挠性。该公司与炸药生产公司合作，研究了许多军民两用新产品。以外壳材料分类，有 TPR（一种热塑性材料），塑料，HYCAR（一种橡胶制品）和 NYLON（尼龙）4 种约 21 个品种。见表 13.7。

表 13.7　毕克福特公司软壳导爆索品种

芯药种类	装药量(g/m)	外　壳	品种数	用　途	耐温(°F)
太　安	1.5~10	塑料	15	矿井及油井	
黑索今	8~16	NYLON	2	矿井及油井	325
黑索今	14	TPR	1	油　井	420
黑索今	14~20	HYCAR	2	油　井	325
奥克托金	14	YPR	1	油　井	420

这种导爆索，芯药系猛炸药，外面包有编织的聚丙烯纤维，套上聚乙烯管，外壳系聚酯及涂石蜡。故能防水，耐磨，可挠，易用结扣法连接。

产品的主要性能有下列 6 种。

（1）耐压性：一般可耐 15 000~75 000 磅/英寸^2，可用于 9 000m 以下，温度达 420°F 的深井中。但防油问题尚未解决。

（2）抗拉试验：用 DILLON DYNAMOMETE 做抗拉试验。1.5g/m 塑料外壳太安芯药导爆索与 10g/m 塑料外壳太安芯药导爆索的抗拉强度分别为 98 及 280 磅。

（3）爆速试验：用 HEWLETT-PACKARD 公司 5325B 通用计数器。测出上述 1.5g/m 及 10g/m 两种导爆索的爆速分别为 6 614 及 7 267m/s。

（4）连接传爆试验：用 10g/m 塑料外壳太安芯药导爆索为起爆导爆索，中间接有 6 根 1.5g/m 的同类导爆索，观察分支连接传爆试验。根据在铅板上打上印痕的方法来判断，结果表明传爆良好。

（5）浸水后起爆试验：方法与传爆试验相同，但中间连接的导爆索系 5g/m 的塑料太安产品，浸水 5 英寸 70 小时。试验结果说明起爆良好。

（6）纸隔板殉爆试验：用厚度约 0.5mm 的纸板为隔板，研究 5g/m 及 10g/m 塑料太安导爆索的殉爆性。结果是：前者为 1.5mm，后者为 2.0mm。

3. 金属导爆索

1951 年开始研究这类产品，1959 年投入生产。大部分用于宇航及军事目的。军方对这类产品提出的技术要求如下：① 芯药装药量误差为 ±5%；② 爆速要大于 7 000m/s；③ 导爆索直径误差为 ±0.005 英寸。目前爆速已达 7 800~8 000m/s。美国对这类产品保密，只展示了 8 种样品。在外形方面，分圆形及扁平形两种。圆形：内有芯药，外套为金属管。扁平形：宽约 5mm，厚约 1mm，长带状，中间系芯药，外包有铅皮套，最外层系尼龙编织物，结构较新颖。金属导爆索有下列一些品种（表 13.8）。

表 13.8　金属导爆索的品种一览

装药品种	装药量		外壳	形状及尺寸(mm)
	格令/英尺	g/m		（外径、内径）
黑索今（粉红色）	20	4	Pb+6%Sb	圆 5.4;3.0
黑索今（粉红色）	10	2	Pb+6%Sb	圆 2.6;1.6
太安（白色）PBXN-5	2	0.04	Pb+6%Sb	圆 1.5;1.0
有增塑剂	5	1	Pb+6%Sb	圆 2.5;1.5
六硝基芪 MNS-2	10	2	纯 Al	圆 2.5;2.0
六硝基芪 HNS-2	5	1	纯 Al	圆 1.5;1.0
样品	2	0.04	纯 Al	圆 1.0;0.5
黑索今（粉红）			Pb+尼龙	扁平 5×1
苦基砜	0.5~20	0.1~4	Pb+6%Sb 或 Al	圆各种尺寸
二氨基六硝基联苯 DIPAM			Ag	圆

金属导爆索壳体较难制造、不可挠、价格贵、难运输，但其优点是耐高温，非常适用于宇航及深井油田。

美国对制造方法保密。据透露，粗管经锻压拉伸制成细管。一般是粗管 8 英尺长，与加工后的产品比例为 60:1。例如要拉制成外壳壁厚为 1mm 的导爆索，则粗管壁厚为 60mm。装药量要求 2g/m 时，粗管装料要 120g/m。8 英尺长的粗管，可拉成 1 000 英尺长的导爆索，一般也能拉成 300~400 英尺。用 X 射线检查索内疵病。但无法检查装药密度，只靠工艺保证及取样分析。也可用中子照相检查，尚未用 γ 射线。

杜邦公司曾用高速照相研究过铅皮外壳导爆索的爆炸过程，测出爆速为 5 500m/s，有金属碎片飞散。美国对金属导爆索的研究，动手早，水平高，品种多，也做了许多基础理论工作。

4. 有壳（金属）导爆索（CDF）

这是一种将金属导爆索装在聚乙烯外壳及多层编织玻璃纤维层内的导爆索。当爆轰时外壳能完全控制金属碎片飞散，这种产品主要用于宇航。

13.3.2　导爆索的使用方法

软壳导爆索可用连接法将爆轰延伸或用分支法传爆。该公司主要有两种连接法:结扣连接法,即将导爆索用结扣连接。塑料连接器连接法,即分支连接传爆。起爆方法基本有两种:导爆索与雷管并列起爆及导爆索与雷管对接起爆。后者要用一段套管或接力管,也适用于金属导爆索的起爆。

复习思考题

1. 导火索制造工艺中有哪些准备?
2. 画出导火索制造工艺流程图。
3. 根据导爆索和导火索的结构,比较它们在制造过程中的差异。
4. 简述导爆索制造工艺及制造过程中应注意的问题,并说明其生产过程中的工艺指标。
5. 导爆索制造中对黑索今有什么要求? 黑索今在导爆索中的作用是什么?

第14章 管状起爆器材制造

14.1 导爆管制造

14.1.1 导爆管概述

1. 导爆管的用途

柔性塑料导爆管是非电起爆系统的主要组成部分,又称为非电导爆管或 NONEL 管。导爆管是 20 世纪 70 年代初发明的,我国在 70 年代试制成功。导爆管利用管道效应进行低能低速传递爆轰波,引燃延期药或起爆药,使雷管爆炸进而起爆炸药,实现非电爆破。

导爆管非电起爆系统的工作原理,是在起爆端由起爆元件给出一定强度的起爆能量,导爆管被此能量所激发,而以 1 800～2 000m/s 的速度稳定地传爆,引爆另一端的起爆器件。如进行多排孔大面积爆破,则由内部装有微型雷管的连接块或毫秒分路器组成爆破网路,将能量逐级传递下去,实现大面积爆破。

塑料导爆管是非电起爆系统的主要组成部分,再配合其他元件及末端起爆元件,即构成非电起爆系统。

非电起爆系统的主要优点如下:

(1)爆破作业的安全性好。在现代化矿山中,普通电雷管易受杂散电流、静电或雷电干扰而发生意外爆炸事故。导爆管起爆系统则不受干扰,因此使用安全。

(2)节约原材料。导爆管每米重 5～6g,药芯炸药不超过 0.02g/m,所以材料消耗较少。

(3)导爆管结构简单,生产工艺易实现自动化。

(4)起爆安全可靠,操作方便。

(5)防水性能较好。

导爆管可用火帽、电弧、雷管、导爆索起爆。

2. 导爆管的结构

塑料导爆管的结构是由热塑性塑料制成的细管,管内壁附着有一层薄薄的炸药(图 14.1);内径 1.5±0.1mm;外径 3.0±0.1mm;药量 16±1mg。

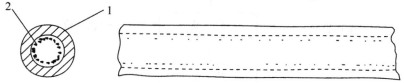

图 14.1 塑料导爆管结构图

1—聚乙烯塑料管;2—药剂层

导爆管内壁的药剂一般为：

奥克托金（或黑索今）	91%
铝粉	9%
石墨或硬脂酸钙（外加）	约 0.25%

导爆管的爆速一般在 1 800～2 000m/s 之间。采用奥克托金爆速较高，约在 1 900～2 000m/s 之间。

3. 导爆管稳定传爆的特点分析

导爆管的传爆爆炸过程存在管道效应，管道效应是比较复杂的物理过程。导爆管的管道效应主要是管壁能够阻止或减少爆炸产物的侧向飞散，减少侧向能量损失，相当于增大了装药直径的作用；另外，因管的直径小、长度大，外界对其干扰较小，因此冲击波在管内易传播。所以管道效应对导爆管的爆轰传播起到非常有利的作用。

有人试验，当管壁上涂的是黑索今或奥克托金负氧炸药时，在一定范围内增加管内空气的压力，即增加管内氧气含量时，爆速就增加。这表明空气中氧参加了反应，已经组成了燃料空气爆炸物。

燃料空气爆炸物的形成过程可能是冲击波压缩并扰动炸药颗粒，使之受到瞬时高温与一定大小的压力作用，而发生表面局部反应以及将部分药粒冲入管道中，由于颗粒分散，只能使炸药发生爆燃，爆燃中间产物及未爆燃的药粒，扩散到管内腔与空气混合，组成燃料空气爆炸物，继续发生反应并快速膨胀，放出热能使冲击波稳定传播。

涂在管壁上的炸药是很少的，它涂不满整个管壁，因此是不连续的。但是当组成燃料空气爆炸物后，就不仅是连续的，而且燃料空气爆炸物充满整个管内，这有利于爆轰传播连续与稳定。此外，由于组成了燃料空气爆炸物，提高了爆炸物的氧平衡，有利于提高爆热及爆温，所以也对导爆管爆轰的稳定传播有利。

14.1.2　导爆管的生产工艺

1. 导爆管生产工艺流程

导爆管的生产工艺流程如图 14.2 所示。

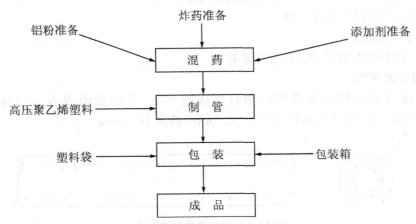

图 14.2　导爆管的生产工艺流程图

2. 导爆管生产步骤

（1）药剂的准备

炸药的细度应该是越细越好，这有助于分散均匀及易发生分解，有利于提高导爆管传爆性能。炸药的颗粒形状，应为球形或短柱为好，有利于在管内分散及悬浮在管内与空气混合，发生悬浮爆轰。

炸药的耐温性要求熔点及爆发点高于塑料的加工温度，塑料加工温度一般在 150℃ 左右。根据这一要求，以采用奥克托金（熔点 278℃，爆发点 327℃）及黑索今（熔点 203℃，爆发点 260℃）为好。由于奥克托金的爆炸性能优于黑索今，所以生产上多采用奥克托金。

在药剂中还要加入铝粉及添加剂，以改善药剂的性能。加入铝粉能显著提高导爆管爆速，随铝粉加入量增加，导爆管爆速增加；但当铝粉加入量超过一定限度时，导爆管爆速反而下降。其原因是加入铝粉后，在反应中放出大量的热导致爆速增加；但当铝粉过量，铝粉不能全部被氧化，剩下的铝粉将吸收热量，致使爆热下降，导致爆速降低。

此外，由于导爆管直径小，所涂药剂情况难以在生产中进行连续检测，可在炸药中加入少量的铝粉，由于铝在燃烧时发出耀眼的白光，这样就可能对导爆管的质量进行更好地检测。生产中多采用超细粒状铝粉，这样的铝粉活性高，并易与炸药一起形成悬浮爆轰。

为改善药粉的工艺性能，还必须加入少量的工艺附加物即添加剂，其作用是消除静电及增加流散性。可采用的添加剂有硬脂酸钙、石墨、炭黑、滑石粉等，多采用石墨或硬脂酸钙。

采用细度符合要求的奥克托金及铝粉按 91:9 的比例称重，并另加入 0.25% 的石墨或硬脂酸钙，在容器中混合均匀，用于导爆管的制造。

（2）导爆管的挤制

制导爆管多采用高压聚乙烯塑料，这种塑料优点较多，其耐热性较好、耐化学性好、耐溶剂性好、机械性能较好，此物软化点为 105℃～120℃。导爆管的挤制设备如图 14.3 所示。

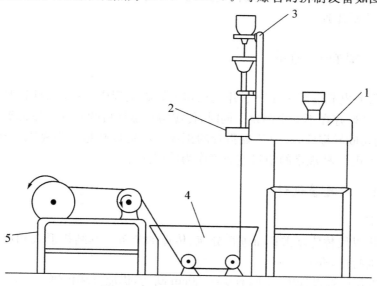

图 14.3　导爆管挤制设备示意图
1—塑料挤出机；2—机头；3—加药装置；4—冷却水槽；5—牵引卷管机

导爆管的制造是在塑料挤出机上配装自动进药装置，再与牵引、收卷装置配合，即可一次连续挤制成型。塑料挤出机装有直角机头，机头温度一般控制在 130℃～150℃；热塑性塑料通过挤压经过圆环状的成型模,成为管状。为了防止管腔出现负压,在芯棒上开孔直通大气,进药采用立式螺旋控制给料速度,细药粉随空气进入管内腔,由于流速变慢,以及塑料挤出时的静电作用,药粉向正处于黏流状态的管壁上飞散,被管壁吸附而黏结。挤出的塑料导爆管通过牵引经过冷水槽被水冷却定型,再经过牵引轮到收管轮盘卷,而为成品。

导爆管的药量要求均匀一致,如药量不均会造成爆速不均。在一定长度内,药量增加爆速增加,但药量增加爆压增大,易造成塑料导爆管击穿,从而影响质量,因此,要保证药量的均匀性及准确性。导爆管内径很小,每米药量 16mg,要通过注药管将药粉均匀地黏附在管壁上。在挤制过程中,连续均匀定量送料是保证产品质量的关键,多采用螺杆定量装置。为了防止进药通道堵塞,用蜂鸣器或电铃的电磁振荡部分,敲击下料管、注药管管壁,使药剂分散,以保证药量的均匀性及准确性,从而保证导爆管的质量。

14.1.3　导爆管的性能及质量检验

1. 导爆管性能要求

对导爆管的质量及性能方面的要求如下:

(1) 尺寸:外径 3.0±0.1mm,内径 1.5±0.1mm。

(2) 装药量:16±1mg/m。

(3) 爆速:1 800m/s 以上。

其他性能要求还有耐水性、耐火性、耐热及耐寒性、抗拉性等。

2. 质量检验方法:

(1) 尺寸:用卡尺或千分尺检查外径,精确到 0.1mm。

(2) 爆速:截取一定长度的导爆管,通过光电计时器,测出引爆一定长度的导爆管的传爆时间,然后换算成爆速。

14.1.4　塑料连通管

塑料导爆管非电起爆系统在地下开挖和露天爆破工程中已广泛应用,但因在爆破网路中需使用传爆雷管,存在不安全因素。同时,传爆雷管爆炸后的碎片和尾部聚能穴产生的高速射流,会提前切断导爆管,以及传爆雷管的拒爆均易造成瞎炮。为克服上述缺陷,试制成功了两种结构形式、5 种规格的塑料连通管作为传爆元件。

14.1.4.1　连通管设计

1. 设计依据

连通管是用以代替传爆雷管而进行分流、传爆的装置。其结构形式和尺寸的设计是基于导爆管的传爆特性,即:

(1) 导爆管在传爆过程中,中间有 15~20cm 断药,仍能继续传爆。

(2) 导爆管内传播的冲击波,沿轴向方向强度最大。

(3) 导爆管轴向起爆敏感度高。

2. 结构形式和尺寸

连通管采用高压聚乙烯压铸成型。其结构形式有分岔式和集束式两类,长度均为 46±

2mm,管壁厚度≥7mm,内径为 3.1±0.15mm,与国产塑料导爆管相匹配。分岔式有三通和四通两种;集束式有三通、四通和五通三种。其结构形式和尺寸如图 14.4,14.5 所示。

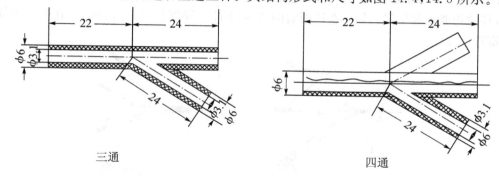

三通　　　　　　　　　　　　　　　　　　四通

图 14.4　分岔式连通管(单位:mm)

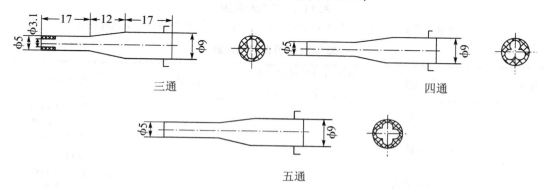

三通　　　　　　　　　　　　　　　　四通

五通

图 14.5　集束式通管(单位:mm)

14.1.4.2　地面试验情况

1. 串联试验

在网路中串联 10,20,30 个连通管(图 14.6),连通管之间的导爆管长度为 70~100cm,连通管与雷管之间的导爆管长度为 100~200cm(采用集束式连通管时,为 80cm)。经多次试验都正常传爆,未发现断爆或瞎炮。

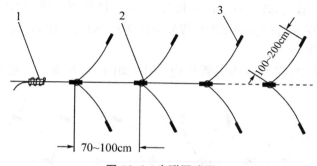

图 14.6　串联网路图
1—引爆雷管;2—连通管;3—末端雷管

2. 反向连接试验

为了考察连通管反向连接的传爆性能,进行了如下试验。

(1) 在分岔式和集束式连通管的 A 端(图 14.7),分别插入 ∅3mm 的铁丝封口或 5、15、20cm 带药、不带药导爆管引爆。经多次试验(表 14.1),只有在插入 5cm 导爆管时出现拒爆现象,其他均能正常传爆。如果在连通管的 A 端不插入导爆管,经 6 次试验,其中 5 次都有一个雷管拒爆。

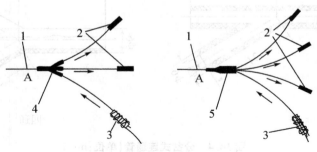

图 14.7　反向起爆图
1—短导爆管;2—末端雷管;3—引爆雷管;4—分岔式连通管;5—集束式连通管

表 14.1　反向起爆试验

序号	A端状态		引爆雷管至连通管的导爆管长度(cm)	试验次数	传爆情况
1	空　头		70～100	6	其中 5 次均有 1 个雷管拒爆
2	插入 ∅3mm 铁丝封口		70	6	末端雷管全部爆炸
3	插入导爆管	长 5cm,带药	100	13	有 1 次出现拒爆雷管
4		长 5cm,不带药	100	13	有 2 次出现拒爆雷管
5		长 15cm,带药	70～100	10	末端雷管全部爆炸
6		长 15cm,不带药	70～100	10	
7		长 20cm,带药	70	10	
8		长 20cm,不带药	70	10	

从以上试验可以看出,连通管反向连接时,A 端不插导爆管或插入较短的导爆管,冲击波能量损失大,不能保证每根被引爆的导爆管都准爆;A 端堵死或插入≥15cm 有药、无药的导爆管,均能正常传爆。

(2) 在串联网路中,将一些连通管反向连接,如图 14.8 所示。经多次试验均能正常传爆。

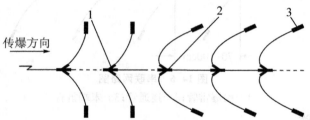

图 14.8　网路中正向、反向连接图
1—正向连接管;2—反向连接管;3—雷管

连通管具有反向传爆的特性,这就使普通的复式网路变成了加强复式网路,从而使传爆更加可靠。

3. 连通管在网路中最小间距试验

为找出两个连通管之间能正常传爆的最短导爆管长度,进行了如下试验,即在网路中,将数个连通管分别间隔 50、30、10、5cm 进行传爆试验,结果都能正常传爆。说明在两连通管之间导爆管长度为 5cm 的条件下,传爆仍可靠。因此,在炮眼间隔较小的隧道爆破、控制爆破中均能使用塑料连通管。

4. 连通管不同连接状态的传爆性能试验

(1) 网路中串联数个分岔式连通管,连通管之间导爆管长度均为 5cm,连通管另外两个接头不装雷管而只插入 5cm 长导爆管,插入连通管内的主动与被动导爆管之间距离为 10mm,见图 14.9。试验结果表明,传爆可靠。

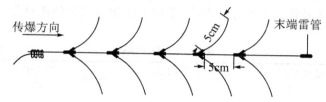

图 14.9　两分支插 5cm 导爆管

(2) 串联分岔式连通管的其他两分支不插导爆管,见图 14.10。试验结果见表 14.2。

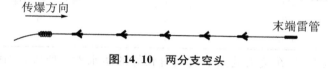

图 14.10　两分支空头

表 14.2　分岔式连通管留空头试验

网路中连通管个数	试验次数	传爆情况
3	6	末端雷管准爆
4	6	末端雷管准爆
5	4	末端雷管三次准爆,一次拒爆
6	2	拒爆

从以上两个试验可以看出:连通管两分支留空头时,冲击波能量将通过空头处释放,减弱其强度,降低传爆可靠性。插入一段导爆管就可减少能量损失,提高传爆的可靠性。所以,在使用中如遇有空头时应插入一段导爆管。

(3) 在集束式连通管出口端留空头的传爆试验,即在三通、四通管的出口端少连一根导爆管或五通管少连一两根导爆管。试验结果表明,集束式连通管虽有空头,传爆仍可靠。但由于冲击波能量在空头处损耗大,在实际爆破时,不应出现空头(可插一段导爆管),以确保传爆。

(4) 被起爆的导爆管插入集束式连通管出口内不同深度的传爆试验(表 14.3)。试验表明,当插入深度为 28mm 时,被爆导爆管与主动管在五通管内几乎成对接,影响了冲击波向其他导爆管的传播,故造成其他管拒爆。又在同一个连通管的出口处,连接几根插入深度基本相同的导爆管,如均插入 10、15 或 22mm,再做传爆试验。结果表明,都能正常传爆。

通过上述试验,认为保证正常传爆和连接牢固,导爆管插入集束式连通管的深度最长不得大于 22mm,最短不得小于 10mm。为此,在制作连通管时,使内壁上有限位台阶,以确保插入适宜的长度。

表 14.3　集束式五通管内导爆管插入深度不同的试验

插入深度(mm)				传爆情况	试验次数
22	18	18	18	全部准爆	3
18	15	15	10	全部准爆	3
15	10	10	10	全部准爆	3
28	20	15	10	有两根拒爆	2
28	18	10	5	18、15、5 三根拒爆	2
25	18	15	10	全部准爆	3
25	18	10	5	全部准爆	3
22	18	10	5	全部准爆	3
20	15	13	10	全部准爆	3
18	15	10	5	全部准爆	3
15	8	5	5	全部准爆	3

5. 抗水性试验

为检查分岔式连通管接头处的抗水性,进行了涂和不涂黄油两种形式的浸水试验。结果见表 14.4。

表 14.4　浸水试验

形式	浸水时间(min)	试验次数(次)	传爆情况	备注
不涂黄油	15	6	正常	浸水深度5cm,每次浸水两个连通管
	30	6	正常	
	60	6	每次只有1根传爆	
	120	4	只有3根传爆	
涂黄油	120	8	正常	
	150	3	正常	

从表 14.4 可以看出,在接头处涂上黄油有较好的防水性。所以,在雨天或淋水情况下使用,应在接头处涂黄油防水。

14.1.4.3　使用注意事项

(1) 在连接网路时,应先检查并消除连通管内杂物。一般采用正向传爆连接。

(2) 在连接网路中,如遇连通管各分支未接满,有多余空头时,必须在空头处插一段导爆管(10～20cm)。

(3) 导爆管和连通管连接时,要把导爆管插入限位处。在使用集束式连通管时,最好将两根导爆管同时插入,严防一根导爆管插入过长,穿过锥形空腔与主动导爆管对接,影响其他支路的传爆。

(4) 在使用孔外微差网路时,为避免导爆管和连通管接合部受力拉脱,可用胶布或按照图 14.11 所示打结,以承受拉力。

(5) 在雨天或坑道有水情况下,可采用在接头处涂黄油的简单防水措施。

图 14.11　打结示意图

14.1.4.4　优缺点

1. 优点

(1) 安全。由于取消了网路连接中的地表传爆雷管,基本消除了导爆管非电起爆系统产生意外事故的危险,保证了爆破作业的安全。

（2）传爆可靠。消除了由于传爆雷管（特别是金属壳雷管）产生飞片和高速射流超前切断导爆管，及传爆雷管拒爆引起的断爆，提高了安全准爆的可靠性。

（3）操作简便。现场人员易于掌握，网路连接简单，井然有序。

（4）经济效果好。除连通管制作容易、成本低外，在露天爆破中可节省 $10\%\sim20\%$ 的导爆管。

（5）应用范围广。可用于控制、浅孔、深孔和隧道开挖等爆破网路的连接。

2. 缺点

（1）与导爆管的接头处不能直接承受拉力，需要采用相应措施。

（2）防水性能较差。

14.1.5　导爆管簇联一次起爆数量

塑料导爆管非电起爆系统在巷道掘进（或相似条件）中，经常使用簇联方式（一把抓）。如何保证导爆管簇联起爆的可靠性，在实用和理论研究上都具有一定价值。

关于一个 8 号雷管在簇联中能起爆导爆管的层数和根数，一般认为：正常使用以每簇不超过 $40\sim50$ 根为限。为了进一步摸清一个雷管起爆导爆管的能力，探索起爆机理，首先设计了模拟簇联层数的平板试验，在此基础上进行了簇联试验。

14.1.5.1　导爆管层数平板试验

1. 试验装置

如图 14.12 所示，先在平整木板上挖一深度约为四分之一雷管直径的浅槽，使雷管中心与导爆管中心处于同一平面；导爆管与雷管平行放置并依次靠紧（每根导爆管可视为簇联中的一层），再用胶布固定。导爆管长 70cm，与检验雷管连接，胶布包扎，并做上位置标记。起爆前，将导爆管与被动雷管之间隔开，以防殉爆。试验结果如表 14.5 所示。

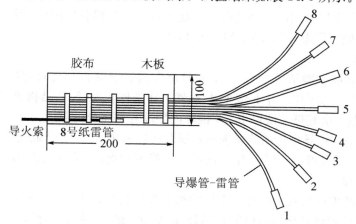

图 14.12　导爆管层数平板模拟试验图（单位：mm）

2. 结果分析

（1）从表 14.5"导爆管准爆号"一项可以看出，前 11 次试验中，1～4 号导爆管每次都准爆。因此，可把这一范围视为稳定激爆区。如果导爆管成簇束装，外有胶布捆紧，处于其中的雷管起爆能比较集中，散失少，加上导爆管层间距离缩小，稳定激爆区层数尚可增加。

表 14.5　雷管起爆导爆管层数的平板模拟试验

导爆管之间接触方式	导爆管数	导爆管准爆号	导爆管未爆号	备注
紧靠	8	1　2　3　4　　8	5　6　7	雷管与导爆管先用胶布捆扎
紧靠	8	1　2　3　4　5	6　7　8	
紧靠	8	1　2　3　4　6	5　7　8	
紧靠	8	1　2　3　4　6	5　7　8	
紧靠	8	1　2　3　4　5	6　7　8	
紧靠	8	1　2　3　4　6　8	5　7	
紧靠	8	1　2　3　4　5	6　7　8	
紧靠	8	1　2　3　4	5　6　7　8	
紧靠	8	1　2　3　4　5	6　7　8	
紧靠	8	1　2　3　4　7	5　6　8	
紧靠	8	1　2　3　4　5　6	7　8	
有间隔	4	1,2	3,4	雷管与导爆管间、导爆管与导爆管间间隔3mm

（2）5～8 号导爆管，可视为不稳定起爆区。每次试验被起爆的号数不同，有明显跳跃现象，随机性较大。特别是最外层 8 号在试验中竟被起爆两次，这种偶然性的出现是否可能是簇联起爆机理某种规律的反映，还值得研究。

14.1.5.2　簇联试验

1. 试验方法

在平板试验基础上，又做了 5 次 5 层结构的簇联试验。每簇 120～125 根导爆管，用 8 号纸壳火雷管正向起爆。制作时，每层导爆管先紧密地平摆在胶带纸上，再包在雷管外壳或前层导爆管外。管长 20cm，每根按层编号，每层内安置两根长 70cm 各带一个雷管的导爆管，以作对比检验，5 层外用胶布捆扎两圈。起爆后尽可能回收导爆管，用 30 倍放大镜逐根观察是否起爆和破坏形态，试验结果列于表 14.6。

2. 试验分析

（1）从 5 次簇联试验结果表明，一个 8 号纸壳雷管能够百分之百起爆 120 根左右导爆管，各层所带雷管全部爆炸。井下作业时，虽然工作条件较差，簇联结构难以按正规制作，雷管常偏离正中，但一次起爆 4 层以下、70 根以内导爆管是完全可靠的。

（2）从 8 层 200 根导爆管的簇联摸索性试验可以看出，一个 8 号纸壳雷管的最大起爆数可达 150 根左右；最多可达 5 层，5 层以内可视为稳定起爆区；第 6 层即为不稳定区；第 7 层以外就不能被起爆。

（3）导爆管的破坏形式一定程度上反映被起爆的机理。表 14.6 统计指出：在 5 次 5 层簇联试验被起爆的导爆管中，破坏的（包括烧断、熔化、破裂、缺口等）约占 53％；紧靠起爆雷管的 1～2 层，导爆管破坏的竟占 96％；第 3 层占 64％；第 4～5 层只占 28％。

表 14.6　导爆管簇联起爆层数和根数试验

组别	层数	起爆方向	项目	一	二	三	四	五	六	七	八	其他②长	短	小计(根)	总计(根)	百分比(%)
I～VO①（平均）	5	正向	试验根数 导爆管	9	16	22	29	36						112	122	
			试验根数 导爆管-雷管	2	2	2	2	2						10		
			回收数 导爆管	7	13	20	23	30				6	(14)7	106	116	
			回收数 导爆管-雷管	2	2	2	2	2						10		
			激爆数 导爆管	7	13	20	23	30				6	(14)7	106	116	
			激爆数 导爆管-雷管	2	2	2	2	2						10		
			破坏情况 破坏	9	14	14	6	10				1	(14)7	61		
			破坏情况 未破坏	0	1	8	19	22				5	0	55		
VI	8	正向	试验根数 导爆管	11	28	35	40	47	15	10③	3③			189	200	
			试验根数 导爆管-雷管	0	0	1	2	2	2	2	2			11		
			回收数 导爆管	7	14	25	39	41	13	10		2	(2)1	179	190	95.0
			回收数 导爆管-雷管	0	0	1	2	2	2	2	2			11		
			激爆数 导爆管	7	14	25	39	37	26	1	0	2		142	149	78.4
			激爆数 导爆管-雷管	0	0	1	2	2④	2	0	0			7		
			破坏情况 破坏	7	14	14	1	1	0	0	0	1		38		25.5
			破坏情况 未破坏	0	0	12	30	38	20	8	2	1		111		74.5

注:① 取 5 次试验数据的算术平均值;② 被炸断的无号断根导爆管无法计数,计算中只取其半;③ 估计第 7、8 层难以被爆,所以减少试验根数;④ 该层一个对比雷管瞎炮,但导爆管已爆。

14.1.5.3　起爆机理分析

1. 起爆范围

使用纸壳雷管起爆导爆管时,起爆能力主要通过其侧向爆炸冲击波和爆炸气体的联合作用。据高速摄影观察,一个雷管在自由空间爆炸时,其冲击波及爆炸气体的有效范围主要集中在半径为 20mm 的区域内;20mm 以外,其作用趋于零。平板试验条件近似自由空间,导爆管直径如按 3mm 计算,一个雷管爆炸的能力,只能起爆 4～5 层,最多 6 层,7 层以外几乎是不可能的,这种分析同簇联 8 层导爆管的试验结果相吻合。

2. 稳定区内导爆管起爆与损坏原因

雷管爆炸冲击波作用于导爆管时,管壁受到强烈的突然压缩,管内薄层炸药在此高压作用下被迅速起爆,居于冲击波后的高温高压爆炸气体,使导爆管熔化、烧断或严重变形。在簇联试验中,紧靠起爆雷管的 3 层导爆管中被破坏的占 80%,而以烧化、烧断或严重变形者居多,这种现象主要是爆炸气体所致。在 4～5 层中,爆炸气体的作用较弱,大部分导爆管仅局部被熏黑,被破坏的不到 30%,破坏形式以破裂为主,这符合冲击波的破坏作用。因而可以认为,在稳定区内的 1～3 层,冲击波与爆炸气体都起作用,起爆作用以冲击波为主,破坏作用以爆炸气体为主。在 4～5 层,导爆管破坏和起爆则基本上是冲击波的作用。

3. 不稳定区导爆管起爆原因

在平板试验中,连续出现两次 8 号导爆管被起爆。可作如下解释:

(1) 压缩波叠加。在平板试验中,当雷管的爆炸冲击波沿导爆管或自由空间传至 8 号时,其强度已不足以起爆导爆管,但 8 号导爆管外用胶布包扎,可以近似地看作是一种软弱的固定端。当冲击波到达胶布时,波头作固定端反射,反射后仍为压缩波,并与冲击波的中后部在端面附近形成压缩波叠加,当能量足够时,就可起爆导爆管。

(2) 雷管金属起爆。纸壳雷管内加强帽由铜质或铁质制造,雷管爆炸时,金属帽碎片在自由空间以每秒约 3 000m 的高速向四周散射,当碎片面积足够时,就具有充分的能量起爆导爆管。但是,这种现象在簇联起爆中,因导爆管被捆扎无自由空间而不复存在,而在平板试验中可以出现。

(3) 其他因素。除上述解释外,尚可因过敏性导爆管的存在,以及冲击波、爆炸气体及金属碎片的联合作用而被起爆。

14.1.6　导爆管延期雷管结构与性能

1. 导爆管毫秒雷管的结构

目前生产的导爆管毫秒雷管的结构有 4 种,见图 14.13。

图 14.13(a)是采用的非电毫秒延期雷管结构,其主要特点如下:

(1) 采用火焰感度高、点火能力强的硼系点火药。

(2) 采用壁厚、强度大的钢制延期管壳。

(3) 采用装配式结构,点火药、延期药、起爆药全部装入延期管。

(4) 雷管壳底部带聚能穴,炸药装药采取压药柱工艺,炸药密度大。

(5) 没有消爆距离(导爆管点火端面到延期药面间的垂直距离)。

图 14.13(b)、(c)是由 8 号工程火雷管、延期管、塑料卡口塞、导爆管 4 部分构成,即装配式结构。

图 14.13(d)是在外管壳直接装填炸药、起爆药、延期药,并与反扣加强帽、导爆管、塑料卡口塞构成非电毫秒延期雷管,即直填式结构。

由于上述特点,使产品性能及生产工艺具有一定的优点。

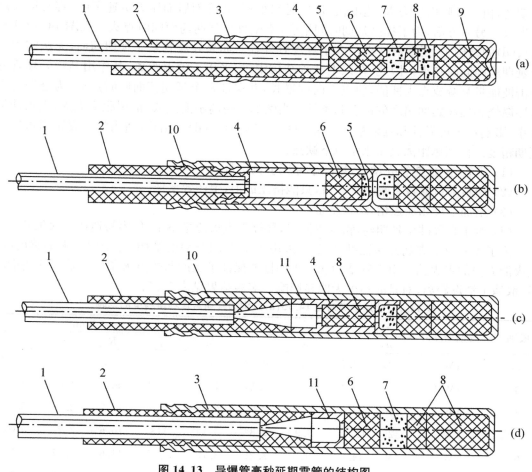

图 14. 13 导爆管毫秒延期雷管的结构图

1—导爆管;2—塑料卡口塞;3—雷管壳;4—延期管壳;5—点火药;
6—延期药;7—起爆药;8—黑索今;9—黑索今药柱;10—8 号雷管;11—反扣加强帽

2. 消爆距离的影响

在导爆管延期雷管中,导爆管是引燃延期药的能源,引燃烟火剂(包括延期药)所需的能量为

$$E = \frac{K\rho CA^2 F^2 (T_i - T_a)^2}{\pi Q_{in}}$$

式中 K——导热系数;

ρ、C、A、T_i——分别为延期药的装药密度、比热容、药柱横截面积和发火点;

F——常数;

T_a——环境温度;

Q_{in}——热流速度。

所以延期药的点火除了与药剂性质和装药条件有关外,还决定于点火压力、点火温度、点火时间以及延期管壳的导热性。

毫秒延期药,特别是高段毫秒延期药和半秒延期药的发火点高、火焰感度低、装药密度大,需要的点火量大,点火时间长。而导爆管是以冲击波传递能量,如果冲击波直接作用于延期药,由于波阵面压力大、速度快、作用时间很短,波阵面后面压力迅速下降,容易造成点火失效。另一方面,为了提高延期时间精度,希望整个延期药面同时点火。在图 14.13(b)、(c)、(d)的结构中,延期药柱直径大于导爆管外径。如果导爆管紧靠延期药面,无法实现整个延期药面同时点火。因此,在以上 3 种结构中,均采用了消爆距离,其作用是将导爆管的冲击波能量衰减成点火冲能,使点火时间增长,并保证整个延期药面同时点火,为延期药平行层燃烧和提高延期精度创造有利条件。当然消爆距离不能过大,消爆距离太大,点火冲量太小,影响点火可靠性和延期精度。对于图 14.13(b)～(d)的结构,适当的消爆距离可提高延期精度。但消爆距离又带来了以下缺点:

(1) 雷管壳、延期管壳增长,增加了冲压引长次数。

(2) 塑料卡口塞带有喇叭状开口,只能挤压成形,生产效率低。

(3) 增加了反扣加强帽,结构复杂。

(4) 对于高段硅系延期药,雷管受潮时,导爆管点火能量不足,仍容易造成点火失效。

为了克服以上弊病并保证可靠点火,采用了图 14.13(a)的结构,并采用了火焰感度高、点火能力强的点火药。由雷管结构和点火药性能保证了延期药的点火条件。采取这些措施后,取消了消爆距离,对延时精度无明显影响。实验结果见表 14.7。

表 14.7　消爆距离对图 14.13(a)结构的延期雷管秒量精度的影响

段别	延期药品号	e	0				20mm			
		n	$\bar{t}$	R	σ	u	$\bar{t}$	R	σ	u
2	YW 2	25	23.7	3	0.82	17.1	26	3.2	0.85	15.08
3	YW 3	50	47.4	4.6	1.14	10.3	50.2	9.9	1.87	9.8
4	YW 4	50	77.6	10.7	2.01	6.02	79.7	11.7	2.09	5.88
5	YW 5	25	110.7	9.9	2.34	5.14	113	10.6	2.77	5.04
6	YW 6	30	144.6	11.4	2.28	3.78	147.5	11.6	2.37	3.78
7	YW 7	40	198.3	14.4	3.27	2.77	199.7	14.4	3.43	2.77
8	YW 8	30	241.9	20.6	4.5	2.35	245.3	20.6	4.62	2.34
9	YW 9	50	295.6	29.4	5.5	2.2	300.19	36.6	8.07	2.13
10	YW 10	30	383.2	25.9	5.75	1.61	385.7	40.1	7.64	1.6
11	YW 11	30	402.1	24.3	6.49	1.46	407.4	24.4	6.37	1.44

注:$\bar{t}$,平均延期时间(ms);R,极差(ms);σ,标准偏差;e,消爆距离(mm);n,实验数量(发);u,燃速(cm/s)。

取消了消爆距离,减少了雷管长度,简化了雷管、卡口塞结构,使塑料卡口塞便于成型,提高了工效。特别是改进了点火药,从根本上解决了点火能量不足,杜绝了雷管的瞎火。

3. 延期药压药压力的影响

在一定范围内增加延期药的装填密度,可减小空隙率,减弱气体压力波的先行现象和震动燃烧的层状龟裂现象,有利于提高雷管延时精度。试验结果见图 14.14。

从图 14.14 可以看出:不管是半秒,还是毫秒延期药,随着压药压力的增大,u 和 σ_t 都减小。因此,从产品结构上,装配式结构优于直填式结构。因为直填式雷管受管壳强度限制,压药压力比较小,延期精度差。

4. 延期管壳壁厚的影响

表 14.8 是延期药量和压药压力(294MPa)固定不变,改变延期管壳厚度对 $\bar{t}$ 和 u 的影

响。最佳的药柱外径为 4.85mm,但考虑到管壳的强度和冲压工艺,选用的药柱外径为 4.5mm。

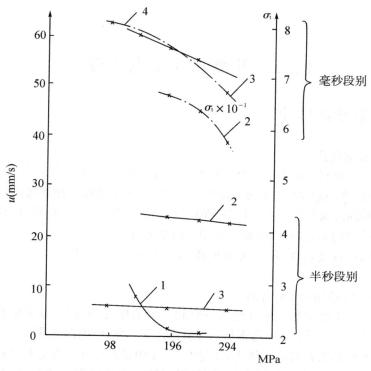

图 14.14　燃速与延期药压药压力的关系图

表 14.8　延期管壳壁厚对 $\bar{t}$ 和 σ_t 的影响

管壳壁厚(mm)	药柱外径(mm)	$\bar{h}$(mm)	$\bar{t}$(ms)	R(ms)	σ_t	u(mm/s)
0.86	4.5	6.42	198.6	24	5.32	32.33
0.69	4.5	5.39	171.8	18.2	2.96	31.37
0.49	5.25	4.65	148.4	30.6	6.15	31.33

5. 优点

(1) 密封防潮性和雷管的秒量稳定性好

延期药受潮以后,延期时间增长,甚至会产生延期药燃烧中断和瞎火。图 14.13(a)的结构传火孔小,延期药前有点火药,后有起爆药和炸药,延期药处于密封状态,故秒量稳定。

(2) 保证了延期雷管不发生串火和瞬发

由于点火药、延期药、起爆药均装入延期管,导爆管点燃点火药,再引燃延期药和起爆药,不会由于导爆管冲击波通过延期管缝隙或外管壳的起爆药浮药而产生瞬发现象。

(3) 增加了雷管的使用安全性

起爆药装在 08 号钢冲制的延期管壳中,管壳强度大,在 150kg 压力下不变形,雷管不会由于脚踩、碰撞而发生爆炸,增加了生产、运输和使用的安全。

(4) 使用方便

导爆管和延期雷管可单独包装运输,用户可根据需要组装,方便了用户。

(5) 产品的威力大

在钢模内先将炸药压成药柱,再退入雷管壳,炸药密度大、雷管威力大、炸药爆轰完全、爆破效果好。

14.2 继爆管及非电雷管

14.2.1 毫秒继爆管

1. 毫秒继爆管的用途

毫秒继爆管是一种和导爆索配合使用的延期性起爆器材,借助于继爆管的毫秒延期继爆作用,可以和导爆索一起实施毫秒延期起爆,多用于露天多排孔大面积爆破。

继爆管分为单向继爆管及双向继爆管,单向继爆管的起爆具有方向性,应用较少。双向继爆管的连接起爆时则无方向性,因此多应用双向继爆管。

继爆管生产的段数及延期系列,可根据使用要求而定,一般多生产 10 段,段间间隔为 10ms。

2. 毫秒继爆管的结构及工作原理

继爆管实际是一个装有延期元件的火雷管和一根消爆管的组合,最简单的继爆管是单向继爆管,如图 14.15(a)所示。导爆索与消爆管由连接套紧密相连,消爆管的另一端插入一个装有毫秒延期元件的火雷管的管体内,经过卡口,互相紧密相连。将它与网路的导爆索按图 14.15(b)串接起来。当主爆导爆索的爆轰波传过来,引爆继爆管的起爆导爆索之后,爆轰波继续前进,遇到消爆管,其高温高压气流通过消爆管的小孔,到达减压室降温降压,点燃了雷管内的延期药,经过一定延期时间后雷管的起爆药柱和猛炸药药柱爆炸,又将后面连接的被爆导爆索引爆,爆轰波再沿着这根导爆索传播。可见,经过继爆管,主爆导爆索的爆轰波可以传给被爆导爆索,但是延滞了一定的时间。单向继爆管是有方向性的,只能是由消爆管一端传向雷管一端,反接则爆炸中断。

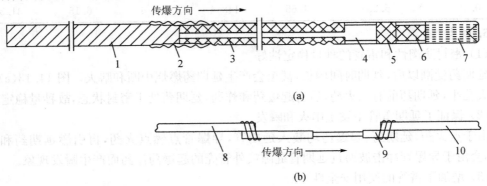

(a)

(b)

图 14.15 单向继爆管及其导爆索的连接图
1—起爆导爆索;2—连接套;3—消爆管;4—减压室;5—延期药;
6—起爆药;7—猛炸药;8—主爆导爆索;9—继爆管;10—被爆导爆管

双向继爆管是一种没有方向性的继爆管(图 14.16)。它是两个同样的延期火雷管,两口相对连在一根消爆管上;两端各连接一根导爆索,用连接套在导爆索一端和消爆管一端卡口,将雷管包在连接套当中。可见,双向继爆管具有对称的结构,两根导爆索亦无起爆被爆之分。在任一端起爆导爆索都不会发生拒爆现象。因此使用起来更方便,但所消耗的元件、原料比单向继爆管多一倍,而其中的一半实际上是浪费的,所以双向继爆管的成本较高。

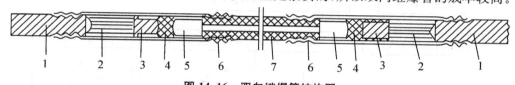

图 14.16　双向继爆管结构图

1—导爆索;2—猛炸药;3—起爆药;4—延期药;5—减压室;6—连接套;7—消爆管

3. 继爆管的生产工艺

继爆管的主体为装入延期元件的火雷管,即是一个没有电引火元件的毫秒延期电雷管的火管部分,管壳多采用金属壳,按 6 号雷管装药,延期元件可采用直填式,也可用单芯铅管或五芯铅管延期元件。各段火管部分的长度与毫秒电雷管长度接近。

消爆管也称中继管,它的作用是限制并削弱继爆管起爆导爆索的轴向冲击波能量,是由一中心有孔的聚氯乙烯管组成,孔径一般为 1.5～2.0mm,长度 50～100mm 之间,外径应稍小于雷管的内径,以便插入卡口。

连接套的作用是将继爆管的导爆索和消爆管或导爆索与火雷管部分连接起来,并卡口固定,双向结构用两个长的连接套。

连接套必须是金属管,其内径应稍大于雷管的外径,其长度和厚度应能保证卡口的牢固,太短太薄,连接不牢,容易炸脱,造成雷管的拒爆。

导爆索可采用外径为 5.8～6.2mm 的普通导爆索,爆速 6 000m/s 以上,其长度不能太短,太短有时不足以起爆网路上的导爆索,因此,继爆管导爆索的长度一般取 200mm 左右。

14.2.2　非电雷管

1. 非电雷管的用途及结构

非电雷管也称为导爆管雷管,非电雷管可做瞬发及各种延期时间的延期雷管,目前多生产非电毫秒延期雷管配合导爆管起爆系统,多用于露天爆破。

非电毫秒雷管由导爆管通过封口塞与延期火雷管连接构成(图 14.17),封口塞的下端的空间起消爆作用,它的结

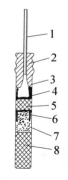

图 14.17　非电毫秒雷管结构图

1—导爆管;2—封口;3—管壳;
4—定位帽;5—延期药;6—加强帽;
7—起爆药;8—猛炸药

构对非电毫秒雷管的秒量精度有显著影响。封口塞多用有锥形消爆孔的封口塞,锥形孔的作用是使导爆管传来的冲击波衰减,以火焰的形式点燃延期药,使延期药稳定地燃烧。

2. 非电雷管的生产工艺流程

非电雷管的生产工艺流程图,如图 14.18 所示。

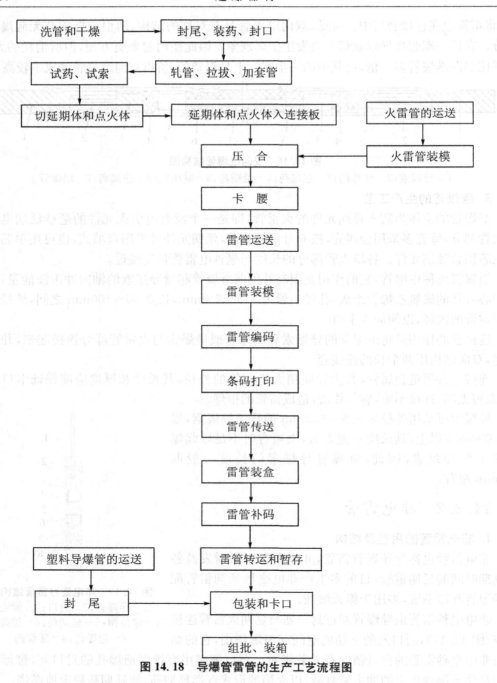

图 14.18　导爆管雷管的生产工艺流程图

14.2.3　NONEL 非电起爆系统和 HERCUDET 非电段发爆破系统

14.2.3.1　NONEL 非电起爆系统

NONEL 非电起爆系统由瑞典的 Nitro Novel 公司发明,美国 Ensign Bigford 公司和加拿大有限工业公司通过技术合作,而将该系统进入实用阶段。日本在几年前由于安全的需要也已采用这种起爆系统。

1. NONEL 非电起爆系统的组成

该系统由 NONEL 导爆管、NONEL 雷管和 NONEL 连接体 3 部分组成。

（1）NONEL 导爆管

如图 14.19 所示，壳体是外径 3.0mm，内径 1.5mm 的空心塑料管（5.5g/m）。管子内部附着薄薄一层炸药（HMX＋A10.02g/m）。导爆管的一端一旦引爆，爆轰波即以约 2 000m/s 的速度在管内传播。导爆管的机械强度（抗拉、摩擦、耐压等）很高，对震动、冲击、摩擦的安全性很高，一般的撞击和摩擦既不引起发火也不产生爆轰。因为药量很少，所以引爆后管壳外部无爆炸效应，管子仍保持原形，爆音小。管子末端密封，因而耐湿、耐水性良好，防污染能力也很强。

（2）NONEL 雷管

如图 14.20 所示。壳体材料为铝，外径 7.5mm，药量相当于日本的 8 号雷管，延期装置为组合的段发雷管。爆轰波从 NONEL 导爆管口部传出，瞬间产生火焰使雷管点火起爆。NONEL 雷管末端密封，因而耐湿、耐水性良好。NONEL 雷管的规格参数见表 14.9。

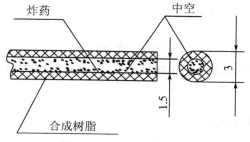

图 14.19　NONEL 导爆管

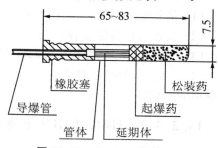

图 14.20　NONEL 雷管

（3）NONEL 连接体

为了分支传递同一方向的爆轰波，由传爆用的铝壳瞬发雷管和塑料连接部件构成连接体。经单一连接方式连接 1～4 支 NONEL 导爆管，在恰当位置构成同步结构。将铝雷管连接在 NONEL 导爆管一定长度处。连接体有 3 种：单侧独用的 GT1，两侧双用的 GT2，用于点火的（在电气爆破中相当于爆破母线）而且尺寸较长的起动器。连接体的规格参数见表 14.10。

表 14.9　NONEL GT 雷管的段数与延期时间

种类	段别	段数	延期时间	时间间隔
NONEL GT 雷管	No. 3～ No. 20	18 段	75～500ms	25ms
	No. 24，No. 28，No. 32 No. 36，No. 40，No. 44	6 段	600～1 100ms	100ms
	No. 50，No. 56，No. 62 No. 68，No. 74，No. 80	6 段	1 250～2 000ms	150ms

导爆管长：标准 4.2m，4.8m，6.0m，15m。

表 14.10　NONEL 连接体种类

种类	导爆管长（标准，m）	延期时间
GT1	1.8,3.0,4.8,6.0	0
GT2	2.4	0
起动器	30,50,100	0

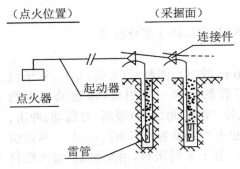

图 14.21 　NONEL 起爆系统

（点火位置）　　　　　（采掘面）

连接件

点火器　　起动器　　雷管

2. NONEL 非电起爆系统的作用过程

参见图 14.21。

（1）在安全点火位置用点火器起爆起动器（管）的末端。

（2）爆轰波以 2 000m/s 的速度在起动器（管）内传递。

（3）连接体内部的铝雷管通过传递的爆轰波起爆。

（4）铝雷管的起爆使连结的导爆管起爆,从而使爆轰波分支。

（5）某一分支爆轰波传向 NONEL 雷管,经过一定的时间（由段发雷管的段数决定）雷管、药包相继起爆。

3. NONEL 非电起爆系统的特点

（1）是非电爆型的,对杂散电流、静电、雷电、电波等是安全的。

（2）雷管内具有延期装置,延期精度良好。

（3）NONEL 导爆管管壳外部没有爆炸效应,爆音小,对连接体无影响。

（4）结线简单易行,作业性好。尽管具有能凭目测检查电路的缺点,但却有易于辨识结线漏损的结构特点。

14.2.3.2 　HERCUDET 非电段发爆破系统

HERCUDET 非电段发爆破系统于 1972 年由美国的 HERCULES INCORPORATED 公司发明。现场实验表明,由于该系统利用气体的爆炸火焰对雷管进行点火,以及在雷管部分没有点火装置而具有显著的安全性。

1. HERCUDET 雷管非电段发爆破系统的组成

该系统主要由雷管、爆破器、试验器等组成。

（1）HERCUDET 雷管

如图 14.22 所示,用塑料做成的管子取代了电雷管的脚线。这两根塑料管引入雷管的空室,空室下部依次装有引燃药、导火索、点火药和主装药,主装药的药量为 1g。相当于电雷管引线的管子有 4 英寸和 16 英寸两种长度,前者主要用于地面爆破。管壳材料为铝,外径 7mm,高度 65～100mm。这种雷管的延期时间大致分为长延期（LP）和短延期（SP）两种（表 14.11）。

（2）爆破器

爆破器的功能如下:

① 把氧气和燃料气体以一定的比例计量混合后输送给爆破线路;

② 点燃送入爆破线路中的混合气体;

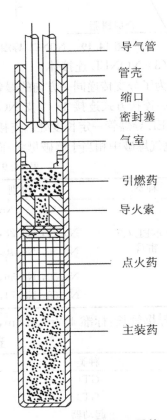

导气管
管壳
缩口
密封塞
气室
引燃药
导火索
点火药
主装药

图 14.22 　HERCUDET 雷管

表 14.11 HERCUDET 雷管的发火时间

延迟期	短延期(ms)	长延期(ms)
1/10		0.05
1/4		0.25
1/2		0.50
3/4		0.73
1	50	1.35
2	100	2.05
3	150	2.75
4	200	3.45
5	250	4.5
6	300	5.5
7	350	6.6
8	400	7.6
9	450	8.6
10	500	9.6
11	550	10.6
12	610	11.6
13	670	12.8
14	730	
15	790	
16	850	

③ 把氧和燃料的混合气体输入爆破线路后,根据某种需要而推迟点火时,爆破器可在爆破线路中通入氮气,从而排出混合气体,使爆破线路惰性化。

（3）试验器

主要包括检验器、测试器和氧气仪等。

① 检验器用于显示线路中混合气体的输送压力和返回压力。它由手压泵和两个压力计构成。将检验器连接在爆破线路上,起动手压泵数次,输送压力和返回压力即显示出相同的值。若指针稳定不动,则表明线路是正常的。但若线路中有某种异常现象,则压力计的指针将随着异常现象而摆动。

② 测试器内装有 1.5L 容量的氮气瓶。用 $3.5 kg/cm^2$ 的压力使氮气在爆破线路中流动,并把流量计安装在爆破线路的末端,以检查线路的连续性。

③ 氧气仪

当混合气体输送到爆破线路时,把氧气仪安装在线路末端来确定混合气体是否充满于线路中。若混合气体充满爆破线路,那么氧气仪就指示出混合气体中的氧的含量为 60%。

另外,还有一些其他组成部件:如管类、连接件、气箱等。

2. HERCUDET 非电段发爆破系统的作用过程

（1）气体的反应

输送到爆破线路中的爆炸性气体的成分为 60%氧,20%氢,20%甲烷。反应式如下:

$$3O_2 + H_2 + CH_4 \longrightarrow 3H_2O + CO_2 + \frac{1}{2}O_2$$

混合气体的反应是在氧含量为 50%~95%之间进行的。从爆速和点火能量来看,当氧含量为 60%时最佳。反应在管中进行时,爆音很小,对管子、连接件之类几乎无损坏。但是,从反应式可知生成物中含有水,所以管类、连接件类只能使用一次。

（2）管道延迟期

气体的爆炸反应以 2 500m/s 的速度在管中推进,由此得到的延期称为管道延迟期。管子的长度和管道和延迟期的关系式如下:

$$管长(m)\div 2.5=管道延迟期(ms)$$

另外,把管子卷绕后接到线路中,尤其可以增加延期时间,对爆破震动、爆破噪音的减轻还是很有效的。

3. HERCUDET 非电段发爆破系统的特点

（1）对静电、杂散电流、雷电以及电波是安全的。

（2）由组装在雷管中的延期管来完成较高的发火段,并且能够减轻爆破震动和爆破噪音。

（3）虽然为非电式,但能段发爆破。

（4）爆破线路的检查可以用仪器进行。

（5）爆破线路中,除了雷管外,甚至连爆炸性气体的流动都是钝感的。因而装药、结线作业的安全性显著提高。

复习思考题

1. 塑料导爆管雷管的生产工艺流程是怎样的? 各步骤应注意的事项和工艺指标是什么?

2. 导爆管本身不具有爆炸危险性,在火焰和机械碰撞的作用下不能被起爆,那为什么导爆管可以稳定传爆?

3. 什么是导爆管起爆系统?

4. 什么是反射四通? 怎样使用四通?

5. 什么是导爆管雷管? 如何组装导爆管雷管?

6. 现阶段有哪些新型的导爆管雷管? 它们都有什么特点?

7. 简述使你感兴趣的一种或几种导爆管雷管,说说你为什么对它感兴趣? 并提出你对它的改进方法。

第 15 章　国外瞬发起爆器材

15.1　国外瞬发雷管的介绍

几种产品结构：

1. G-21 型及 G-22 型耐高温电雷管(图 15.1)

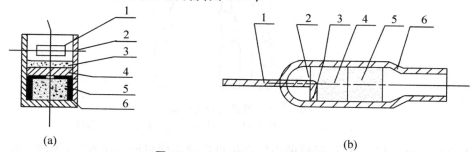

(a)　　　　　　　　　　　　　　　　　　　　(b)

图 15.1　G-21 及 G-22 型电雷管

（1）G-21 型

1—120 欧姆电阻,2—铝壳,3—点火药,4—纯氮化铅,5—耐温炸药,6—底帽。

（2）G-22 型

1—单脚线,2—橡胶塞,3—粗发火丝,4—纯氮化铅,5—耐温炸药,6—硬铝合金壳。

这两种雷管可耐 220℃高温半小时。

2. 舍夫勒电雷管

奥地利舍夫勒(Schaffler)公司生产的电雷管,结构如图 15.2 所示,其中的电点火头放大如图 15.3 所示,其特点归纳如下：

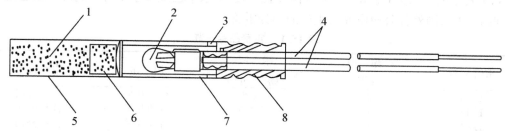

图 15.2　舍夫勒瞬发电雷管结构图

1—猛炸药;2—点火头;3—火花泄孔;4—绝缘脚线;

5—管壳;6—起爆药;7—绝缘套管;8—导电封口塞

（1）电点火头为完全自动化生产，桥丝在脚片上既电焊又折叠压，保证了生产效率和优品率。

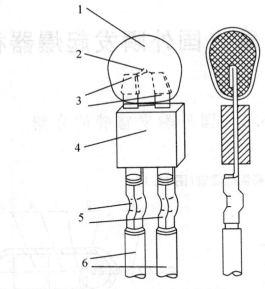

图 15.3 电点火头放大图

1—点火药；2—桥丝；3—焊点；4—塑料封；5—脚线接头；6—脚线

（2）点火头蘸 7 层药，由较敏感的内层逐步过渡到高能量的输出外层，表面涂胶。其威力足以能引爆氮化铅。

（3）5 处防静电和雷电措施：金属外壳、导线短路、药剂本身、塑料塞套和它上面的保护性火花泄孔。

（4）外壳较厚（0.5mm 左右），能够承受 240 个大气压，有一定光泽（作了抛光处理）。

（5）炸药为太安（药量 0.7g），起爆药用糊精氮化铅（瞬发）或 D·S（延期药量 0.25g）。收口采用密点式，收四道，封闭性很好。

（6）管壳到脚线间的电容为 300pF，耐穿电压 1 万伏。

（7）安全电流 0.7A 级和 5A 级（特殊用途），这个水平已经属于中等和高度不敏感之列。

表 15.1 系国外各公司研究与生产的部分雷管。

表 15.1 雷管品种一览

雷管型号	耐温（°F）	耐压（磅/英寸²）	用途	生产公司
E-46	325	10 000	石油开采	杜邦公司
E-47	325	5 000	石油开采	杜邦公司
E-84	325		石油开采	杜邦公司
E-85	350		石油开采	杜邦公司
E-96	325	15 000	石油开采	杜邦公司
E-97	325	15 000	石油开采	杜邦公司
E-98	350	15 000	石油开采	杜邦公司
E-12	325	3 000	石油开采	杜邦公司
X-321K	500		石油开采	杜邦公司
G-21	440		石油开采	吉欧公司
G-22	440	2 000	石油开采	吉欧公司
E.B.CAP8 号			矿山	阿特拉斯公司

3. X-321K 耐高温电雷管

这种雷管可耐 260℃,不耐压力。起爆装药系 RD-1333 氮化铅,雷管结构见图 15.4。

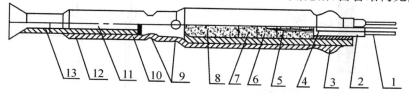

图 15.4　X-321K 雷管结构图

1—脚线(∅0.6mm 镀锡铜线);2—套管;3—雷管体(黄铜);4—塞子;
5—桥丝(Ni-Cr);6—点火药;7—起爆药;8—炸药;9—液敏孔;
10—接力管(硬铝合金);11—炸药;12—外管(硬铝合金);13—软木塞

4. 大力神公司非电起爆雷管

这是一种新产品,结构如图 15.5 所示。

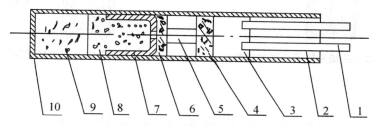

图 15.5　非电起爆雷管

1—塑料管;2—橡胶塞;3—气室;4—引火药;5—延期体;
6—引火药;7—加强帽;8—起爆药(PbN_6);9—太安炸药;10—管体

国外部分雷管如图 15.6、图 15.7、图 15.8、图 15.9 所示。

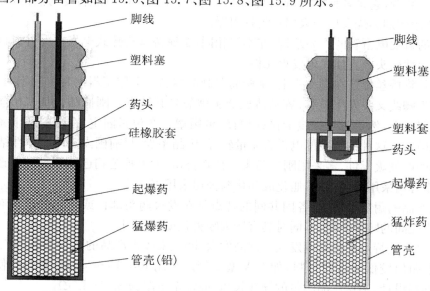

图 15.6　瑞典硝化诺贝尔公司 VA 瞬发电雷管　图 15.7　法国代舒罗特诺贝尔公司瞬发电雷管

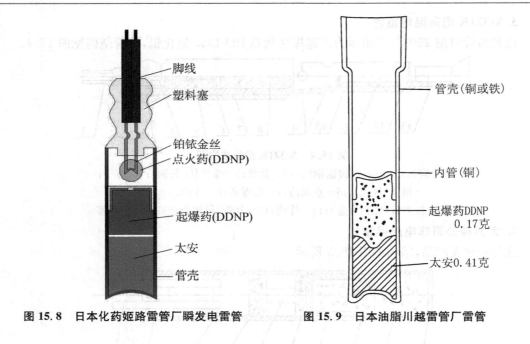

图 15.8　日本化药姬路雷管厂瞬发电雷管　　图 15.9　日本油脂川越雷管厂雷管

15.2　国外电发火元件的特点

电雷管结构概括可分为两部分:电发火元件(附导线部分),雷管部分。电引火组件也称电引火或电发火装置,它是各种电雷管的共同点火部分,作用是使电能转变为热能,点燃易发火的药剂,利用药剂燃烧发出的火焰将雷管引爆。

当前各国的瞬发电雷管的产品结构,亦不尽相同,金属桥丝灼热式电发火元件可以区分为刚性药头和弹性药头或直插式电发火元件。

弹性结构是将桥丝焊接在脚叉头上,结构简单制造容易。但用塑料塞封口固定时,当塑料塞在卡紧过程脚线叉头发生位移,容易造成药头破裂是其缺点。刚性结构是将桥丝焊接在金属片或线路板上,然后再与脚线卡接或焊接,再用塑料塞包紧固定,在塑料塞卡紧过程药头不会发生破裂。这种结构装配电雷管质量较好,废品率少,目前国内多应用弹性结构。

西欧诸国的电发火元件,多采用刚性药头。杜邦公司、大力神公司已由刚性药头改为直插式,日本油脂公司采用弹性药头,旭化成和化药公司采用直插式。

为了提高产品的耐静电性能,各国共同的特点是在发火药头部位或气室内壁装有绝缘套,借以提高脚壳间的防静电能力,同时具有增大喷火强度的作用。

西欧诸国另一个特点是提高电发火元件的发火冲能,来改善产品的抗杂散静电流能力。采用直径较粗、阻值较低的桥丝材料,如 VA 型雷管。采用 $\varnothing 0.15 \sim 0.3\Omega$,考虑到使用方便,简化爆破网路设计,不论产品附带的导线长短,固定全电阻为 $3.2 \sim 3.5\Omega$。

为使全电阻值不变,可根据导线长短,选择导线适当的芯线材料,详见表 15.2。

表 15.2　不同芯线材质的直径

芯线材质	芯线直径(mm)		
镀锡铜芯线	Ø0.51	Ø0.60	Ø0.67
镀锡黄铜芯线	Ø0.63	Ø0.67	
镀锡铁芯线	Ø0.40	Ø0.53	Ø0.69

供煤矿使用的电发火元件,要求发火药头作用快,发火温度高,同时要求很快熄灭。故在药头外层再涂一层闪光药(Flashing Composition)。

刚性电引火元件的结构:刚性结构是将桥丝焊接在金属片或线路板上,然后再与脚线卡接或焊接,再用塑料塞包紧固定。它是一种强度较高、耐冲击和颠覆性较好的药头结构,在其生产和装配过程中保证了桥距的一致性,卡口等机械作用于桥丝时其抗机械应力强度好,不易损伤,废品率少。

作为刚性电引火元件它主要由 7 部分组成:脚线、封口塞、钢带、固定块、桥丝、药头、硅胶套。其具体结构如图 15.10。

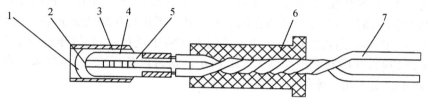

图 15.10　刚性电引火元件结构示意图

1—药头;2—桥丝;3—硅胶套;4—固定块;5—钢带;6—封口塞;7—脚线

该元件的特点是:药头不易破碎,抗静电、安全。

刚性化电引火元件工艺流程,如图 15.11 所示。

```
装塞                          导线
 ↓                            ↓
切平                          拧劲
 ↓                            ↓
压扁                          注塞
 ↓                            ↓
预弯  ──────────────→  桥丝自动焊接机
 ↓                            ↓
压合                          装夹
 ↓                            ↓
焊桥丝                        涂药头
 ↓                            ↓
电阻检测                      干燥
 ↓                            ↓
并腿                          卸车
                              ↓
                             取夹
                              ↓
                            蘸防潮剂
                              ↓
                        刚性化电引火药头
```

图 15.11　刚性化电引火元件工艺流程图

15.3　雷管装配工艺

　　雷管装配工艺,大同小异。杜邦公司、阿特拉斯火药公司、大力神公司、日本旭化成公司等除有一条半机械化的生产线外,都设计了一条完全自动化的生产线。

　　杜邦公司有一条自动化生产线,每班 2 人 8 小时可生产延期雷管 1.2 万～1.5 万发。大力神公司设计了一种联动机,每台年产 400 万发。日本的机械化自动化程度也较高,如日本油脂公司。美国赫克列斯雷管厂毫秒雷管,由雷管脚线加工到雷管成品联动线,日产 4 万发,共需 25 人。

　　阿特拉斯火药公司的 JOHN FEDOR 博士,设计了一条生产自动化联动线。1968 年设计成功并投入生产,安装在约 $50m^2$ 的工房内(不包括控制系统及辅助工作部分)。这台设备以一台主机为中心,周围有 25 台设备作圆周形运转。可进行从绕线把到装配成延期雷管成品的全部工序。但半成品雷管仍在上述各单间工作室中进行,运到这里进行装配。全部机器由固体电路控制,其控制原理如图 15.12 所示。这台设备每班 3 人,每天 3 班,生产 4.5 万发,设计水平是美国第一流的。

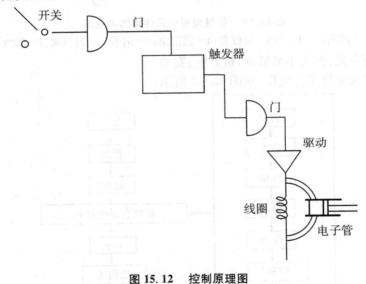

图 15.12　控制原理图

15.4　抗杂散电流电雷管

15.4.1　杂散电流和雷管抗杂散电流的方式

　　在矿山中,有大量的导电线路和设备,它们难免会由于绝缘不良等原因而漏电,致使部分电流流入矿岩或金属设施中,形成所谓杂散电流。这在露天矿和金属矿井尤为严重,因为它们作业的机械化程度更高,或矿体的导电能力较强。

　　由于产生和影响杂散电流的因素很多,故杂散电流的数值和方向因时因地而变化,有些地方,杂散电流只有几毫安,电位也不过几十至几百毫伏;但有些地方,特别是在电机车轨道和运输巷道,杂散电流可高达几百毫安甚至几安培,其电位数达数十伏。显然,这样的电流已足以引爆普通的电雷管。因此,普通的电雷管用于这些场合,常常会在装药包时,或在敷设爆破网路时发生爆炸。为此,往往只好让矿山局部停电或全部停电,以杜绝杂散电流的产生,才进行爆破作业。但这种措施又将影响附近采场或采区的正常作业。

　　为使电雷管能够抗杂散电,有很多方法,可在雷管中串联电容,可采用电磁雷管、火花式电引火元件、导电药式电引火元件、低电阻桥丝式电引火元件。用后两种电引火元件装配电雷管制成抗杂电雷管应用较多。以下对这两种抗杂电雷管的制法及性能加以说明。

15.4.2　低阻桥丝抗杂电雷管

　　一般多采用紫铜丝制造低阻桥丝抗杂散电流电雷管。选用紫铜丝作抗杂电雷管的桥丝材料,变换不同直径,可以在一定范围内调整雷管的感度,以应用于不同的矿场,目前一般在 $40 \sim 80\,\mu m$ 的范围内选定。

　　紫铜桥丝抗杂电雷管的结构和普通电雷管相同,只是桥丝材质不同。也有抗杂电瞬发雷管、抗杂电秒延期雷管及抗杂电毫秒雷管等品种,其生产工艺与相应的非抗杂电瞬发电雷管、秒延期电雷管和毫秒延期电雷管相同。

　　引火药头一般采用氯酸钾与木炭 8∶2 的混合药剂,为增加安全性一般不加入敏感剂,桥丝直径多用 $60\,\mu m$ 制作,桥丝电阻 $0.02\,\Omega$ 左右,抗杂电雷管需用高压发爆器起爆,发火电流要求 12A 以上,此种雷管的特性参数如表 15.3。

表 15.3　紫铜桥丝抗杂电雷管特性参数表

桥丝直径(μm)	60
全电阻(Ω)	$2.25 \sim 2.30$
最大安全电流(A)	2.80
最小发火电流(A)	3.20
发火冲能(上限)($A^2 \cdot ms$)	702
发火冲能(下限)($A^2 \cdot ms$)	545
熔断冲能($A^2 \cdot ms$)	732
百毫秒发火电流(A)	5.8

15.4.3　导电引火药抗杂电雷管

　　采用导电引火药制造抗杂散电流电雷管,与普通电雷管的区别是电引火元件不焊桥丝,将导电药剂点抹在脚线叉头上,制成引火药头。引火药剂中加入导电物质,制作导电药剂按照以下配方进行:

　　　　氯酸钾∶锑粉∶乙炔炭黑∶石墨＝17∶79∶1.7∶2.3(重量比)

　　外加入 2% 硝化棉为黏合剂,硝化棉采用醋酸丁酯溶解,此药剂作为内层导电药剂。

　　内层药剂点抹后进行风干,再涂一层 15% 浓度的过氯乙烯醋酸丁酯液为保护层,以防止内层药及铁线与外层药发生化学变化,保护层风干后,再点抹外层药剂。

　　外层药剂采用氯酸钾∶硫氰酸铅＝50∶50,外加 1% 铅丹的混合药剂,外层药剂可加强药头的点火强度。铅丹的加入是便于观察混药的均匀性,外层药点抹后在 50℃ 温度下干燥 8 小时。

然后再涂一层过氯乙烯保护层,以增加防潮性及安全性,然后在 50℃ 下再干燥约 8 小时后即可装配使用。

这种抗杂电雷管电阻约 50Ω 以上,发火电压约 10V,传导时间在 13ms 以下。

这种抗杂电雷管的缺点是电阻不易精确检查,爆破网路精确计算较困难。

15.4.4 抗静电雷管的结构

非金属壳如纸壳、塑料壳电雷管管壳绝缘性强,具有一定的抵抗脚线与管壳之间的火花放电能力,一般不另采取脚壳间抗静电措施。

金属壳管管壳导电性强,易发生脚线与管壳(包括脚线叉头与加强帽)之间火花放电,可引起药头发火及雷管爆炸,因此需要采取限抗静电措施。抗静电措施可有多种方法,如在脚线药头与管壳之间设抗静电塑料套、采用半导体封口塞、封口塞中安装放电片或放电电阻等方法,多采用套绝缘套的方法。

在两根脚线之间放电,电流通过桥丝可使药头发火,因此药头药剂要选用合适的配方,不允许药剂太敏感。

15.4.5 耐静电性能的要求

随着爆破现场机械水平的提高,电气化设备日益增多,因此要求提高产品的防静电性能和抗杂散电流的能力。

日本工业电雷管标准 JIS,过去规定的指标为 2 000pF、4kV 不发火。1981 年修订的 JISK4807-1981 规定为 2 000pF、8kV 不发火。法国过去规定为 2 000pF、5kV 不发火,而现在修订为 2 000pF、10kV 不发火。

现将各国对工业电雷管的耐静电指标列于表 15.4。

表 15.4   各国工业电雷管耐静电指标

国 别	公司名称	耐静电性能		
美 国	大力神公司	2 000pF	6~8kV	不发火
	阿特拉斯公司	2 000pF	10kV	不发火
	氰氨公司	2 000pF	12kV	不发火
	杜邦公司	2 000pF	12~16kV	不发火
德 国		2 000pF	7~10kV	不发火
瑞 典	硝化诺贝尔公司	2 000pF	15kV	不发火
			(6m 导线,全电阻 3.3~3.9Ω)	
法 国		2 000pF	10kV	不发火
波 兰		2 500pF	10kV	不发火
日 本	工业雷管标准 JISK4807	2 000pF	8kV	

西欧国家为了提高雷管的抗杂散电流能力提高了雷管的发火冲能。

瑞典早期生产的 TE 型电雷管全电阻 1.5~2.0 Ω,最大安全电流 0.3A,发火冲能 3~5MW·s/Ω。该产品由于抗杂散电流能力差,国内禁止使用。为了适应大面积爆破和改善抗杂散电流能力,更新为 VA 型雷管(瞬发、MS 延期、HS 延期)。该雷管具有一定的抗静电、抗杂散电流的能力。提高发火冲能为 $80\sim140$ MW・s/Ω,可耐静电 2 000pF、15kV(6m 导线),不发火。

德国代那迈诺贝尔公司(Dynamite Nobel AG),由 A 型雷管(普通雷管)改为生产 U 型(钝感)、HU 型(特钝感)雷管,提高了耐静电和抗杂散电流性能。其性能列表 15.5。

表 15.5　不同型号雷管性能

型号	名称	发火冲能(MW・s/Ω)		电流强度(A)		防护对象
		不发火	发火	不发火	发火	
A	普通雷管	0.8	3	0.18	0.3	
U	耐静电雷管	8	16	0.46	1.5	静　电
HU	耐静电雷管	1 100	2 500	≈4	25	雷、杂、静电

奥地利夏富勒公司(SCHAFFLER CO)生产的电雷管品种中,根据其耐静电性能,而区分为 A 型(普通)、F 型(钝感)和 P 型(特钝感)雷管。其特性见表 15.6。

表 15.6　不同型号雷管特性

性能	A 型(普通)		F 型(钝感)		P 型(特钝感)	
	额定值	平均值	额定值	平均值	额定值	平均值
桥丝电阻(Ω)	$1\sim2.5$	1.5	$0.4\sim0.9$	0.8	$0.08\sim0.11$	0.09
点燃冲能(MW・s/Ω)	$0.8\sim3.0$	1.5	$8\sim16$	11	$1 100\sim2 500$	1 800
不发火电流(A)	0.13	0.25	0.45	0.75	4	4
5 发串联发火电流(A)	0.8	0.75	1.8	1.75	25	25

日化药公司新增加的品种:超耐静电雷管,在 15kV、5MA、静、杂电条件下,可安全使用。

英国 NEC 新研制投产的磁电感应雷管(MAGNADET 雷管),具有防静电、防杂散电流、防雷电、防射频电性能的四防雷管,被誉为新一代雷管。主要是利用磁电感应原理,借助一个被绕在雷管脚线闭路上的互感器,将特定发爆器的能源传输给雷管的发火件。这个系列雷管也有瞬发,长、短延期之类。这种雷管的特点是,对直交流杂散电流、静电、雷电、射频电都是安全的。主要是由于直流电不能在磁环中感应出电流来。普通的 $50\sim60$Hz 的交流电低于该系统起爆频率。引火头部分又做了防静电措施,对无线电射频来讲较普通雷管更为安全。

综上所述,可见各国为改善电雷管的耐静电、防杂散电流、防雷电、防射频性能,而在不断地更新品种。

15.5　国外石油射孔用火工品

石油射孔用火工品与常用火工品比较,除有安全可靠的共性要求外,尚有耐温、耐压、耐腐蚀的特殊要求,因而在选择原材料方面显得十分重要。

石油射孔有两种主要方法:有枪身和无枪身。有枪身即导爆索、射孔弹、雷管等都装入一个约两米长的钢制射孔枪中,再用缆索下到井里,这样井压就由射孔枪来承担,火工品及其他部件只要能耐高温就行。这种方法因受枪身长度限制,每次射孔的距离不可能太长。无枪身是将导爆索、弹、火工品串联起来直接吊入油井液体中,这就要求所有部件必须能承受油井中的高温、高压和腐蚀。这种方法一次可以连接 100 多米以上的长度,减少了下井次数。上述两种方法各有优缺点,但反映到火工品本身,无枪身的要比有枪身的要求严得多。

下面介绍美国石油射孔用的 4 种电雷管结构及性能。

1. E-97 电雷管

E-97 电雷管主要用于无枪身射孔弹,并适用于链节式射孔枪和 M－1 型单平面压裂弹。

由于火工品是裸露在油井中,要求能耐温、耐压、耐腐蚀。资料规定:耐温 168℃1 小时、150℃3 小时、136℃24 小时,最小发火电流为 0.24A,耐压 1 055 kg/cm²,164℃浸水 1 小时,静电感度为电容放电能量 0.09J 不起爆。

(1) 结构特点

采用紫铜作外套管,雷管的外壳和内衬管均为黄铜,内外共 3 层,可承受较高的压力(图 15.13)。为了防止在高压下橡胶塞子移动,在塞子的下部装有陶瓷片使之定位于内衬管的上端。紫铜外套管除保护雷管外,端部留有空位,以卡住传爆管。雷管全重 11.2g,电阻为 0.71Ω。

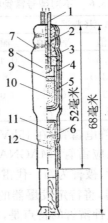

图 15.13　E-97 电雷管结构图

1—引线;2—塞子;3—外套管;4—外壳;5—内衬管;6—传爆管;7—陶瓷塞;
8—点火头;9—RD-1333;10—RDX;11—RD-1333;12—RDX

(2) 结构简要分析

引线:外观为朱红色。聚氯乙烯包覆引线,外层再附聚四氟薄膜,这样处理大大提高了引线的耐温性能。

塞子:材料为氯丁橡胶,在 180℃2 小时不致熔化。

药剂及传爆系列:LDNR-二硝基间苯二酚铅,具有对静电和机械冲击较为钝感、流散性好以及耐温性能较好的优点,因此取代了常用的斯蒂酚酸铅。

RD-1333-羧甲基纤维素氮化铅,是一种性能较好的起爆药,流散性好,静电感度比同类型要低,耐温性能好,有资料介绍爆发点为 383℃。

KClO₃(氯酸钾)是氧化剂,用以加强火焰,更为可靠地点爆 RD-1333。

雷管的点爆方式是采用镍铬合金桥丝点火头式,它的传爆系列归纳如图 15.14 所示。

由于雷管底部较厚,为使传爆可靠,在传爆管接收爆轰波的一端也装入了 RD-1333 和 RDX,这样保证传爆药的感度和可靠引爆导爆索。

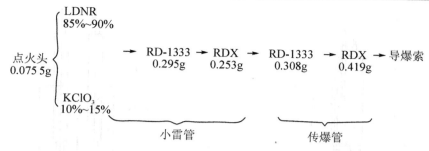

图 15.14　E-97 电雷管的传爆系列

（3）电雷管的性能试验

运输震动试验：频率 60 次/分钟，落高 150mm，连续震动 30 分钟，共试验 2 发。经试验后未发现有异常现象。

耐温耐压试验：用经过震动后的产品，吊挂在高温高压的油容器中，然后逐渐升温至 160℃，压力为 1 050kg/cm^2，2 小时后降温取出产品并检查外观。发现两发产品均有变形，在雷管的部位压扁呈 D 字形，这可能是由于外套管与雷管之间有间隙，并不是雷管被压坏。

发火试验：发火电流第一发为 0.35A，第二发为 0.36A，资料规定为 0.24A，说明电雷管经震动、高温、高压试验后发火电流增大了。

2. X-321K 电雷管

X-321K 电雷管主要用于有枪身（多次使用式），对耐压性没有特殊要求，但必须能耐温。

这种产品要求耐温 260℃1 小时，最小发火电流 0.7A，静电感度低，用两根引线接管壳需 0.72J 的能量才能起爆。

（1）结构特点

外壳材料用铝，内装雷管和传爆管（图 15.15），雷管与传爆管的底部均有 ⌀3 的小孔，其中心距约 10mm。

电雷管全重 5.1g，电阻 1.76Ω。

（2）结构简要分析

引线：外观为咖啡色，在普通塑料管外涂以聚四氟塑料，可耐 260℃的高温。引线在塞子的内部有一突出部分，当聚集的静电荷达到一定数值后，即可由塞子的通道向金属环放电，从而起到了防静电的作用。

塞子：材料为丁腈橡胶，塞子为两个半圆，用一铁环夹固定，半圆的内部有一横向通槽，用来泄放静电荷，其结构参看图 15.16。

电桥：桥丝为镍铬合金丝。以小的金属片直接将桥丝热压到导线上，不需要焊锡，保证在高温下桥丝的牢固性。

药剂及传爆系列：电极直接插入药剂中，靠橡胶塞收口定位。传爆系列如图 15.17 所示。

点火药组分都是耐高温药剂，TACOT 的熔点为 378℃，整个药剂系统都耐温 260℃以上，这是该电雷管最突出的特点。

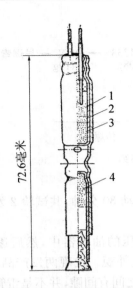

图 15.15　X-321K 电雷管结构图
1—点火药;2—RD-1333;3—TACOT;4—TACOT

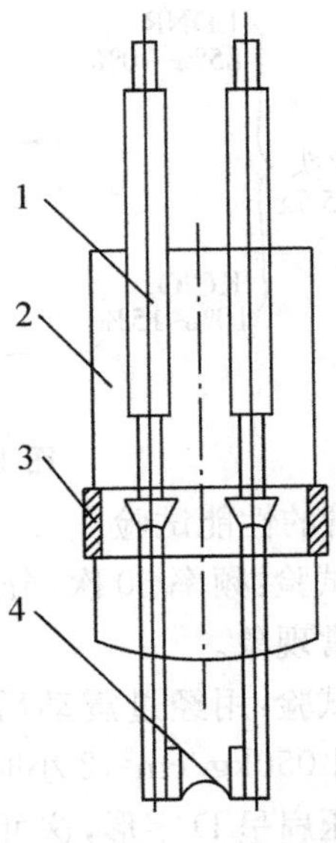

图 15.16　塞子结构图
1—引线;2—塞子;3—固定夹;4—桥丝

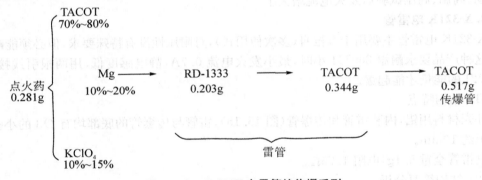

图 15.17　X-321K 电雷管的传爆系列

（3）电雷管的性能试验

运输震动试验:条件同 E-97 电雷管,两发震动后无显著变化。

耐温试验:在高温箱中 260℃耐温 2 小时,结果外观无变化,产品电阻略有降低。

发火试验:发火电流应为 0.7A,经高温后提高到 0.8A 发火。

3. E-84 电雷管

E-84 电雷管主要用于有枪身（多次使用式）,但其耐温性能较 X-321K 电雷管低。

要求在 177℃ 1 小时、150℃ 3 小时或 136℃ 24 小时仍能良好地工作,最小发火电流为 0.5A,能经受住 0.023 8J 的电容放电而不爆。

（1）结构特点

外形结构和材料与 X-321K 电雷管相似（图 15.18）,两个 ϕ3mm 小孔相距为 22.5mm。电雷管全重 5.51g,电阻 0.68～0.74Ω。

（2）结构简要分析

引线:全长仅 330mm（一般都为 2～3m）,外观蓝和浅绿色各一根（为了接线方便,故有颜色差异）,塑料包覆,可以耐温 177℃ 。

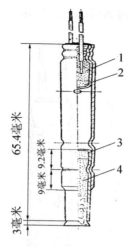

图 15.18　E-84 电雷管结构图

1—点火药;2—RD-1333;3—RD-1333;4—RDX

塞子及电桥:塞子材料为丁苯橡胶,短时间可以耐 177℃ 的温度。塞子呈圆柱形,与引线一起压铸成形,没有防静电的结构措施。

桥丝为镍铜合金,是直接焊接在引线裸露的一端,其高度为 2~3mm,焊有桥丝的一端直接插入管体点火药中,这种装电极的方式有一定的危险性,但结构简化适于大量生产。

药剂及传爆系列,如图 15.19 所示。

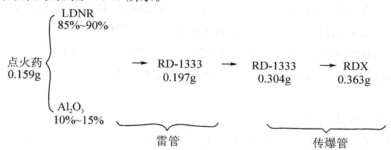

图 15.19　E-84 电雷管的传爆系列

点火药混合好后直接装入产品,未加压力,以便于插装电极。雷管的底部没有猛炸药,只压有 RD-1333。

(3) 电雷管的性能试验

运输震动试验:条件同 E-97 电雷管,震后无变化。

耐温试验:177℃ 耐温 2 小时,电阻略有增高。

发火试验:通 0.5A 发火电流不爆,增加到 0.8A 仍不爆,不再增大,因已大大超过规定值,等于产品不合格。

4. D-1006 电雷管

D-1006 电雷管主要用于油管切割弹。在油井中遇有管子堵塞或其他意外情况,可用切割弹将管子切割掉。由于雷管是与切割弹联合装配使用,仅要求雷管耐温 177℃。

(1) 结构特点

由于装配上的需要,雷管外部套有一橡皮套管,用来固定雷管上部的接触弹簧。产品全重 5.71g,电阻为 1.45Ω,其详细结构如图 15.20 所示。

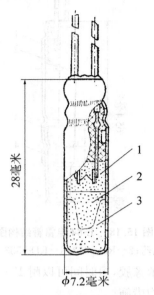

图 15.20　　D-1006 电雷管结构图
1—点火药;2—RD-1333;3—RDX

（2）结构简要分析

内部结构与 X-321K 相似,塞子也是由两个半圆构成,材料为聚氯乙烯塑料。电极的桥丝——镍铬合金丝采用热压焊接,这种结构能够很好地防静电。

药剂和装药结构方面,是在点火药[LDNR(85%～90%)＋Al$_2$O$_3$(10%～15%)]中直接插入电极,靠收口固定。起爆药与猛炸药之间采用曲面接触,增加起爆面积,因而更能保证起爆。

（3）电雷管的性能试验

运输震动试验:条件同 E-97 电雷管,震后产品无变化。

耐温试验:177℃耐温 2 小时,产品电阻增加 1Ω。

发火试验:将经耐温试验后的产品通以最小发火电流 0.6A,产品正常起爆。

15.6　电 磁 雷 管

1979 年,英国化学公司的 Eirwyn Jones 和 Michal Mitchell 利用电磁感应原理发明了电磁起爆系统,该公司的诺贝尔炸药有限公司研制了电磁雷管,代号 Magnadet。这种雷管克服了电雷管的缺点,它具有下述特点:变传统的直流起爆为交流起爆;雷管脚线处于常闭状态,因而可以防射频,不受工频电流危害;对泄露电流、杂散电流和静电刺激均安全;需由专用高频起爆仪起爆。

1985 年,日本油脂公司研制了类似的电磁雷管和电磁起爆系统。我国于 1985 年起相继研制出了电磁雷管、专用起爆仪、专用检测仪以及耐温电磁雷管。电磁雷管及起爆系统已在很多国家、很多地区的各种爆破工程和射孔作业中得到日益广泛的应用。

1. 系统设计原理

所谓电磁雷管,是指由特定频率的交流信号激发起爆的电雷管。一个普通的电雷管,其两根脚线分别与绕在环状磁芯(磁环)上的线圈两端连接,便构成一个电磁雷管。图 15.21 是电磁雷管的结构和等效电路。

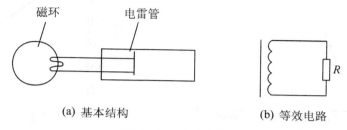

(a) 基本结构　　　　　　(b) 等效电路

图 15.21　电磁雷管

电磁雷管的设计原理是变压器耦合原理。穿过磁环的单芯电源线、磁环和线圈构成最简单的变压器。电源线相当于变压器的初级绕组,绕在磁芯上的线圈相当于变压器的次级绕组。在起爆时,起爆仪输出高频电讯号(几十千赫),通过电源线,在磁环内产生交变磁通,于是在次级线圈中形成感应电动势,使雷管起爆。当意外杂散电作用于磁环时,因感应电动势太低而不足以使雷管起爆,所以电磁雷管具有作用可靠、抗干扰等特点。

电磁雷管设计的核心是磁环的选择和线圈的绕制。磁芯的设计包括磁性铁氧体的选择、磁芯形状、横截面的选择等。线圈的绕制要考虑初、次级线圈的匝数比(n_2/n_1)以及绝缘导线的线径、米电阻等参数。理论分析和试验测定表明:

(1) 感应电流 I_2 与次级绕组匝数 n_2 为非线性关系。对于给定的参数,当 $n_2 = 3$ 时,I_2 取最大值(1.58A),见图 15.22。

(2) 感应电流 I_2 随磁环磁导率 u_0 的增大而增加。但当 $u_0 \geqslant u_c$(u_c 为临界磁导率)时,感应电流基本处于恒定状态(图 15.23)。

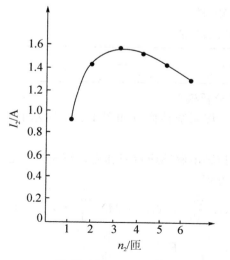

图 15.22　$I_2 \sim n_2$ 关系图

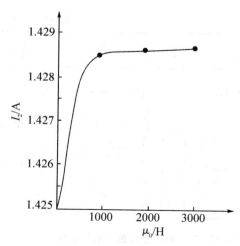

图 15.23　$I_2 \sim \mu_0$ 关系图

（3）感应电流 I_2 与电流频率 f 呈指数关系（图 15.24）。

（4）同一起爆系统，并联的电磁雷管个数（N）越多，则雷管得到的电流 I_2 越小（图 15.25）。

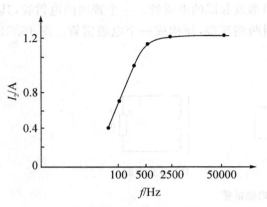

图 15.24　$I_2 \sim f$ 关系图　　　　图 15.25　$I_2 \sim N$ 关系图

（5）感应电流 I_2 与初级电流 I_1 呈线性关系（图 15.26）。表 15.7 是理论值。

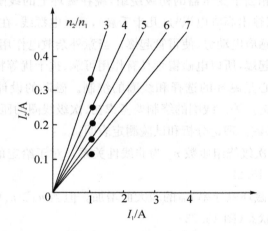

图 15.26　$I_2 \sim I_1$ 关系图

表 15.7　I_2 与 I_1 关系的理论值

n_2/n_1	3	4	5	6	7
I_2/I_1	0.333	0.250	0.200	0.167	0.143

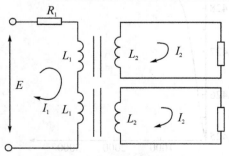

图 15.27　电磁起爆系统的等效电路

2. 数学分析模型

将电磁起爆系统转换成如图 15.27 所示的等效电路。

根据法拉第电磁感应定律和克希霍夫第二定律，得到电动势方程：

$$NL_1 \frac{\mathrm{d}i_1}{\mathrm{d}t} + R_1 i_1 + MN \frac{\mathrm{d}i_2}{\mathrm{d}t} = e \qquad (15.1)$$

$$L_2 \frac{\mathrm{d}i_2}{\mathrm{d}t} + R_2 i_2 + M \frac{\mathrm{d}i_1}{\mathrm{d}t} = 0 \qquad (15.2)$$

设电压、电流分别为频率相同的正弦波,其复数形式的瞬时值为:

$$e = E\varepsilon^{j(\omega t - \theta)} \tag{15.3}$$

$$i_1 = I_1\varepsilon^{j(\omega t - \theta + \Psi_1)} \tag{15.4}$$

$$i_2 = I_2\varepsilon^{j(\omega t - \theta + \Psi_2)} \tag{15.5}$$

式中 N——并联雷管个数,个;

L_1、L_2——自感线圈及其感抗,H;

R_1——初级端等效电阻,Ω;

R_2——次级端脚线与桥梁电阻,Ω;

M——互感系数,H;

f——交流讯号频率,Hz;

ω——角速度,$\omega = 2\pi f$;

i_1,i_2,e——电流、电压的瞬时值;

I_1,I_2,E——电流、电压的有效瞬时值。

其中 j 表示虚数,ε 表示自然数 e。θ、Ψ_1、Ψ_2 为相位角。将上述瞬时值代入式(15.1)、(15.2)中,得:

$$j\omega NL_1i_1 + R_1i_1 + j\omega NMi_2 = e \tag{15.6}$$

$$j\omega L_2i_2 + R_2i_2 + j\omega NMi_1 = 0 \tag{15.7}$$

若只考虑电势、电流的有效值,而忽略相位角,则

$$j\omega NL_1I_1 + R_1I_1 + j\omega NMI_2 = E \tag{15.8}$$

$$j\omega L_2I_2 + R_2I_2 + j\omega NMI_1 = 0 \tag{15.9}$$

令 $Z_{11} = R_1 + j\omega NL_1$,$Z_{12} = j\omega NM$,$Z_{22} = R_2 + j\omega L_2$,$Z_{21} = j\omega M$ 代入(15.8)、(15.9)两式,并联立求解,得到

$$I_2 = -\frac{Z_{21}}{Z_{22}}I_1 \tag{15.10}$$

$$I_2 = -\frac{Z_{21}}{Z_{11}Z_{22} - Z_{12}Z_{21}}E \tag{15.11}$$

$$I_1 = \frac{Z_{22}}{Z_{11}Z_{22} - Z_{12}Z_{21}}E \tag{15.12}$$

这就是以复数表示的电流、电压与阻抗间的关系方程。它表明感应电流与初级电流为线性关系,感应电流与电压同样呈线性关系。实数化后的表达式如下:

$$I_2 = \frac{\omega M}{\sqrt{R_2^2 + (\omega L_2)^2}}I_1 \tag{15.13}$$

$$I_2 = \omega M \cdot E / [(R_1R_2 - \omega^2 NL_1L_2 + N\omega^2 M^2)^2 + (W^2 NR_2L_1 + \omega^2 R_1L_2)^2]^{1/2} \tag{15.14}$$

对于环形铁磁质,电感、感抗的计算式为:

$$L_1 = \frac{4\pi\mu s n_1^2}{l} \times 10^{-7} \tag{15.15}$$

$$L_2 = (n_2/n_1)^2 L_1 \tag{15.16}$$

$$M = (n_2/n_1)L_1 \tag{15.17}$$

式中 μ——磁环的磁导率;

n_1——初级绕组匝数;

n_2——次级绕组匝数；

l——磁芯磁路长；

S——横截面积。

将式(15.16)、(15.17)代入式(15.14)，得

$$I_2 = \frac{\omega L_1 n_2/n_1 \cdot E}{\sqrt{(R_1 R_2)^2 + (\omega L_1)^2 [R_1 \cdot (n_2/n_1)^2 + N R_2]^2}} \qquad (15.18)$$

3. 稳健性设计

由于 3 种干扰(内干扰、外干扰和物品间干扰)的存在，任何系统的输出特性 y 与其目标值 m 之间不可避免地产生"偏移"，即在 y 与诸因素 $x_i(i=1,2,\cdots,n)$ 之间的关系完全确定的情况下，由于 x_i 的波动，仍将导致 y 的波动。稳健性设计的目的就是尽可能使"波动"最小化，有效信号与噪音干扰的比值极大化，即增强系统的抗干扰的能力，使之在任何规定的环境中具有稳健性。

(1) 参数设计的两段法(中心值的确定)

按照已建立的数学模型，输出特性为感应电流 I_2，其他因素的初始参数见表 15.8，设输出特性的目标电流 $m=1.5$A。在决定电磁雷管起爆电流 I_2 的 10 个因素中，n_2、n_1、N 为可控因素，f、E、μ_0、S、l、R_1 和 R_2 既是可控因素，又是误差因素，其误差为中心值的 $\pm 10\%$。

表 15.8　可控因素及其水平

因素	1 水平	2 水平	3 水平
f/Hz	2 000	10 000	50 000
E/V	10	20	30
n_2/匝	1	3	5
μ_0/H	2 000	2 500	3 000
n_1/匝	1	1	1
S/mm²	64	128	256
l/mm	5	10	20
N/个	1	2	4
R_1/Ω	0.5	1	2
R_2/Ω	5	10	20

注：对可控因素的各水平分别乘以 0.9、1 和 1.1，便得到误差因素的三水平。

内设计选用 $L_{36}(3^{13})$ 正交表，外设计亦采用 $L_{36}(3^{13})$ 正交表，采用内外表直积法进行参数设计。

在此基础上通过均值 $\bar{y}$ 和信噪比 η 的方差分析，将 10 个因素按其贡献率 $\rho(\%)$ 分成 4 类(表 15.9)。

图 15.28 和图 15.29 是调整因素的效应图，图 15.30 和图 15.31 是显著因素的效应图，图 15.32~15.34 是稳健性因素的效应图。

首先按照"信噪比最大"原则得到最佳参数组合：

$f=50\,000$Hz　　　　　　　　$S=256$mm²

$E=10$V　　　　　　　　　　　$l=5$mm

$n_2=5$ 匝　　　　　　　　　　$N=2$ 个

$n_1=1$ 匝　　　　　　　　　　$R_1=1\Omega$

$\mu_0=2\,000$　　　　　　　　　$R_2=5\Omega$

对应的平均电流 $\overline{I}_2 = 1.428\ 6A$,标准偏差为 0.014 9。$\overline{I}_2$ 与目标电流 m(1.5A)相差 0.071 4A。如果希望 $m = \overline{I}_2$,只要调整电阻 R_2 即可,而稳健性不受影响。

表 15.9 因素分类

因素	对 $\overline{y}$ 的影响(%)	对 δ 的影响(%)	备注
f	—	29.33	稳健性因素
S	—	7.74	稳健性因素
l	—	11.79	稳健性因素
E	17.38	—	调整因素
K_2	24.68	—	调整因素
n_2	26.29	13.29	显著因素
N	18.44	14.26	显著因素
μ_0	—	—	
n_1	—	—	不显著因素
R_1	—	—	

(2) 容差确定

以参数设计阶段给出的最佳参数为中心,确定诸参数的容差 Δ。因为参数设计阶段电流的标准差已经很小,故不必要再进行容差设计,取 $\Delta = \pm 0.1 \times$ 中心值即可。

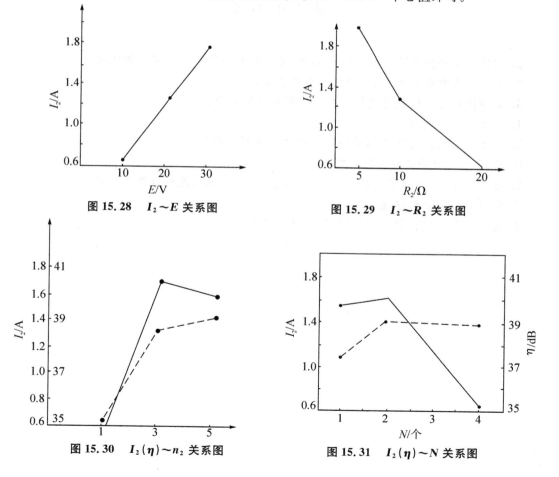

图 15.28　$I_2 \sim E$ 关系图

图 15.29　$I_2 \sim R_2$ 关系图

图 15.30　$I_2(\eta) \sim n_2$ 关系图

图 15.31　$I_2(\eta) \sim N$ 关系图

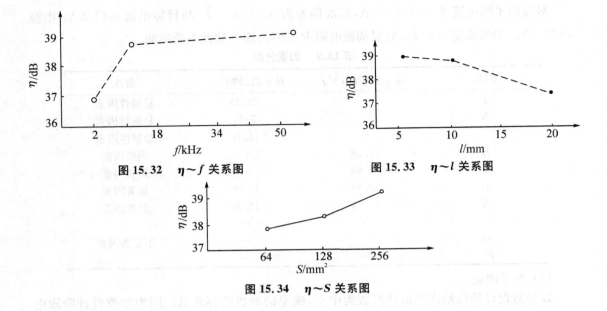

图 15.32　η~f 关系图

图 15.33　η~l 关系图

图 15.34　η~S 关系图

复习思考题

1. 刚性药头和弹性药头有哪些不同处,有哪些相同处? 说出它们的优缺点。
2. 画出刚性电引火元件的结构图,并简述各部分的作用。
3. 如何提高雷管的抗静电性能和抗杂散电流的能力?
4. 简述雷管的装配工艺。
5. 为什么用紫铜丝制造低阻桥丝抗杂散电流电雷管?
6. E-97 电雷管的结构有什么特点?
7. 检测 D-1006 电雷管的性能有哪些方法? 各方法的检测标准是怎样的?
8. 电磁雷管的设计原理是什么?
9. 设计一个电磁雷管,并画出你所设计的雷管。

第16章 国外延期起爆器材

16.1 国外毫秒延期电雷管

国外在发展毫秒延期电雷管的过程中,不断地更新品种,对产品性能提出新的要求。

1. 对段别、间隔时间、总延期时间的要求

为减小爆破震动强度,目前进口香港地区的毫秒延期电雷管,要求具有30段,总延期时间不得超过1 000ms。

为满足大面积微差爆破技术需要,各国不断更新品种和改进产品性能。

瑞典硝化诺贝尔公司(Nitro Nobel AB),过去生产的VA型25ms间隔毫秒延期电雷管1～20段,改进为VAB型1～30段,总延期时间为9～500ms,每段间隔时间分别为±4、±5、±6、±7、±12ms。

日本油脂公司(简称NOF),过去生产的25ms间隔毫秒延期电雷管2～15段,总延期时间25～570ms,更新为10ms间隔2～30段,总延期时间8～825ms。

英国诺贝尔炸药公司(简称NEC)在过去生产的长延期Anoline系列的两个品种和短延期Cordline系列1～30段,总延期时间30～3 050ms的基础上,又增加有L系列品种0～30段,总延期时间5～845ms。

从各国增加和更新的品种来看,趋向于段数多、间隔时间短、秒量精度高、总延期时间缩短的方向发展。

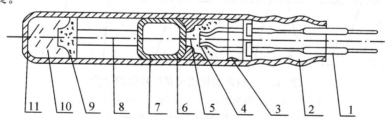

图16.1 杜邦公司秒延期雷管

1—脚线及塑料套;2—橡胶塞;3—铁环(防静电用);
4—桥丝(Φ0.04mm铂钨合金丝);5—点火药(B-Pb$_3$O$_4$);6—塑料帽;7—内帽;
8—延期管(6-17mm长);9—起爆药(PbN$_6$);10—炸药(太安);11—管体(铝合金)

2. 杜邦公司秒延期雷管(图16.1)

要从塑料管充入甲烷、氢和氧3种气体才能爆发。混合气体的爆速约10 000英尺/秒。使用气体,操作比较麻烦。此种雷管只适用露天矿爆破。

3. 阿特拉斯火药公司延期雷管(图16.2)

该公司生产的3种延期雷管的结构基本相同,都靠延期体不同长度及不同装药品种来控制延期时间。这种结构有下列优点：

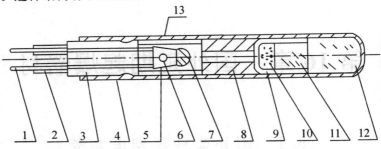

图 16.2　阿特拉斯火药公司延期雷管

1—脚线(Φ0.6mm 铜线)；2—聚氯乙烯套管；3—橡胶套；

4—紫铜式铝管体；5—点火片；6—防静电设计；7—桥丝发火头；8—延期体；

9—加强帽；10—DDNP/HNM 混合装药；11—起爆药 HNM；12—太安炸药；13—塑料管

(1) 采用塑料绝缘导线，可防水、防岩石磨损、防止杂散电流；有各种颜色，易于辨认；橡胶塞处双收口，密闭性好。

(2) 点火头外有塑料管，与管壳隔开，防止点火头与管体相接触。采用电阻低、易击穿的高压铝粉片，可防止静电及电弧火花事故。

(3) 点火头设计便于掌握和控制，方便在制造过程中检查及质量控制。

(4) 延期体装有微气体混合药剂，延期体元件加工精度达到±0.001 英寸，采用多次压、多次装的方法，保持较高的延期精度。

(5) 底部设计成凸形，爆炸后有最佳的破片形状，又可减少大块破片。

(6) 各种雷管的点火电流特性基本相同。因此，可用于各种延期系列中。

4. 日本旭化成公司半秒延期雷管(图 16.3)

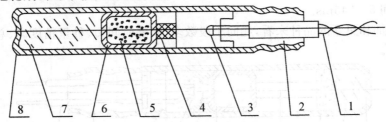

图 16.3　日本旭化成公司半秒延期雷管

1—脚线；2—塑料塞；3—发火头；4—延期导火索；

5—起爆药；6—正反扣加强帽；7—炸药；8—管体

雷管性能：

(1) 采用铂铱合金桥丝，长约 2.0mm，电阻 0.7±0.2Ω，保证最小发火电流在 0.65A，点火冲能为 $2.0\sim3.0A^2 \cdot ms$。

(2) 最大安全电流为 0.4A。

(3) 发火头材料系硫氰化铅及氯酸钾混合物，起爆药系二硝基重氮酚与氯酸钾混合物。

16.1.1　国外毫秒延期电雷管的结构特点

毫秒延期电雷管结构，概括可分为 3 部分：电发火元件(附导线部分)，延期元件，雷管部分。当前各国的毫秒延期电雷管的产品结构亦不尽相同,电发火元件可以区分为刚性药头和弹性药头或直插式电发火元件;延期元件可以区分为冷拔铅管延期元件、厚壁管内装压药延期体、直接装填于雷管上部的直填式。

1. 延期元件

西欧和美国,多采用铅管内装延期药,经冷拔后成 7 芯、5 芯、单芯的铅管延期元件,延期元件以长度分段,另一种延期元件是在采用铅锌合金、黄铜等厚壁延期管壳中,采取多装多压延期药的延期体,短延期要装压 6～7 次,长延期要装压 16～18 次,以延期药元件长短来分段。因此,随着段别的增加,增加电雷管的长度,最长可达 90mm 左右。采用低熔点的铅合金多芯延期元件,为了使延期药燃烧后快速冷却。

日本的毫秒延期电雷管,与上述结构不同。它是将延期药直接装压在雷管的上部,采用直填式装压药方法,以不同的延期药组分来分段。各段产品,延期药量皆控制在 0.6 克以下,因此产品全长较短。如日本油脂公司的 1～30 段毫秒延期电雷管,外径 Ø6.7mm,仅有41、45mm 两种长度。旭化成的 1～30 段,全长有 40、45、50、55、60mm 五种长度。由此可见,日本毫秒延期药的制造技术较高。

德国代那迈诺贝尔公司的延期元件与别国略有不同,它是采用延期体,在延期药上部压装起爆药。目的是确保装配过程运输安全,更重要的是可以缩小雷管爆炸时的殉爆距离。

2. 延期药组分

影响毫秒延期电雷管的秒量精度因素较多,其中以延期药的秒量精度为主。各国对延期药的组分、制造技术皆属专利保密。仅根据收集到的资料,列表 16.1。

表 16.1　各国延期药的组分

国别厂名	延期药组分
英国 NEC	MS:Pb_3O_4,PbO_2,Si　　Hs:$KMnO_4$,Sb 铅的氧化物,为等量配比的混合物以硝化纤维漆和醋酸戊酯作黏结剂
瑞典	Nitro Nobel AB,MS 和 HS 由下列组分组成:蒙脱土(Bentonit),PbO_2,Si,Fe_2O_3,$PbCrO_4$,$K_2Cr_2O_7$,SiO_2
法国达维皮克福厂	MS:Pb_3O_4,$KMnO_4$,Si,Sb　　HS:$KMnO_4$,Sb
日本旭化成公司	MS:BaO_2,$PbCrO_4$,二硝基萘
日本油脂公司	MS:Si-Fe,Pb_3O_4,Sb_2S_3
日本化药公司	MS:BaO_2,Cu 粉,Fe_2O_3
美国杜邦公司	MS:B,$K_2Cr_2O_7$
大力神公司	MS:Si,Pb_3O_4,W,$BaCrO_4$,Si,PbO_2,Se,Te,BaO_2,Pb 粉

3. 延期药制造技术

对延期药组分的粒度有严格要求,以瑞典 VA 型雷管用延期药为例,在混药前控制组分的粒度尺寸和比表面积,分组选用。

对 Si 粉的要求见表 16.2。

表 16.2　Si 粉要求

项目	比表面积	粒度尺寸		μm	
		D25	μm	D75	μm
1组	13 000～16 000	Min	2	Max	7
2组	11 000～13 000	Min	2	Max	8
3组	7 500～9 000	Min	3	Max	11

对其他组分的比表面积亦有要求:

$$SiO_2 > 8\ 000 cm^2/g \qquad PbCrO_4 > 11\ 000 cm^2/g$$
$$PbO_2 > 11\ 000 cm^2/g \qquad Pb_3O_4 > 5\ 500 cm^2/g$$
$$Fe_2O_3 > 15\ 000 cm^2/g$$

日本油脂公司的毫秒药,在混药前,要对原材料进行粉碎加工,并用 SKN 型光透过式粒度分布测定仪进行粒度尺寸测定。

生产工艺各国亦不相同,瑞典硝化诺贝尔公司,英国 NEC:采用湿法混药。装铅管用延期药系,将其组分在水中强力搅拌,过滤后干燥、造粒。

法国达维皮克福厂,奥地利夏富勒公司,德国代那迈诺贝尔公司:采用延期药干混后压片,压片的直径 $\varnothing15mm$, $\varnothing4.66mm$,压片后再粉碎,使延期药具有一定的粒度大小,便于装药。

美国杜邦拉铅管用延期药 B 和 $K_2Cr_2O_7$ 混合物,系采用共沉淀的工艺获取。

奥地利拉铅管用延期药 B,Si,$PbCrO_4$ 等组分,也是采用共沉淀工艺。

日本油脂、旭化成采用两次混合、两次造粒的工艺,第一次混合不加黏合剂,造粒、过筛、干燥后,再进行二次混合、造粒,认为将可燃物与黏合剂分两次混合是提高秒量精度的重要因素,这是多年积累的技术经验。

4. 雷管部分

国外毫秒延期电雷管,多采用 6 号雷管装药为 0.42g 左右,不装加强帽,延期元件直接压装在起爆药上部。基本药采用锥形压药,将起爆药压装在锥形孔内。瑞典 VA 雷管,装药量为 0.7g,日本的毫秒延期电雷管采用直填式装压延期药、雷管装药带有加强帽。

16.1.2　延期雷管的装配工艺

1. 延期体设计及装配

对于延期元件,除日本用延期导火索及将粉状延期药压装在雷管体内,借改变组分配比及装入不同药量来控制秒段以外,别的国家均用延期体内压装延期药的方法。据前南斯拉夫的经验,最早是用改变延期药组分配比来控制秒段,但没有成功;后来改用德国的方法,即将一定组分的延期药,装入延期体内制成一个延期元件,靠不同长度及延期药的不同装填密度,达到了秒段稳定可靠。大部分用铅管制成延期体,管径都有规定。

杜邦公司的铅管延期元件,制造方法如下:

粗管(铅管)外径约 7.9mm,内径约 4.0mm,底部封口,用螺旋推进机将延期药装入管内,在管中插入一支直径约 2mm 的钢丝,上下振动,使延期药能均匀装进铅管。装好后将铅管的头部封死,放在两半模具中,一面转动,一面锻压,达到规定的直径为止。然后按所需长度切断,即成为延期元件。

阿特拉斯火药公司的延期雷管,关键部件是延期体。该公司的延期体有以下两种规格。

装黑药的延期体:分两种。一种外径 6.5mm,高 9.5mm,内径 3.5mm;另一种外径 6.0mm,高 8.2mm,内径 2.0mm。均是铝制。

装锑/高锰酸钾延期药的延期体:外径 6.5mm,长 2.8mm,内径 4mm。黄铜体,都是用模具装药。黑药延期体内延期药压力为 300 磅/英寸^2,锑/高锰酸钾延期体药压力为 600 磅/英寸^2。采用少量多次装压药法,装药高度由延期时间来决定。为了满足延期时间及精度,短延期体一般要装压 6～7 次,长的要 16～18 次。该公司的 8～25ms 段的延期精度可达±8%。

2. 雷管装配

这些国家的雷管装配工艺,大同小异。杜邦公司、阿特拉斯火药公司、大力神公司、日本旭化成公司等除有一条半机械化的生产线外,都设计了一条完全自动化的生产线。现以阿特拉斯火药公司的为例。

半机械半自动雷管生产线大致包括以下各主要工序:

(1)冲制管体及加强帽

用六工位冲床冲制,效率高。铜壳要在 800℉退火。

(2)塑制塑胶线

塑制单股和双股塑胶线。将裸铜线经过孔模、注塑机、冷却、检验和卷盘几道工序制成。塑制过程全自动化,每小时可塑制 8 盘,每盘 50 000～52 000 英尺。无固定操作人员。

(3)绕线把

将塑胶线绕成线把。有两部设备,一部全自动化,一部半机械化。全自动的设备是经过绕线、剥绝缘层、缠短路线套、装箱等 4 个部分,制成类似 8 字形的线把。每分钟 20 把,每把 60 英尺,效率相当高。半机械化的设备较小,效率较低。两种设备均可从事单、双股线的打线。

(4)制梳齿状点火头片

在专用设备上将金属夹纸板冲制成梳齿状,用自动机将桥丝缠在梳齿片上。桥丝为镍铬丝,0031 号,电阻率为 29.4 欧姆/英尺,然后两面挂锡。在尖端部黏上含有一硝基间苯二酚铅与 DARCO(系一种易燃物)或黑药、以乙酸戊酯为溶剂的点火药。外面再浸绿色清漆,烘干,即成点火头。在桥丝的旁边,将纸板冲压成一小孔,直径约 2.5mm,压入铝粉。这种结构可防静电。最后切开梳齿片,逐个进行电阻率检查并分类(按 2 欧姆分类)。检验设备是数字显示自动操作。

(5)装配点火塞

将塑胶线穿入橡胶塞中,并焊上点火头片即成。要经电阻率再检验,逐个对号检查,全部操作是自动化数字显示。

(6)延期雷管装配

① 排管:用自动上管机将管壳排在电木模板中,每板 202 个,然后压缩空气吹拭管内污物,并用冲头扩口。

② 装、压药:按顺序在隔离工作室分别装压入炸药、起爆药、加强帽等。

③ 清除浮药:用木屑清除浮药,然后收集半成品雷管。

④ 装配:将延期元件装入半成品雷管中,再将聚氯乙烯塑料管装在延期元件上,然后装入点火塞,收口,即成延期雷管。国外延期雷管结构,如图 16.4～图 16.13 所示。

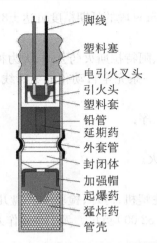

图 16.4　前南斯拉夫安全毫秒雷管

脚线
塑料塞
电引火叉头
引火头
塑料套
铅管
延期药
外套管
封闭体
加强帽
起爆药
猛炸药
管壳

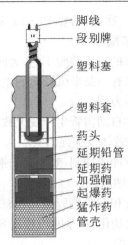

图 16.5　前南斯拉夫秒及毫秒雷管

脚线
段别牌
塑料塞
塑料套
药头
延期铅管
延期药
加强帽
起爆药
猛炸药
管壳

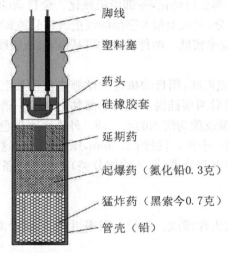

图 16.6　瑞典硝化诺贝尔公司 VA 型延期电雷管

脚线
塑料塞
药头
硅橡胶套
延期药
起爆药（氮化铅0.3克）
猛炸药（黑索今0.7克）
管壳（铅）

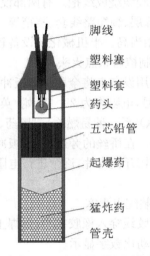

图 16.7　英国 ICI 诺贝尔公司毫秒雷管

脚线
塑料塞
塑料套
药头
五芯铅管
起爆药
猛炸药
管壳

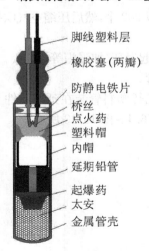

图 16.8　美国杜邦公司毫秒延期电雷管

脚线塑料层
橡胶塞(两瓣)
防静电铁片
桥丝
点火药
塑料帽
内帽
延期铅管
起爆药
太安
金属管壳

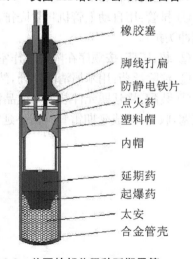

图 16.9　美国杜邦公司秒延期雷管

橡胶塞
脚线打扁
防静电铁片
点火药
塑料帽
内帽
延期药
起爆药
太安
合金管壳

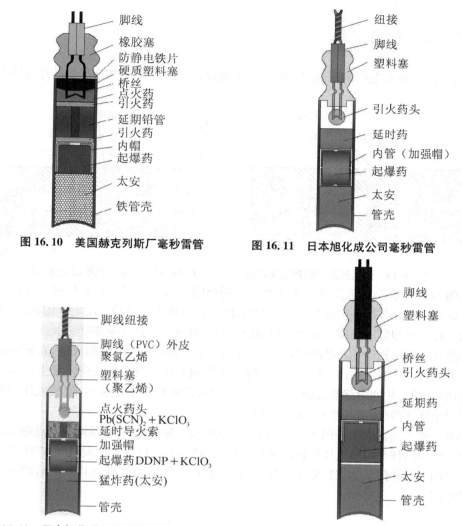

图 16.10　美国赫克列斯厂毫秒雷管　　　图 16.11　日本旭化成公司毫秒雷管

图 16.12　日本旭化成公司半秒雷管　　　图 16.13　日本化药姬路厂秒及毫秒延时电雷管

16.2　抗机械撞击和杂散电流的雷管

该雷管由灼热桥丝或热气体源激发后,与下述过程适当配合,即获得可靠的高阶起爆。

由猛炸药或烟火药组成的"主发装药"着火,并自行维持着燃烧;主发装药受约束的气体产物推出一块撞击片并使之加速;"被发装药"的猛炸药由于加速撞击片的撞击而产生冲击起爆,并发展成爆轰。

主发装药可以由灼热桥丝(电点火),或由柔性导爆索、普通导爆索、导火索、非电导爆管等任何一种器材所产生的热气体,或密闭在管中的爆炸性气体来点燃。在点火源与主发装药之间放置一种缓慢燃烧的药剂,可以产生延期作用。

16.2.1　作用说明

图 16.14 是用电起爆的无起爆药的飞片延期雷管,图 16.15 是相应类型的热气体起爆的延期雷管。

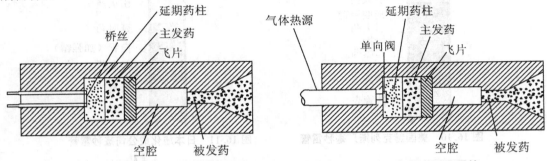

图 16.14　低电压无起爆药延期雷管　　　　**图 16.15　非电无起爆药延期雷管**

从图 16.14 可见,当低压电能加到细金属桥丝时,造成局部加热,在延期药柱中引起放热反应。延期药柱的药剂必须是"微气体"型的,以便在满足主发装药密闭要求的同时,保持可靠的燃速。在密闭和装填密度一定时,对某种延期药,其延期时间随延期药柱长度及其燃速而变化。当热反应阵面到达主发装药时,产生一个非常快速的、放出气体的反应,在密闭的空间形成很高的压力,主发装药可以是一种猛炸药或速燃烟火剂。当主发装药穴室里的压力超过飞片的剪切强度时,片的中部被切断并加速通过短腔,高速撞击被发装药,使被发炸药爆轰。被发炸药可用猛炸药(包括某些石蜡钝化型的)。

非电型的延期雷管示于图 16.15。用一个单向阀代替桥丝,它在延期药柱点燃和燃烧时即行封闭。延期药柱是由热气体产物而不是由桥丝点燃的,一旦点着主发装药,产生的气体的压力使单向阀关闭并使气体产物处于密闭状态,由此产生的压力切割飞片。此后的过程与电起爆雷管相同。

16.2.2　雷管结构

这种雷管的尺寸、起爆条件和输出能量与现有的雷管相似,而且生产是经济的。做过几种设计和反复研究,最佳特性的改进设计如图 16.16 所示。

图 16.16 中雷管的主装药相当于 8 号雷管的装药量,约装 700mgA-4 炸药(含 1.5% 蜡剂的黑索今)。该主装药是由一小段被发药柱(包了铅皮的黑索今,称为柔性导爆索)的爆轰能引爆的。如果要紧紧压住被发装药,可以将一块 0.08mm 厚的不锈钢片放在被发药柱和套管之间。套管包括一个短空腔、一个主发装药穴室以及一个固定头部组件的装置。主发装药穴室放有飞片、主发装药、延期药柱和点火药。在短延期元件中,图 16.16 中的延期药柱可以不用,以调节点火药柱的长度来得到需要的燃烧时间。主发装药穴室是用坚固的头部组件封闭的,后者用套管卡口的办法来夹紧。头部组件有一桥丝,与封闭在金属头中的绝缘脚线相连。抗静电线圈(电感)和抗静电片(火花间隙)都是头部组件的组成部分。

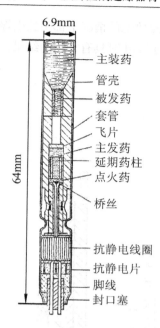

主装药
管壳
被发药
套管
飞片
主发药
延期药柱
点火药
桥丝
抗静电线圈
抗静电片
脚线
封口塞

6.9mm

64mm

图 16.16　更安全的延期雷管

16.2.3　测试结果

通过生产并测试了这种"更安全"型的、名义延期范围由 25 至 3 000ms 的雷管。实际的作用时间超过名义延期时间的±10％都可用；作用时间较长的具有较高的精度。在实验室的撞击试验中，这种"更安全"的雷管在最大相对撞击能 27.7J（283kg·cm）的撞击下不会起爆，而其他工业雷管在 4.6～23.1J（47～236 kg·cm）范围撞击能的撞击下就爆炸了。在另一种测试装置中，雷管放在花岗岩块与 10×32mm 扁钢条之间受撞击。雷管与钢条系在一个质量为 50kg 的摆上，在撞击速度为 8.9m/s（相当于 1 980J 的撞击能）的情况下，用这种雷管做 44 次试验，没有一次爆炸，而在相同的条件下试验了两种工业雷管，每种做 5 次都爆炸了。

瞎炮产生后，完整的雷管可能会遗留并与雷管能起爆的炸药相接触，在装岩作业时，其药束情况是不能完全预测的。为了模拟最坏的情况，在花岗岩或水泥块中直径 50mm 的炮孔里，将测试雷管装入雷管能起爆的炸药中，用钢塞封堵，用 50kg 的重物以 8.9m/s 的速度撞击钢塞。用两种工业浆状炸药与"更安全"的雷管配合进行了试验，第一种炸药在 15 次试验中只有 6 次发生爆炸并使块体破坏；第二种炸药在相同条件下做 5 次试验，全都不爆炸。

用第一种浆状炸药进行了类似的试验，但撞击速度为 6.2m/s（相当于 960J 相对撞击能）。用"更安全"的雷管试验 5 次都不爆炸；应用工业延期雷管做 3 次试验都爆炸了。

向瞎炮处打眼是许多事故的原因。在模拟这种作业的试验中，验证了"更安全"的雷管的相对感度，方法是用一台风动旋转冲击式岩钻的钻杆穿过岩体进入炮孔的底部。图 16.17 是这种试验的测试结果，由图可见，在这种模拟试验中，"更安全"的雷管在各项试验里都比装有起爆药的雷管来得钝感。

用 12.5J 的电容器加于雷管的管体和脚线之间放电时，由于放入抗静电片（电火花间隙），使这种雷管不致引爆；由于抗静电线圈（它与桥丝及脚线对脚线火花间隙成串联）所产生的附加电感,这种雷管在 10J 电容器重复放电的情况下都不致引爆。使用特殊线圈和火花间隔装置时,脚线对脚线间的静电放电上升到 20J 时具有相同的结果。

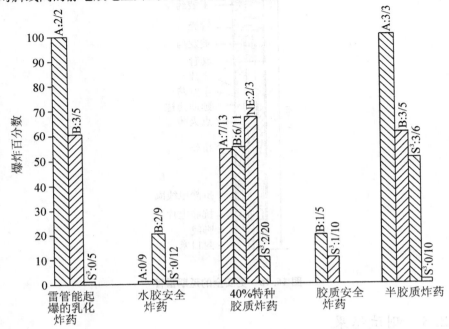

图 16.17 雷管抗钻感度的比较图

(雷管紧塞入雷管能起爆的炸药中,放在花岗岩块或水泥块里,用小砾石封堵)

A—工业延期雷管;B—工业瞬发雷管;S³—"更安全"雷管;NE—非电雷管

注:分数的分母表示试验次数,分子是爆炸次数。

16.3 电子雷管

16.3.1 电子雷管概述

电子雷管一般分为 3 种类型:一种是电起爆可编程的电子雷管,延期时间在爆破现场按爆破员要求设定,并在现场对整个爆破系统起爆时需实施编程,如 Orica 公司 I-Kon 电子雷管;另一种是电起爆非编程的电子雷管,在工厂预先设定固定延期时间,如 AEL 公司 ElectroDet 电子雷管;第三种是非电起爆的非编程的电子雷管,可以用导爆管或低能导爆索等非电起爆器材引发电子延期体再起爆,固定延期时间在工厂预先设定,如瑞典 ExploDet 公司的电子雷管和美国 Ensign-Bickford 公司开发的 DIGIDET™ 电子起爆系统。

能够方便地组成简单、先进的起爆网络是电子雷管的一大优点。起爆系统配合专用的具有特定编码程序的点火设备,由编码器识别不同位置的雷管,现场设定起爆顺序和延期间隔;或采用固定延期时间的雷管,设置特定的起爆程序,达到预期的爆破破碎效果,减少震动、声响和其他危害。电子雷管提高了抗静电、杂散电流、电磁辐射的能力,减少了误点火,使用安全性提高。每发电子雷管都有自己的 ID 码,具有电子安全保险功能。专用电子起爆装置起爆,不会被一般的交/直流电源、电池或传统起爆设备起爆,具有有效防止雷管被非法使用的可能性。

16.3.2　电子雷管延期方法

电子延期雷管所采用的延时方法有两种:一种是利用电容器和电阻组合的时间常数;另一种是利用晶体振荡器和计数器组合而成的。前者的延时电路用的是模拟设备方式,构造简单廉价,然而由于各元件值有误差,所以要想得到指定的延时是比较难的。后者的延时电路用的是数字方式,构造稍复杂,且费用高,但因其晶体振子的质量稳定,延时误差小,所以特别适用于要求高精度的延时装置。

电子延期雷管是采用微电子延期模块取代传统延期雷管中的延期体,使得延时更加精确并具有电子安全保险的新型雷管。可以采用电发火,也可以采用导爆管发火。

电子延期雷管已经经历两个发展阶段,第一阶段的电子雷管内部不带电源,由外部提供延期模块工作以及点火起爆的能量;第二阶段的电子雷管内部带有电源,可以维持延期模块工作并最后引爆雷管,典型结构如图 16.18 所示。

图 16.18　电子(延期)雷管典型结构图

电子延期在延期精度和延期时间上远比药剂延期精确,可以从零到十几秒或几十秒范围内,以 1ms 等间隔任意设定,延期精度非常好,不会出现"串段"现象,有的结构的延期时间还可以现场设置,有的设计可以用导爆管引发电子延期再起爆。由此可见人们对电雷管的重视。在安全性方面,电子雷管设有"密码",只有特定的信息,才可以启动,也就是具有电子安全保险功能。静电、杂散电流、电磁辐射、雷电等意外信号不会导致雷管作用,甚至恐怖分子通入的企图引爆的信号,如果不符合解码信息,也不会起爆,因此安全性更高。图 16.19 是普通延期雷管与电子雷管的结构对比示意图。特别值得注意的是,图中左起第四发雷管是用导爆管激发的电子延期雷管,由于不用金属引线,能够避免静电、杂散电流、射频的影响。

电子延期雷管从延期时间设定与控制系统通讯方面大致有以下 5 种方案。

(1) 出厂设定固定延期时间,有安全密码保护,两条脚线。

(2) 现场可设定延期时间和起爆时序,有安全密码保护,两条或多条脚线。

(3) 固定的响应起爆时序,预先编程与现场控制相结合,有安全密码保护,5 条脚线。

(4) 现场编程响应起爆时序,可按照条码阅读信息,现场编程起爆,有安全密码保护。

(5) 导爆管电子延期雷管。

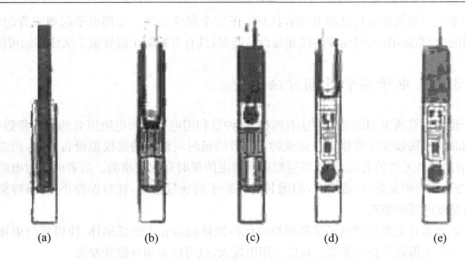

图 16.19　药剂延期雷管与电子雷管的结构对比图
(a) 导火索延期雷管　(b) 药剂延期导爆管雷管　(c) 药剂延期电雷管
(d) 电子延期导爆管雷管　(e) 电子延期雷管

16.3.3　几种典型电子雷管

1. 澳大利亚 Orica 公司的 I-Kon 电子雷管起爆系统

如图 16.18、图 16.20 所示。

(a) 编程器　　　　　　　　　　　(b) 起爆器

图 16.20　I-Kon 编程器和起爆器

I-Kon 电子起爆系统的构成：

(1) I-Kon 电子起爆系统的电子雷管如图 16.21 所示，每一个电子雷管包含了一个微芯片、两个储能电容和防静电、射频的特殊塞子，以及普通瞬发电雷管包含的基本组成部分。

(2) I-Kon 编程器如图 16.21(a)所示。编程器同 I-Kon 电子雷管的连接采取电源/信号复用的双线制载波通信方式，以保持电子雷管的连接方式同延期药电雷管保持一致，同时实现对雷管的在线检测和延期时间的设定。

(3) I-Kon 起爆器(blaster)

EBS 的起爆器如图 16.21(b)所示，它通过编程器与起爆网络连接，提供编程器无法提供的、爆破网络起爆所必需的能量，同时可以随时检测每个雷管的状态。

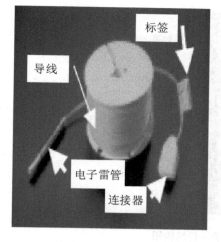

（a）电子雷管外形图

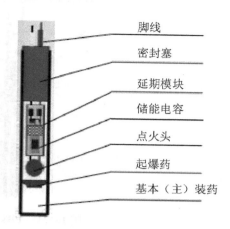

（b）电子雷管结构示意图

图 16.21　I-Kon 电子雷管

目前，EBS 的起爆器可以最多管理 8 个编程器，组成 1 600 个雷管的爆破网络（图16.22），起爆器同编程器间采用双绞线连接，其最大间距为 1 000m。操作时，编程器放在距爆区较近的位置，爆破员在爆区的安全距离处操作起爆器，控制整个爆破网络。起爆器会借助编程器检测爆破网络中的所有雷管状态，只有当起爆网络没有任何错误，并由爆破员按下起爆按钮并对其确认后，起爆器才能触发整个爆破网络，整个爆破网络的检测在 5min 内全部完成。

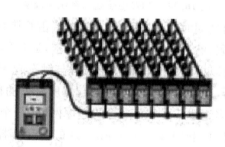

图 16.22　EBS 电子雷管起爆网络图

2. Nobel 公司和 Orica 公司联合开发的 PBS 电子雷管

如图 16.23 所示。

此种雷管的延时时间是在爆破现场根据矿工或爆破员的要求设定，并对整个爆破系统进行编程。其延时时间是以 1ms 为单位，可在 0～8 000ms 范围内为每发雷管任意设定延期时间。

PBS 电子雷管起爆系统基本上是由雷管、编码器和起爆器三部分组成。如图 16.24所示。

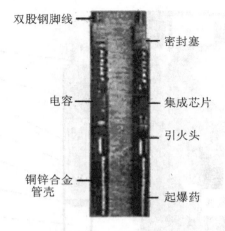

双股钢脚线　　　　　　　　　　　　　　密封塞

电容　　　　　　　　　　　　集成芯片

　　　　　　　　　　　　　　　　引火头

铜锌合金
管壳　　　　　　　　　　　　　起爆药

图 16. 23　PBS 电子雷管结构图

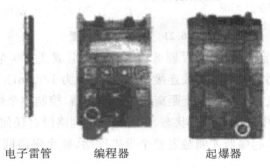

电子雷管　　　　　　编程器　　　　　　起爆器

图 16. 24　PBS 电子起爆系统组成图

　　编码器可对每发雷管的延期时间进行设定。首先将雷管脚线连接到编码器上,编码器会立即读出该发雷管的 ID 码,然后操作人员按设计要求,通过编码器对该雷管发送并设定所需的延期时间。起爆器可以控制整个爆破网路编程与触发起爆,起爆器能够触发编码器,但编码器却不能触发起爆器,起爆网路编程与触发起爆所必需的程序命令设置在起爆器内。目前,PBS 电子起爆系统最多组成 1 600 发雷管的起爆网路,每个编码器回路的最大长度为 2 000m,起爆器与编码器之间的起爆线长 1 000m。只有当编码器与起爆器组成的系统没有任何错误,并且由爆破员按下相应按钮对其确认后,起爆器才能触发整个起爆网路。如图 16.25 所示。

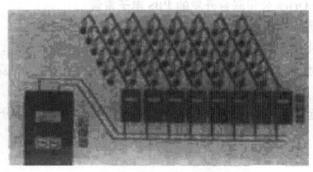

图 16. 25　PBS 电子起爆网络示意图

3. 南非 AEL 公司的 ElectroDet 电子雷管

Electrodet 电子雷管起爆系统由电子雷管、作业面控制盒、总控装置和地面计算机管理系统四部分组成(图 16.26)。

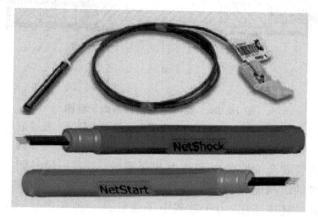

图 16.26　南非 AEL 公司的 ElectroDet 电子雷管

4. 日本旭化成化学工业公司的电子雷管

EDD 的主要元件:电子电容器、IC 定时器和瞬发电雷管,封嵌在一个直径 17mm、长约 110mm 的塑料管内。日本旭化成化学工业公司的电子雷管外形,如图 16.27 所示。

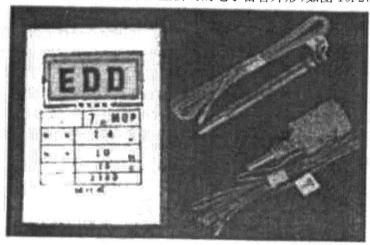

图 16.27　日本旭化成销售的数码电子雷管的外形图

16.3.4　数码电子雷管

数码电子雷管的结构示意图,如图 16.28 所示。

数码电子雷管与传统电雷管和非电雷管比较有几个方面的技术优越性:

(1) 岩石爆破块度尺寸更均匀,块度尺寸范围易于预测。

(2) 爆破震动大幅度降低,可以控制爆破地震频率。

(3) 有助于减少边坡破坏,减少露天矿爆破根底。

(4) 在保证良好爆破效果的同时,可以减少炸药用量。

（5）能详细记录爆破布孔参数与炸药、雷管消耗量。

（6）能提高生产率。

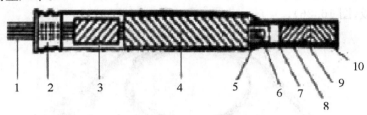

图 16.28　数码电子雷管结构示意图

1—脚线；2—特殊塞栓；3—电容器；4—集成电路；5—绝缘套管；

6—点火头；7—管体；8—内管；9—起爆药；10—基本装药

但是数码电子雷管要全面取代电和非电起爆系统，还需一段时间。因为数码电子雷管的电子延期起爆系统的组网能力还较小，不能满足大规模爆破作业的起爆网路要求。另外，电子雷管的成本太高。还应指出，由于数码电子雷管是一种新产品，第一次使用该雷管时，要接受制造厂商技术人员的培训。在使用中，当出现不引爆的情况时，由于电容器中可能有残存电荷，需要等待 10min 以上才能处理。

关于电子雷管的研究，中国冶金部安全环保研究院从 1985 年就开始研制了电子延期超高精度雷管，通过与上海元件五厂与云南燃料一厂合作，于 1988 年完成了我国第一代电子雷管。目前，西安 213 所、南京理工大学、中国兵器工业系统总体部和贵州久联民爆器材发展股份有限公司等单位也相继开展了此项研究工作。国内第一个自主研发的电子雷管专用集成电路"隆芯 1 号"已研制成功，该集成电路应用于雷管产品，具有电磁兼容性好、安全性高、可靠性好、延期精确、使用简单等特点。它的通信功能可实现雷管与爆破装置之间双线制双向通信的能力，实现网络化现场检测、下载参数或重复进行参数化编程。双线制通信功能实现了在不改变传统电雷管外形结构和简单的使用连接特点的前提下，具有网络化大规模起爆的能力。2006 年 5 月贵州久联民爆器材发展股份有限公司的电子雷管通过了技术鉴定，具备了工业规模批量试生产的条件。

复习思考题

1. 数码电子雷管有哪些优点？

2. I-KonTM 电子雷管起爆系统由什么组成？

3. 怎样使用编码器？编码器在雷管中有什么作用？

4. 国外电子雷管可分为哪些类型？

5. 电雷管有哪些电学性能参数？请简单说明。

第 17 章　起爆与爆炸装置

17.1　小尺寸装药的爆炸

炸药在热、机械、冲击波、电和光等各种外界能量作用下均能激起化学反应,但其反应的形式随激发能量、反应进行的环境条件和装药尺寸不同,在性质上有很大差别。炸药按化学反应的速度及传播机理,大致可分为 3 种形式,即分解、燃烧和爆轰。

炸药的分解反应主要是指在常温常压下,不受其他外界作用时,在炸药中进行的反应。这种反应遍布整个炸药,但速度很小。由于这类反应就其本质来说是由热造成的,故一般称为热分解。

炸药的燃烧和爆轰则是首先在炸药的某一局部被激发,并以反应波的形式在炸药中按一定速度层层自动传播。两种反应在性质上有很大差别,主要表现为以下 3 个方面。

（1）能量传播机理

燃烧时反应区的能量是通过热传导、热辐射及燃烧产物的扩散作用传入反应炸药的,而爆轰的能量则是借助冲击波对炸药的强烈冲击压缩传播的。

（2）反应传播速度

炸药燃烧速度通常为每秒数毫米至数米,最大也只有数百米。燃烧速度容易受外界条件的影响,特别是受环境压力的影响。在密闭容器中,燃速会因燃烧产物气体压力增大而急剧加快。爆轰则是炸药反应速度的最高形式,不受外界条件的影响。对某一炸药来说,一定条件下的爆轰速度是一个恒定的数值,即特征爆速,炸药的特征爆速达每秒数千米。

（3）反应产物流向

燃烧过程中反应区内产物的运动方向与燃烧波面移动方向相反,反应区内压力较低;爆轰时,反应产物质点运动方向与爆轰传播方向相同,反应区内压力可高达 $30\sim40$ GPa。

虽然炸药化学反应的 3 种形式有很大差别,但彼此间有着紧密的内在联系。同一种炸药在不同条件下化学反应的形式是不同的,但这些不同的形式在改变其反应条件后,又能互相转变。如梯恩梯炸药,常温常压下为速度缓慢的分解反应;散开的梯恩梯药粉,用火点着会引起燃烧;若将梯恩梯压成药柱,并用雷管引发,则可发生爆轰。同时,引发的燃烧和爆轰施加一定条件后,又可互相转变。燃烧与爆轰的转变是爆破器材设计中经常牵涉的重要内容。

炸药的燃烧、爆炸和爆轰统称为炸药的爆炸过程。在小尺寸装药条件下经常遇到一些非理想爆轰现象,造成与大尺寸装药爆炸参数的不同,因此小尺寸装药的设计有其特殊规律。如 $Pb(N_3)_2$ 和 $Hg(ONC)_2$ 具有大致相同的特征爆速,但由于 $Pb(N_3)_2$ 的爆轰成长速度比 $Hg(ONC)_2$ 快得多,结果在爆破器材的小尺寸装药条件下,$Pb(N_3)_2$ 和 $Hg(ONC)_2$ 的起爆能力大致相同。爆破器材在多数情况下是小尺寸装药,因此研究小尺寸装药的起爆与传爆规律是爆破器材设计的重要课题。

　　小型化是爆破器材设计的基本要求之一。随着火工品尺寸的减小，提出了爆轰波在小尺寸装药中传爆的临界尺寸、直径效应等一系列非理想爆轰理论与现象问题。临界尺寸也是炸药燃烧转爆轰的约束条件。

1. 炸药的临界直径

（1）临界直径的定义

　　炸药的爆轰速度 D 与装药直径 d 之间的关系可见图 17.1。图中 d_c 为装药爆轰的临界条件，d_1 为极限直径。当装药直径小于临界直径 d_c 时，装药不能传递爆轰；当装药直径大于临界直径 d_c 而又小于极限直径 d_1 时，炸药的爆速 D 将随着装药直径增大而增加；当装药直径大于极限直径 d_1 时，装药中能够形成稳定爆轰，且其爆速为一恒定值，此时炸药的爆轰被称为"理想爆轰"。相应地，当炸药爆速随着装药直径变化而改变时的爆轰即被称为"非理想爆轰"。在外界能量激发下，能使炸药爆速成长的最小装药尺寸为临界尺寸，在圆柱形装药时为临界直径，能成长到特征爆速的最小直径为极限直径。

　　当然，炸药的爆速不仅受装药直径的影响，其他如炸药种类、装药密度、约束材料等都有影响。

　　（2）临界直径的测定

　　文献及其引证的资料详细地描述了测量炸药爆轰临界尺寸的方法，主要可分为两种：一种是对爆轰临界尺寸较大的炸药，其标准试件是通过由几节浇注、压装或机械加工成预定直径系列的小圆形药柱组成；另一种是对爆轰临界尺寸较小的炸药，采用楔型装药。楔型装药件临界厚度测试装置如图 17.2 所示，将楔型装药件 1 固定在 25.4mm 厚的黄铜板 4 上，两侧夹以约 6.4mm 厚的限制钢条 2，楔宽通常为 25.4mm。

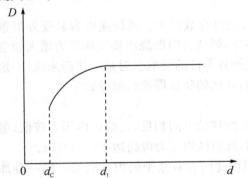

图 17.1　炸药爆速 D 与装药直径 d 之间的关系图

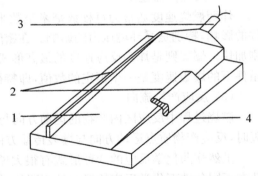

图 17.2　楔形装药件临界厚度测试装置图
1—楔形装药件；2—钢条；3—雷管；4—黄铜板

　　分析上述两种测试方法。第一种方法与实际情况比较相符，但对小直径装药不合适，因为浇注、压装或机械加工成直径为 1mm 左右的药柱是相当困难的；第二种方法是适合于小直径装药的，但其测试结果与实际情况有较大的偏差，因为在炸药试件中可能会发生所谓"强起爆（Over Drive）"，故需对测试结果进行校正（即改变楔形角，从而外推到楔形角为 0°时的结果）。但这种校正方法的误差是不能忽视的。

　　鉴于上述原因，设计了一种较为合理的炸药临界尺寸的测试试件，药柱形状如图 17.3 所示。药柱截面为正方形，截面积阶梯式递减，由大端到小端依次为 1.2mm×1.2mm、1.0mm×1.0mm、0.8mm×0.8mm、0.6mm×0.6mm 和 0.5mm×0.5mm（大端引爆）。对

PETN/硅橡胶=80/20 的挠性混合炸药,在装药密度为 1.51g/cm³,每级装药长度为 25mm 时,装药壳体采用面上铣有上述尺寸的正方形沟槽的有机玻璃基板,装药药柱与基板上表面保持在同一平面上,基板的厚度和宽度应足以消除其对临界尺寸测量结果的影响。

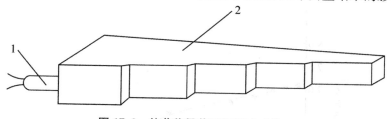

图 17.3　炸药临界截面积测试试件图
1—雷管;2—药柱

可采用铜板印痕法鉴定爆轰传递状况,试验时将装有 PETN/硅橡胶(80/20)挠性混合炸药的有机玻璃基板表面固定在黄铜板上。测试结果表明:该炸药在装药截面尺寸为 1.2mm×1.2mm 到 0.6mm×0.6mm 之间时,爆轰能稳定地传播;而当爆轰传播到装药截面为 0.5mm×0.5mm 时,铜板印痕表明开始还能传爆,但爆炸印痕渐渐变得模糊,表明传爆在减弱。当爆轰在此截面尺寸上传播约 5mm 时,铜板上印痕基本消失,这表明此时已基本熄爆。由此可见,在本实验条件下,PETN/硅橡胶(80/20)混合炸药的爆轰临界截面积为 0.5mm×0.5mm。

2. 炸药爆轰的尺寸效应

从炸药的爆轰速度与装药直径的关系可以看出,即使燃烧转为爆轰,在小径装药情况下,其爆速仍与装药尺寸有关。如太安装药,密度为 1g/cm³ 时,装药直径由 3.2mm 减少到 1.6mm 时,爆速由 5 400m/s 减小到 4 800m/s。称这种装药尺寸对装药爆速的影响为装药爆轰的尺寸效应。

爆轰尺寸效应的测试装置如图 17.4,采用微型贴片式电探极测试系统。装药基板 4 和装药盖板 1 均为有机玻璃板,有机玻璃板的宽度和厚度足以消除装药爆轰能量在该方向上的损失;装药尺寸和基板上通道的加工尺寸相同,装药截面为正方形,起爆源为一小雷管和传爆药柱。

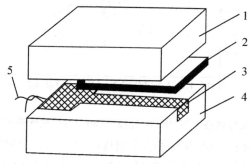

图 17.4　基板通道装药爆速测试装置图
1—装药盖板;2—贴片电探极;3—装药;4—装药基板;5—起爆源

用此装置测定了 PETN/硅橡胶(80/20)挠性混合炸药的爆速与其装药尺寸之间的关系。实验时改变基板通道的加工尺寸(即装药尺寸),分别测量其装药爆速。保持装药长度不变(约 30mm),各次装药通道截面分别为 2.0mm×2.0mm、1.5mm×1.5mm、1.2mm×

1.2mm、1.0mm×1.0mm、0.8mm×0.8mm、0.6mm×0.6mm 和 0.5mm×0.5mm。将测得的示波器波形处理成装药爆速 D 与装药截面倒数 $1/S$ 之间的关系曲线,结果如图 17.5 所示。

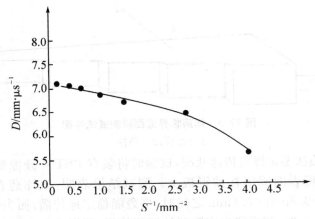

图 17.5   PETN/硅橡胶(80/20)挠性炸药的 D 与 S^{-1} 的关系曲线图

3. 约束材料对小径装药爆轰传递的影响

对于小径装药,炸药爆轰时侧向效应直接影响爆轰传递。不同的约束条件对炸药爆轰侧向效应影响程度不同。实验测定了黄铜(Cu)、45 号钢(Fe)、硬铝(Al)、有机玻璃(PMMA)和尼龙作为约束材料,对 PETN/硅橡胶(80/20)混合炸药的爆速与装药尺寸之间的关系。

实验仍采用如图 17.4 所示的测试装置,仅仅是改变装药盖板和基板的材料,且保证盖板和基板为同一材料。将测得的数据处理结果示于图 17.6。

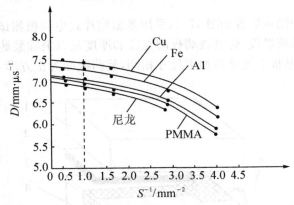

图 17.6   不同约束材料条件下 PETN/硅橡胶(80/20)挠性炸药的 D 与 $1/S$ 关系图

由图可见,装药约束材料对装药爆速的影响程度,对于同一种材料是随装药尺寸的减小而增大的;对于不同材料,用测定装药截面尺寸为 1.0mm×1.0mm 时的爆速进行分析,其中材料的冲击阻抗以 $\rho_0 C_0$ 表示,ρ_0 为材料的初始密度,C_0 为材料的初始声速,和测得的爆速关系见图 17.7。

由图可见,在相同装药截面的条件下,装药爆速与装药约束材料的冲击阻抗之间成线性关系,随约束材料冲击阻抗的降低而减小。

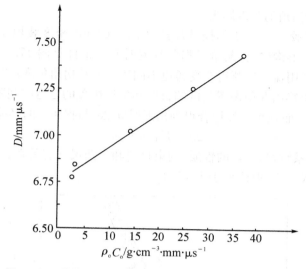

图 17.7　装药爆速与其约束材料冲击阻抗之间的关系图

4. 小尺寸弯道装药的爆轰传递

组成爆炸网络的小尺寸通道装药存在拐角与弯曲通道,当爆轰波通过装药拐角时会产生拐角效应与延迟爆轰;通过小尺寸弯曲通道装药时会产生爆速亏损。

（1）拐角效应

爆轰波的拐角绕射现象最早发现于 1948 年,Jones 等在 Nature 杂志发表了在研究炸药内部爆轰扩展时,从高速摄影结果发现由小药柱向大药柱传播的爆轰波,在大药柱内的起爆点并非位于端部,而位于药柱内一定距离,并自起爆点有一反向爆轰波。我国于 1989 年以PENT∶硅橡胶＝85∶15 挠性炸药制成如图 17.8 所示的装药,用高速摄影测得了爆轰波拐角效应的强爆区、弱爆区和不爆区的划分,给出了爆轰波通过拐角绕射的物理模型,为拐角效应现象的进一步理论研究与应用提供了实验依据。

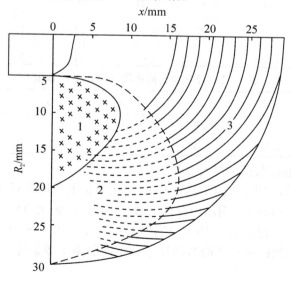

图 17.8　爆轰的拐角效应现象图

1—不爆区;2—弱爆区;3—强爆区

（2）小尺寸装药拐角的延迟爆轰

用 PENT：硅橡胶＝4.5：1 的挠性炸药，以 1.5g/cm^3 密度装填于铝基板上截面边长为 $0.2\sim2.0\text{mm}$ 正方形沟槽内，测量了拐角延迟时间。试件见图 17.9，测得该装药的平均爆速为 $7.87\text{mm/}\mu\text{s}$。用探针法测得改变通道不同边长 s 及拐角角度 α 时的延迟时间结果见表 17.1。由实验结果得出非稳态爆轰区的长度和延迟爆轰的延迟时间随拐角 α 的增大而增加，随装药尺寸的增大而减小。经拟合得到延迟时间 Δt 与拐角 α 的经验关系式（17.1）：

$$\Delta t = K_1 + K_2 \alpha^2 \tag{17.1}$$

式中 K_1，K_2 为实验系数，与炸药的性质、约束材料和装药尺寸有关系。在本实验条件下，不同装药截面尺寸的 K_1，K_2 取值列于表 17.2。

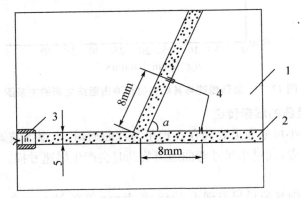

图 17.9　测量拐角延迟时间试件图

1—基板；2—炸药；3—引爆雷管；4—贴片探针

表 17.1　不同截面边长 s 和拐角角度 α 时延迟时间 Δt 测量结果　　（单位：μs）

s(mm)	0	$\pi/6$	$\pi/4$	$\pi/3$	$\pi/2$	$2\pi/3$	$3\pi/4$	$5\pi/6$
0.6	0							
0.8	0	0.10	0.22					
1.0	0	0.07	0.12	0.21	0.49			
1.2	0	0.05	0.08	0.14	0.32	0.56		
1.5	0	0.04	0.07	0.10	0.23	0.40	0.53	
1.8	0	0.00	0.00	0.05	0.10	0.28	0.42	
2.0	0	0.00	0.00	0.05	0.08	0.20	0.24	0.30

表 17.2　不同装药截面尺寸的 K_1、K_2 取值

截面边长 s(mm)	0.8	1.0	1.2	1.5	1.8	2.0
$K_1 \times 10^{-1} \mu\text{s}$	0.29	0.39	0.43	0.44	-0.41	-0.037
$K_2 \times 10^{-1} \mu\text{s}$	3.16	1.66	1.01	0.77	0.83	0.43

（3）小尺寸弯曲通道装药的爆速亏损

将上述实验相同的炸药装填于图 17.10 所示铝基板上不同半径半圆形的方形槽中，沟槽截面边长为 $0.8\sim2.0\text{mm}$，按图示用探针法通过 a_1 和 a_2 测出直线段的平均爆速 D，通过 b_1，b_2 测出圆弧段的平均爆速 D^*，测定结果列于表 17.3。用 $(D-D^*)/D$ 表示爆轰波通过弯曲通道的爆速亏损，测得每种装药截面尺寸和不同曲率半径条件下的爆速亏损值列于表 17.4。

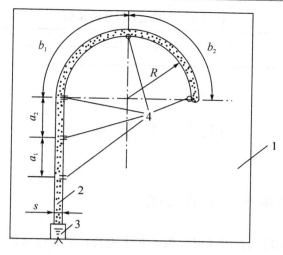

图 17.10　实验试件示意图

1—基板;2—炸药;3—雷管;4—探针

表 17.3　不同装药尺寸直线和弯曲装药的爆速

s(mm)	D (mm·μs⁻¹)	D^*(mm·μs⁻¹)					
		$R=3$mm	$R=4$mm	$R=6$mm	$R=8$mm	$R=10$mm	$R=15$mm
0.8	5.30	0	0	0	0	0	0
1.0	5.90	0	0	0	0	4.54△	5.00
1.2	6.25	0	0	4.70	4.98	5.44	5.63
1.5	6.60	5.10	5.35	5.74	5.94	6.07	6.27
1.8	6.95	6.20	6.35	6.53	6.60	6.70	78
2.0	7.00	6.72	6.77	6.82	6.87	6.87	90

注:△表示一个试件熄爆。

表 17.4　不同装药尺寸和曲率半径的爆速亏损$(D-D^*)/D$

R(mm)	s(mm)					
	3.0	4.0	6.0	8.0	10.0	15.0
0.8	1	1	1	1	1	1
1.0	1	1	1	1	0.23△	0.15
1.2	1	1	0.25	0.20	0.13	0.10
1.5	0.23	0.19	0.13	0.10	0.080	0.050
1.8	0.10	0.080	0.054	0.050	0.030	0.018
2.0	0.040	0.033	0.026	0.019	0.019	0.015

注:△表示一个试件熄爆。

由表 17.3 可见,对于小尺寸装药,装药通道截面尺寸越小,曲率半径越小,越容易出现熄爆;对于合适的装药尺寸,对应合适的曲率半径,虽然爆轰仍能以一个稳定的速度传爆,但其爆速低于相同尺寸直线装药的爆速,即存在爆速亏损现象。由表 17.4 可见,爆速亏损值分别随装药曲率半径和装药尺寸的增大而减小。

由实验结果拟合得到爆速亏损$(D-D^*)/D$与装药曲率半径R的经验关系式(17.2)。

$$(D-D^*)/D=K/R \tag{17.2}$$

式中K为实验系数。K值与炸药性质、约束材料及装药尺寸有关。在本实验条件下,不同装药截面尺寸时的K值列于表 17.5。

表 17.5　不同装药尺寸的 K 值

s(mm)	0.8	1.0	1.2	1.5	1.8	2.0
K($\times 10^2$ mm)		2.25	1.50	0.88	0.35	0.15

17.2　传 爆 装 置

17.2.1　传爆药柱起爆的原理

传爆药柱的作用是传递和增强爆轰波。在主装药临界起爆条件下,控制传爆药爆轰波形成状态及传播方向,利用冲击波反射、聚焦及碰撞后强度大幅度提高来起爆炸药。这里介绍以下两种传爆药起爆模型的原理。

(1)最新发展的钝感高能传爆药的沟槽效应起爆模型的原理:在不减少圆柱形传爆药柱爆轰产生的轴向冲击波压力的前提下,利用沟槽效应,增加传爆药柱径向冲击波压力,同时在炸药中形成了平面爆轰波前沿,提高了起爆炸药的能力。

(2)目前新型传爆药起爆模型主要是外锥形起爆模型。该模型又包括锥台形、外锥内球形、外锥内环形 3 种形式。该模型起爆原理是当雷管起爆传爆药柱时,外锥形系列传爆药柱的外锥形结构减少了由于拐角现象的存在使传爆药柱有效药量减少的程度。同时锥环形传爆药柱利用了环形孔穴的汇聚效应,根据聚能装药理论,当聚能穴为半球形时,传爆药柱爆轰后,爆轰产物沿着半球形空穴的直径方向向球心处集中,并在接近于球心处汇聚成一股能量密度很高的气流,这部分气流具有很高的速度和压力,因而容易引爆传爆药柱环形空穴内的小主装药柱,接着以较大的冲击能起爆下面的大主装药柱。锥球形起爆模型的起爆原理不同的是改内环形孔穴为半球形孔穴,使传爆药爆炸形成的冲击波在半球形孔中心附近汇聚成一股速度和压力都很大的气流,爆轰产物的能量汇集在较小的面积上,就可以较大的冲能先局部起爆钝感主装药,继而起爆整个主装药。

17.2.2　传爆药柱可靠性

如何根据装置的安全性和可靠性要求,选择传爆药柱、优化药柱参数已成为航天火工装置研究的关键问题之一。

1. 影响传爆可靠性的主要因素

国内一般采用冲击波感度较高的猛炸药 PETN、RDX、HMX 等作为基本药,再加入适量的黏合剂,压制成有一定强度和密度的传爆药柱。影响传爆药柱传爆可靠性的因素很多,其中主要因素如下:

(1)炸药性能。包括炸药成分、颗粒度及装药密度等。

(2)传爆药柱尺寸。包括药柱直径、高度、外壳厚度及材料、隔层厚度等。

(3)装药参数。包括装药量、药柱层数、分层装药量、分层体密度等参数,装药量常取主装药量的 1%～10%。

（4）起爆参数。包括起爆压强、起爆面积等。

（5）被引爆参数。要求输出压强、接触面积、有无隔层和间隙等。

2. 传爆药柱设计要求

（1）确保安全性

不同型号、不同系统对安全性有不同的要求，炸药的选择是确保安全性的关键。传爆药柱的炸药应和传爆系统、爆炸装置的炸药基本一致。感度在一个数量级上，安全性才能基本相同，不能将敏感的起爆药和钝感的猛炸药混合使用，否则整个系统的安全性就会降低到起爆药的安全性水平以下。在处理安全性和可靠性的矛盾时，首先要保证系统对安全性的要求。

（2）提高可靠性

根据系统可靠性要求，参数选择要留有一定余量，尽量减少传爆序列分界面，减少装药体密度偏差，稳定工艺。

（3）合适的感度

在考虑安全性的前提下，炸药应具有高于主装药，或高于一般猛炸药的冲击波感度。

（4）足够的威力

炸药的输出应可靠起爆主装药，爆速应大于主装药。

17.2.3　新型传爆药柱

在传爆序列中，传爆药柱是最后直接作用于主装药的爆炸元件。传爆药柱必须具有足够的能量用以可靠起爆钝感主装药。传统的方法是增加圆柱形传爆药柱的装药尺寸，但这必然增大了传爆药用量，从而增加了武器系统的敏感度，导致意外爆炸的机会增多。另一方面，传爆药药量增加，生产成本也相应地增加。如果传爆药柱装药量太少，就会直接影响武器系统的可靠起爆，降低对目标的毁伤能力。

1. 新型传爆药柱装药结构与尺寸

根据对聚能射流形成过程的研究，半球形聚能装药射流形成比锥形聚能装药射流形成要复杂。当半球形顶部受到爆轰产物作用后，首先沿轴线向前运动，然后侧面部分炸药微元向轴线运动，炸药顶部形成向后的凹穴，进一步运动时凹穴产生反射流，锥形聚能装药有时也能产生反射流，但没有半球形聚能装药那样明显，因此半球形聚能装药的聚能效果往往要比锥形聚能装药的聚能效果更好一些。据此，设计出外锥内球形传爆药柱装药结构。其装药结构如图 17.11 所示。

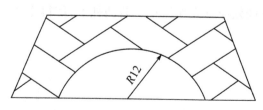

图 17.11　外锥内球形传爆药柱图

2. 新型传爆药柱的性能

起爆能力是传爆药柱的一个主要性能指标，尤其是轴向输出能力，它是衡量传爆药柱装药的重要依据。在试验中，通过测量钢鉴定块上的钢凹深度来表示传爆药的起爆能力。轴向输出钢凹深度越深,则表明传爆药柱的起爆能力越大;反之,轴向输出钢凹深度越浅,传爆药柱的起爆能力越小。试验装置分别如图 17.12(a)、(b)所示。

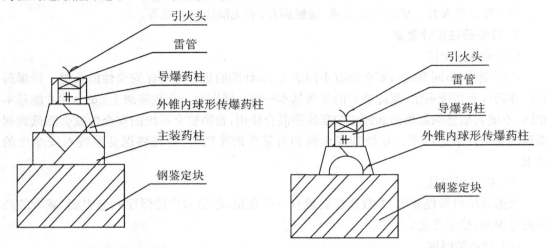

(a) 外锥内球形传爆药柱起爆装置图　　　　(b) 外锥内球形传爆药柱起爆装置图

图 17.12　传爆药柱起爆能力测试装置图

试验装置图 17.12(a)是用外锥内球形传爆药柱起爆 TNT 主装药柱,试验用主装药柱都是同一形状和尺寸。因此主装药柱的影响在整个试验中可以忽略。

图 17.12(b)是直接用传爆药柱炸钢鉴定块。目的是为了证明外锥内球形传爆药柱的起爆能力好于圆柱形传爆药柱的起爆能力。

利用上述试验装置进行试验的结果表明:

(1) 在药柱密度、质量相等的情况下,外锥内球形传爆药柱的起爆效果比圆柱形传爆药柱起爆效果好。

(2) 在药柱密度、高度相等的情况下,外锥内球形传爆药柱的起爆效果比圆柱形传爆药柱起爆效果好。

外锥内球形传爆药柱起爆以后,其爆轰产物飞散时,先向轴线集中,汇聚成一股速度和压力都很高的气流。爆轰产物的能量集中在钢鉴定块较小面积上,形成较深的轴向钢凹深度。

(3) 无主装药的外锥内球形的钢凹深度反而比有主装药的外锥内球形的钢凹深度深,这是因为有主装药的外锥内球形药柱起爆以后,聚能效应首先作用在主装药柱上,使得主装药柱起爆,然后再作用在钢鉴定块上。

17.2.4　微秒级延期传扩爆装置

以钝感耐热猛炸药 HNS 制成的金属导爆索作为传递爆轰的微秒级延期通道,利用 HNS 和 A$_5$ 炸药作为主要装药,扩大爆轰能量,满足起爆战斗的要求。

采用这种装置,可以克服弹药电子引信抗干扰性差及机械引信作用可靠性差的缺陷,还可以在引信减少的情况下,实施对弹体的串联和并联的多次起爆,提高弹药整体的安全性、可靠性。有一种直径小、爆速低、输出能量弱的柔性导爆索,通过利用导爆索长度变化实现两种以上的微秒级顺序起爆。因为小直径的导爆索输出能量低,不能直接起爆战斗部的主装药。因此,通过逐级扩爆的方式,将金属导爆索爆炸的输出能量逐渐放大,直到满足起爆战斗部的目的。金属导爆索和扩爆装置的装药分别是传爆性能良好的 HNS 和 A_5 炸药。系统因为采用这种安全许用的钝感药剂,整个弹药可以采用直列式引爆序列。因此使弹药系统简化,进一步提高了弹药整体安全性和可靠性。

1. HNS 炸药金属导爆索的试验研究

金属导爆索是在制索机上通过直径不同的钢模一道一道拉制而成的,最终制成的导爆索能否可靠地传递爆轰以及爆速、药芯直径等参数,都直接关系到导爆索能否使用。

（1）HNS 导爆索爆速性能

导爆索爆速太低将使后续装药扩爆十分困难;爆速过高、威力太大、破坏力增强,会损坏弹体结构,不能满足战斗部的技术要求。

（2）导爆索制作过程中的爆速变化

导爆索爆速随着制作过程中导爆索直径 D 的变细和装药密度的增加而变化。在制索的前期,药芯装填密度对爆速的影响占主导地位,而在制索的后期,装药直径占主导地位。其代表性的变化如表 17.6 所示。

表 17.6　导爆索爆速与直径的关系

D(mm)	v(km/s)	
	No. 1	No. 4
2.5	5.643	—
2.0	5.618	—
1.8	—	—
1.6	—	5.618
1.5	6.173	5.556
1.3	—	5.556
1.0	5.435	5.495
0.9	5.495	5.376
0.85	5.129	5.193

（3）导爆索弯曲传爆性能试验

导爆索制造和使用时,必然要弯曲,弯曲情况下的传爆性能是导爆索一个重要性能。试验采用直径为 0.85mm,爆速 5.222km/s 的导爆索,在弯曲半径为 R 的钢棒上缠绕 N 圈后,用 8 号工业雷管起爆并测量爆速,观察起爆的可靠性与爆速的变化百分率 A,靶距均300mm,结果如表 17.7 所示。

表 17.7　弯曲情况下的爆速影响

R(mm)	N	v(km/s)	传爆与否	A(%)
18.5	1	5.390	传爆	3.6
10	2	5.467	传爆	4.7
5.8	4	5.133	传爆	−1.9
4	5	5.012	传爆	−4.0

从试验数据看,弯曲对导爆索的爆速有影响,弯曲半径变小,爆速呈降低趋势。

2. 扩爆装置的试验研究

柔性导爆索本身因为爆速较低、药芯细,输出能量十分微弱,实际上属于弱起爆,不能用来直接起爆传爆药柱和主装药。为了起爆主装药,必须要有一个能量放大装置,即扩爆装置。从理论上讲,界面之间跳跃越小,越有利于爆轰的扩大。采用台阶扩爆塞是一种比较好的办法,一般地,台阶的级数越多,爆轰越容易成长,但在工艺上实现起来有困难。综合可靠性和工艺性,选用了两种方案(2 级台阶法和渐扩式的扩爆塞)进行扩爆,再选用 2～3 级台阶的扩爆管进一步扩大爆炸威力,其结构如图 17.13 所示。

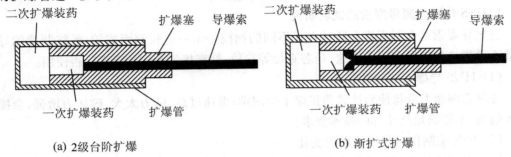

（a）2 级台阶扩爆　　　　　　　　　　　　（b）渐扩式扩爆

图 17.13　扩爆装置结构示意图

扩爆管装药是整个传、扩爆装置输出威力的主要能源,它与雷管的要求一样。装药药量、装药压力以及扩爆塞均与扩爆管的爆炸威力有相关性。

（1）装药条件的影响

扩爆管的输出威力主要取决于最底层的装药情况。表 17.8 列出在装药直径为 6mm 的情况下,几种装药条件的扩爆管输出威力试验结果,表中 δ 为厚度,$\varnothing$ 为穿孔直径。

由表 17.8 可见,在这几种装药条件下,爆炸输出的威力在铅板上的穿孔直径远大于 7mm。满足一般弹药起爆威力技术要求。

表 17.8　装药条件对扩爆管输出威力影响

装药方式	$\delta/$ mm	$\varnothing/$mm
1 次装药	3.5	9.5
2 次装药	3.0	10.4
3 次装药	3.0	10.4
4 次装药	3.0	10.5

（2）扩爆管药量对扩爆能力的影响

质量为 m 的 A_5 炸药,在 14.3MPa 压力下压成药柱高度为 H 的扩爆管,用爆速导爆索 5.053km/s,爆炸威力以厚度 δ 为 3mm 铅板上穿孔直径 $\varnothing$ 来表示,结果见表 17.9。

表 17.9　扩爆管扩爆能力试验

m/mg	H/mm	$\varnothing$/mm
200	4.58	9.39
400	9.38	10.01
600	14.58	10.02
800	17.62	10.09

铅板的穿孔直径值随扩爆管内装药高度增加而稍有增加,药高越大增加越不明显。

（3）扩爆塞与扩爆管的结构工艺

从理论上讲,锥孔连接头扩大传递爆轰的效果最好。为此选用台阶式结构连接头,这种结构便于控制装药密度,工艺的一致性好。扩爆管是传扩爆系统的能量输出装置,为提高扩爆管的爆轰感度,试验前一般先向扩爆管内散装少量的 HNS,然后再把扩爆塞压入扩爆管中。爆炸威力是通过一定的装药压力和药高来实现的；当铅板炸孔直径大于扩爆管的直径时，认为扩爆管正常爆轰。

微秒延期传扩爆装置装药设计中，导爆索及扩爆塞内装药选用 HNS 炸药，扩爆管采用 A_5 炸药。本装置结构设计主要由两部分组成，即导爆索及扩爆管，其关键技术为导爆索可以稳定传递爆轰，通过扩爆塞及扩爆管内的炸药装药，该装置有较大的输出威力，足以满足起爆一般常见战斗部的要求。

17.3　爆炸序列设计

17.3.1　爆炸序列的类型

爆炸序列一般是通过一系列感度由高到低，威力由小到大的起爆器材组成的激发系统。将较小的初始冲量加以转换，放大或减弱，并控制一定时间，最后形成一个合适的输出，适时可靠地引发弹丸装药。正确巧妙地运用各种起爆器材组成爆炸序列达到弹丸设计的预期目的，就是爆炸序列设计的任务。根据爆炸序列的使用特点，设计时除充分考虑各火工元件特性外，还要考虑各火工件之间及火工件与弹药引信之间的相互影响、相互制约的关系。

根据实际需要往往要将以上多种不同作用的起爆器材，按其感度递减的次序组合成一定的序列。序列的最后元件完成起爆作用的，为传爆序列；完成点火作用的，为传火序列，总称为爆炸序列。

爆炸序列按照其作用不同可分为两大类：传爆序列和传火序列，两个序列的传火原理是一样的，均为能量失衡，凡输入能量加序列内部产生能量大于散失的能量，则序列发火并输出一个能量。传爆序列输出爆轰冲能用以引爆爆炸装药；传火序列输出的是火焰冲能，用以引燃火炮发射装药、发动机点火装药等。

起爆器材一般都由火工药剂装在壳体内组成，常用的壳体材料有镍铜、铝、钢、铜、纸等。在爆炸序列中，上一级起爆器材装药引爆后输出的能量，在通过壳体或其他介质传给下一级起爆器材时会有所衰减，不同直径的起爆器材组合使用时彼此间的能量传递会有变化。起爆器材间介质的隔爆能力，及雷管和导、传爆药之间直径匹配对爆轰传递的影响等是弹药爆炸序列设计必须考虑的问题。

17.3.2　爆炸序列设计的一般要求

弹药爆炸序列设计涉及到与弹药及引信配合的问题，设计原则为：在满足弹药引信技术要求的基础上，充分发挥火工技术优势，实现机构简化、小型化、增加安全性、可靠性冗余等技术。其设计一般要求为：

1. 明确技术要求

爆炸序列作用过程与外部的联系有两个界面。一个为输入界面：由外界供给的输入刺激量与爆炸序列首发起爆器材的输入端感度应匹配，它关系着弹丸作用灵敏度。另一个为输出界面：由爆炸序列最后一级爆破器材输出与被作用对象应匹配，它关系着弹丸作用可靠度。爆炸序列的内部联系为爆轰传递可靠及满足作用时间要求。设计时还要结合武器装备的技术状态考虑。例如对杀伤榴弹,提高瞬发度是提高其杀伤效果的重要措施之一,这时希望配用的引信瞬发度要高。但因目前我国地炮近炸引信装备不多,跳弹引爆是提高杀伤半径的一个措施,所以还希望引信保留短延期装定。另外,杀伤榴弹的主装药将装配 B 炸药。这样,杀伤榴弹引信爆炸序列设计应满足瞬发度高、具有短延期装定和引爆 B 炸药等要求。

2. 运用火工系统原理

综合考虑感度、瞬发度和引燃、引爆等技术要求,如既要提高瞬发度,又要具备延期装定的传爆序列可作改进设计,一方面由雷管引发雷管,提高了瞬发度;另一方面通过隔板衰减雷管输出,由弱冲击波点燃延期药,简化了引信机构。

3. 小型化、组合化

起爆器材及由其组成的爆炸序列的小型化是国内外对爆炸序列设计的总趋势。为了使爆炸序列结构紧凑,可以考虑设计成组合式爆炸序列,特别是模块式组合,以便在弹药技术指标有改变时只需更换爆炸序列的功能件就可以实现预期目的。另外注意,选用起爆器材时应尽量选用技术成熟的产品。

4. 安全性设计

按国军标 GJB373A 引信安全性设计准则,引信传爆序列采用的导爆药、传爆药必须通过 GJB2178 规定的传爆药安全性试验。

5. 可靠性设计

建立爆炸序列的可靠性模型,合理进行可靠性分配,收集配用起爆器材及序列的可靠性和失效率数据,对序列的可靠性进行预估,贯彻冗余原则。一般情况,爆炸序列设计程序应经过方案、初样机、正样机、批生产 4 个阶段。

17.3.3　金属介质的隔爆能力

起爆器材通过壳体或其他介质起爆另一个起爆器材时,按冲击波起爆处理。其中包括两方面的作用:界面上的作用和介质中的衰减。

爆炸冲击波在界面上的作用由界面两侧物质冲击阻抗的匹配关系而定。只有两者冲击阻抗相等时,冲击波通过界面的参数才不起变化。如果冲击阻抗不同,则界面上的参数就会有变化。例如炸药在金属介质中爆炸,冲击波由爆炸产物进入金属介质,因为金属介质的冲击阻抗 $\rho_2 D_2$ 大于爆炸气体的冲击阻抗 $\rho_1 D_1$,则在爆炸气体中存在反射压缩波,于是在界面上的压强上升;反之,如果炸药在空气中爆炸,冲击波由爆炸气体进入空气,由于空气的冲击阻抗低于爆炸气体的冲击阻抗,则在爆炸气体中存在反射稀疏波,于是界面上的压强下降。为了避免界面上的作用,美国小间隙试验(SSGT)中采用了一种塑料 PMMA 作为隔爆(衰减)介质,这种塑料的冲击阻抗和爆炸气体近似,可假设没有界面作用,冲击波的衰减只和隔板厚度成正比。

冲击波在介质中的衰减速度和隔爆介质的性质有关。当冲击波经过介质时,由于介质的热传导和黏性,冲击波所带的能量一部分消耗在介质中,加热了介质。结果随冲击波在介质中传播的距离增加,其能量随之下降,表现出冲击波波峰(压强)的下降。换言之,通过介质后冲击波减弱了,此时如果要求通过介质的冲击波起爆下一个起爆器材,那么要看衰减后的冲击波压力 p 能否大于被起爆火工药剂的临界起爆压力 p_c。

如果：$p > p_c$,　　可爆

$\quad\quad p < p_c$,　　不爆

$\quad\quad p = p_c$,　　临界条件

当然在比较 p 与 p_c 时,还要考虑界面上的作用。

关于冲击波通过界面时参数的变化情况,文献建议可以用下式进行计算：

$$p_2 = p_1 = \frac{2\rho_2 D_2}{\rho_2 D_2 + \rho_1 D_1} \tag{17.3}$$

式中 p_2——通过界面的压力;

$\quad p_1$——通过界面前的压力;

$\quad \rho_1 D_1$、$\rho_2 D_2$——界面两侧介质的冲击阻抗。

冲击波在介质中传播时,波幅的衰减方程是由实验得到的。B 炸药对钢板爆炸时的衰减方程为

$$u = K_1 - K_2 \frac{x}{L} \tag{17.4}$$

当 $x = 0$ 时,$u = K_1$,即为炸药与金属介质界面上的质点速度。

17.3.4　雷管与导爆药直径匹配与传爆的关系

雷管和导爆药之间的爆轰传递关系到两者之间的能量匹配和尺寸匹配问题。能量匹配在传爆序列设计中给出了一个总的概念,即上一级起爆器材的输出能量应大于下一级起爆器材的临界起爆能量。尺寸匹配问题,需要设计不同直径雷管起爆不同直径导爆药柱的实验。实验中所用雷管的猛炸药为太安,装药密度为 1.63g/cm^3,爆速为 $8\,060 \text{m/s}$;导爆药柱为密度 1.55g/cm^3 的梯恩梯药柱,其爆速为 $6\,780 \text{m/s}$,属于高爆速炸药起爆低爆速炸药,满足能量匹配要求。

1. 测试装置

实验装配过程要求：

(1) 雷管与导爆药柱直接紧密接触,二者的轴心线重合。

(2) 径向钢鉴定板与导爆药柱的侧面贴紧,无可见空隙。

2. 测试原理

在导爆药柱被雷管起爆时,药柱的爆轰波有一个从不稳定到稳定的过程,此时爆速是逐渐增加的,径向输出爆压也是不断增长的。这时,在与导爆药柱紧密接触的径向钢鉴定板上会有留下与药柱爆轰成长过程相对应的机械破坏印痕。以此印痕可测定雷管起爆导爆药柱的起爆深度,即雷管和导爆药柱间爆轰传递关系。

文献中通常是用高速摄影法来测定起爆深度,为验证径向钢痕法测定结果的正确性与精度,文献设计了下列实验进行比较。

测试时在药柱侧向加径向钢鉴定板的目的,是为了在一次试验中同时获得侧向钢痕法起爆深度值数据。

为使药柱中心起爆过程中发出的光能更好地传出,被高速摄影机接收,实验时在导爆药柱中嵌入了一块长等于药柱高度,宽等于药柱半径,厚为 1mm 的有机玻璃片。有机玻璃片朝着摄影机传递灯光的两侧进行抛光处理,以利透光。装配过程中,使有机玻璃片与药柱内

切割好的沟槽紧密结合,不留明显空气隙,以减少光的散射。此时有机玻璃片相当于光学狭缝,供高速摄影机记录爆轰轨迹用。通过判读照相底片测出起爆深度值,并与径向钢痕法同时测得的起爆深度值进行比较。

3. 测试条件

制式雷管,导爆药为用粉末 TNT 压成直径 20mm、高 30mm、密度 $1.53g/cm^3$ 的药柱,雷管与药柱直接接触起爆,无外约束下传爆,同时测定径向钢痕。

4. 测试结果

用高速摄影法测得的起爆深度为 $h=22.7$mm;用径向钢痕法测得的起爆深度为 $h'=23.5$mm。二者的相对误差为

$$\delta = \frac{\Delta h}{h} = \frac{0.8}{22.7} \approx 4\%$$

可见,用径向钢痕法所测得的起爆深度值与高速摄影法所测得的起爆深度值基本符合,用径向钢痕法测定起爆深度值表示雷管和药柱间的爆轰传递状况是可行的。

用雷管起爆药柱时,药柱中的起爆深度除随雷管、药柱装药种类、装药量、装药密度变化外,还和两起爆器材直径之间存在确定关系。爆炸序列设计时,一定要注意上、下爆破器材间的直径匹配。

17.3.5　引信传爆序列

引信传爆序列的最终输出是爆轰能量。它的作用是把信息感受装置或起爆指令接收装置输出的能量转换后,首发使起爆器材发火,并把发火能量按设计要求放大,让最后一级起爆器材输出可靠引爆战斗部装药。设计时要求传爆序列:① 在战斗部发射或投放前,处于安全状态;② 发射后转为待发状态;③ 接受引信传给的起爆信息或达到预定时间后,完成起爆过程。

起爆器材是引信中的敏感元件。为了保证引信勤务处理和发射时的安全,要求在战斗部飞离发射器或炮口规定的安全距离之内,传爆序列应有安全性设计,并要求研制新的引信时,一定要将引信设计成全保险型的。

1. 传爆序列的安全性设计

（1）传爆序列的隔爆

在解除保险程序开始前,必须至少有一个隔爆件将传爆序列中的起爆元件与传爆管隔开,而且为防止发射时引信受多种力的作用,此隔爆件至少要用到两个独立保险件机械地直接锁定在隔爆位置,且这些保险件直到解除保险程序开始前均不得移开。如果起爆元件位于隔爆件中,则允许使用由两个独立保险件锁定此隔爆件;如果起爆元件的安装位置使引信的安全性完全依靠隔爆件来保证,则必须有防止漏装隔爆件或防止装错位的可靠措施。在设计鉴定中,隔爆件必须按国军标《静态雷管隔爆安全试验》规定的方法确定其隔爆效能。

传爆序列按引信构造可分为非保险型与保险型。非保险型引信的传爆序列中,火工件之间没有隔爆装置,其安全保险靠击针被保险带挡住不能下移,待弹丸发射旋转释放击针后完成针刺戳击。这类引信传爆序列安全性不良,万一火帽或雷管因意外作用在膛内发火,将发生膛炸。在保险型引信的结构中,为保证在弹丸发射离开炮口一定距离前安全,其传爆序列为错位式,或在雷管与下一级传爆元件之间装有隔离装置;或将雷管与下一级传爆元件错

开一个位置,以免雷管意外爆炸时引起膛炸。仅将火帽与下一级火工件隔离开的引信称半保险型引信。

保险型引信中的错位方式一般有 3 种,典型的为:

① 转盘式:其隔离装置中有一转动盘,盘中雷管座内装有 LZ-4 雷管。雷管座在转动盘中能绕轴转动,其侧面下方有两个离心子,一个由黑药柱保险,一个由弹簧保险。这两个离心子平时将雷管座固定在倾斜位置上,使雷管上与击针、下与导爆药都错开 68°角,处于隔离状态。

② 回转体式:它是具有瞬发、惯性、延期 3 种装定的弹头着发引信。雷管装在回转体上,回转体转动一个角度后通过一个扭力簧固定,使 LH-3 雷管和轴座底面的导爆药错开 153°,达到隔离保险。瞬发和惯性在使用装定时均装在瞬发,仅要求瞬发时摘掉引信帽。

③ 滑块式:迫-1 甲引信,击针下端插入平移滑块的孔中,以阻止滑块在锥形簧作用下移动,此时,LZ-4 雷管与击针,雷管与导爆管均错开位置,起隔离保险作用。

(2) 导爆药和传爆药的感度:凡新采用的导爆药和传爆药的感度,应经按 GJB2178 传爆药安全性实验方法试验合格,且经国家主管部门批准应用,才允许在引信处于保险状态时,位于设计的位置而不需隔爆;已经国家主管部门批准用的导爆药和传爆药可不再进行上述试验。

(3) 相容性:引信中相互接触的材料,如金属材料、火炸药、密封剂等应有良好的相容性。在采用新品种时,应通过规定的相容性试验。

2. 典型传爆序列的类型

典型引信传爆序列按使用要求大致可分为 4 类:① 适用于小口径榴弹、非保险型;② 适用于航弹、低速破甲弹、非保险型;③ 适用于小口径榴弹破甲弹、保险型;④ 适用于有延期作用的中、大口径榴弹、火箭弹、保险型。

(1) 最简单的传爆序列由一个雷管组成,即引信击针→雷管。

这类传爆序列的引信与弹丸装配后,雷管即插入装药中。它用在小口径高射机关炮及小口径航空机关炮榴弹的非保险型引信中。另一方面此类弹丸要求引信结构简单,瞬发作用灵敏度高,由击针直接戳击雷管发火,不经过火帽可以缩短作用时间。

(2) 35mm 以上的弹丸非保险型引信,如破-4、航-6 等,因弹丸直径较大,装药量较多,单用雷管起爆弹丸装药可能引起半爆,所以传爆序列增加一个传爆药柱,将雷管爆轰冲量放大。它们的传爆序列为:引信击针→火帽→雷管→传药。

(3) 保险型引信,雷管靠一定厚度的金属隔板与传爆药柱隔离,以保证平时及发射时的安全。为使雷管可靠地引爆传爆药柱,就需在隔板上装有导爆药。它们的传爆序列为:引信击针→雷管→导爆药→传爆药。

(4) 中、大口径榴弹有的需要延期装定,就在火帽与雷管之间装上延期药,以后再实现能量逐级放大。它们的传爆序列为:引信击针→火帽→延期药→雷管→导爆药→传爆药。

传爆序列基本上就分为上述 4 类。当然根据引信的战术技术要求及具体结构,尚可有其他衍生形式。如为了使小口径高射榴弹及航炮榴弹有一短暂的延期时间,用于榴弹穿入飞机壳体再爆炸,此时在传爆序列中加了一个气动延期体。另外有时需要引信在较长时间后再起作用,就装一个时间药盘。它们的爆炸序列为:击针→火帽→时间药盘→雷管→导爆药→传爆药,时间药盘燃烧时间约为 13~17s。为使时间药剂确实点火,有时需要在时间药盘前后装有加强药(也叫接力药柱)。

电引信及雷达引信中,传爆序列的第一个起爆器材接受的激发冲能是电能,这就要求该起爆器材为电起爆器材。其传爆序列为电源→电雷管→延期药→传爆药柱。

随着新武器的发展,某些引信还利用无线电波、红外线、声效应、磁效应和光效应等作为能源。这些都仅仅是敏感元件不同,起爆器材所接受的仍然是电能,故传爆序列与电引信相同。如无线电引信就是自差收发机发射一个无线电波,并由它接受目标反射回来的电波,再经过低频放大器和信号处理,推动执行级,使电点火管发火。

有些中、大口径引信,为适应于不同目标与弹种的用途需要有多种装定。这时传爆序列由多种起爆器材组成,可以在射击时调整引信的装定结构,从而使某些起爆器材不起作用,以达到不同的使用要求。如榴-5引信具有瞬发、惯性和延期3种装定。它的传爆序列为:引信击针→火帽→延期药→雷管→导爆药→传爆药。使用时如不需延期作用,就可装定成瞬发或惯性状态,使火帽发出的火焰直接传给雷管。

综上所述,组成爆炸序列的最基本起爆器材是雷管和传爆药,靠它们完成能量的转换与放大。根据输入冲能和用途的不同,另适当增加若干起爆器材。近年来又发展成几个起爆器材组合在一起的组合式传爆序列。

3. 直列式传爆序列

为了简化复杂的结构,或者用以解决一系列独特的安全、解除保险和发火要求,可考虑设计雷管和导爆药成直列式传爆序列。直列式传爆序列应满足下列主要条件:

(1) 传爆序列中的传爆元件使用的药剂必须通过 GJB2178 规定的安全性试验,而且不得以任何方法(沉淀、再结晶或磨碎)来改变这些炸药的感度。

(2) 起爆元件的电感度,不应高于 GJB344《钝感电起爆器通用设计规范》中规定的 B 类起爆器。此外,电起爆元件决不能被 500 伏或 500 伏以下的任何电信号所起爆,也决不能被充电到 500 伏的电容器的放电所起爆。

(3) 解除保险的信号或发火的信号,应当用两个独立的装置来控制,其中一个应当是机械的,并要求使其工作的能源是由环境力的驱动而产生的。这两个装置中的一个必须设计成待弹药飞离发射地点的安全距离后再工作。

复习思考题

1. 炸药化学反应有几种形式? 在什么情况下能相互转变?

2. 如何保证小径装药爆轰可靠传递?

3. 影响传爆可靠性的主要因素是什么?

4. 弹药爆炸序列的一般设计原则是什么?

5. 试说明传爆序列中介质的隔爆作用及其与传爆序列设计的关系。

6. 试说明火工件的直径匹配对传爆序列的影响。

7. 爆炸序列安全性设计的关键是什么?

第18章　起爆器材制造安全

18.1　安全生产基本知识

18.1.1　燃烧、爆炸事故危害简介

起爆器材是一种含能物质,生产过程中存在着大量引火药、延期药、起爆药、猛炸药等易燃易爆、有毒有害物质,一旦这些危险有害物质失控,将引起燃烧、爆炸事故,对操作人员将造成伤亡、对设施造成破坏,或将影响人的身体健康,导致疾病等。

燃烧事故的主要危害方式有:① 火焰的直接作用;② 热对流,即燃烧后产生的热气体同未加热的气体对流,使整个空间温度迅速升高;③ 热辐射,即被燃烧加热的高温物体以电磁辐射的形式向外发射能量,温度越高,辐射越强;④ 热传导,即热能由物体温度较高的部分传至较低的部分。

起爆器材燃烧的主要危害方式是火焰的直接作用,火焰除可对作业人员造成伤害外,还可使建筑物的结构强度降低,造成建筑物倒塌、破坏,特别是在一定条件下有可能引起炸药的燃烧转爆轰,造成二次、更大范围的爆炸危害。另外,在燃烧的发光、发热、生成新物质(燃烧产物)3 个基本特征中,燃烧产物一般主要为 CO_2、CO、H_2O、NO_2、烟雾等,燃烧产物特别是烟雾也会对周围人员造成危害。烟雾中含有大量的 CO 等有毒气体,能使人窒息,甚至死亡,同时烟雾刺激眼睛、呼吸道,造成人员伤害。

爆炸事故的主要危害是会产生爆轰产物、飞散物以及地震波、冲击波等破坏效应。一旦爆炸发生后,高温、高压的爆轰产物会迅速向周围膨胀,对周围介质产生很大的破坏作用,破坏作用有直接的,也有间接的。爆炸所掀起的破片、砖石等固体飞散物也会对周围介质造成破坏,但这种破坏一般是局部的、随机的。地面爆炸还能引起地面的震动,地震波能造成建筑物和相关设备的破坏,但地震波破坏效应一般远小于冲击波破坏效应,可以忽略不计;爆炸的破坏主要考虑爆炸空气冲击波作用,炸药在空气中爆炸后形成一团高温、高压气体产物,迅速向外膨胀,使原来静止的空气压力密度温度突然升高,形成爆炸空气冲击波。爆炸冲击波传播距离很远,大大超出了爆炸本身的范围,冲击波会对周围人员和建筑物造成很大破坏和伤害。

起爆器材生产过程中燃烧爆炸事故的发生原因主要是生产系统中能量失控所致,如化学能、热能、势能、动能、声能、光能和辐射能等的失控。起爆器材生产中能量的失控主要体现在设备故障、人为失误、管理缺陷、环境因素 4 个方面。起爆器材尤其是药剂加工、雷管装配等的生产工艺复杂,涉及的危险有害物质和设施众多,危险、有害因素繁杂。因此,要采取综合治理措施才能防止事故发生。

18.1.2　安全生产的制度及基本守则

防止起爆器材生产事故发生的基本措施,归纳起来只有两条,一是从管理上采取措施,二是从技术上采取措施。

经过长期实践,人们在起爆器材生产的安全管理方面积累了许多可贵的经验,建立了一系列保证安全生产的制度。民用爆破器材生产经营企业要严格执行《民用爆破器材企业安全管理规程》(WJ9049)以及各企业要制定完善的安全管理制度。这是保证起爆器材生产安全的管理基础。

在总结了长期安全生产的规律,分析了各种类型事故发生的原因、经过和后果后,可以把起爆器材的安全生产管理的基本守则归纳为 16 个字,这就是:无声无尘,轻拿轻放,防火防潮,定员定量。它揭示出生产中常见事故发生的管理原因、消除的办法和减小伤害程度的措施。

1. 无声无尘

无声,是创造一个安静严肃的气氛,给专心操作创造一个有利的环境。不少事故,往往是由于工作不专心,不细致,粗枝大叶而造成的。所以要求工作人员做到严肃、认真、仔细,这些是做好安全工作的前提。无尘,含有两种意思,一是工房内做到无药尘。药尘到处飞扬又不及时清除,很容易受到外界的作用而着火或爆炸,飞扬的药尘也是造成职业性中毒的主要因素。因此要严格执行各项清扫制度,并从工艺上保证密闭或隔离操作。二是不让外界的沙土落入药剂内,使其机械感度增高,在装药、压药、筛药等工序增加事故发生的可能性。所以进入危险工房都必须另换软底工作鞋,工作鞋不得穿出室外,门窗要做好防沙工作。无尘作业应贯穿于生产过程的始终。

2. 轻拿轻放

摩擦、撞击、振动等机械作用是导致药剂燃烧与爆炸的因素。因此,要求对危险品的加工和传送做到轻拿轻放。这一点,对于刚进入危险工房工作的人员,或在干燥、装填、混药、筛药等较危险工序工作的人员,较容易做到;而在成品的装卸,湿起爆药、湿炸药或延期药的传送或处理等工序,就往往容易忽视。

3. 防火防潮

火焰、火星、电火花是导致起爆药及火药、炸药燃烧或爆炸的重要外因,潮湿则是造成雷管质量事故的主要原因之一。操作人员必须自觉养成进厂不带火种的习惯,门卫制度应明确规定任何人不得将发火物、五金件等随身带入生产工序。各工序的机械设备和电器设备都应消除部件摩擦、过载等原因而产生火星、电火花的可能,设备接地电阻应合格。有明火的工序,如锅炉房等,除分区集中,并与危险工房有安全距离外,在工厂的平面布置时,应设在本地区经常风向的下风位置。危险物品的传递道路也要避开这些区域,所以工房周围的杂草必须清除。生产用过的油布、破布在暖气片、加热器上容易自燃,必须集中放置,统一处理。

工厂必须有一支经过训练的消防队伍,对于广大职工也要进行常规的消防知识教育,懂得各种消防设备的使用场合和方法。

厂(库)区应有足够的消防用水,工(库)房内外都应设有适合应用的消防器材或出口处应设有消防栓。工房分散、规模较大的生产厂还应有消防车,火警报警信号和通信线路必须保持可靠、畅通。

4. 定员定量

定员是指规定各危险工序的房间、库房最多不能超过的人数。人员过多,特别是进入非本工序的人员过多,容易分散注意力,增加发生事故的可能。而且一旦事故发生,伤害也大。定量是指规定各危险工序房间、库房允许存放危险品的最大数量,作这项规定是为了限制事故发生时的破坏能力。制定定员定量制度时,应考虑到本厂的设计生产能力、现有生产水平和安防措施、工种的危险等级和相互间的距离等诸因素,既要保证安全,又要保证生产流水作业得以正常进行。

在具体的安全操作方法上要执行以下规定:

(1) 在危险工作室工作前(干燥室、储存室除外)应将门窗插销提起,便于发生事故迅速撤离和易于泄爆。

(2) 起爆药的筛药、装药、压药、延期药混药、黑药三料混合都必须隔离操作,或在防爆小室中进行,防爆小室的铁门必须牢固,关严无缝,开门方向必须符合要求,防止室内爆炸冲击波将门冲开传爆室外的危险品;以及防止室外危险品发生爆炸传爆室内危险品。

(3) 易燃易爆危险品的传送,要有防止掉地措施。传递二硝基重氮酚人员不准进入装药工房内,要在外面传送;防爆小室墙上要设有防爆箱,在外面打开箱门,放入(墙内箱门关闭)备用,取用时室内打开箱门,墙外箱门关闭。

(4) 各危险工房之间的传递孔开设位置要符合要求,要防止相互之间的传爆。

(5) 各种危险品如猛炸药、起爆药、延期药、雷管半成品及成品等在操作工房内要放在牢固的安全箱内;安全箱的开口方向要符合要求,防止发生爆炸后与周围爆炸物相互传爆及伤人。

(6) 操作易燃易爆的药剂、器材半成品、成品等,要在安全防护罩中进行,防护罩的强度必须符合要求。根据操作需要设有半身防护罩及全身防护罩和护面罩等。

(7) 危险工房室内要铺导电橡胶,工作人员穿导电胶鞋,各操作室进门处要设有消除静电把手或导电门帘,或采用其他方法消除静电,操作人员禁止穿易产生静电的化纤服装。

(8) 操作易燃物如延期药或其他易燃药剂时要穿防火服、戴防护面具及防火手套,以防烧伤。

(9) 废起爆药及废水要设有专用销毁处理设备,不得任意流放,造成爆炸事故隐患。

(10) 严禁在干燥室、储存室内倒药、翻药、取化验试样,不准在雷管库内开箱取样。

(11) 不同性质和种类的危险性原料、半成品和成品应分开存放,专室专用。

(12) 危险工序所用的工具器具,不用黑色金属。而是根据情况分别用有色金属、有机玻璃、电木板、其他塑料、纸板、木材等制作,木器不准有钉头裸露。

(13) 收工后工作室及设备工具要彻底清扫、洗、擦,不得存有药尘,下班后工作室不应存放危险品。

(14) 加强各干燥室的管理,各危险品干燥室要设专人负责,加强温度检查及记录工作,温度规定如表 18.1。

表 18.1　各干燥室温度规定

干燥物品	温度不大于	干燥物品	温度不大于
雷管半成品	45℃	药柱管	55℃
二硝基重氮酚	55℃	延期药	55℃
黑索今	55℃	引火药头	55℃
奥克托金	55℃	黑火药	45℃
太安	55℃	导火索	50℃

(15) 要保证危险工房室内空气相对湿度达到 60% 以上。

18.2　防止雷管生产爆炸事故基本对策措施

据不完全统计,1997 年以来,全国工业雷管生产企业生产过程中共发生伤亡或有较大财产损失的各类爆炸事故共 49 起,共计死亡 68 人、受伤 81 人。如能防止和减少雷管生产爆炸事故,就可基本保证起爆器材的生产安全。

1. 按工业雷管生产单元划分爆炸事故发生的分布情况

工业雷管的生产是由许多不同生产单元组成的,爆炸事故发生在生产的全过程,现将工业雷管主要生产过程划分成起爆药制造、火雷管装填、成品雷管装配、延期药制造和导爆管制造 5 个单元(装卸、运输事故未统计在内),据作者掌握的资料统计分析,1997 年以来,发生的 49 起各类爆炸事故,分布在各生产单元的情况如表 18.2 所示。

表 18.2　工业雷管各生产单元爆炸事故统计表

序号	发生爆炸的生产单元		发生次数	占事故总数的比例		伤亡人数	
						死亡	受伤
1	起爆药制造	化合、抽滤或过滤	4	8.2%	28.6%	7	7
		筛药、干燥、室内传送	7	14.3%		8	3
		室外传送	1	2.0%		0	1
		销毁	2	4.1%		8	1
2	火雷管装填	装药、倒药	12	24.5%	42.9%	13	23
		传送带输送、编码	7	14.3%		9	18
		火雷管组批、装盒、包装	2	4.1%		12	3
3	成品雷管装配	卡口、包装	7	14.3%	18.3%	6	20
		检验	1	2.0%		0	1
		销毁	1	2.0%		2	2
4	延期药制造	干燥、传送	2	4.1%		2	0
5	导爆管制造	导爆管拉制	3	6.1%		1	2
合计			49	100%		68	81

由表 18.2 可知,约 12 年间发生的 49 次雷管爆炸事故中,发生在起爆药制造、火雷管装填、成品雷管装配生产单元的爆炸事故次数合计占总事故的 89.8%,死亡人数占总死亡人数的 95.6%,受伤人数占总受伤人数的 97.5%。在这三类事故中,事故发生比例达到 14% 以上的部位有:起爆药制造中的筛药、干燥及室内传送,火雷管装填中的起爆药装药、倒药,火雷管传送带输送、编码,成品雷管装配中的卡口、包装,合计达到 67.4%。而爆炸事故与起爆药有直接关系的作业又高达 53.1%。

2. 引起爆炸事故发生的直接因素分析统计情况

生产过程中引发雷管爆炸事故的因素很复杂,经对 49 起爆炸事故粗略分析,引发事故可能的直接因素统计情况列于表 18.3。

表 18.3　直接引起爆炸事故的可能因素统计分析

直接引发事故的因素	操作失误	擦撞击	防护失控	电火花
发生次数	39 次	22 次	16 次	5 次
占总事故比例	79.6%	44.9%	32.7%	10.2%

3. 防止雷管生产爆炸伤亡事故安全对策措施建议

通过上述事故资料统计分析,结合目前国内工业雷管生产的实际,防止雷管生产爆炸伤亡事故的基本对策措施有:

(1) 选择综合性能优良的起爆药

起爆药是雷管实现起爆功能最核心的药剂,由于起爆药剂对摩擦、撞击、冲击、火花、加热等能量刺激特别敏感,因此在生产过程中稍有不慎就会导致爆炸事故,是工业雷管生产中最大的固有危险因素,因此选择综合性能优良的起爆药,是雷管安全生产措施中最重要的。一种优质的起爆药,既应具有稳定的起爆性能、安定性、环保性和经济性,同时还应具有良好的制造安全性、使用安全性和较高的能量密度。实践经验表明:对于用化合方式制造的单质起爆药,其结晶规则、外形光滑、质地密实,在制药过程中容易洗涤、抽滤、分盘、干燥、筛分,在使用过程中有利于装药、不易挂壁、黏附,制造、使用过程中粉尘较小,能量密度也较高。能量密度高的起爆药,可减少生产总量,减少在雷管中的使用量,减少装填药过程中的加药次数,从而间接地利于安全生产。按照上述思路,在设计雷管结构和工艺时企业应该按此思路选择合适的起爆药,毫不吝惜地摈弃综合性能落后的起爆药。

(2) 加快淘汰落后生产工艺

从目前国内情况看,工业雷管生产线大部分是上世纪 90 年代以前建设的,还有相当数量的生产线为上世纪 70 年代建的,落后的生产工艺主要表现在以下方面:手工操作为主、人机未能完全分离、在线火工药剂或产品(半成品)存量大、非危险工序与危险工序并存等。应逐渐采取如下措施:

① 尽可能提高自动化操作水平,实现人机分离作业

由表 8.3 的统计结果表明,直接引发雷管生产爆炸伤害事故的可能因素中,人工操作失误占 79.6%,防止爆炸伤亡事故最有效的措施应该是提高自动化操作水平,实现人机分离作业,将雷管生产爆炸伤害事故损失控制在设定的范围内。

首先应研究起爆药制药过程中的计量配料、结晶和外观检查、放料、清扫等操作的自动化作业;对抽滤、筛分等作业实现人机分离,并能做到人机分离下的自动添(倒)药。再就是应坚定不移地加快推广全自动、全连续、人机分离下的火雷管装填作业,最大限度地减少危险环境下暴露的作业人员,可以大大降低操作失误事故的发生和事故损失。

② 尽可能减少在线药量

从起爆药生产看,采用烘房干燥工艺在线药量均较大(该生产工艺已经与现行《民用爆破器材工程设计安全规范》不符),工房内存药量高达几百公斤,24 小时处于加热状态,一旦发生爆炸事故,就可能引起工房内的药剂整体爆炸,事故教训证明该工艺应该立即淘汰。按照 1.2 级抗爆等级设计的生产线,也应严格按照抗爆设计将工作室存药量控制在下限。

在雷管装填和装配生产线上,药量较大的主要有药剂暂存间、传递窗、装药间、火雷管收集检查、包装、装箱等部位。这些部位生产操作过程中危险品流动量相对较大,而且需要人工操作,一旦发生爆炸事故就会造成人员伤亡,因此,严格控制这些部位的危险物品存量,可防止事故扩大,减少人员伤亡。

③ 消除不合理的工艺布局

不合理的工艺布局有:易发事故工序,如起爆药筛分、起爆药添加(倒)药、火雷管检查、卡口,与存药量较大的干燥室、暂存间等相邻;易发事故工序的门与其他危险工序的门相对;职工休息室与危险工房相邻等现象。这些不合理的布局,是造成事故扩大的危险因素。

(3) 严格控制生产线的产能,防止突击生产

我国工业雷管生产爆炸伤亡事故频发,与我国雷管生产线的产能偏大有直接关联。国外发达国家最先进的雷管自动装填生产线,单班生产能力只有 4 万发,单班年产量不大于1 000 万发,而且只安排单班作业,一些著名企业保持几十年无伤亡事故的记录与此也有一定关系。

在我国,大部分雷管生产线建于 20 世纪,生产工艺布置、建筑结构、安全设施等均相对落后,而单班年产量普遍在 3 000 万发以上,最高的达到 5 000 多万发。加上近几年企业产能整合、生产组织不平稳(经常放假),某些企业的产能成倍增加,现有的生产条件、操作人员素质和管理水平均远不能满足安全生产需要,给安全生产留下极大的隐患。因此,应该强制限制生产线产能,按照我国目前的实际情况,建议雷管装填线的单位小时产能不宜超过 1.5万发,单班产量不得大于 10 万发;应加强现场操作人员的技能培训,研究人机安全工程,人体生物节律周期规律,推广标准化作业,减少操作失误,防止摩擦、撞击和静电积累;应坚持均衡组织生产,严禁突击任务。

(4) 确保防护设施完好、可靠、有效

目前,国内较先进的雷管生产工艺技术,已经有成功的示范,包括起爆药制造、雷管装填等技术,特别是安全防护技术,已能有效地防止发生爆炸事故对人员的伤害。但大部分企业雷管生产过程中的抗爆间室、抗爆小院、抗爆门、传递窗、泄爆口、防护装甲、安全箱、传送带等,因历史原因建于不同年代,完全符合安全要求的不多。近几年在起爆药筛药、火雷管装药与倒药、火雷管检查、传送带传送雷管等环节发生的爆炸伤亡事故中,由于防护设施失效而造成了人员伤亡或事故损失扩大。

(5) 严格控制在线人员

控制雷管生产岗位操作人员,是控制事故损失的基本措施。目前国内雷管生产线上,还有危险操作人员无任何防护措施下的作业点存在,危险岗位作业人员交叉很频繁,一旦发生事故,将波及周围人员,因此严格控制各岗位作业人员尤为重要,同时应对易发事故的作业点进行危险分析,规定在线流动操作人员的行走路线和工作间隙人员等待的部位,最大限度地缩小事故影响范围。

(6) 注意季节性安全措施

雷管生产安全从季节考虑有一定的规律性,对 49 起事故发生的时间分析表明,有 30 起发生在 10 月份至来年 4 月之间,即秋末和冬春季节,由于这个季节气候干燥,生产工房内湿度小,药剂易产生粉尘,作业人员和物品易积累静电。因此,在干燥季节,应特别注意保持工房内、起爆药储存室内的空气湿度大于 60%;操作人员严格按照要求穿戴劳保用品;注意防风防沙。

(7) 从设计上采取技术措施,防止工序之间传爆、殉爆

从多起爆炸事故的教训来看,造成重大事故的主要原因是发生了传爆、殉爆,引起传爆、殉爆的原因主要有:一是以发生事故的操作工位与存放大量危险品工位紧挨在一起,如起爆药筛药工房(位)与烘房干燥、储存室相邻,筛药工位一旦发生事故对其周边工位引起殉爆的

风险极大;又如卡口、装盒、包装工序工作台存放大量雷管,一旦操作失误就会引爆所有雷管;二是采用了未经严格实验验证的传送带(装置)传送雷管等危险物品,又如 2008 年抚顺某厂新建自动化雷管装填线试产期间,传送带上雷管掉地爆炸,进而引起了装药间起爆药殉爆。因此,从设计上采取有效的技术措施防止传爆和殉爆非常必要。

雷管生产虽然是一个高度危险的作业,但实现长期的安全生产完全是有可能的,国内多家生产企业实现了几十年雷管生产无伤亡事故。总结其成功的经验,靠的是持久的严格管理,不断的技术改进,简而言之为综合治理措施,但最基础的措施还是技术手段的完善。

18.3　废品销毁的安全知识

在生产过程中,难免有一些不合格的或清扫出来的废炸药如起爆药、黑火药、延期药及废品,还可能有库房储存变质的产品等。这些废药、废品的质量多半是不正常的,或是混有杂质的。因而安全性、安定性都比正常产品差,必须及时或定期处理。这是消除工厂事故隐患的一个重要方面,而销毁过程本身也应有一套安全措施,才能保证作业的顺利进行。

首先要选择一个符合安全要求的销毁场,场地与交通要道、工房、库房或其他建筑物保持足够的安全距离,工房内日常少量药粉的处理也要有专门地点,与操作房间应有合理的距离和阻隔。

销毁的方法因销毁的对象而异,总的要求是安全、彻底,常用的方法有爆炸法、燃烧法、化学法、溶解法。

1. 爆炸法

爆炸法适用于能确保爆炸完全的危险物品,如废黑索今等猛炸药、装有起爆药的雷管等。

爆炸销毁作业不得由单人进行。待处理的炸药、雷管必须有适当的包装,电雷管将脚线剪除,整齐排列装入盒中,不得随便包成一包或散装,以免在前往销毁场的运输途中或布置药堆时发生意外事故。进行销毁操作时,先将废品按一定数量放入浅坑内,不能平地堆放。因为废品堆边缘的一部分不能起爆,而是会被抛散到远处,达不到彻底销毁的目的。然后用电雷管起爆,雷管放在废品堆中部,有时为处理彻底,还须加一个猛炸药。工作人员在废品堆上风方向足够远的掩体处用发爆器引爆;尚未处理的其他废品,放置地点应与爆炸堆和操作人员有足够的安全距离。不要连续重复使用一个爆炸点,不易用导火索和火雷管引爆,尤其不易同时用火雷管引爆几个爆堆。每炮销毁数量不可过多,一般炸药不超过 1kg,雷管不超过 200 发。

放炮前,做好场地周围的警戒工作,操作人员与警戒人员要取得联系后才准起爆。爆炸完毕,应检查现场,若有残药、残管,要收集起来再作销毁处理。

2. 燃烧法

燃烧法适用于不易由燃烧转为爆轰的危险物品,如黑火药、导火索、延期药、引火头药、已经用机油钝化的二硝基重氮酚等。黑索今、导爆索、药柱管等也可铺成薄层燃烧。燃烧前应检查其中确实没有混进起爆药和雷管,然后顺着风向将废药铺成厚度不大于 20mm 的药带,将导爆索散开成长条,用电引火药头逆风向远距离点燃药剂或引火物。不得成箱或成堆燃烧,更不能边烧边添。用药头不易点燃的药剂,可增加少量易点燃物协助点燃。烧完后,应该全面检查现场,确认无残留药或火星后,再在另一个部位铺药销毁,严禁在未经冷却的原场地上继续销毁。

3. 化学法

化学法适用于能够被某种化学品分解,而分解产物已不具有爆炸性或燃烧危险性的废品,如生产过程中在作业台、板条模具、纸盒等清扫出来的数量不多的二硝基重氮酚、制二硝基重氮酚的湿废药及其下水道、水池的沉渣等。

废二硝基重氮酚可用浓度为10%左右氢氧化钠溶液或硫化钠溶液分解,分解时将废药在搅拌中徐徐倒入碱液中。应当注意,碱液浓度过大或残存碱块,碱液配好未经冷却,药量过多未及时搅拌,都可能造成反应过于剧烈而诱发爆炸。碱液必须过量,以保证分解完全。分解后的残渣应检查确认其爆炸性已经丧失,才能将碱液残渣倒入废水池或指定地点。

4. 溶解法

溶解法也称水解法,该法适用于能溶解于水而失去爆炸性能的爆破器材。不抗水的黑火药可用溶解法销毁。严禁将不溶于水的爆破器材投入江河、湖泊中,以免污染水资源。对于在容器中溶解爆破器材后剩余的残渣应用燃烧法或爆炸法销毁。

18.4　运输及储存的安全知识

1. 运输安全知识

起爆器材及爆炸性、可燃性原料的运输,包括装、运、卸,作业多在厂外进行,遭遇震动、撞击、火花的机会较多,一旦发生事故,影响范围很广,因此对运输的方法和工具,都有严格的规定:

(1)运输民用爆炸物品时,应严格执行《道路危险货物运输管理规定》、JT3145、GB50089和GB4387及有关交通安全规则。

(2)生产区至总仓库区运输民用爆炸物品的行车路线,应由企业安全保卫和当地交通安全管理部门确定,不应随意更改。

(3)生产区至总仓库区运输道路应坚实牢固、路面平整、边坡稳定;应按照国家交通规则设置必要的交通标志。

(4)工业雷管运输车辆安装车载卫星定位系统时,应考虑射频对电雷管辐射危害的措施。

(5)采用汽车道路运输危险品时(不包括在生产区和生产区到总仓库之间的运输),应使用符合《爆破器材运输车安全技术条件》的专用运输车。不应采用三轮汽车和畜力车运输,严禁采用翻斗车和各种挂车运输。运输车应执行下列规定:

①运输车辆严禁带"病"出车,车辆应按时接受检验,逾期未经检验的车辆不应行驶。

②车厢内应有防止移动和撞击的固定装置,如:防静电、防杂散电流、防盗和消防等装置。

③车身外应有符合GB190要求的爆炸品标志。

④采用厢式运输车,要有良好的散热装置。

⑤ 车厢的黑色金属部分应用导静电胶皮、木板等不易产生静电的非金属材料衬垫(用木箱或纸箱包装者除外)。

⑥ 在生产区运输时,汽车的排气装置应安装在车的前下侧,并加装防火罩,车上应配备救援器材。

⑦ 车厢内不应有撒漏的药剂、酸、碱等残余物质。

⑧ 在冰雪路面上行驶时,车轮应采取防滑安全措施。

⑨ 允许雷管装在保险箱内用普通车辆运输时,保险箱应符合《爆炸品保险箱》(GB2702)规定。

⑩ 起爆药剂的出厂运输方式应经过专家论证或安全评价,并经行业监管部门批准后方可实施。

(6) 采用电瓶车运输民用爆炸物品时,电瓶车应符合防爆要求,变速调节点应有可靠措施,避免明火蹿出,制动应灵活可靠,所有电器部分应绝缘良好,并设有照明、警笛等装置。

(7) 采用铁路运输民用爆炸物品时除执行铁道部的有关规定外,还应符合下列要求:

① 装有民用爆炸物品的车辆应编组。所有解体作业、工厂、铁路、车站和线路,都应设在单独地段,其与民用爆炸物品生产区、总仓库区、销毁场等危险性建筑物的距离不应小于300m。

② 机车与装有民用爆炸物品车厢之间设置非危险性车辆隔离,隔离车的具体数量规定为:民用爆炸物品车辆与机车之间不应少于两辆;民用爆炸物品车辆与内燃机车之间不应少于一辆;装雷管、导火索、导爆索等起爆器材的车厢与装炸药的车厢之间应不少于一辆。

③ 机车进入民用爆炸物品生产区和民用爆炸物品总仓库区时,应设有防止明火危害的装置或措施。

④ 装载民用爆炸物品的车辆应专线停放,机车停放位置与最近的民用爆炸物品库房的距离不应小于 50m。

(8) 采用水路或航空运输时应符合相关规定。

(9) 人力手推车运输起爆器材时,载重量应严格限制,运输过程中应采取防滑、防摩擦和防止产生火花等安全措施;手推车运输炸药粉时,应保持清洁、干净,及时清扫药渣;装药时不应超过车厢高度,炸药不应撒落地面。

(10) 人工传送起爆药时,应有专用道路,传送使用的工具和作业人员应有明显标志;行走时应保持足够的安全距离。

(11) 运输民用爆炸物品的机动车在民用爆炸物品生产区和民用爆炸物品总仓库区内的行车速度不应超过 15km/h,前后两车之间的距离不应小于 50m,不应超车、追车;在道路不平、视线不好、人员聚集的地方,应有相应的安全措施。

(12) 运输民用爆炸物品的汽车司机除要取得公安部门批准的与驾驶车辆相对应的正式驾照外,还应具有 5×10^4 km 和 3 年以上安全驾驶的经历,并由企业安全部门考核批准后方可上岗。

(13) 从事运输、装卸民用爆炸物品的作业人员,对所运的民用爆炸物品应掌握其化学和物理性质及应急措施。进入装卸作业区不应随身携带火种,不应穿带有铁钉的工作鞋和易产生静电的工作服。

(14) 运输民用爆炸物品应配备押运人员。押运员应随车携带符合行政许可审批要求的有关证件,应掌握押运产品的数量、质量、规格、批次和装载等情况,了解所载物品的主要危险特性和安全防护知识。押运员在接收民用爆炸物品时应与库房管理人员当面点清数量,运至接收地时应与接收人员办理好有关交接手续。

(15) 从事民用爆炸物品运输的职员,应经培训考试合格持证上岗。企业应对从业人员定期进行安全教育和应急事故训练。每年应对从业人员的素质进行一次安全审核,不符合要求的应及时调整。

(16) 运输民用爆炸物品的车辆,不应在人口密集的地方、宿舍区、交叉路口或火源附近停车。当车辆通过铁路道口时,应注意铁路信号和加强观察。遇有火车通过时,车辆应停于停车线以外的地方,无停车线的,应停在距钢轨 5m 以外,严禁超车抢行。

(17) 各种车辆的装载量不应超过额定载重量。车辆起停时,应避免突然启动和急刹车。驾驶员离车时,应拉紧手闸、切断电路、锁好车门,车辆不应停放在纵坡大于 5% 的路段。

(18) 民用爆炸物品装卸应遵守下列规定:

① 机动车辆不应直接进入危险建筑物内时,宜在距建筑物不小于 2.5m 处进行装卸作业。

② 当建筑物内有火炸药粉尘或易燃易爆溶剂挥发气体时,机动车应在建筑物门前不小于 5m 处进行装卸。

③ 装卸民用爆炸物品的高位站台,应设置防止车辆顶撞站台的缓冲件或采取其他有效措施。

④ 装卸、搬运均应轻拿轻放,严禁翻滚拖拉,或用撬棍、锤头等铁器敲打包装件。

⑤ 厂内普通汽车装车时,车厢底部应铺软垫,不应倒置或侧放,雷管装车高度要低于车厢三分之一,装其他民用爆炸物品载重量不应超过额定重量且产品包装箱超出车厢高度不应超过包装箱高度的三分之一。车厢应盖好篷布,捆绑牢固,在确保包装件固定可靠后,方可关严车厢栏板。

⑥ 专用运输车装车时,控制载重量不应超过额定重量,包装件应码放整齐,并根据运输量确定合适的码放高度,正确使用车内专用捆绑带和挂钩。中途卸车后,及时调整包装件的堆放高度,防止高位坠落和撞击。

⑦ 装运民用爆炸物品时,驾乘人员应对爆破器材的包装进行检查,发现不符合包装要求和破损的,要及时报告和处理,同车(包括同船等)运输不同品种民用爆炸物品时应按表18.4 规定执行。

(19) 运输民用爆炸物品的车辆出车或收车前应将车厢打扫干净,清出的药粉、药渣应送至指定地点,定期进行销毁。

(20) 在暴雨和雷电等恶劣天气情况下,产品不应出入库。恶劣天气能见度在 5m 以内时,或坡度在 6% 以上且能见度在 10m 以内时,应停止行驶。

(21) 民用爆炸物品生产、经营企业需委托其他单位运输民用爆炸物品时,应审查承运单位是否具备运输危险品的安全条件,并签订运输安全责任合同。

2. 储存保管安全知识

起爆器材应储存在专门库房内,并严格按照安全规定存放和管理,同时还要做好安全防盗、防抢工作。

(1) 仓库应设仓库负责人。并设相应的仓库管理人员和足够的保卫人员。保卫人员按公安部门规定配备必要的警用器具,设置固定岗哨和流动岗哨;门岗应建立严格的民用爆炸物品进出库检查制度。

（2）仓库管理人员应了解产品的安全性能，掌握防火、防爆等知识，熟悉仓库的各项安全规定并经考试合格后持证上岗。

（3）外来人员进入仓库应经本企业保卫部门审查批准，在了解仓库有关管理规定的前提下由仓库工作人员带领进入。

（4）入库产品应具有验收合格证。出库后返回产品也应有验收手续方可入库，对验收不合格产品应另库存放。

（5）中转库、总仓库区内入口处应设防火提示牌。每幢危险性建筑物入口处明显位置应有警示牌，警示牌应符合规定。

（6）各类起爆器材宜单独品种专库存放，仓库内严禁储存无关物品。当受条件限制，需在同一仓库内存放两种以上民用爆炸物品时，应按表 18.4 规定执行。各种爆炸物品包装应是完整无损的成品方能同库存放。

表 18.4　不同品种民用爆炸物品同库存放、同车运输表

民用爆炸物品名称	雷管类	黑火药	导火索	炸药及其制品
雷管类	○	×	×	×
黑火药	×	○	×	×
导火索	×	×	○	○
炸药及其制品	×	×	○	○

注1. ○表示可同库存放或同车运输，×表示不应同库存放或不应同车运输。

　　2. 雷管类包括火雷管、电雷管、导爆管雷管、继爆管

　　3. 炸药及其制品包括硝铵类炸药(指铵梯类炸药、铵油类炸药、乳化炸药、膨化硝酸铵炸药、水胶炸药等)、单质炸药类炸药(指苦味酸、梯恩梯、黑索今、太安、奥克托金和上述单质炸药为主要成分的混合炸药或炸药柱、块)、导爆索类(指导爆索和爆裂管等)、石油射孔器材类(指以上述单质炸药为主要装药的油井射孔器材)等。

　　4. 塑料导爆管比照导爆索等同库存放；包装完好的塑料导爆管，除不得与黑火药外，可与其他产品同车运输。

（7）化学性质不稳定的废爆炸物品或未进行相容性试验的新产品应单独存放，严禁和常规产品同库存放。

（8）仓库内产品的堆放应利于行走、搬运方便、通风良好、堆放稳固，并遵守下列规定：

① 产品应按生产批号成垛堆放，不同规格的民用爆炸物品应分垛堆放。

② 仓库内装运的主要通道宽度不小于 1.2m；人行检查、清点通道宽度不小于 0.5m，通道上严禁堆放任何物品；堆垛边缘距墙不应小于 0.8m 及堆垛边缘之间的距离不应小于 0.1m。

③ 堆放炸药类、索类民用爆炸物品成品箱的堆垛总高度不应大于 1.8m；堆放雷管和其他起爆器材成品箱的堆垛总高度不应大于 1.6m。

（9）仓库宜根据产品特性做到防潮、防热、防冻、防霉、防洪、防火、防雷、防虫、防盗、防破坏(十防)和库内无尘土、无禁物、无水汽凝结、无漏雨、无渗水、无事故差错、无包装损坏、无锈蚀霉烂、无鼠咬虫蛀、库边无杂草、库周围 25m 范围内无针叶树、水沟无阻塞(十二无)，库内应设置温、湿度表。

（10）生产企业严禁在仓库内开箱取产品。取试验样品应在仓库管理人员参加下，将产品箱移至库房防护屏障外指定地点进行。启箱工具应使用不产生火花的工具。

（11）维修仓库时，应采取可靠的安全措施。门窗小修可移至室外指定地点进行，库房大修应将仓库内的产品全部搬出，清扫干净后方可进行。

复习思考题

1. 叙述起爆器材燃烧、爆炸事故中的伤害作用形式。
2. 起爆器材安全生产的基本守则是什么？
3. 简述起爆器材生产过程中的安全规程。
4. 起爆器材有哪些常见的销毁方法？
5. 工业雷管在库中堆放时须做好哪些工作？

参考文献

［1］ 蔡瑞娇. 火工品设计原理[M]. 北京:北京理工大学出版社,1999.

［2］ 刘伟钦,等. 火工品制造[M]. 北京:国防工业出版社,1981.

［3］ 钟少异. 中国古代火药火器史研究[M]. 北京:中国社会科学出版社,1995.

［4］ 劳允亮. 起爆药化学与工艺学[M]. 北京:北京理工大学出版社,1997.

［5］ 国防科学技术工业委员会科学技术部. 中国军事百科全书:火炸药、弹药分册[M]. 北京:军事科学出版社,1991.

［6］ 中国大百科全书军事卷编审室. 中国大百科·军事:枪械、火炮、坦克、弹药分册[M]. 北京:军事科学出版社,1987.

［7］ 冯长根. 热爆炸理论[M]. 北京:科学出版社,1988.

［8］ Frank-Kamenetzkill D A. Acta Physicochemica[J]. USSR,1939,10:365.

［9］ 冯长根. 温度具有空间分布系统热爆炸和起爆延滞期[J]. 兵工学报,1984,2.

［10］ 刘自汤,劳允亮. 起爆药实验[M]. 北京:北京理工大学出版社,1995.

［11］ 钟一鹏,胡雅达,江宏志. 国外炸药性能手册[M]. 北京:兵器工业出版社,1990.

［12］ BOWDEN F D,YOFFE A D. Fast Reaction lnsolids[M]. London:Butter-worths,1958.

［13］ 陈福梅. 火工品原理与设计[M]. 北京:兵器工业出版社,1990.

［14］ 《爆炸及其作用》编写组. 爆炸及其作用:上册[M]. 北京:国防工业出版社,1979.

［15］ HARRIS J. Friction Sensitivity of Primary Explosives[S]. ADA119982,1982.

［16］ BROWN J A. A study of Friction Function in Explosives[S]. AD718086,1970.

［17］ CHAUDHRI M M. Stab Initiation[J]. Nature,1976,263.

［18］ FREY R B. The Initiation of Explosive Charges by Rapid Shear[M]. 7th. Symp on Detonation:1981.

［19］ AMC PAMPHLET. Engineering Design Hand book[J]. Principle of Explosive Behavior,1972,706(108):10-16.

［20］ ALAN D. RANDOLPH,POPPLAT A. Rapid Heating to Ignition of High Explosives[J]. I. E. C. ,1976,15(1).

［21］ ROBERT J,SPEAR,PAUL P. Studies of Stab Initiation,Sensitization of Lead Azide by Energetic Sensitizers[J]. J. Chem. ,1982,35:1-13.

［22］ CAMPBELL A W,DANIS W C,TRAVIS J R. Shock Initiation of Detonation in Liquid Explosives[M]. 3rd. Symp on Detonation,1960.

［23］ WACKERLE J. Shock Initiation of High Density PETN[M]. 6th. Symp on Detonation,1976.

［24］ SALTANOFF M. Shock Induced Sympathatic Detonation[M]. 3rd. Symp on Detonation,1960.

［25］ WALKER F E. Critical Energy for the Shock Initiation[J]. Explosivstoff,1969,1:9.

［26］ Schwary A C. New Technique for Characterizing an Explosive for Shock Initiation Sensitivity[S]. SAND-75-0314,1975.

［27］ Angres J N. Small Gap Test Data Compilation[J]. NOLTR,1972,1:73-132.

［28］ 胡双启. 传爆药——主装药间冲击起爆若干问题的研究[D]. 北京:北京理工大学,1997.

［29］ MOULAND H. Critical Condition for Shock Initiation by Small Project Impact[M]. 7th. Symp on Detonation,1981.

[30]　国防科学技术工业委员会. 传爆药安全性试验方法[S]. GJB2178-94,1994.

[31]　机械电子工业部. 起爆药极限药量测定法[S]. WJ1877-89,1990.

[32]　卡尔博夫. 火工品[M]. 北京:国防工业出版社,1955.

[33]　吕春玲,张景林,王晶禹,等. 亚微米炸药的冲击波起爆研究[J]. 含能材料,1977,13(5):2.

[34]　POLLOCK B D. Electrostatic Sensitivity Test for ExPlosives[S]. AD742667,1992.

[35]　KIRSHENBAUM M S. Response of Pb(N$_3$)$_2$ to Spark Discharges via a New Parallel-Electrostatic Sensitivity Apparatus[S]. Picatiny Arsenal Report,AD768161,1973.

[36]　西洛琴斯基. 高压工程:第一卷[M]. 北京:中国水利水电出版社,1961.

[37]　KIRSHENBAUM M S. Electrostatic Sensitivity[J]. Energetic Material,1976,l2:193.

[38]　Monfesi L G. APPlication of Varicom[M]. 8th. Symp On Explosives and Pyrotechnics,1976.

[39]　黄昆. 半导体物理基础[M]. 北京:科学出版社,1979.

[40]　Downs D S. Contact and Surface Effect Pb(N$_3$)$_2$ Single Crystals Using Au-Au Contact[S]. ADA018753,1975.

[41]　刘宗德. 电爆炸高速喷涂新技术研究[J]. 爆炸与冲击,2001,21(1):17-20.

[42]　汪佩兰,李桂茗. 火工与烟火安全技术[M]. 北京:北京理工大学出版社,1996.

[43]　张慧卿. 含能材料在激光作用下的点火特性[J]. 起爆器材,2001,2(2):49-51.

[44]　刘天儒. 固体火箭发动机激光点火系统[J]. 兵工学报,2000,23(2):7-1.

[45]　袁亚雄,任如海. 含能材料激光点火性能研究[J]. 兵工学报,2002,23(1):23-26.

[46]　项仕标. 半导体激光点火器设计[J]. 水利电力机械,2003,25(2):56-57.

[47]　黄亿龙. 药温度场的初步研究[J]. 兵工学报,2000,10.

[48]　张小兵,等. 随机因素对火药激光点火过程影响的研究[J]. 兵工学报,2003,24(1):34-37.

[49]　蒋荣光. 工业起爆器材[M]. 北京:兵器工业出版社,2003:150-155.

[50]　Massey T M A. Heat Transfer Model Study of Hot Wire Initiator[S]. AD602664,1964.

[51]　李树学. BF-1 爆炸桥丝电发火管[J]. 火工品,1992.

[52]　张丙辰. 半导体技术与火工品[J]. 火工品,1992.

[53]　张宗山. 防静电雷管[J]. 火工品,1983.

[54]　韩庆坤. 耐温 180℃ 电雷管的研究[J]. 火工品,1988.

[55]　国防科学工业技术委员会. 钝感电起爆通用设计规范[S]. GJB344,1987.

[56]　葛德学,谢兴华. 灼热桥丝电火工品瞬态脉冲实验的现状和趋势[J]. 工程爆破,2004.

[57]　徐振相,秦士嘉. 火工品可靠性技术[M]. 北京:兵器工业出版社,1996.

[58]　国防科学技术工业委员会. 火工品可靠性评估方法[S]. GJB376,1998.

[59]　国防科学技术工业委员会. 感度实验用数理统计方法系列[S]. GJB/Z337A,1995.

[60]　严楠. 感度实验设计的若干研究[D]. 北京:北京理工大学,1996.

[61]　周源泉. 可靠性评定[M]. 北京:科学出版社,1991.

[62]　李国新,焦清介,程国元. 火工品试验与测试技术[M]. 北京:北京理工大学出版社,1998.

[63]　田煜斌,蔡瑞娇,王耕禄. One-Shot 试验中的 Bayes 方法[J]. 兵工学报,1996,17.

[64]　谢兴华,胡学先. 矿用雷管发火可靠度研究[J]. 爆炸与冲击,1995.

[65]　朱贝玲,宋玉琴,褚永贤. 2,4-二硝基间苯二酚制备方法简介[J]. 火工品,1996.

[66]　李忠义. 新型起爆药 5-硝基四唑汞[J]. 中国兵工,1994.

[67]　周勤,宋敬埔,陈霜艳. 起爆药生产废水中重金属离子的治理方法[J]. 爆破器材,2006.

[68]　陈传明. K·D复盐起爆药中氮化铅含量的测定[J]. 火工品,1994.

[69]　宋玉琴,褚永贤. D·E共沉淀起爆药的性能及应用[J]. 火工品,1997.

[70]　肖月华,张海金. 新型起爆药的应用[J]. 爆破器材,2003.

[71]　尹志宏,邹洪晖,李利村. 硝酸肼镍起爆药应用于工业纸火雷管的研究[J]. 火工品,2006,6.

［72］ 张怀义,付晓东.关于硝酸肼镍代替 DDNP 的可行性研究［J］.现代机械,2006,5.

［73］ 钟家林.K·D复盐起爆药的制造工艺研究与应用［J］.火工品.1992,4.

［74］ 鲍国钢,郝建春.钝化燃烧法销毁废 K·D 复盐起爆药［J］.爆破器材,2005,34(2).

［75］ 张同来,等.GTG 起爆药性能研究［J］.爆破器材,1999,28(3).

［76］ 撒光,等.GTG 在工业雷管中的应用研究［J］.爆破器材,2001,30(1).

［77］ 李联盟,等.GTG 型火雷管技术研究［J］.爆破器材,2004,33(4).

［78］ 陈淮银,等.不应忽视 GTG 起爆药对环境的永久危害［J］.火工品,2002,1.

［79］ 熊家学.三元共沉淀起爆药的研究［J］.火工品,1992,3.

［80］ 黄浩川.国外火工品技术现状考察［J］.火工品,1988.

［81］ 唐桂林,赵家玉,吴煌,等.黑火药的改进研究［J］.火工品,2002.

［82］ 景银兰,陈志敏.黑火药真密度测定方法的比较分析［J］.山西化工,2004.

［83］ 陈红俊.低燃速硅铁延期药［J］.火工品,2000.

［84］ 吴幼成,宋敬埔.延期药技术综述［J］.爆破器材,2000.

［85］ 黄德华.钨系延期药燃速的影响因素分析［J］.爆破器材,1995.

［86］ 李昆.铅丹-硅制延期体生产与贮存中秒量的稳定性探讨［J］.爆破器材,1995.

［87］ 俞金良,郝建春.硼-铅丹延期药预点火反应机理研究［J］.含能材料,2004.

［88］ 杨岁劳,耿奇,吴学易.塑料导爆管式无起爆药雷管［J］.火工品,1983.

［89］ 徐皖育,赵永强,王合军.飞片雷管与工业雷管的输出能量比较［J］.爆破器材,1995.

［90］ 谢兴华,曹伦合,高宏志.矿用雷管破片速度的测试［J］.火工品,1994.

［91］ 宋家良,董吉孝,陈之林,等.煤矿许用电雷管管壳与瓦斯安全性关系的研究［J］.煤矿爆破,1994.

［92］ 郝建春,吴维勤,陈爱思,等.工业雷管引爆强度测定方法［J］.爆破器材,1993.

［93］ 杨岁劳.煤矿许用毫秒延期电雷管研究［J］.爆破器材,1994.

［94］ 于淑琴,王玉琛.无气体等间隔秒延期电雷管［J］.火工品,1991.

［95］ 王庆尧,殷鹤华,肖殿圣.影响高段别延期导爆管雷管秒量精度的因素分析［J］.煤炭科技,1998.

［96］ 杨祖一.毫秒延期雷管［J］.爆破器材,1999.

［97］ 郭宝义,张华.毫秒电雷管秒量精度的控制［J］.矿业快报,2003.

［98］ 井志明,吕玲.高段别毫秒延期导爆管雷管结构的研究［J］.爆破器材,1995.

［99］ 张泽田,张艳荣.塑料压制延期管体的探讨［J］.火工品,1993.

［100］ 夏兆铭.MG803-A 型 30 段高精度毫秒电雷管［J］.火工品,1995.

［101］ 符如意.提高导火索质量的途径［J］.爆破器材,1984.

［102］ 田春季.对导火索速燃及爆声问题的探讨［J］.火工品,1999.

［103］ 孔凡本.剖析导火索燃烧时的透火原因［J］.爆破器材,1996.

［104］ 杨福春.煤矿导爆索试制成功［J］.火工品,1991.

［105］ 梁纯,孙新波,王海东.导爆索爆速的测定及影响因素分析［J］.测井技术,2006.

［106］ 李谷贻.塑料导爆索的研制［J］.矿业工程,1983.

［107］ 张国荣.结构新颖的空心塑料导爆索［J］.爆破器材,1990.

［108］ 徐少英,杨孚多,等.WJ9786-1999 普通导爆索［M］.北京:中国标准出版社,2000.

［109］ 何中其,王孟春,高耀林.塑料共混改性提高导爆管高温使用性能［J］.爆破器材,2005.

［110］ 郗庆桃,张凤元,吴国才,等.塑料连通管［J］.火工品,1991.

［111］ 何中其,侯建华,朱长江,等.长期贮存后导爆管的性能检测与分析［J］.爆破器材,2005.

［112］ 魏伴云,愈绍立.导爆管簇联一次激爆数量［J］.煤矿爆破,1986.

［113］ 凌爱江.导爆管雷管质量控制与改进［J］.煤矿爆破,2006.

[114]　张克林,刘自汤,彭金华. 导爆管雷管消爆空间的研究[J]. 爆破器材,1992.

[115]　杨岁劳. 产品结构对导爆管延期雷管性能的影响[J]. 爆破器材,1993.

[116]　曹根顺. NONEL 非电起爆系统和 HERCUDET 非电段发爆破系统[J]. 火工品,1993.

[117]　朱顺官. 舍夫勒电雷管[J]. 爆破器材,1987.

[118]　汪旭光,沈立晋. 工业雷管技术的现状和发展[J]. 工程爆破,2003.

[119]　胡肇青. 介绍几种国外石油射孔用火工品[J]. 火工品,1990.

[120]　王秀芝,惠宁利. 电磁雷管的稳健性设计[J]. 爆破器材,1993.

[121]　刘培林. 概述国外毫秒延期电雷管发展趋势[J]. 火工品,1990.

[122]　何厚金. 工业雷管提高延期精度的技术发展趋势:电子延期[J]. 爆破器材,2004.

[123]　武伟. 英一公司推出电子延时雷管[J]. 爆破器材,1999.

[124]　汪旭光. 工业雷管技术的现状和发展[J]. 工程爆破,2003.

[125]　刘星,徐栋,颜景龙. I-Kon 电子起爆系统[J]. 火工品,2004.

[126]　胡学先,谢兴华,蒋罗珍. 有关非起爆药雷管的几个技术问题[J]. 火工品,1999.

[127]　郝建春,鲍国钢,吴幼成. 论工业雷管编码及其安全性[J]. 南京理工大学,2005.

[128]　陈积松. 我国矿用爆破器材科学技术发展的 50 年(下)[J]. 金属矿山,1999.

[129]　高铭,李勇,滕威. 电子雷管及其起爆系统评述[J]. 煤矿爆破,2006.

[130]　鲍姆,等. 爆炸物理学[M]. 众智,译. 北京:科学出版社,1963.

[131]　毛金生. 爆炸逻辑网络技术及其非理想爆轰现象研究[D]. 北京:北京理工大学,1991.

[132]　JONES E,MITCHELL D. Spread of Detonation in High Explosive[J]. Nature,1948,161:98.

[133]　刘举鹏. 爆轰波拐角绕射现象机理及应用研究[D]. 北京:北京理工大学,1995.

[134]　王树山. 爆轰波非常规传爆现象及其应用研究[D]. 北京:北京理工大学,1995.

[135]　任俊梅. 半球形传爆药结构研究及起爆效果多媒体演示软件开发[J]. 华北工业学院,2001(3):4-8.

[136]　徐振相,周彬,秦志春,等. 微电子火工品的发展及应用[J]. 爆破器材,2004(S1):3-7.

[137]　刘平,谷乃古. 传爆药柱参数可靠性设计方法研究[J]. 火工品,2004(3).

[138]　康建毅,夏昌敬,董永香. 一种新型传爆药柱装药结构[J]. 火工品,2001(3):2-6.

[139]　黄寅生,张春祥,沈瑞琪,等. 钝感延期传扩爆装置[J]. 南京理工大学学报,2002(3):4-10.

[140]　国防科学技术工业委员会. 引信安全性设计准则[S]. GJB373A,1997.

[141]　国防科学技术工业委员会. 传爆药安全性实验方法[S]. GJB2178,1994.

[142]　国防科学技术工业委员会. 设计评审[S]. GJB2178,1992.

[143]　北京工业学院八系编写组. 爆炸及其作用[M]. 北京:国防工业出版社,1979.

[144]　苏青. 雷管与导爆药柱之间爆轰传递规律的研究[D]. 北京:北京工业学院,1985.

[145]　国防科学技术工业委员会. 火箭和导弹固体发动机点火系统安全性设计准则[S]. GJB2865,1997.

[146]　汪泉,郭子如,黄文尧. 浅谈民用爆破器材的销毁[J]. 爆破,2004.

[147]　瞿新富,应安明,许晨昱,等. 浅论废弹药销毁过程中的安全问题及对策[J]. 四川兵工学报,2002.

[148]　苏海军. 浅谈对未爆弹药的销毁[J]. 西部探矿工程,2003.

[149]　商健,顾文彬,吴腾芳,等. 销毁大口径弹药用线性切割器的设计[J]. 爆破,1997.

[150]　王道全,吕国斌,郝斌,等. 利用抗爆小间销毁雷管的方法[J]. 工程爆破,2002.